T0254734

Hartmut Bossel

Umweltwissen

Daten, Fakten, Zusammenhänge

Zweite unveränderte Auflage mit 310 Abbildungen

Springer-Verlag
Berlin Heidelberg New York
London Paris Tokyo
Hong Kong Barcelona Budapest

Univ.-Prof. Dr. Dipl.-Ing. Hartmut Bossel
Forschungsgruppe Umweltsystemanalyse
Wissenschaftl. Zentrum III »Umweltsystemforschung«
Fachbereich Mathematik
Gesamthochschule/Universität Kassel
Mönchebergstraße 11
34125 Kassel

ISBN-13: 978-3-540-57225-1 e-ISBN-13: 978-3-642-95714-7
DOI: 10.1007/978-3-642-95714-7

CIP-Eintrag beantragt

Satz: Reproduktionsfertige Vorlage vom Autor

60/3020 - 5 4 3 2 1 0 - Gedruckt auf säurefreiem Papier

Vorwort zur zweiten Auflage

Der Erfolg von *Umweltwissen* macht eine Neuauflage früher als vorgesehen notwendig.

Die zweite Auflage ist gegenüber der ersten nicht verändert worden: an den relevanten Zusammenhängen und Umweltentwicklungen, die in *Umweltwissen* dargestellt werden, hat sich zwischenzeitlich nichts geändert.

An den wenigen Stellen, wo sich Aussagen auf die "alte" Bundesrepublik Deutschland von vor 1990 beziehen, hätte ich gern Korrekturen angebracht, die der Situation im vereinigten Land Rechnung tragen. Wegen der bis heute sehr unterschiedlichen Entwicklung in den Gebieten der ehemaligen BRD und der DDR ist unter Umweltaspekten eine getrennte Betrachtung vorläufig aber weiterhin noch sinnvoll. Entsprechende Verbesserungen müssen daher einer späteren Auflage vorbehalten bleiben.

Januar 1994 Hartmut Bossel

Vorwort

In nur wenigen Jahren haben wir einsehen und begreifen müssen, daß sich Entwicklungen in unserer Umwelt sehr oft nicht durch einfache Ursache-Wirkungszusammenhänge verstehen oder gar beeinflussen lassen. Immer noch fällt es vielen schwer, eine Verbindung zwischen ihrem Auto und dem Waldsterben, zwischen ihrem Kühlschrank und dem Verschwinden der Ozonschicht, zwischen ihrer Glühlampe und der Klimaveränderung, zwischen ihrem Schnitzel, dem Futtermittelanbau in Tropenländern, hungrigen Slumbewohnern und dem Verschwinden tropischer Regenwälder zu sehen. Und doch gibt es diese Verbindungen im komplexen System der Interaktionen zwischen der menschlichen Gesellschaft und der natürlichen Umwelt. Es sind jeweils Reaktionen eines komplexen Wirkungsgefüges, das sich vor allem dadurch auszeichnet, daß Veränderungen über Rückkopplungen (mit Zeitverzögerungen) auf sich selbst verstärkend oder abschwächend zurückwirken können. Ohne fundierte Systemkenntnisse können wir mit Vorgängen dieser Art nicht angemessen umgehen.

Systemverständnis erfordert zweierlei: Kenntnis der einzelnen Systemelemente und ihrer charakteristischen Prozesse, und Kenntnis der Wirkungsverknüpfungen zwischen Systemelementen. Das System ist daher mehr als die Summe seiner Teile; das Systemverhalten wird durch Systemelemente und Systemstruktur bestimmt.

In *Umweltwissen* ist Wissen sowohl über die Einzelprozesse des Systems »Umwelt und menschliche Gesellschaft« wie auch über die systemaren Verknüpfungen zwischen Einzelprozessen systematisch zusammengetragen und in Text und Bild dargestellt worden. Hierbei wurde eher auf weitgehende systemare Vollständigkeit der Information, als auf Feinheit im Detail Wert gelegt. Es ist eine grundlegende Erkenntnis der Systemtheorie, daß das Verhalten von Systemen weitgehend von der Systemstruktur, und nur selten vom genauen Zahlenwert eines Parameters bestimmt wird.

Umweltwissen ist durch drei Einflüsse wesentlich geprägt. Zum ersten: durch das didaktische Experiment einer entsprechenden Vorlesung (mit individuellen und schriftlichen Hausaufgaben und der entsprechenden Rückkopplung) an der Gesamthochschule/Universität Kassel an einigen tausend Studenten (vorwiegend der Ingenieur- und Planungswissenschaften) in elf Jahren. Zum zweiten: durch die realen Entwicklungen und raschen Veränderungen in einer zunehmend mehr gefährdeten Umwelt; sie zwangen zur Konzentration auf Wesentliches, das auch in der weiteren kaum vorhersehbaren Entwicklung Bestand haben wird. Zum dritten: durch meine Forschungsausrichtung auf Systemforschung im Umweltbereich, die mich die Bedeutung struktureller Zusammenhänge für die Dynamik und Entwicklung von Systemen gelehrt hat.

Die Textgestaltung verdanke ich (wieder einmal) Ursula Marquardt; Kendrik Bossel zeichnete den größten Teil der Graphiken per Hand und Computer. Beiden danke ich für mehrere Monate intensiver Mitarbeit.

Juli 1990 Hartmut Bossel

Inhaltsverzeichnis

UMWELTWISSEN - EINFÜHRUNG

Übersicht

Und sie sägten an den Ästen,
auf denen sie saßen und schrien sich zu ihre Erfahrungen,
wie man besser sägen könne
und fuhren mit Krachen in die Tiefe
und die ihnen zusahen beim Sägen
schüttelten die Köpfe
und sägten kräftig weiter.
(Bert Brecht)

Die Umwelt spielte im Denken der meisten Menschen noch vor wenigen Jahren kaum eine Rolle. Von lokalen Umweltbelastungen abgesehen, die auf zu niedrige Schornsteine geschoben wurden, war die Natur 'ewig' und schön und der Mensch dazu bestimmt, sie sich 'untertan' zu machen. Diese Grundeinstellung findet sich noch heute in den Ausbildungsgängen der Berufe, die den größten Einfluß auf unsere natürliche Umwelt haben: etwa der Ingenieure, Landwirte und Ökonomen.

Inzwischen wird uns ständig und mit wachsender Intensität vor Augen geführt, daß (1) sich der Zustand der natürlichen Umwelt verschlechtert, daß (2) wir aber direkt oder indirekt von ihr als Lebensbasis abhängig sind, und daß (3) es mühevoller, kostspieliger und langwieriger Anstrengungen bedarf, um diesen Verfall aufzuhalten und unsere zukünftige Existenz zu sichern. Umweltwissen geht heute jeden an, und es gehört zwingend in die Ausbildungsgänge aller, die später mit ihren Entscheidungen oder Unterlassungen Einfluß auf Umweltentwicklungen haben können.

Der Mensch ist als Organismus und damit als offenes System auf seine Ver- und Entsorgung durch die Umwelt angewiesen. Ist diese Nutzung extensiv, wie etwa beim Jäger und Sammler, so bedeutet sie keine irreversible Belastung für die Umwelt. Wird sie intensiv, etwa durch hohe Bevölkerungskonzentrationen oder durch die Einschaltung der Technik als 'Potenzverstärker' des Menschen, so kann es zu irreversiblen Schäden kommen. Damit reduziert sich die 'ökologische Tragfähigkeit' weiter, die Intensität der Belastung steigt an, und der Verfall beschleunigt sich.

Die Einsicht in die Verkopplung des Menschen, seiner Gesellschaft und Technik mit seiner natürlichen Umwelt und ihren vielfältigen Komponenten führt zwangsläufig dazu, daß das Systemdenken in der Umweltkunde einen breiten Raum einnehmen muß. 'Lineares' Denken nach dem einfachen Schema, jeder Wirkung eine eindeutige Ursache zuzuordnen, ist hier - von Einzelbetrachtungen abgesehen - meist fehl am Platze. Vielfältige Vernetzungen und Rückkopplungen der Systemkomponenten untereinander sind geradezu charakteristische Merkmale sowohl für Ökosysteme wie auch für deren Verknüpfungen mit dem Menschen und seinen Systemen.

Diese Systemeigenschaften des Gesamtkomplexes erschweren nicht nur das Erkennen der Zusammenhänge und das Abschätzen der dynamischen Entwicklung, sie entsprechen auch überhaupt nicht dem linearen Erfahrungswissen der Entscheider oder dem Forschungsansatz der traditionellen Wissenschaft (Laboransatz mit ceteris paribus Bedingungen). Zur Sicherung unserer Lebensgrundlage sind wir aber auf ein besseres Verständnis des Gesamtsystems und damit auf Fortschritte in der Umwelt- und der Systemwissenschaft angewiesen.

Das bessere Verständnis unserer Umwelt und der Wirkungen und Rückwirkungen unserer Eingriffe ist **eine** der notwendigen Voraussetzungen für die Sicherung unserer Lebensbasis. Eine **zweite** notwendige Voraussetzung ist das Erkennen oder Auffinden von Alternativen für bisherige Vorgehensweisen und Eingriffe, die wir als langfristig nicht durchhaltbar erkennen müssen. Und die **dritte** notwendige Voraussetzung, die uns erst ein sinnvolles Handeln ermöglicht, ist das Vorhandensein von Bewertungsmaßstäben (Kriterien), um Alternativen und ihre Folgewirkungen vergleichend abzuwägen und uns für die 'bessere' Lösung zu entscheiden. Es dürfte klar sein, daß diese Bewertung auch auf die 'Interessen' der Umwelt Rücksicht nehmen muß, wenn wir uns nicht selbst gefährden wollen. Hier zeigt sich in aller Schärfe, daß die bisher immer noch in Hochschule, Betrieb und Politik vermittelte Orientierung allein an gesellschaftspolitischen, 'wissenschaftlichen', technischen und/oder betriebswirtschaftlichen Maßstäben schlicht unverantwortlich ist.

In dieser Zusammenstellung von Umweltwissen wird versucht, (1) grundlegende **Zusammenhänge**, Fakten und Wirkungsbeziehungen aus dem Umweltbereich darzulegen, (2) **Alternativen** anzudeuten und (3) **Bewertungsmaßstäbe** zu begründen und zu vermitteln. Die Darstellung wendet sich besonders an diejenigen, die gewohnt sind, ihre Entscheidungen auf Fakten zu gründen und rational abzuwägen: etwa Ingenieure, Planer, Betriebswirte.

In diesem einführenden Kapitel werden Aussagen der späteren Kapitel beispielhaft vorweggenommen, um einen Gesamtüberblick zu vermitteln. Die Darstellung in den anderen Kapiteln folgt etwa der folgenden Logik (s. hierzu I2):

Die Belastungen der Umwelt und der Ressourcen sind im wesentlichen mit Produktion und Konsumption verbunden. Deren Ausmaß wird vor allem durch zwei Faktoren bestimmt: (1) der Bevölkerungszahl (der betrachteten Region), und (2) dem spezifischen Pro-Kopf-Verbrauch, der durch das jeweilige technisch-ökonomische System bestimmt ist. Produktion und Konsum belasten die Umwelt auf verschiedene Weise: (1) durch die Nutzungsrate der (regenerierbaren) Umweltressourcen etwa für Versorgung und 'Entsorgung', (2) durch die Rate der Belastung mit Schadstoffen, (3) durch die Nutzungsrate der (nicht-regenerierbaren) Ressourcen. ('Rate' bedeutet hier: 'Durchsatz pro Zeiteinheit'). Rückwirkungen auf Bevölkerungszahl und technisch-ökonomisches System ergeben sich bei Übernutzung der Ökosysteme und Erschöpfung der Ressourcen. Hierbei kann es sich sowohl um rechtzeitige freiwillige Kurskorrekturen wie auch um katastrophale Zusammenbrüche handeln.

Diesem Bild des Gesamtsystems entsprechend, wird zunächst in Kap. P die **Bevölkerungsentwicklung** als wesentlicher Bestimmungsfaktor der weiteren Umweltbelastung betrachtet. Ökosysteme und die menschliche Gesellschaft und ihre Technik sind eingebettet in ihre **Klimasphäre** (Boden, Wasser, Luft: Atmosphäre, Hydrosphäre, Pedosphäre) mit denen sie im Stoffwechsel stehen; Grundwissen hierzu findet sich im Kap. K. Es folgen die Grundprinzipien der Funktion von Ökosystemen: ihr **Energiehaushalt** und ihre Produktivität in Kap. E, ihre **Nährstoffkreisläufe** in Kap. N, ihre **systemare Entwicklung** in Kap. S.

Die weiteren Kapitel befassen sich zunächst mit der Nutzung von Ökosystemen und Ressourcen durch den Menschen und den Wirkungen dieser Nutzungsbelastungen. In Kap. R wird die Nutzung **erneuerbarer Ressourcen**: Gewässern, Land, Boden und Ökosystemen (vor allem für die Land- und Forstwirtschaft) behandelt. In Kap. M wird die Nutzung der (nicht-erneuerbaren) **Energie- und Material-Rohstoffe** besprochen. Der Entstehung, Verteilung und Anreicherung von **Umweltschadstoffen** (einschließlich radioaktiver Stoffe) ist Kap. C gewidmet.

Das letzte Kap. O entwickelt für die langfristige **Orientierung** einen Bewertungsrahmen und ein Kriteriensystem für die (vergleichende) Beurteilung von umweltrelevanten Maßnahmen aus der Forderung nach Nachhaltigkeit der Nutzung und Entfaltungsfähigkeit der betroffenen Systeme (Umwelt und Gesellschaft). Damit können die Folgen und Wirkungen von Alternativen auf rationale Weise verglichen werden.

Wie generell bei Systemzusammenhängen, so kommt es auch im Umweltbereich weit mehr darauf an, den systemaren Zusammenhang zu erkennen und zu verstehen, als sich in Feinheiten auszukennen. Die einzelnen, oft nur knapp und stichwortartig skizzierten Wissensbrocken wurden so ausgewählt, daß sich (hoffentlich) aus diesen Mosaiksteinen ein zusammenhängendes Gesamtbild der verschiedenen behandelten Bereiche ergibt, und daß der Zusammenhang mit anderen Bereichen deutlich wird. Literaturhinweise verweisen auf Quellen und sollen bei weitergehendem Interesse weiterhelfen.

Inhalt dieses Einführungskapitels

I1. Tendenzen und Entwicklungen: Bevölkerungsentwicklung, CO_2-Anstieg, Abholzung, Waldsterben, Wüstenbildung, Rohstofferschöpfung, Schadstoffbelastung.

I2. Zusammenhänge, Systemkomponenten, Systementwicklung: Bevölkerung, technisch-ökonomisches System, Ökosysteme, Ressourcen, Nutzungen und Belastungen. Rückkopplungen, Verstärkungen, Dynamik, Einfluß der Struktur.

I3. Alternativen und langfristige Orientierung: bessere Rohstoff- und Energienutzung, geringere Umweltbelastungen, Stoffrückführung, Lebensdauer. Orientierung an Nachhaltigkeit und Entfaltungsfähigkeit. Kriterien. Vergleichende Bewertung von Alternativen. Stoßrichtungen globalen Handelns.

I1. Tendenzen und Entwicklungen

An vielen Einzelentwicklungen der letzten Jahre und Jahrzehnte in den Industrieländern wie in Entwicklungsländern läßt sich durchgängig eine ständige Verschlechterung der Umweltbedingungen feststellen. In vielen Fällen beschleunigt sich die Problematik exponentiell (mit konstanten Zuwachsraten; z.B. Kohlendioxidpegel der Atmosphäre) oder überexponentiell (mit wachsenden Zuwachsraten; z.B. Aussterben der Arten). Vielfach wird die Grenze der ökologischen Tragfähigkeit erreicht und beschleunigter Verfall oder Zusammenbruch ist die Folge (z.B. Waldsterben).

Die meisten dieser Entwicklungen sind nicht isoliert zu sehen; oft beschleunigt sich der Verfall durch Rückkopplung oder Verkopplung mit anderen Verfallsprozessen im System. Die strukturelle Einbindung dieser Prozesse im Gesamtsystem muß daher beachtet und berücksichtigt werden. Die gegenwärtige globale Entwicklungsdynamik hat historische Parallelen nur in früheren regional begrenzten Episoden; sie läßt sich nicht durch das Argument vom Tisch wischen, daß es derlei Prozesse schon immer gegeben habe.

(I1.1) Die Weltbevölkerung verdoppelt sich in weniger als 40 Jahren; pro Jahr wächst sie zur Zeit um rund 90 Millionen. In manchen Ländern verdoppelt sich die Bevölkerung in rund 17 Jahren (z.B. Kenia).

Das Bevölkerungswachstum stellt enorme und heute weitgehend unerfüllbare Forderungen an den Ausbau der Versorgung und der Infrastruktur. Das Problem wird noch dadurch verschärft, daß der hohe Kinderanteil an der Gesamtbevölkerung eine zukünftig weit höhere Elternzahl als heute garantiert, und damit spätere Maßnahmen zur Bevölkerungskontrolle sehr drastisch ausfallen müssen. Wachsende Bevölkerungszahl bedeutet überproportionalen Anstieg der Umweltbelastungen und beschleunigte Zerstörung der Versorgungs- und Entsorgungsbasis.

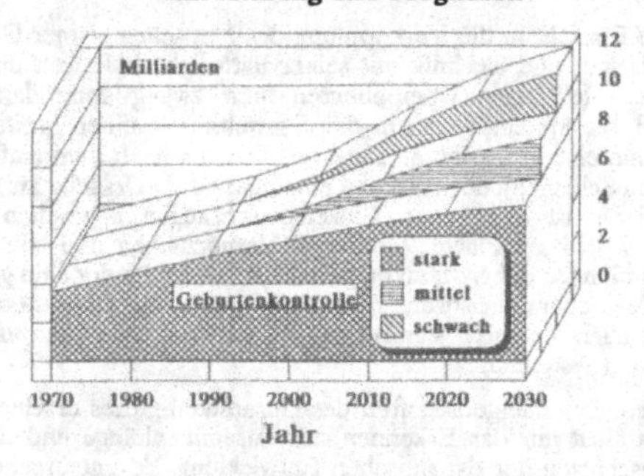

(I1.2) Der Kohlendioxidpegel der Atmosphäre ist in hundert Jahren um 25 Prozent gestiegen; Klimaänderungen erscheinen unvermeidbar.

Der Kohlendioxidpegel in der Atmosphäre steigt seit der Industrialisierung ständig an. Hauptursache des Anstiegs ist der Verbrauch fossiler Brennstoffe; die entstehende Kohlendioxidmenge übersteigt die Aufnahmefähigkeit der Biosphäre und der Ozeane. Mehr CO_2 in der Atmosphäre bedeutet mehr 'Wärmedämmung' und höhere mittlere Jahrestemperaturen sowie besonders starke Temperaturerhöhungen an den Polen, Klimaveränderungen und Änderung der Wachstumsbedingungen.

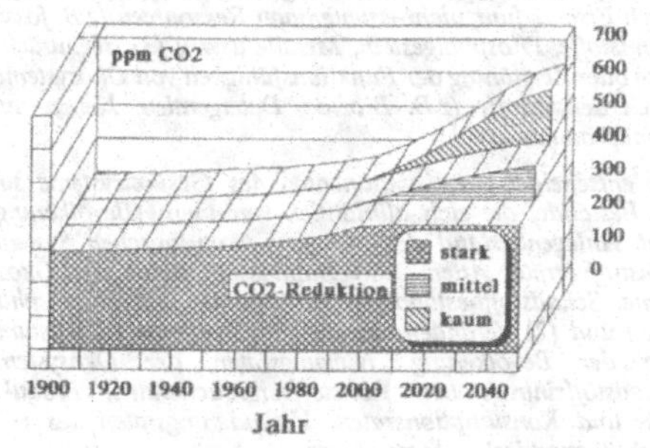

(I1.4) In Industrieländern führt ein 'Waldsterben' zu erheblichen Zuwachsverlusten und zum vorzeitigen Absterben bei fast allen Waldbaumarten.

Seit etwa 1985 ist mehr als die Hälfte des Waldes in der BRD geschädigt; die Absterbeverluste übersteigen teilweise den normalen Holzeinschlag. In abgestorbenen Bäumen wird Zuwachsrückgang über die letzten zwei Jahrzehnte festgestellt (Jahresringe). Als Schadursache kommen nur Luftschadstoffe in Frage, die fast ausschließlich aus Verbrennungsprozessen stammen (Kraftwerke, Verkehr). Die Erhebungen (Bild) enthalten nicht die bereits entnommenen toten Bäume.

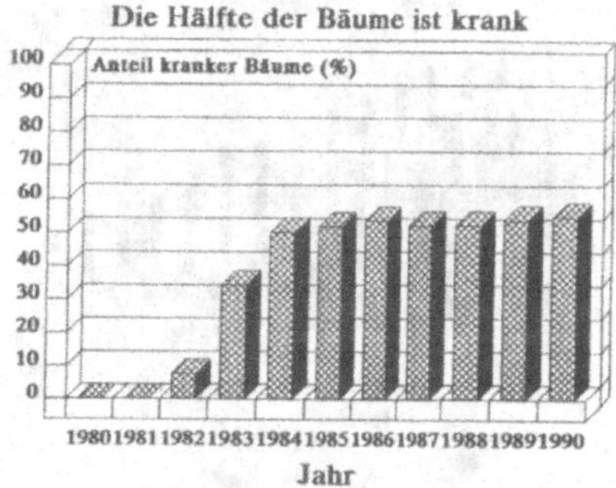

(I1.3) In Entwicklungsländern findet gegenwärtig eine Waldvernichtung großen Ausmaßes statt: die Waldfläche dort halbiert sich etwa alle 20 Jahre. Jährlich wird weltweit eine Fläche von etwa der Größe des Bundesgebiets entwaldet.

Die Abholzung zur Holz- und Landgewinnung führt meist zu weitgehender Zerstörung funktionierender Ökosysteme (Erosion, Nährstoffverluste, Verlust der Wasserspeicherfähigkeit mit Überschwemmungen/Trockenheit als Folge, Artenverlust). Diese Veränderungen sind z.T. grundsätzlich nicht mehr umkehrbar. Hieraus folgen einschneidende Konsequenzen für Versorgung, Stabilität der Ökosysteme, gesellschaftliche Entwicklung und Klima.

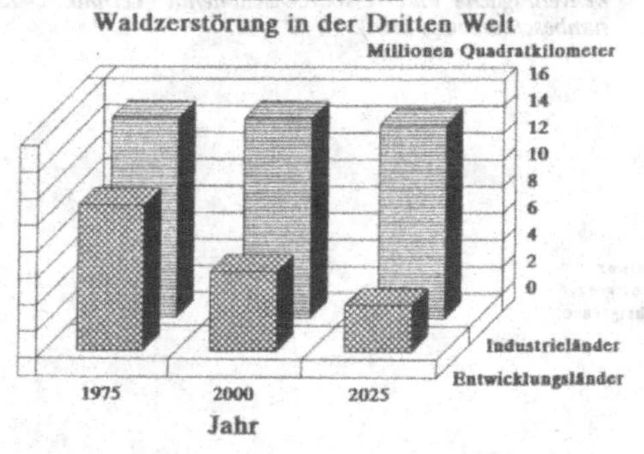

(I1.5) Durch Ausbreitung der Wüsten geht weltweit jährlich für die landwirtschaftliche Nutzung eine Fläche verloren, die der gesamten landwirtschaftlichen Nutzfläche der BRD entspricht.

Hauptsächliche Ursachen für die Ausbreitung der Wüsten: Waldrodung (Nährstoffverluste, Humusverlust, Erosion), Übernutzung durch Landwirtschaft (Hanglagen, Grenzertragsböden, Erosion), Brennholznutzung (Zerstörung des Ökosystems, Erosion, Nährstoff- und Humusverlust, Verlust der Wasserhaltefähigkeit), Überweidung (Zerstörung der Vegetation, Erosion usw.), Bewässerung (Zerstörung der Fruchtbarkeit durch Salze und Alkalien).

(I1.6) Die Erschöpfung wesentlicher Energieträger (Erdöl, Erdgas), wichtiger technischer Rohstoffe (z.B. Blei, Silber, Quecksilber, Zink) und des für die Landwirtschaft notwendigen Phosphats wird die Entwicklung im nächsten Jahrhundert bestimmen.

Da bei Energieträgern keine, bei Rohstoffen nur eine beschränkte Materialrückführung möglich ist, ist die Erschöpfung unausweichlich. Viele Stoffe lassen sich nicht durch andere ersetzen (z.B. Pflanzennährstoff Phosphat).

PHOSPHATRESERVEN

Erschöpfung der Phosphatvorräte

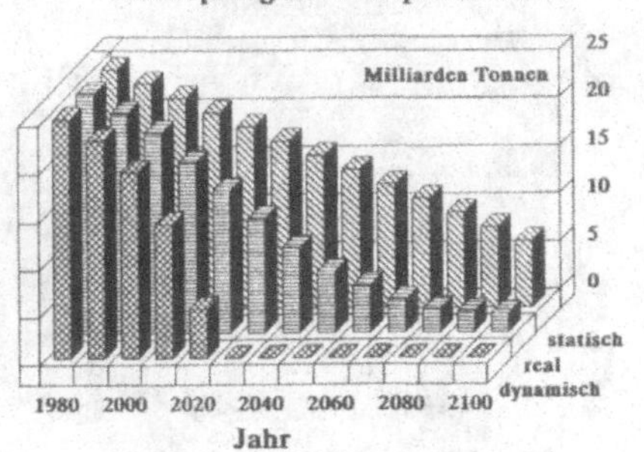

(I1.7) In Muttermilch finden sich Rückstandsmengen chlororganischer Verbindungen, die die zulässigen Werte bis zum Tausendfachen übersteigen.

Synthetische Chemiestoffe können von Organismen oft nicht abgebaut werden, da die entsprechende evolutionäre Erfahrung fehlt. Sie können sich daher im Körper anreichern. Viele dieser Stoffe verteilen sich mit dem Luft- und Wasserkreislauf leicht über die ganze Erde und erreichen damit jeden Organismus, auch wenn er sich in 'reiner Luft' 'gesund' ernährt.

UMWELTSCHADSTOFFE

Anreicherung im Körper: Muttermilch

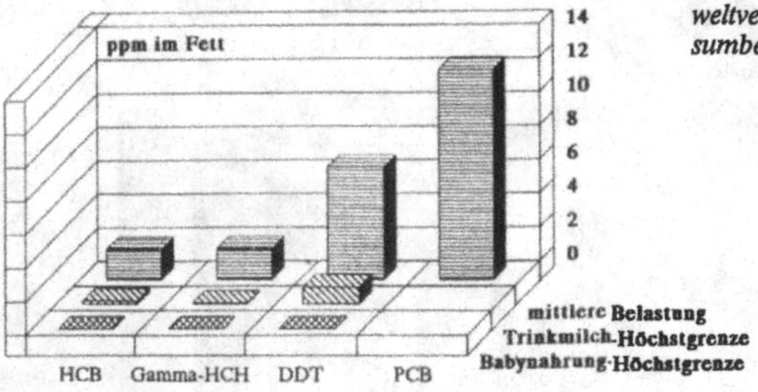

I2. Zusammenhänge, Systemkomponenten, Systementwicklung

Die die ökologische Basis bedrohenden Entwicklungen lassen sich fast durchweg auf Überbelastungen durch Produktion und Konsumption zurückführen, die oft noch durch Konzentrationseffekte (Großstädte) verstärkt werden. Für die Höhe der Umwelt- und Ressourcenbelastungen sind zwei Faktoren entscheidend: (1) Die spezifische Pro-Kopf-Belastung, die von der Art und dem Entwicklungsstand der Wirtschaftsform und der verwendeten Technik abhängt (technisch-ökonomisches System); und (2) die Bevölkerungszahl.

Die Belastungen wiederum lassen sich nach verschiedenen Kategorien unterscheiden: (1) Belastungen durch Übernutzung prinzipiell erneuerbarer Ressourcen (z.B. Bodenerosion, Abholzung, Grundwasserübernutzung usw.); (2) Belastungen durch Erschöpfung nicht-erneuerbarer Ressourcen (z.B. fossile Brennstoffe, Phosphatgestein, Metalle usw.); (3) Beeinträchtigung oder Zerstörung der Funktionsfähigkeit von Ökosystemen durch Schadstoffe (z.B. Biozide, Detergentien, Neben- und Abfallprodukte usw.).

Die entscheidenden Komponenten des Gesamtsystems sind (1) Bestände, die sich allmählich verändern (Bevölkerungszahl, Anlagenbestand des technisch-ökonomischen Systems, Rohstoffvorräte, Arten- und Biomassebestände der Ökosysteme, Schadstoffbestände in Atmosphäre und Hydrosphäre usw.) und (2) Veränderungsraten der Bestände (Wachstumsrate der Bevölkerung, Nutzungsraten der Ökosysteme, Schadstoffeintragsraten, Rohstoffverbrauchsraten, Produktions- und Konsumptionsraten, Veränderungsraten des technisch-ökonomischen Systems, usw.).

Herausragendes Merkmal des Systems Mensch-Technik-Umwelt sind die Rückkopplungen zwischen den Komponenten. Eingriffe des Menschen bleiben also selten auf ihre direkten Wirkungen im Ökosystem beschränkt, sondern sie wirken im Zusammenspiel mit den Folgen anderer Eingriffe auf andere Komponenten des Systems ein und schließlich auch auf den Menschen zurück. Es kommt auf die Art und Stärke der Verkopplungen zwischen den Komponenten an, ob sich die Effekte in Rückkopplungskreisen abschwächen oder verstärken. Die Verkopplung der Komponenten kann dazu führen, daß Verfallserscheinungen sich beschleunigen, weil gleichzeitig mehrere Teilprozesse geschädigt sind (Beispiel: beschleunigter Verfall der Ökosysteme durch Übernutzung und gleichzeitigen Schadstoffeintrag). Das rechtzeitige Erkennen der Verfallsentwicklung kann aber auch zu Gegenmaßnahmen führen, die den Verfall aufhalten können (etwa: Geburtenkontrolle, umweltverträgliche und ressourcenschonende Techniken, Konsumbeschränkung, usw.).

(I2.1) Bei einer gegebenen Form von Technik und Wirtschaft (mit einem bestimmten Durchsatz pro Kopf) sind Umweltbelastungen im wesentlichen proportional zur Bevölkerungszahl. Bei Bevölkerungskonzentrationen (Großstädte) können sie aber auch überproportional anwachsen.

Ökosysteme können eine gewisse Rate (Menge pro Zeiteinheit) an erneuerbaren Nutzungen oder abbaubaren Belastungen pro Flächeneinheit verkraften (ökologische Tragfähigkeit). Bei hohen Bevölkerungsdichten oder Übervölkerung verringert sich die Tragfähigkeit durch teilweise Zerstörung der ökologischen Basis bis hin zum Zusammenbruch.

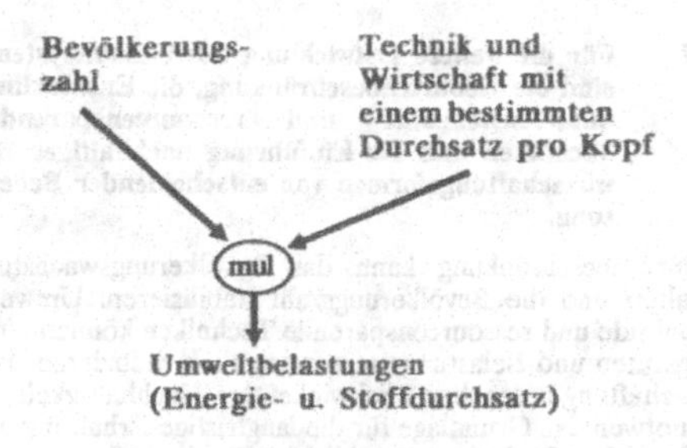

(I2.2) Die spezifische Umweltbelastung pro Person hängt vor allem von Art und Entwicklungsstand des technisch-ökonomischen Systems ab.

Ein hoher materieller Lebensstandard belastet (bei gleicher Technik) die Umwelt mehr als ein niedriger. Mit einer anderen Technik (energie- und rohstoffsparend, weniger umweltbelastend) und/oder einer anderen Wirtschaftsform (z.B. Koppelproduktion, Geräteleihe, Gemeinschaftsanlagen) läßt sich aber die gleiche 'Konsumdienstleistung' beim Verbraucher mit weniger Umweltbelastung erzeugen. Hoher Rohstoff- und Energieverbrauch ist daher kein Maß für Wohlstand, sondern eher für Ineffizienz, Umweltbelastung, Verschwendung und Zerstörung der Basis zukünftiger Entwicklung.

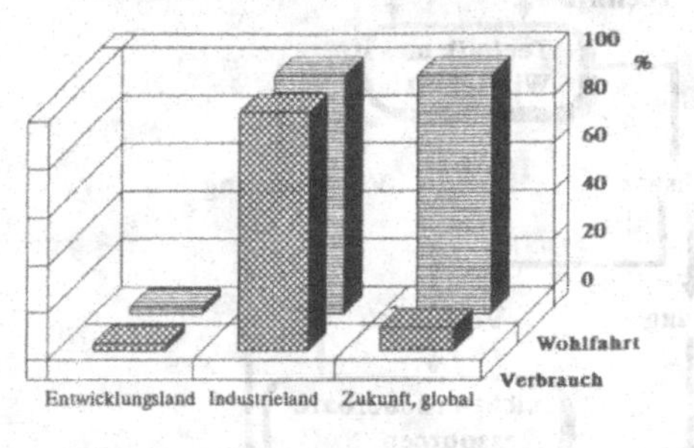

(I2.3) Die Umwelt als Ressourcenbasis wird belastet durch

(1) Schadstoffeinträge
(2) Nutzung erneuerbarer Ressourcen
(3) Verbrauch nicht-erneuerbarer Rohstoffvorräte

Die Folgen dieser Belastungen sind: (1) Beeinträchtigung der Funktionsfähigkeit der erneuerbaren Ressourcenbasis, (2) möglicherweise (nicht notwendigerweise) Übernutzung der erneuerbaren Ressourcenbasis, (3) Verminderung und allmähliche Erschöpfung der (nicht erneuerbaren) Rohstoffbasis.

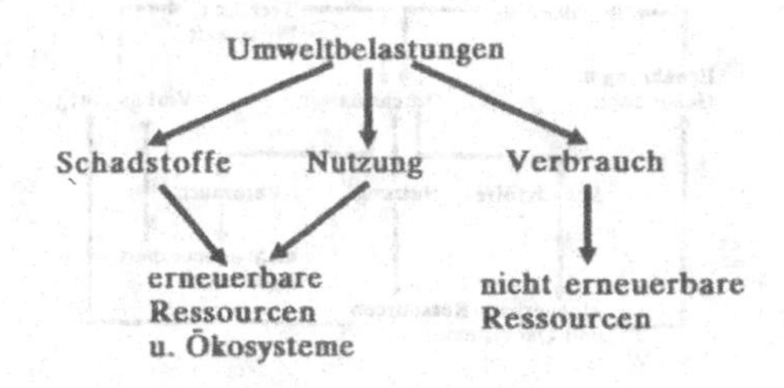

(I2.4) Der Zustand der Umwelt und der Erschöpfungsgrad der Rohstoffe wirken über Ernährung, Gesundheit und Verknappung auf die Bevölkerung und ihre Ver- und Entsorgung zurück.

Übernutzung und Schadstoffeinträge verringern die Funktionsfähigkeit der Ökosysteme und damit ihre Tragfähigkeit und Produktivität. Über Knappheiten (Nahrungsmangel, Brennstoffmangel, fehlende Reinigungsleistung der Gewässer, verringerte Bodenfruchtbarkeit, Rohstoffmangel usw.) kann dies direkte (Hunger, Unterversorgung, Krankheiten) oder indirekte Rückwirkungen (Lebensstandard, Wirtschaftsprobleme) auf die Bevölkerung haben. Diese regeln den Rückkopplungen würden die Bevölkerungs- und Verbrauchsentwicklung der (schwindenden) Tragfähigkeit der Umwelt anpassen.

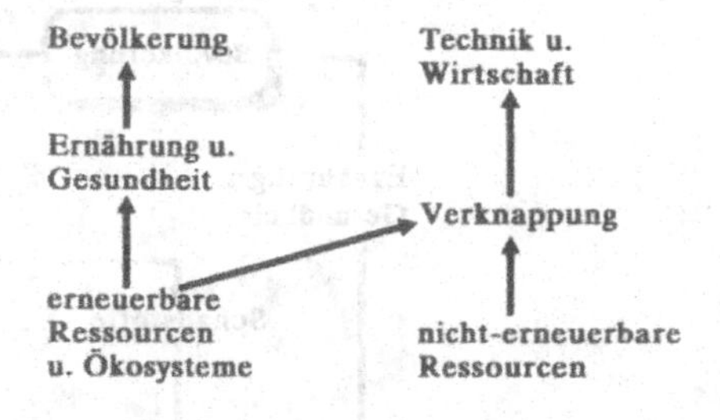

(I2.5) Art und Stärke der Rückkopplungen haben auf die Entwicklungsdynamik des Gesamtsystems einen entscheidenden Einfluß.

Wird durch eine Rückkopplung eine ursprüngliche Störung verstärkt, so kommt es zu einer wachsenden Verschlechterung, bis das System an seine Grenzen stößt oder zusammenbricht. Beispiel: wird durch Schadstoffeintrag die Regenerationsfähigkeit der Ökosysteme reduziert, so können sie noch weniger Schadstoffeintrag verkraften, und die Regenerationsfähigkeit bricht im Laufe der Zeit zusammen. Damit wird die Ernährungsbasis der Bevölkerung zerstört, usw.

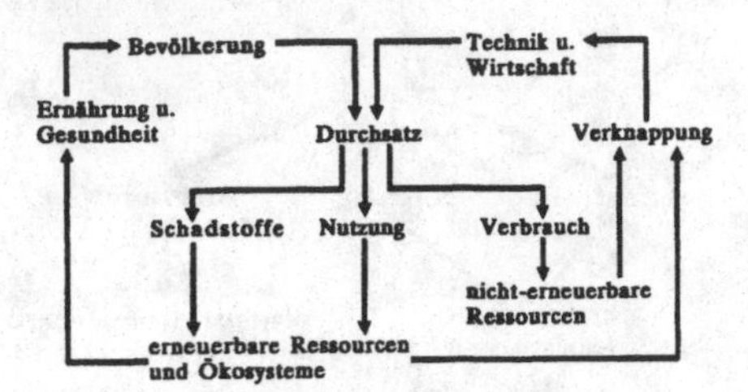

(I2.6) Die weitgehend negativen Auswirkungen der Rückkopplung über Mangel und Umweltzerstörung lassen sich durch bewußt herbeigeführten technischen, ökonomischen und sozio-kulturellen Wandel vermeiden.

Rechtzeitige Verminderung des Bevölkerungswachstums und Stabilisierung der Bevölkerungszahl sowie die Einführung nachhaltiger, umwelt- und ressourcenschonender Techniken und Wirtschaftspraktiken (bessere Nutzung, lange Lebensdauer, Materialrückführung, Nährstoffkreisläufe usw.) können Bevölkerung und Umweltnutzung bei hoher nachhaltiger Tragfähigkeit der Ökosysteme in Einklang bringen.

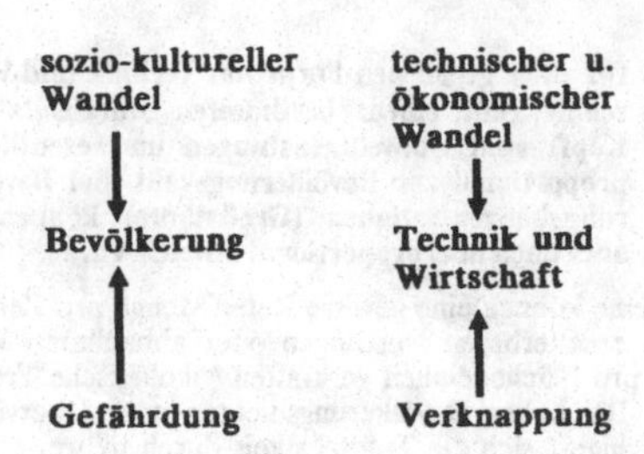

(I2.7) Für die weitere Entwicklung des Gesamtsystems sind die Geburtenbeschränkung, die Entwicklung umweltschonender und ressourcensparender Techniken und die Einführung nachhaltiger Bewirtschaftungsformen von entscheidender Bedeutung.

Geburtenbeschränkung kann das Bevölkerungswachstum anhalten und die Bevölkerungszahl stabilisieren. Umweltschonende und ressourcensparende Techniken können Nutzungsraten und Belastungsraten wesentlich reduzieren. Bewirtschaftung unter dem Blickwinkel der 'Nachhaltigkeit' ist die notwendige Grundlage für die langfristige Erhaltung der ökologischen Basis der menschlichen Gesellschaft.

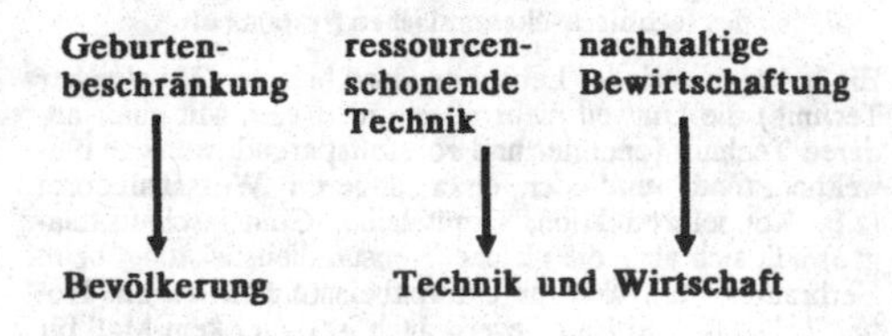

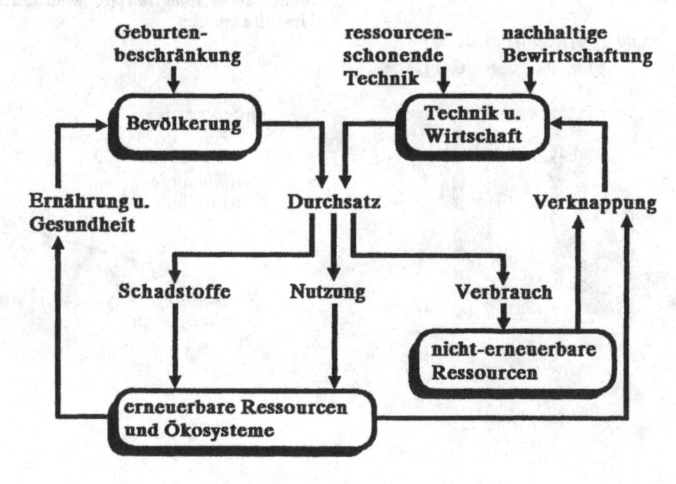

I3. Alternativen und langfristige Orientierung

Um den Zerfall der erneuerbaren und der nicht erneuerbaren Ressourcenbasis aufzuhalten, müssen diejenigen vom Menschen gesteuerten Prozesse verändert werden, die in den Rückkopplungskreisen des Gesamtsystems einen wesentlichen Einfluß auf Zerfallsvorgänge haben. Hier ist es allerdings mit kleineren Korrekturen (etwa dem Herabsetzen von Grenzwerten oder dem Verbessern von Filtern) meist nicht getan, sondern es müssen qualitativ andere Ansätze gesucht und eingeführt werden, die den Bedürfnissen mit weit geringerer Umwelt- und Ressourcenbelastung gerecht werden. Diese Möglichkeiten bestehen, aber sie setzen teilweise erhebliche Umdenkprozesse und entsprechende strukturelle Veränderungen voraus (Geburtenkontrolle, Güter mit sehr langer Lebensdauer, Rohstoffrückführung, Verbot bestimmter Chemiestoffe, bessere Energienutzung, usw.).

Die Entscheidung zwischen Alternativen setzt deren vergleichende Bewertung voraus. Da der Mensch und sein technisch-ökonomisches System mit der natürlichen Umwelt und ihren Ressourcen verkoppelt sind und von ihrer Funktionsfähigkeit abhängen, ist aber die (heute übliche und selten hinterfragte) Orientierung ausschließlich oder vorwiegend an technischen, ökonomischen oder gesellschaftspolitischen Kriterien unvollständig und in Anbetracht ihrer möglichen Folgen auch unverantwortlich. Die Bewertungskriterien müssen daher von der Funktionsfähigkeit (besser: Entfaltungsfähigkeit) des Gesamtsystems abgeleitet sein. Da dabei die langfristige Entwicklung im Blickwinkel bleiben muß, genügt der Bezug allein auf die Interessen der heute existierenden Systeme und der heute lebenden Menschen nicht.

(I3.1) Wegen der grundsätzlich (durch den Eintrag an Sonnenenergie) begrenzten ökologischen Tragfähigkeit kann das System Mensch-Technik-Umwelt auf Dauer nur im Fließgleichgewicht existieren, d.h. anhaltende Zuwächse jeder Art (Bevölkerung, Schadstoffe, Produktion usw.) sind nicht möglich.

Das bedeutet konkret, daß Maßnahmen, die die Zuwächse nur verringern (Bevölkerung, Kohlendioxid, Schwermetalle, Biozide usw.), die Problematik nur zeitlich verschieben, nicht aber lösen. Das Problem muß grundsätzlicher angefaßt werden: Es verlangt den Übergang auf andere Formen und Strukturen von Wirtschaft und Technik.

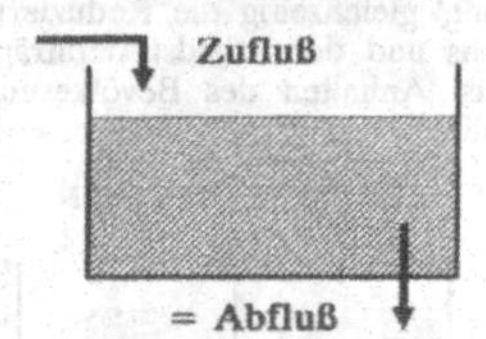

FLIESSGLEICHGEWICHT

(I3.2) Möglichkeiten für nachhaltige Technik- und Wirtschaftsformen bestehen: u.a. Rohstoffrückführung, lange Produktlebensdauer, Austausch- und Reparaturfähigkeit, effizientere Energie- und Rohstoffnutzung, Vermeidung persistenter Schadstoffe, ökologischer Landbau, Nutzung erneuerbarer Rohstoffe usw.

Die erforderlichen Techniken sind weitgehend verfügbar oder könnten entwickelt werden. Ihre Einführung wird z.T. davon abhängen, daß vom Gesetzgeber die richtigen Randbedingungen (Vorschriften, finanzielle Anreize, internationale Regelungen usw.) gesetzt werden.

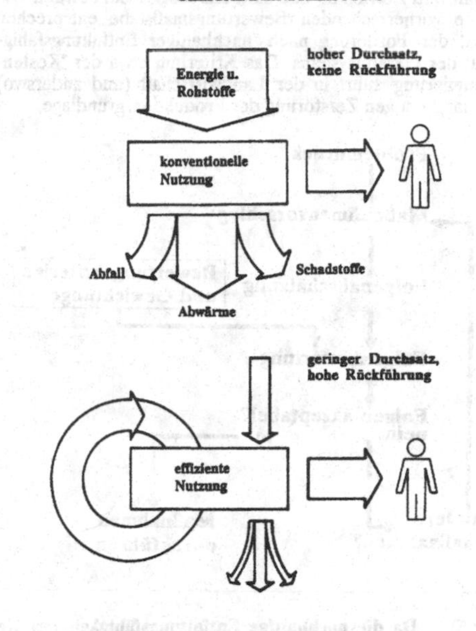

(I3.3) Der Mensch und seine Gesellschaft können nur in Verknüpfung mit der natürlichen Umwelt existieren. Deren Nutzung muß an der Nachhaltigkeit (bei hoher Tragfähigkeit) orientiert sein.

Die Verkopplung der Teilsysteme 'menschliche Gesellschaft' und 'natürliche Umwelt' auf 'Gedeih und Verderb' bedeutet, daß das Gesamtsystem auf Dauer nur existieren kann, wenn sich alle Maßnahmen an seiner langfristigen Lebensfähigkeit - oder besser Entfaltungsfähigkeit - orientieren. Die Beurteilung von Maßnahmen nach ausschließlich technischen, wirtschaftlichen, gesellschaftspolitischen oder ökologischen Kriterien ist daher unvollständig und unverantwortlich.

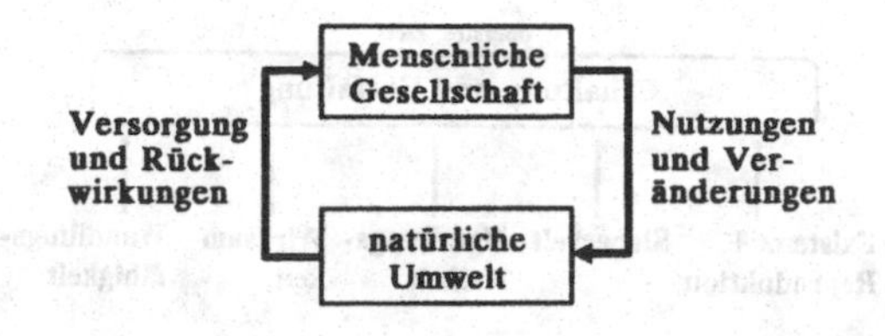

(I3.4) Die Bewertung von Maßnahmen und ihren Folgen und die Wahl eines Entwicklungspfades hängen von den angelegten Bewertungsmaßstäben und ihren relativen Gewichten ab.

Wo über Maßnahmen entschieden wird, müssen immer Bewertungskriterien angelegt werden. Auswahl und Gewichtung hängen von der Sozialisation des Bewerters in Gesellschaft und Betrieb ab und sind uns meist nicht bewußt. Die heute vorherrschenden Bewertungsmaßstäbe entsprechen nicht der Forderung nach 'nachhaltiger Entfaltungsfähigkeit' des Gesamtsystems. Das Kriterium etwa der 'Kostenminimierung' führt in der Landwirtschaft (und anderswo) zur langfristigen Zerstörung der Produktionsgrundlage.

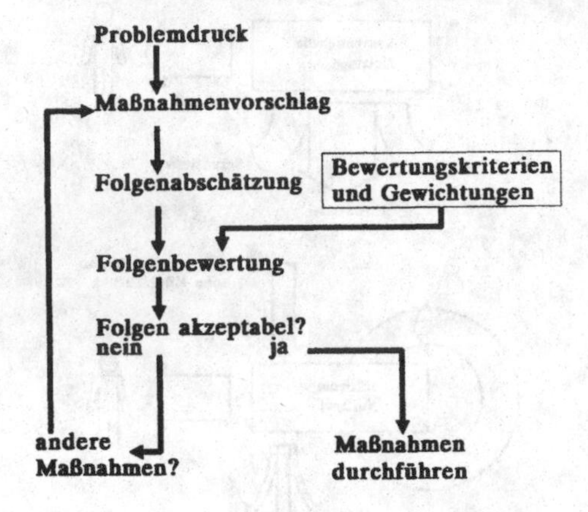

(I3.5) Da die nachhaltige Entfaltungsfähigkeit des Gesamtsystems zu sichern ist, müssen Bewertungskriterien, ihre Gewichtungen und die gesamte Bewertung von Maßnahmen daran orientiert sein.

Aus der Grundforderung der nachhaltigen Entfaltungsfähigkeit lassen sich recht präzise die Bewertungskriterien und ihre Gewichtungen angeben und abgrenzen, die bei der Beurteilung umweltrelevanter Maßnahmen angelegt werden müssen: Sie sind also nicht beliebig, und sie lassen sich nicht als 'Ideologie' fortschieben (s. Kap. O). Dagegen zeigt sich bei einer solchen Betrachtung die ganze ideologische Fragwürdigkeit von Kriterien wie 'Wirtschaftlichkeit', 'Kostenminimierung', 'technische Höchstleistung', 'Konkurrenzfähigkeit' usw., die nur im gewichteten Zusammenspiel mit anderen Kriterien eine gewisse Existenzberechtigung haben.

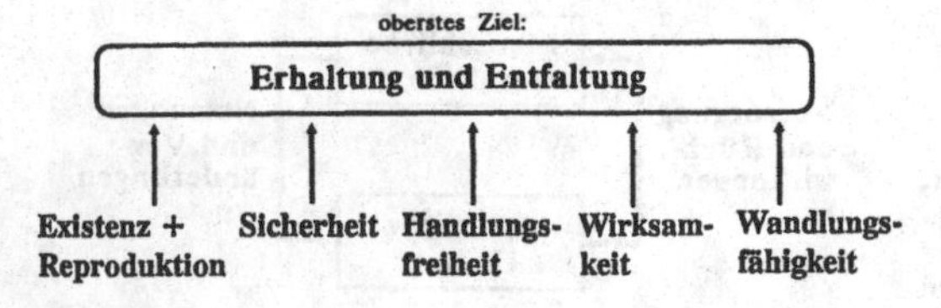

(I3.6) Die zukünftige Entwicklung muß sich an vier grundlegenden Erfordernissen orientieren:

(1) Bevölkerungswachstum stoppen
(2) Schadstoffeinträge verhindern
(3) erneuerbare Ressourcen nachhaltig nutzen
(4) Verbrauch nicht-erneuerbarer Rohstoffe minimieren

Diese Erfordernisse ergeben sich aus den mit der Bevölkerungszahl anwachsenden Ver- und Entsorgungsproblemen (I2.1) und den drei Arten der Umweltbelastung (I2.3).

Neben der Geburtenkontrolle leistet die Verminderung der Stoff- und Energiedurchsätze durch effizientere Nutzung bei gleicher Dienstleistung einen wesentlichen Beitrag zur langfristigen Versorgungssicherung.

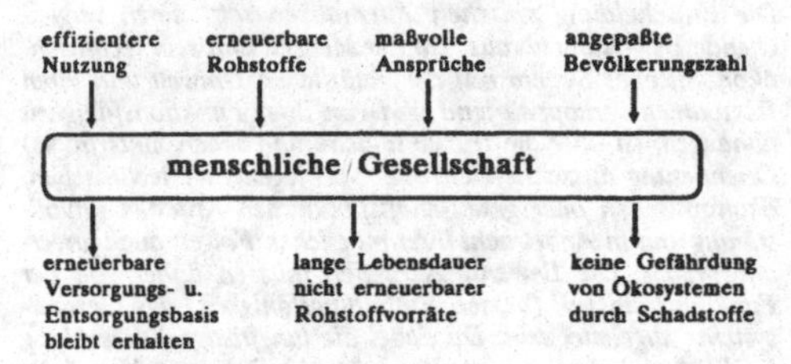

(I3.7) Die gegenwärtigen Bedingungen verlangen globales Handeln mit den folgenden konkreten Stoßrichtungen (Global Action Plan, State of the World 1989):

(1) Anhalten des Bevölkerungswachstums.
(2) Sicherung der Ernährung
(3) Aufforstung
(4) Entwicklung einer nachhaltigen Energieversorgung.

Diese vier konkreten Forderungen decken sich bei genauer Betrachtung mit den Erfordernissen in (I3.6): 'Aufforstung' und 'Sicherung der Ernährung' bedeuten die nachhaltige Nutzung erneuerbarer Ressourcen. Da der allergrößte Teil der Umweltbelastungen heute mit Energiedurchsätzen verbunden ist, bedeutet die 'Entwicklung einer nachhaltigen Energieversorgung' gleichzeitig die Reduzierung des Ressourcenverbrauchs und der Schadstoffeinträge. In beiden Listen spielt das 'Anhalten des Bevölkerungswachstums' eine zentrale Rolle.

ZUKUNFTSAUFGABEN

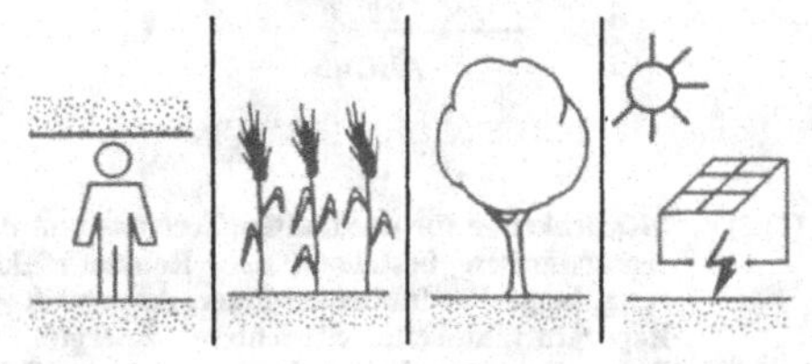

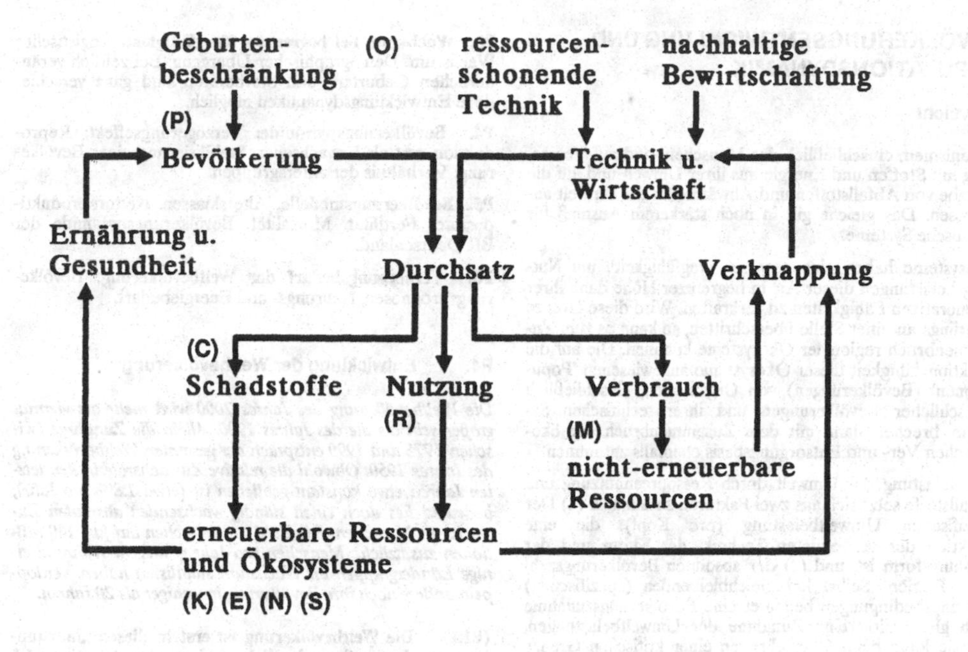

KAPITELÜBERSICHT

BEVÖLKERUNGSENTWICKLUNG UND POPULATIONSDYNAMIK

Übersicht

Organismen, einschließlich des Menschen, sind auf Versorgung mit Stoffen und Energie aus ihrer Umwelt und auf die Abgabe von Abfallstoffen und Abwärme an die Umwelt angewiesen. Das gleiche gilt in noch stärkerem Ausmaß für technische Systeme.

Ökosysteme haben eine gewisse 'Tragfähigkeit', um Nutzungsbelastungen dieser Art in begrenzter Höhe dank ihrer regenerativen Fähigkeiten zu verkraften. Wird diese Grenze allerdings an einer Stelle überschritten, so kann es zum Zusammenbruch regionaler Ökosysteme kommen. Die auf die Funktionsfähigkeit dieser Ökosysteme angewiesenen 'Populationen' (Bevölkerungen) von Organismen, einschließlich menschlicher Bevölkerungen und ihrer technischen Systeme, brechen dann mit dem Zusammenbruch der ökologischen Ver- und Entsorgungsbasis ebenfalls zusammen.

Die Belastung der Umwelt durch Ressourcennutzung und Abfallstoffe setzt sich aus zwei Faktoren zusammen: (1) Der spezifischen Umweltbelastung (pro Kopf), die eine Funktion der verwendeten Technik, der Kultur und der Siedlungsform ist, und (2) der absoluten Bevölkerungszahl einer Region. Selbst bei gleichbleibenden (spezifischen) Nutzungsbedingungen bedeutet eine Bevölkerungszunahme auch gleichzeitig eine Zunahme der Umweltbelastungen, und sie kann beim Überschreiten einer kritischen Grenze zum Zusammenbruch führen. Die Analyse der Bevölkerungsentwicklung gehört damit unausweichlich zur problemorientierten Umweltwissenschaft.

Während sich in einigen Industrieländern die Bevölkerungszahl stabilisiert, wächst sie in den meisten Entwicklungsregionen noch ständig weiter an. Zwar erscheinen die Zuwachsraten auf den ersten Blick klein, doch bahnt sich hier eine aus mehreren Gründen beunruhigende Entwicklung an: (1) Eine jährliche Wachstumsrate von 3 Prozent (wie sie sich heute in vielen Ländern noch findet) bedeutet eine Verdoppelung der Bevölkerung in 24 Jahren und eine Vermehrung auf das 20-fache in 100 Jahren. (2) Das Problem hat eine Zeitverzögerung von mehreren Jahrzehnten, da die hohe Kinderzahl von heute erst später als hohe Elternzahl 'Wirkung' zeigen wird. (3) Mit zunehmender Industrialisierung sind - wenn es bei der heutigen verschwenderischen Technik bleiben sollte - besonders in den Entwicklungsregionen überproportional steigende Umweltbelastungen zu erwarten.

Hieraus ergibt sich eigentlich die Notwendigkeit, bereits Jahrzehnte im voraus zu denken und zu handeln, um in den meisten Regionen unerträglichen Zukunftsbedingungen und Zusammenbrüchen rechtzeitig vorzubeugen.

Inhalt

P1. Entwicklung der Weltbevölkerung

*Die Weltbevölkerung des Jahres 2000 wird mehr als viermal größer sein als die des Jahres 1900. Allein die **Zunahme** zwischen 1975 und 1990 entsprach der **gesamten** Weltbevölkerung des Jahres 1950. Obwohl die **relative** Zuwachsrate in den letzten Jahren etwa konstant geblieben ist (etwa 1.8% pro Jahr), bedeutet dies doch einen ständig wachsenden **absoluten** Zuwachs an Menschen: Die Zahl ist inzwischen auf fast 100 Millionen zusätzliche Menschen pro Jahr gestiegen. Während einige Ländergruppen ihr Wachstum stabilisiert haben, verdoppeln andere noch ihre Bevölkerung in weniger als 20 Jahren.*

(P1.1) Die Weltbevölkerung ist erst in diesem Jahrhundert außerordentlich stark angewachsen: von 1.5 Milliarden Menschen im Jahre 1900 auf 5.4 Milliarden im Jahr 1990 und auf 6.4 Milliarden im Jahr 2000.

Die Weltbevölkerung hat beschleunigt zugenommen, da (bis vor kurzem) auch die relative Wachstumsrate des Bevölkerungswachstums ständig zunahm. Entsprechend verkürzte sich die Verdoppelungszeit (Zeit, in der sich eine Bevölkerung verdoppelt) ständig (auf heute 39 Jahre).

Weltbevölkerung			Verdopplungszeit (Jahre)
8000 v.Chr.	5	Mio.Menschen	
0	200-300	Mio.	
1650 n.Chr.	500	Mio.	1500
1850	1	Mrd.	200
1930	2	Mrd.	80
1975	4	Mrd.	45
1990	5.4	Mrd.	39

WELTBEVÖLKERUNG
beschleunigtes Wachstum

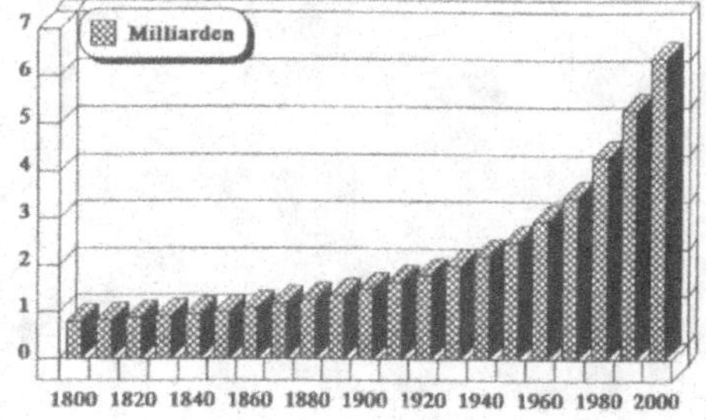

(P1.2) Die (Netto)Wachstumsrate ist bis etwa 1980 ständig angestiegen und danach bei etwa 1.8 Prozent pro Jahr geblieben.

Die (Netto-)Wachstumsrate ist die Differenz zwischen Geburten- und Sterberate. Sie erhöht sich vor allem durch das Absenken der Sterberate durch Fortschritte in Medizin, Hygiene und Ernährung. Die Geburtenrate der Weltbevölkerung sank nicht im gleichen Maße - die wachsende Differenz führte zur Zunahme der Wachstumsrate.

WACHSTUMSRATE

Geburtenrate fällt zu langsam

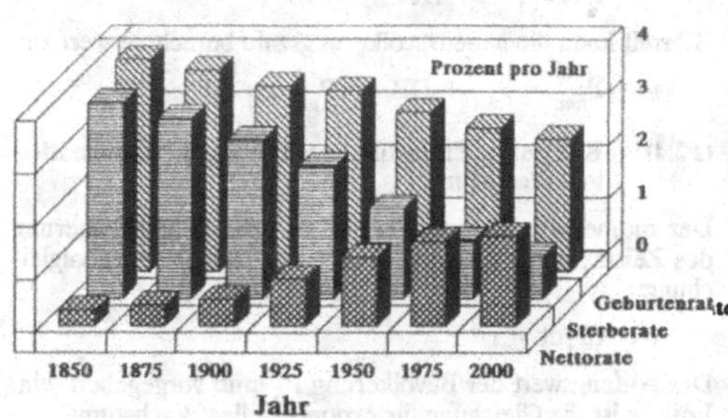

(P1.3) Trotz heute gleichbleibender (oder leicht sinkender) Wachstumsrate steigt der absolute Bevölkerungszuwachs von Jahr zu Jahr.

Der absolute Bevölkerungszuwachs pro Jahr ergibt sich aus der Bevölkerungszahl multipliziert mit der (relativen) Wachstumsrate. Gleiche Wachstumsrate bei doppelter Bevölkerungszahl bedeutet doppelten Bevölkerungszuwachs.

Beispiel: 1.8% von 3 Mrd = 54 Mio/a,
1.8% von 6 Mrd = 108 Mio/a.

(P1.4) Die Wachstumsraten der Bevölkerung sind in der Gruppe der Entwicklungsländer besonders hoch, in der Gruppe der Industrieländer gering.

Die Wachstumsraten der Bevölkerung sind in Afrika, Lateinamerika und Asien besonders hoch, in Nordamerika und Europa relativ niedrig. Im Jahr 2000 werden auf der Erde etwa 6.4 Milliarden Menschen leben.

Bevölkerungsprognosen für die Welt und ihre Hauptregionen

	1975	2000	Durchschnittl. Jahreszuwachs in %
	Mio..		
Welt	4090	6351	1.8
Entwickelte Regionen	1131	1323	0.6
Unterentwickelte Regionen	2959	5028	2.1
Hauptregionen			
Afrika	399	814	2.9
Asien und Ozeanien	2274	3630	1.9
Lateinamerika	325	637	2.7
UdSSR und Osteuropa	384	460	0.7
Nordamerika, Westeuropa, Japan, Australien, Neuseeland	708	809	0.5

(P1.5) In aller Welt besteht eine Tendenz zur weiteren Verstädterung mit sehr hoher Bevölkerungsdichte. Die Siedlungsdichte städtischer Besiedlung liegt beim 100- bis 1000-fachen dörflicher Besiedlung. Entsprechend potenzieren sich die Umweltlasten.

Verteilung der Erdbevölkerung	
Erde (Land)	28 pro qkm
USA	23
Australien	1.5
BR Deutschland	245
Japan	287
Tokio	7722
New York City	10039
Manhattan Is.	26255

Das Wachstum der Großstädte in Entwicklungsländern ist eine direkte Folge des Bevölkerungswachstums und der Landflucht als Folge der sich verschlechternden Existenzbedingungen.

Schätzungen für einige Städte (Millionen Einwohner)

	1960	1975	2000
Kalkutta	5.5	8.1	19.7
Mexico City	4.9	10.9	31.6
Groß-Kairo	3.7	6.9	16.4
Seoul	2.4	7.3	18.7
Teheran	1.9	4.4	13.8
Lagos	0.8	2.1	9.4

P2. Exponentielles Wachstum

Von Wanderungsbewegungen abgesehen, haben Bevölkerungen (Populationen) Zuwächse (Geburten) und Abgänge (Sterbefälle), die beide proportional zum jeweiligen Bestand sind. Daraus ergibt sich exponentielles Wachstum (beschleunigter absoluter Zuwachs selbst bei konstanter Wachstumsrate). Bei konstanten Raten lassen sich Verdopplungszeiten angeben; sie liegen in manchen Entwicklungsländern heute bei unter 20 Jahren. Das bedeutet ein Anwachsen der Bevölkerung auf mehr als das 32-fache in 100 Jahren.

(P2.1) Eine Bevölkerung (Population) verändert sich ständig als Folge von Geburten und Sterbefällen, Zuwanderung und Abwanderung.

Population = Gruppe von Individuen, die von anderen Populationen der gleichen Art mehr oder weniger isoliert sind.

Eine Population hat Zugänge durch Geburten und Zuwanderung pro Zeiteinheit (meist pro Jahr) und Abgänge durch Todesfälle und Abwanderung pro Zeiteinheit.

Die Altersstruktur hat einen entscheidenden Einfluß auf die Bevölkerungsentwicklung (Zahl der Kinder, der Reproduktionsfähigen, der Alten). Bevölkerungen (Populationen) verändern sich daher ständig in Größe und genetischer Zusammensetzung als Folge von Veränderungen der Umwelt, Interaktion mit anderen Populationen (z.B. Freßfeinde) und Wanderung.

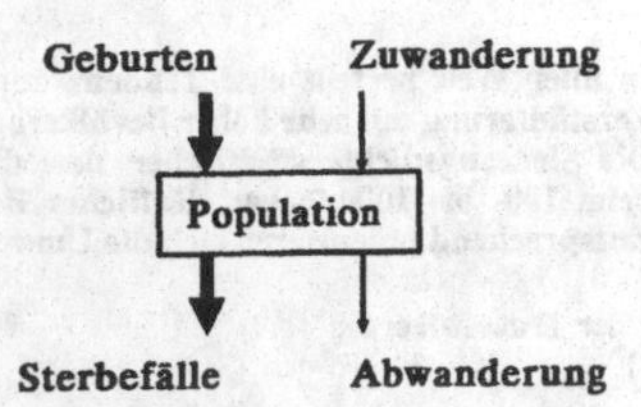

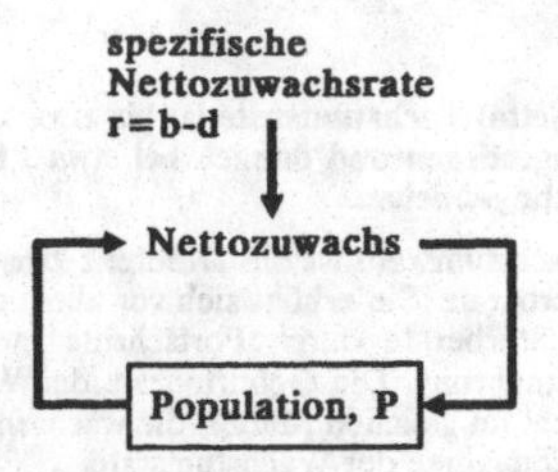

(P2.2) Bevölkerungskonstanz kann es nur geben, wenn sich Zu- und Abgänge genau die Waage halten (Fließgleichgewicht).

Konstanz bedeutet, daß sich die Population im Fließgleichgewicht befindet: Zu- und Abgänge gleichen sich aus.

Der analytische Ansatz ist bei pflanzlichen, tierischen und menschlichen Populationen gleich; im folgenden wird er nur auf die menschliche Bevölkerung bezogen.

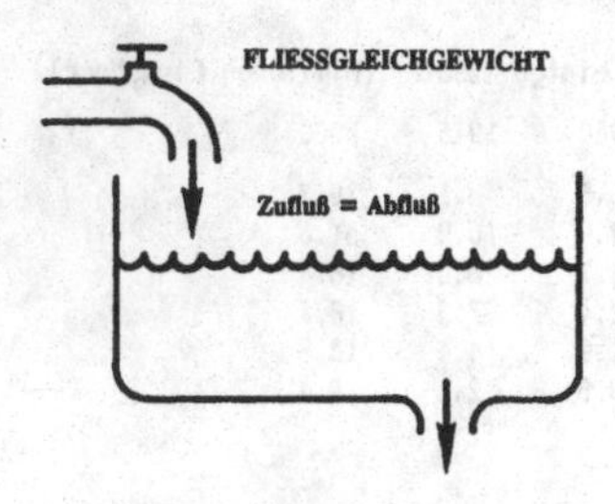

(P2.3) Bevölkerungszuwachs pro Zeit = Nettozuwachsrate * Bevölkerungszahl

Allgemeine Formel:

Zuwachs pro Zeit = Nettozuwachsrate * Bestand

Die Zahl der Geburten und die Zahl der Todesfälle sind beide proportional zur Bevölkerungszahl. Werden die (absoluten) Zahlen der Geburten und Todesfälle auf die Bevölkerungszahl bezogen, so erhält man die (relativen) Zuwachs- (Geburten) und Verlustraten (Todesfälle):

Geburtenrate b = (Geburten/Jahr)/Bevölkerung
Sterberate d = (Sterbefälle/Jahr)/Bevölkerung
Dimension der Raten: (Menschen/Jahr)/Menschen
= 1/Jahr

Die Nettoveränderung DP der Bevölkerung P im Zeitraum Dt (z.B. ein Jahr) ergibt sich aus

DP = (Geburtenrate - Sterberate) * Bevölkerung * Dt
= (b - d) * P * Dt

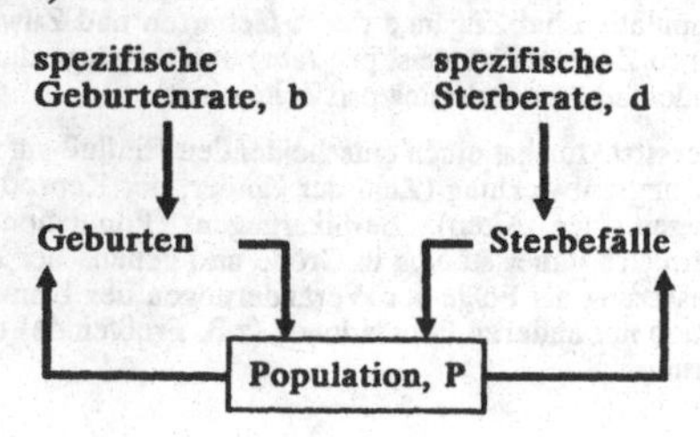

Mit der Nettozuwachsrate r = (b - d) wird der Nettozuwachs im Zeitraum Dt:

$$DP = r * P * Dt$$

Hiermit kann die neue Bevölkerungszahl berechnet werden:

$$P_{neu} = P_{alt} + DP = P_{alt} + r * P_{alt} * Dt$$

(P2.4) Konstante Zuwachsraten führen zu exponentiellem Wachstum.

Der momentane Zuwachs ergibt sich durch Verkleinerung des Zeitraums Dt gegen 0. Damit folgt die Differentialgleichung:

$$dP/dt = r * P$$

Der Anfangswert der Bevölkerung P_0 muß vorgegeben sein. Lösung ist die Gleichung für exponentielles Wachstum:

$$P(t) = P_0 * e^{rt},$$

wobei P_0 = Anfangszustand bei t = 0. (e = 2.71828...)

Beispiele:
Indien 1989: 880 Mio. Einwohner, b = 39/1000, d = 13/1000, d.h. r = (39 - 13)/1000 = 0.026. Falls es bei diesen Raten bliebe, dann hätte Indien 2244 Mio. Einwohner in 2025.
BRD 1990: 60 Mio. Einwohner, b = 9/1000, d = 12/1000
r = (9 - 12)/1000 = -0.003.
Damit 54 Mio. Einwohner in 2025.
Welt 1990: 5.4 Mrd. Einwohner,
Geburtenrate b = 0.031, Sterberate d = 0.013,
Wachstumsrate r = 0.018. Damit:
Verdopplungszeit = 70/1.8 = 39 Jahre,
Bevölkerung im Jahr 2010: 7.74 Mrd.

Exponentielles Wachstum bedeutet, daß der Zuwachs proportional zur vorhandenen Menge ist.

Falls die Zuwachsrate (relativer Zuwachs pro Zeiteinheit) positiv ist und gleich bleibt, dann ist der **absolute** Zuwachs in der nächsten Periode **größer**.

EXPONENTIELLES WACHSTUM
konstante Zuwachsrate von 10 % p.a.

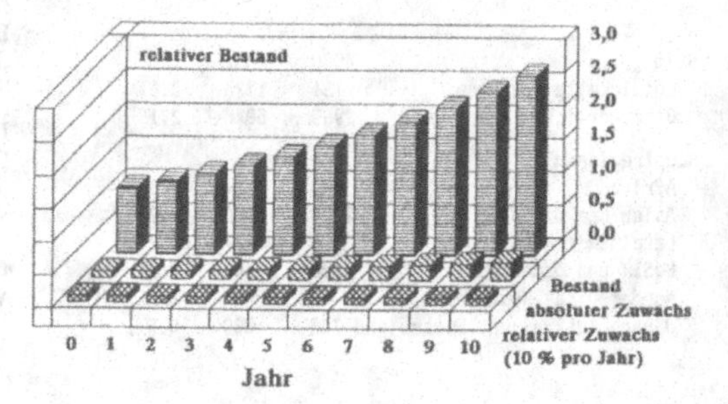

(P2.5) Weiteres Wachstum der Weltbevölkerung führt zu absurden Zahlen in überschaubaren Zeiträumen.

Bei 3 % Wachstum in 100 Jahren:

$$P(100\,J.) = P_0 * e^{0.03*100} = P_0 * e^3 \approx 20\,P_0$$

d.h. Verzwanzigfachung der ursprünglichen Bevölkerung in 100 Jahren!

Maximal mögliche Wachstumsrate: Malthus'sche Wachstumsrate. Sie wird auf 5 % geschätzt (Kenia heute 4.2 %, Weltdurchschnitt heute 1.8 %).

Bei 5 % Wachstum pro Jahr erreicht die Menschheit das Gewicht der Erde ($6 * 10^{21}$ Tonnen) etwa im Jahre 2600. (Bei weiterhin r = 0.02 etwa im Jahre 3500).

(Diese unsinnige Rechnung zeigt nur, daß exponentielles Wachstum in absehbarer Zeit sein Ende finden muß).

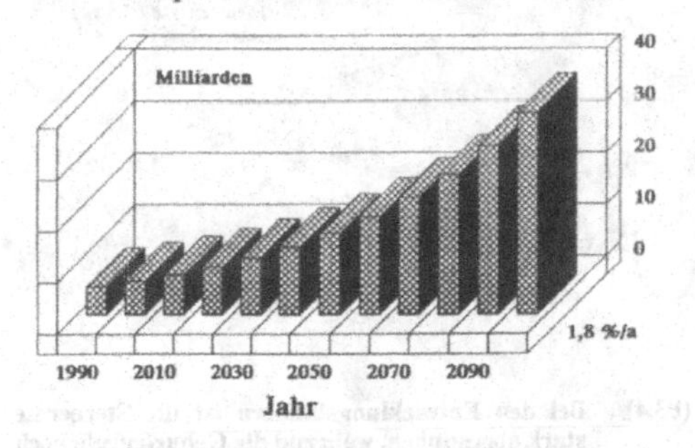

(P2.6) Verdopplungszeit = 70 / Zuwachsrate
Halbwertszeit = 70 / Schwundrate.

Die Zahl 70 geteilt durch die jährliche Wachstumsrate (bzw. Schwundrate) in Prozent ergibt die Verdopplungszeit (bzw. Halbwertszeit) in Jahren.

Bei exponentiellem Wachstum (Zerfall) mit konstanter Wachstums-(Zerfalls-)rate bleibt die Verdopplungszeit (Halbwertszeit) konstant. Verdopplungs- und Halbwertszeit lassen sich aus der Formel für exponentielles Wachstum (P2.4) berechnen.

Verdopplungszeit: Zu welcher Zeit T" wird $2 * P_0$ erreicht?

$$2 * P_0 = P_0 * e^{rT''} \quad \text{bzw.} \quad 2 = e^{rT''}$$

logarithmieren: ln 2 = rT"

$$T'' = \ln 2/r = 0.6931472/r \approx 70/r\ \%$$

Halbwertszeit: Zu welcher Zeit T" wird $0.5 * P_0$ erreicht?

$$0.5 * P = P * e^{rT''} \text{ bzw. } 1 = 2 * e^{rT''}$$

logarithmieren: ln 1 - ln 2 = rT"

da ln 1 = 0 und r negativ:

$$T'' = \ln 2/r = 0.693/r \approx 70/r\ \%.$$

Beispiel: Verdopplungszeit für die Bevölkerung Mexikos (r = 3.1 % pro Jahr) = 70/3.1 = 23 Jahre

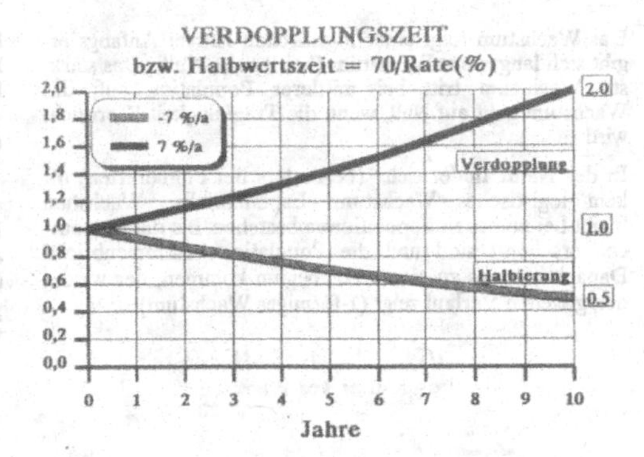

P3. Wachstum bei begrenzter Tragfähigkeit; demographischer Übergang

Geburten- und Sterberaten können sich mit der Zeit ändern; hinzu kommen Änderungen bei Ein- und Auswanderungen. Damit sind die Wachstumsraten nicht mehr konstant, sondern zeitabhängig. Hieraus können sich unterschiedliche Entwicklungsdynamiken ergeben. Bevölkerungsgleichgewicht erfordert die Anpassung der Geburtenraten an die Sterberaten (demographischer Übergang).

Populationen unterliegen immer Wachstumsbeschränkungen, so daß exponentielles Wachstum auf Dauer nicht stattfinden kann. Wo Populationen sehr schnell wachsen (manche Insektenpopulationen) kann es wegen des plötzlichen Überschreitens der Tragfähigkeitsgrenze zum raschen Zusammenbruch kommen (J-förmiges Wachstum). In vielen anderen Fällen macht sich die Annäherung an die Tragfähigkeitsgrenze durch einen dämpfenden Einfluß auf die Zuwachsraten rechtzeitig bemerkbar, so daß es zu einem S-förmigen Wachstum kommt.

(P3.1) Natürliche Populationen folgen wegen der begrenzten Tragfähigkeit der Ökosysteme oft einer logistischen, sich auf 'Nullwachstum' abflachenden Wachstumskurve.

Die Wachstumsrate ist im allgemeinen abhängig von der bestehenden Populationsgröße:

$$dP/dt = r(P) * P$$

Einfachstes Modell: Die Wachstumsrate verringert sich linear mit Annäherung an die Kapazitätsgrenze K (Tragfähigkeit).

$$r = r_0\,(K-P)/K$$

Damit ergibt sich als Differentialgleichung für das Wachstum:

$$dP/dt = r_0 * P * (K-P)/K$$

Numerische Berechnung des Verlaufs:

$$P_{neu} = P_{alt} + DP$$
$$= P_{alt} + r_0\,P_{alt} * (1-P_{alt}/K) * Dt$$

Das Wachstum folgt einer logistischen Kurve: Anfangs ergibt sich langsames Wachstum (bei P nahe Null). Das stärkste Wachstum tritt bei mittlerer Population auf; das Wachstum geht auf Null, wenn die Tragfähigkeit K erreicht wird.

In der Natur findet sich (besonders bei Pionierarten) oft kein logistisches Wachstum: Exponentielles Wachstum bleibt bei manchen Populationen bestehen, bis die Ressourcen erschöpft sind und die Population zusammenbricht. Danach kann es zu einem Neubeginn kommen, der wieder den gleichen Verlauf zeigt (J-förmiges Wachstum).

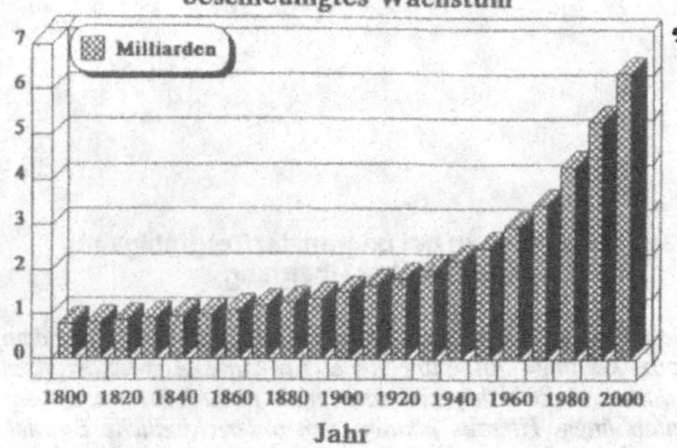

(P3.2) Die zeitliche Entwicklung der Nettowachstumsrate $r(t) = b(t) - d(t)$ bestimmt die Bevölkerungsentwicklung.

Im folgenden gehen wir von einer anfangs ausgeglichenen Entwicklung aus (Geburtenrate = Sterberate). Wanderungsbewegungen bleiben unberücksichtigt.

Die Bevölkerungszahl bleibt gleich, wenn
- hohe Geburtenrate = hoher Sterberate oder wenn
- niedrige Geburtenrate = niedriger Sterberate.

Die Bevölkerungszahl steigt, wenn
- Sterberate konstant, Geburtenrate steigt oder
- Geburtenrate konstant, Sterberate sinkt.

Die Bevölkerungszahl sinkt, wenn
- Sterberate konstant, Geburtenrate sinkt oder
- Geburtenrate konstant, Sterberate steigt.

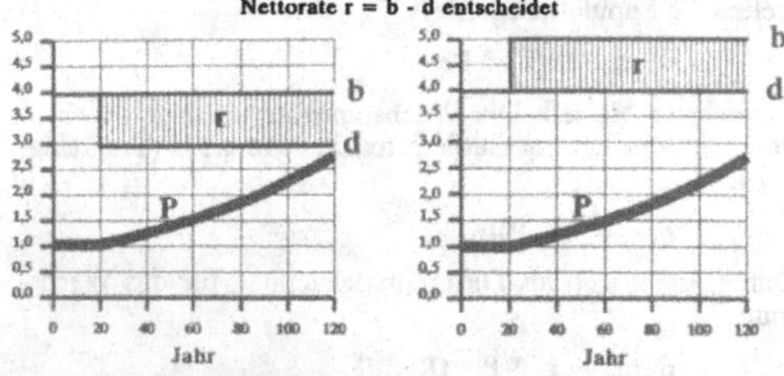

Durch unterschiedliche zeitliche Entwicklung der beiden Raten sind sehr verschiedene Entwicklungsdynamiken möglich.

(P3.3) Bei den Industrieländern hat sich die Geburtenrate an die sinkende Sterberate angepaßt ('demographischer Übergang').

Die Sterberate hat sich (seit etwa 1800) in den Industrieländern allmählich verringert. Die ursprünglich hohe Geburtenrate hat sich allmählich an die sinkende Sterberate angepaßt. Die Differenz zwischen beiden Raten ist heute oft gering. Hieraus ergibt sich geringes Bevölkerungswachstum oder sogar Bevölkerungsschwund. Der Vorgang wird als 'demographischer Übergang' bezeichnet.

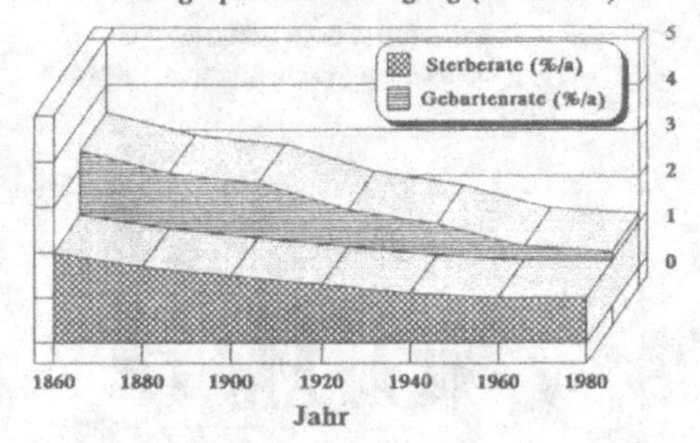

(P3.4) Bei den Entwicklungsländern ist die Sterberate stark abgesunken, während die Geburtenrate hoch blieb. Ergebnis: starke Wachstumsrate der Bevölkerung.

In Entwicklungsländern ist die Sterberate (seit etwa 1900) ebenfalls stark gesunken; die Geburtenrate ist jedoch meist auf hohem Niveau verblieben. Die Netto-Wachstumsrate als Differenz der beiden Raten ist hoch. Hieraus ergibt sich starkes Bevölkerungswachstum. Ein 'demographischer Übergang' hat bisher in diesen Ländern nicht stattgefunden.

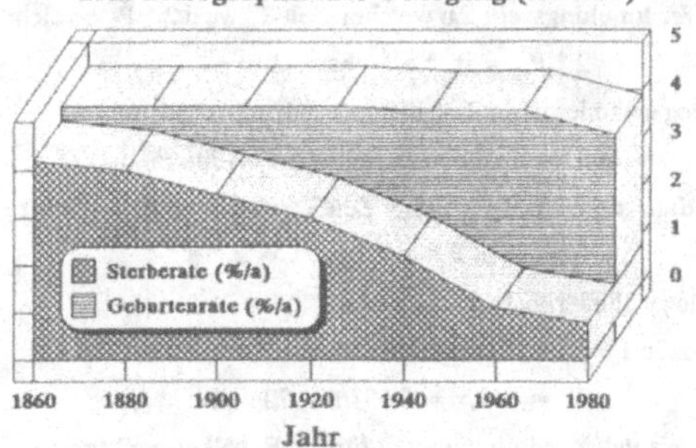

(P3.5) **Prinzipiell gibt es zwei Wege zur Stabilisierung der Bevölkerung: Anpassung der Geburtenrate an die (niedrigere) Sterberate, oder Anpassung der Sterberate an die hohe Geburtenrate.**

Beim 'demographischen Übergang' folgt die Geburtenrate mit einiger Verzögerung der sinkenden Sterberate. Hieraus ergibt sich ein vorübergehender Anstieg der Bevölkerungszahl mit nachfolgender Stabilisierung.

Beim 'umgekehrten demographischen Übergang' sinkt die Sterberate zunächst stark ab, während die Geburtenrate auf hohem Niveau bleibt. Es folgt daraus ein starker Bevölkerungsanstieg. Die Bevölkerungszahl erreicht die Grenze der ökologischen Tragfähigkeit und wird schließlich durch einen erneuten Anstieg der Sterberate stabilisiert.

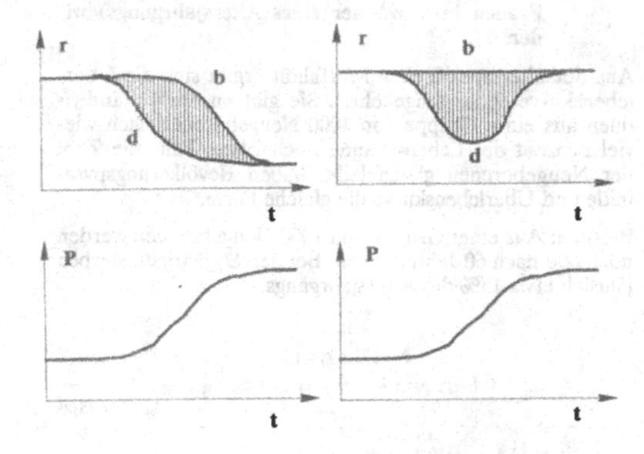

P4. Bevölkerungspyramide

Die Zusammensetzung der Bevölkerung nach Alter und Geschlecht bestimmt die Anforderungen an Versorgung und Infrastruktur sowie die weitere Bevölkerungsentwicklung. Ein relativ hoher Bevölkerungsanteil im reproduktionsfähigen Alter führt zu relativ hohen Kinderzahlen; hohe Kinderzahlen wiederum bedeuten viele potentielle Eltern eine Generation später. Die Alters- und Geschlechterverteilung wird in der Bevölkerungspyramide aufgetragen.

(P4.1) **Die Bevölkerungspyramide ist die graphische Darstellung des Altersaufbaus der Bevölkerung. In ihr zeigen sich Entwicklungen der Vergangenheit, und sie erlaubt Schlüsse auf zukünftige Entwicklungen.**

In der Bevölkerungspyramide werden die Bevölkerungsanteile jeder Altersgruppe nach Alter (senkrechte Achse) und Geschlecht (männlich: links; weiblich: rechts) aufgetragen.

Die Bevölkerungspyramide der BRD zeigt Stabilisierung, aber starke Schwankungen. Besondere Merkmale der BRD-Bevölkerungspyramide:

(1) Geburtenausfälle während des 1. und 2. Weltkriegs
(2) Gefallene des 2. Weltkriegs
(3) Kinder, Enkel und Urenkel des starken Geburtsanstiegs nach dem 1. Weltkrieg und der Familienpolitik des Dritten Reiches
(4) Drastischer Rückgang der Geburten ab etwa 1962.

Folgen dieser Entwicklung sind: ständige Veränderungen der Anforderungen an Infrastruktur und Versorgung (Schulen, Arbeitsplätze, Studentenzahlen, Rentner) und Verschiebungen der Verhältnisse der Altersgruppen (Kinder, Arbeitsfähige, Rentner).

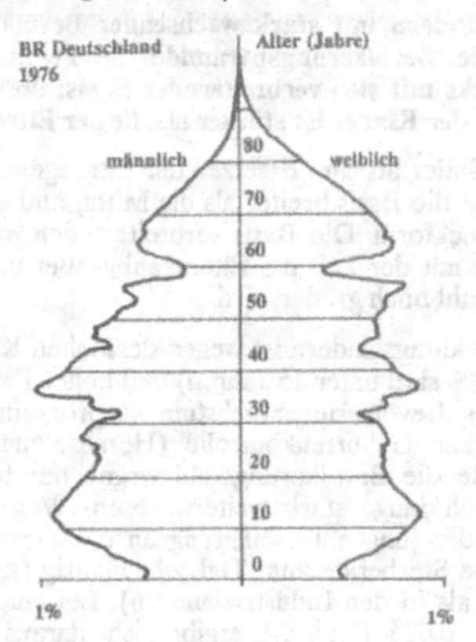

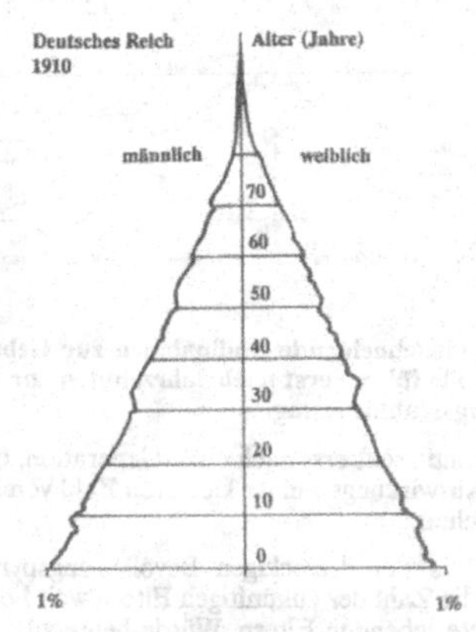

(P4.2) **Bei Ländern mit relativ stabiler Bevölkerung hat die Bevölkerungspyramide eher die Form eines Rechtecks: die Generation der Kinder ersetzt gerade die der Eltern.**

Hat die nachfolgende Generation etwa die Größe ihrer Elterngeneration, so verbreitert sich die Bevölkerungspyramide an ihrer Basis nicht: die Bevölkerungszahl bleibt etwa konstant. Im Altersbereich von etwa 0 bis 50 Jahren hat die Pyramide dann etwa eine Rechteckform; danach verjüngt sie sich durch altersbedingte Sterbefälle nach oben.

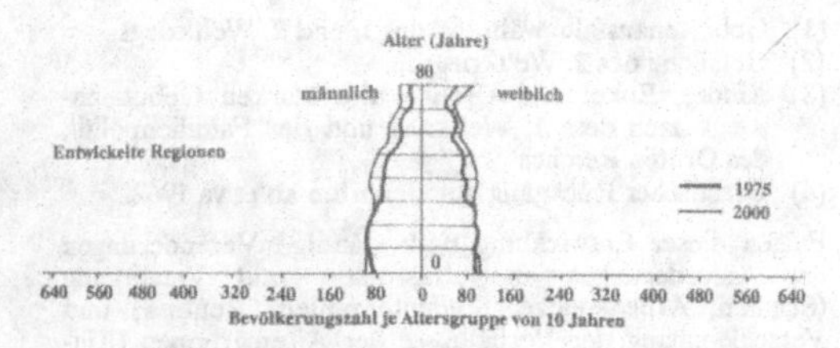

(P4.3) Bei Ländern mit stark wachsender Bevölkerung hat die Bevölkerungspyramide die Form eines Dreiecks mit sich verbreiternder Basis: die Generation der Kinder ist stärker als die der Eltern.

Gibt es mehr Kinder als zum Ersetzen der Elterngeneration notwendig, so ist die Basis breiter als die Mitte, und es entsteht eine Dreieckform. Die Basis verbreitert sich mit der Zeit ständig, da mit der Zeit die Elternzahl größer und damit die Kinderzahl noch größer wird.

In vielen Entwicklungsländern ist wegen des hohen Kinderanteils (40 - 50 % sind unter 15 Jahren) und hoher Fertilität weiteres starkes Bevölkerungswachstum vorprogrammiert. Selbst bei starker Geburtenkontrolle (Herabsetzung der Fertilität) würde die Bevölkerungszahl wegen der breiten Kinderbasis noch lange stark weiterwachsen. Wegen des hohen Anteils der jungen Bevölkerung an der Gesamtbevölkerung ist die Sterberate zum Teil sehr niedrig (z.T. um 0.005, geringer als in den Industrieländern). Bei einer Geburtenrate von 0.035 (typisch) ergibt sich daraus 3 % Wachstum pro Jahr.

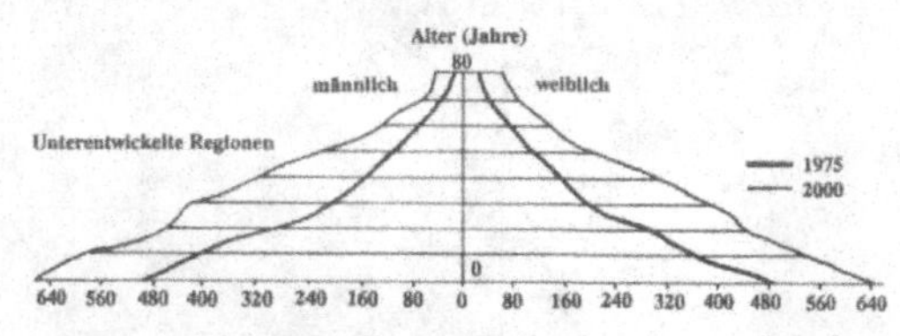

(P4.4) Auch einschneidende Maßnahmen zur Geburtenkontrolle führen erst nach Jahrzehnten zur Bevölkerungsstabilisierung.

Geburtenkontrolle greift erst nach einer Generation, da sich erst dann die Auswirkungen einer kleineren Zahl von Eltern bemerkbar machen.

Eine breite Basis der dreieckigen Bevölkerungspyramide bedeutet, daß die Zahl der zukünftigen Eltern weit höher ist als die der heute lebenden Eltern. Würde heute z.B. ab sofort die Zweikinderfamilie obligatorisch eingeführt, so würde das bei Entwicklungsländern mit Wachstumsraten von z.B. 3 % noch immer eine Verdopplung der Bevölkerung in 25 Jahren bedeuten.

Die Bevölkerungsdynamik ist in der Skizze verdeutlicht: Eine Bevölkerung von (z.B.) 7 Millionen und einer dreieckigen Altersverteilung würde bei Einführung der 4-Kind-Familie auf 14 Millionen, bei der 2-Kind-Familie auf 10 Millionen und bei der 1-Kind-Familie in einer Generation immer noch auf 8 Millionen Menschen anwachsen.

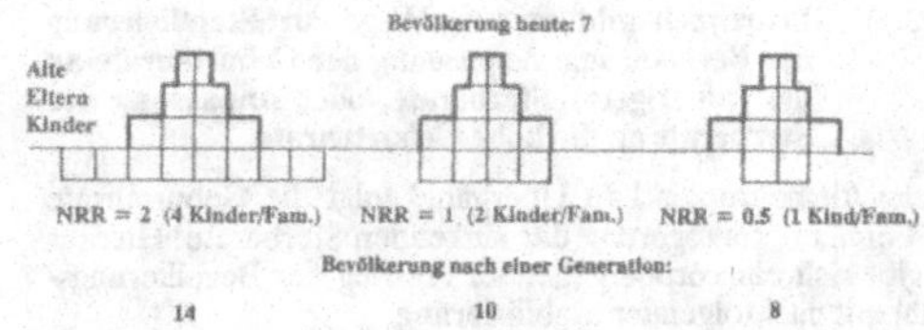

(P4.5) Bei konstanter Bevölkerung und identischen Bedingungen für jeden Jahrgang spiegelt die Bevölkerungspyramide die Überlebenskurve bzw. die altersspezifische Mortalität (Todesfälle auf 1000 Frauen bzw. Männer eines Altersjahrgangs) wider.

Aus der altersspezifischen Mortalität ergibt sich die Überlebenskurve (oder umgekehrt). Sie gibt an, wieviel Individuen aus einer Gruppe von 1000 Neugeborenen nach wieviel Prozent der Lebensspanne noch leben. Falls die Zahl der Neugeborenen gleichbleibt, haben Bevölkerungspyramide und Überlebenskurve die gleiche Form.

Beispiel: Aus einer Gruppe von 1000 Neugeborenen werden noch 600 nach 60 Jahren leben. Bei den 80-jährigen sterben jährlich etwa 15% des Altersjahrgangs.

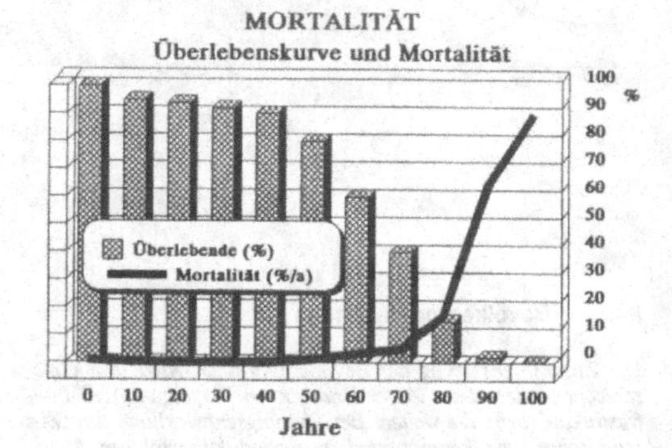

(P4.6) Die altersspezifische Fertilität besagt, wieviel Kinder auf 1000 Frauen eines bestimmten Altersjahrgangs pro Jahr geboren werden.

Frauen bekommen etwa im Lebensalter zwischen 15 und 45 Jahren Kinder. Der Fertilitätszeitraum liegt also zwischen (etwa) 15 und 45 Jahren und hat ein Maximum bei etwa 25 Jahren. Die Fertilitätskurve gibt die Zahl der Neugeborenen pro Jahr pro 1000 Frauen eines Altersjahrgangs wieder. Beispielkurve: von 1000 25jährigen Frauen bekommen etwa 108 (in ihrem 25. Lebensjahr) ein Kind.

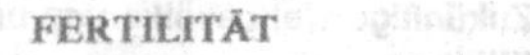

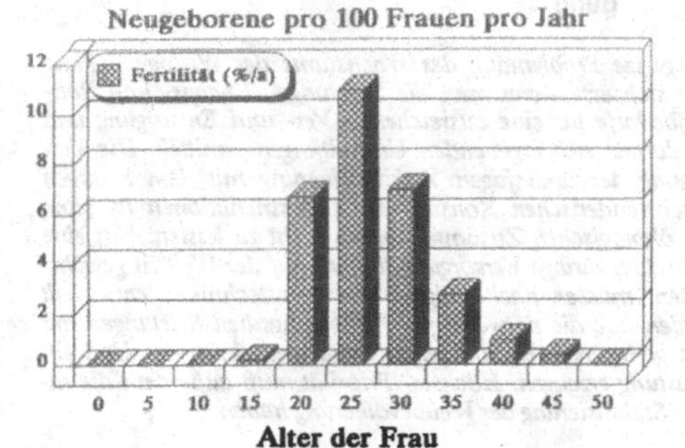

(P4.7) Damit sich jede Generation selbst ersetzt, muß im Durchschnitt jede Frau eine (überlebende) Tochter haben. Dann ist die Nettoreproduktionsrate NRR = 1 .

Die Nettoreproduktionsrate NRR ist definiert als die durchschnittliche Zahl der (überlebenden) Töchter je Frau.

Bei NRR = 1 reproduziert sich die entsprechende Generation genau wieder, bei NRR kleiner 1 ist die nachfolgende Generation kleiner, bei NRR größer 1 ist die nachfolgende Generation größer.

In der BRD ist heute NRR = 0.65; damit verliert die BRD in jeder Generation etwa ein Drittel ihrer Bevölkerung (ohne Zuwanderung).

Achtung: NRR = 1 für eine Population bedeutet, daß sich jede der (überlappenden) Generationen selbst ersetzt. Falls die jungen Generationen also sehr stark sind (z.B. einige Entwicklungsländer), so wächst die Gesamtpopulation noch über einige Jahrzehnte weiter (vgl. P4.4). Falls NRR = 1 beibehalten werden kann, dann wird in etwa 75 Jahren Nullwachstum erreicht.

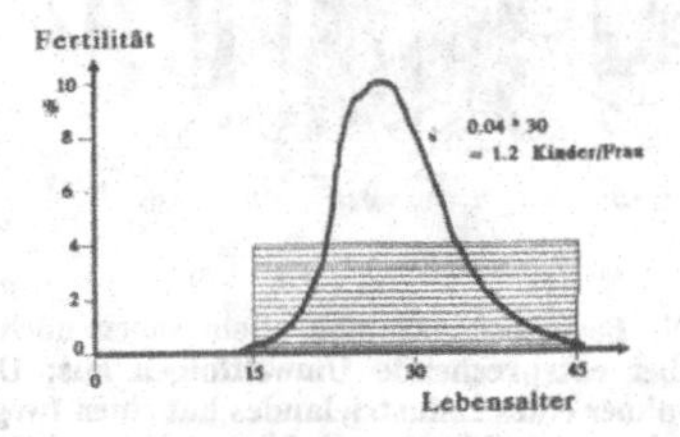

P5. Bevölkerungsmodelle

Für genaue Bevölkerungsprognosen muß die heutige Bevölkerungspyramide mit altersabhängigen Sterblichkeitsdaten (Mortalitäten) und Fruchtbarkeitsdaten (Fertilitäten) hochgerechnet werden. Hieraus ergeben sich (falls die Fertilität abschätzbar ist) recht genaue Prognosen, da mit den heute bereits Lebenden der größte Teil der Bevölkerung in einigen Jahrzehnten bereits feststeht und die Zahl der zukünftigen Eltern ebenfalls bereits bekannt ist.

(P5.1) Genaue Berechnungen der Bevölkerungsentwicklung erfordern ein Bevölkerungsmodell, das die Altersverteilung der Geschlechter und die altersspezifischen Mortalitäten und Fertilitäten berücksichtigt.

Für eine möglichst genaue Aussage über die zukünftige Bevölkerungsentwicklung sind erforderlich:

- Altersverteilung der Geschlechter (Bevölkerungspyramide) für einen Stichtag (Volkszählung o. dgl.)
- alterspezifische Mortalität der Geschlechter
- altersspezifische Fertilität der weiblichen Bevölkerung.

Die gegenwärtige Verteilung der Bevölkerung nach Alter und Geschlecht (Bevölkerungspyramide) ist (im Prinzip) genau erfaßbar. Die alters- und geschlechtsspezifischen Sterblichkeitsziffern sind statistisch gut erfaßt und verändern sich nur langsam. Die Fertilitätsdaten zeigen raschere Veränderungen und sind schwieriger zu prognostizieren.

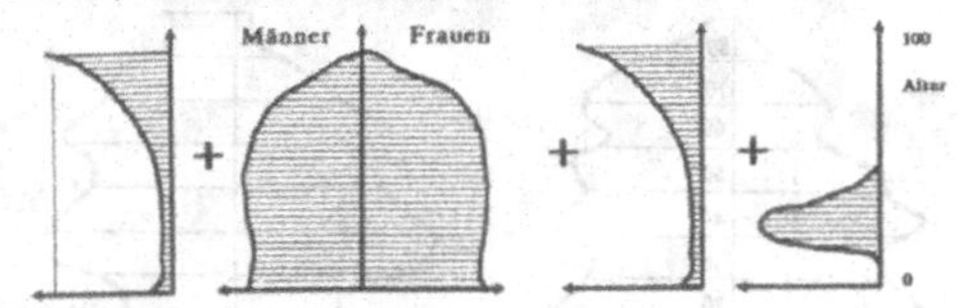

(P5.2) Schema eines Bevölkerungsmodells:

1. **In der Bevölkerungspyramide die Sterbefälle abziehen;**
2. **um eine Altersklasse altern;**
3. **Neugeborene als unterste Altersklasse einführen.**

Das Bevölkerungsmodell geht aus von der gegenwärtigen Alterspyramide. Durch Multiplikation der Männer und Frauen jeder Altersklasse mit ihrer alterspezifischen Sterblichkeit werden die Todesfälle ermittelt und abgezogen. Entsprechend der Zahl der Frauen jeder Altersklasse und ihrer altersspezifischen Fertilität werden die Geburten ermittelt und nach dem Geschlechteranteil (männlich/weiblich) auf die Männer- bzw. Frauenseite der Bevölkerungspy-

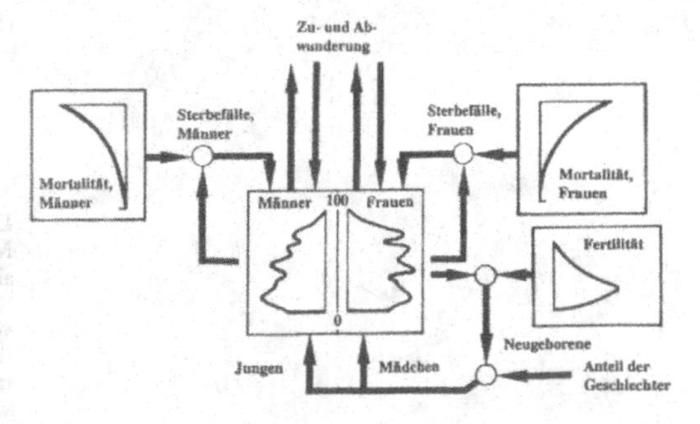

ramide verteilt. Danach werden alle Altersklassen um 1 Jahr 'gealtert'; d.h. in der Pyramide um 1 Jahr nach oben verschoben. Die Pyramide gibt jetzt den voraussichtlichen Bevölkerungszustand nach Ablauf eines Jahres wieder. Der Rechenvorgang wird über die gesamte Prognoseperiode wiederholt.

(P5.3) Die Bevölkerungspyramide der BR Deutschland wird in den nächsten Jahrzehnten schrumpfen und alterslastiger werden.

Bevölkerungsrechnungen für die BRD zeigen u.a.:
1. nach 1990 einen starken Rückgang der Personen, die neu auf den Arbeitsmarkt drängen,
2. danach einen ständigen Rückgang von Erwerbspersonen,
3. einen Rentnerberg ab etwa 2020,
4. eine insgesamt stark verkleinerte Bevölkerung ab etwa 2040 mit weiter schrumpfender Tendenz.

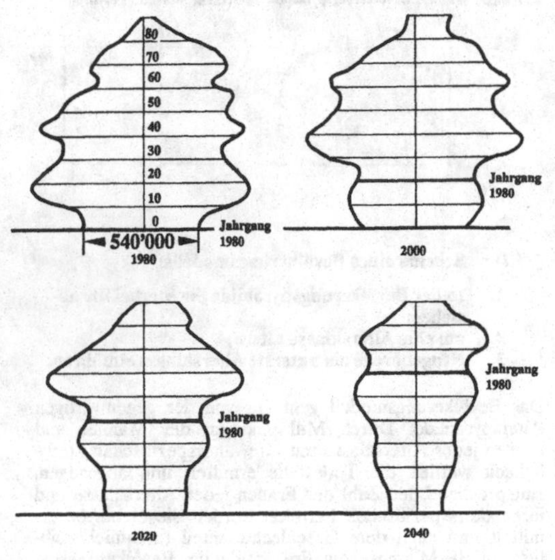

Entwicklung des Altersaufbaus in der Bevölkerung (Deutsche, BRD)

P6. Zukünftige Weltbevölkerung und ihre Versorgung

Die ganze Problematik des Wachstums der Weltbevölkerung zeigt sich erst, wenn man die Nahrungs-, Energie- und Rohstoffbedarfe für eine ausreichende Ver- und Entsorgung und die daraus sich ergebenden Umweltfolgen ermittelt. Die Versorgung der zukünftigen Weltbevölkerung mit dem heutigen verschwenderischen Konsum der Industrienationen ist ohne den ökologischen Zusammenbruch nicht zu leisten. Um eine menschenwürdige Versorgung überall auf der Welt zu gewährleisten, müssen nachhaltige Versorgungstechniken entwickelt werden, die die notwendigen Versorgungsdienstleistungen mit weit geringerem Ressourcenaufwand und geringerer Umweltbelastung erzeugen. Höchste Priorität muß außerdem die rasche Stabilisierung der Weltbevölkerung haben.

(P6.1) Die Weltbevölkerung wird in den nächsten Jahrzehnten noch um 80 bis 120 Millionen pro Jahr wachsen. Eine Stabilisierung ist erst nach mehreren Jahrzehnten bei einer Weltbevölkerung von 8 bis 12 Milliarden zu erwarten.

Wegen der dreieckigen Form der Bevölkerungspyramide für die Weltbevölkerung ist weiteres starkes Wachstum vorprogrammiert und unvermeidbar - selbst wenn es zu einschneidenden Maßnahmen der Geburtenkontrolle (z.B. 1-Kind-Familie) kommen sollte. Eine Stabilisierung ist auch unter dieser Voraussetzung erst frühestens in ein oder zwei Generationen möglich.

WELTBEVÖLKERUNG
Entwicklung und Prognosen

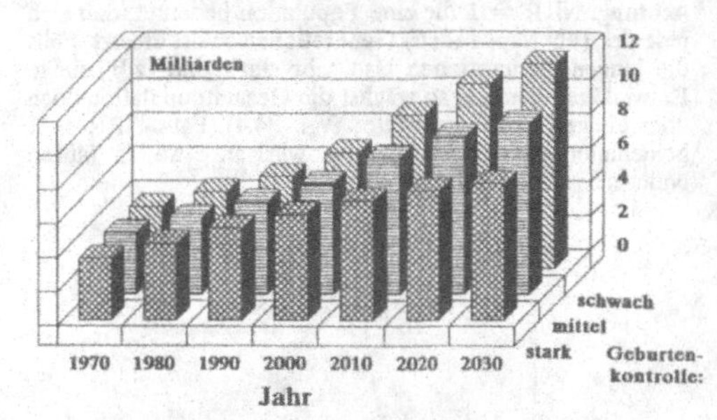

(P6.2) Die Bevölkerungszahlen allein sagen noch wenig über entsprechende Umweltfolgen aus: Der Bewohner eines Industrielandes hat einen (wegen des hohen Fleischkonsums) bis zu zehnfach höheren Getreidekonsum und einen bis zu fünfzigfach höheren Rohstoff- und Energiekonsum als der Bewohner eines Entwicklungslandes.

Die ökologische Tragfähigkeit der Erde wird durch einen Menschen eines Industrielandes 30 bis 50 mal mehr belastet als durch einen Menschen eines industriell kaum entwickelten Landes. Die hohen Bevölkerungszahlen der Entwicklungsregionen wiegen diese hohe Umweltbelastung durch die Industrienationen bisher nicht auf. Zu einer dramatischen Erhöhung der weltweiten Umweltbelastung würde es kommen, falls auch die Entwicklungsregionen die heutige verschwenderische Versorgungstechnik der Industrienationen übernehmen würden.

BEVÖLKERUNG UND UMWELTBELASTUNG
20 % verursachen 90 % der Belastung

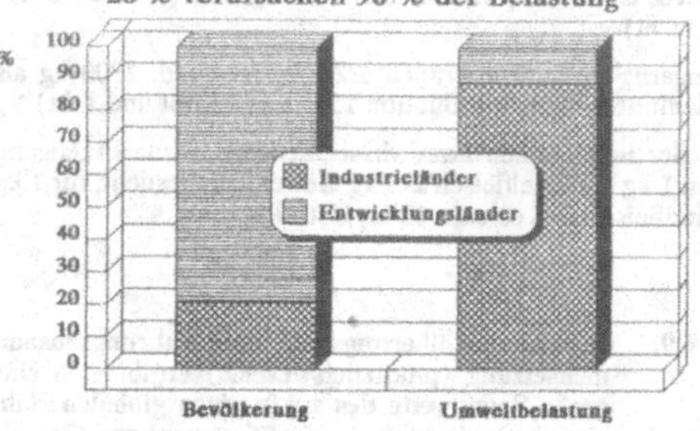

(P6.3) Die Umweltbelastungen aus der Bevölkerungsentwicklung wachsen bisher noch überproportional, da immer mehr Länder den Verschwendungskonsum der Industrieländer anstreben.

Exponentielles Wachstum charakterisiert nicht nur die Bevölkerungsentwicklung, sondern auch den Anstieg der Pro-Kopf-Verbräuche von Energie und Rohstoffen. Da der Gesamtverbrauch einer Region (und damit die Umweltbelastungen) sich als **Produkt** von Bevölkerungszahl und spezifischem Pro-Kopf-Verbrauch ergibt, ist die Wachstumsrate des Gesamtverbrauchs gleich der **Summe** der Wachstumsraten von Bevölkerung und Pro-Kopf-Verbrauch. Damit steigt die Gesamtbelastung erheblich schneller als diese einzeln zunehmen.

Bevölkerungsentwicklung: e^{rt}
Pro-Kopf-Konsum: e^{kt}
Gesamtkonsum: $e^{rt} * e^{kt} = e^{(r+k)t}$

Beispiel: r = 0.018, k = 0.02:
Wachstumsrate des Gesamtkonsums:
0.018 + 0.02 = 0.038 = 3.8% pro Jahr

Verdopplungszeiten:
Bevölkerung: 70/1.8 = 39 Jahre
Pro-Kopf-Konsum: 70/2 = 35 Jahre
Gesamtkonsum = Gesamtbelastung: 70/3.8 = 18 Jahre

UMWELTBELASTUNG
wächst schneller als Bevölkerung

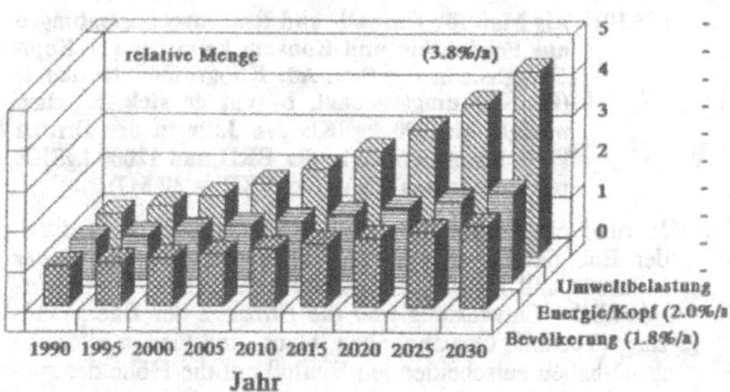

Jahr

(P6.4) Wegen zunehmender Verschlechterung der Umweltqualität (Degradierung) erhöht sich auch der spezifische Mitteleinsatz zur Produktion überproportional, womit sich auch die Umweltbelastungen überproportional erhöhen.

Die Reduzierung der Rohstoffvorräte mit wachsenden Abbauraten und die zunehmende Beeinträchtigung der Regenerationsfähigkeit der Ökosysteme durch Umweltbelastungen machen ständig höhere spezifische Aufwendungen für Ressourcenbeschaffung, Entsorgung, Umweltschutz usw. notwendig (z.B. Wasseraufbereitung, Abbau ärmerer Rohstoffe, höhere Dünger- und Biozidgaben in der Landwirtschaft usw.). Mit dieser Erhöhung des spezifischen Mitteleinsatzes erhöhen sich die Umweltbelastungen noch einmal.

(P6.5) Der Mensch benötigt täglich etwa 10'000 kJ an Nahrungsenergie (entspricht etwa 500 g Getreide), davon 50 g tierisches oder pflanzliches Eiweiß.

Der Jahresbedarf an Nahrungsenergie entspricht etwa 180 kg Getreide pro Kopf. Die erforderliche tägliche Eiweißmenge entspricht einer Energiemenge von etwa 1000 kJ und damit 10% des täglichen Nahrungsenergiebedarfs. Die essentiellen Aminosäuren der Eiweiße können aus tierischen oder pflanzlichen Quellen stammen. Selbst wenn der Eiweißbedarf vollständig aus tierischen Quellen gedeckt würde, sollte der Anteil an tierischem Eiweiß 10% der Nahrungsenergie nicht übersteigen. Dies entspricht dem europäischen Wert von etwa 1900 und dem weltweiten Durchschnitt. BRD heute: 40% der Nahrungsenergie aus tierischen Quellen.

(P6.6) Die Nahrungsmittelproduktion pro Kopf ist in vielen Ländern ständig gesunken und liegt z.T. wesentlich unter dem Pro-Kopf-Bedarf.

Während in den Industrieländern in den letzten Jahrzehnten die Pro-Kopf-Nahrungsproduktion erheblich gesteigert werden konnte, hält sie in vielen Entwicklungsländern nur gerade eben mit der wachsenden Bevölkerung Schritt; in Afrika sinkt sie sogar ständig.

Gründe für die sinkende Nahrungsmittelproduktion (pro Kopf):

- Bevölkerungswachstum
- Wetter und Klimaverschiebung
- Kultivierung weniger fruchtbaren Landes
- hohe Energiekosten/Energiemangel
- hohe Düngerkosten/Düngermangel
- kürzere Brachperioden im Milpazyklus
- steigender Bedarf an Feuerholz;
- Dung vermehrt als Brennmaterial
- Bewässerung ohne ausreichende Drainage: Versalzung
- wachsende Bodenerosion
- Kultivierung von ungeeignetem Land
- Überkultivierung und Überweidung
- kein ausreichender Niederschlag
- Boden nicht mehr langfristig speicherfähig
- Produktion von 'cash crops' für den Export
- Weltmarkteinbindung: Das Wirtschaftssystem nimmt nur den 'Bedarf' zur Kenntnis, der sich am Markt artikuliert: Reiche Länder können Getreide als Viehfutter kaufen, arme können es als Nahrungsmittel nicht bezahlen.

(P6.7) Trotz der Möglichkeit einer weltweit ausreichenden Nahrungsproduktion leidet etwa die Hälfte der Menschheit unter Hunger. Etwa ein Drittel der weltweiten Todesfälle sind auf Hunger zurückzuführen. Kinder werden bleibend geschädigt.

Die Dimensionen des Hungers in der Welt:
Zwar gibt es eine ständige Zunahme der weltweiten Nahrungsproduktion, aber wegen des Bevölkerungswachstums in Entwicklungsländern kann die Produktion dort nicht Schritt halten: Die Pro-Kopf-Erzeugung stagniert oder sinkt dort (Afrika). Insgesamt ist fast die Hälfte der Menschheit (2 Milliarden) ständig hungrig. Über eine Milliarde ist unterernährt, 400 Millionen Menschen sind ständig am Rande des Verhungerns. Die absolute Zahl der Armen und Unterernährten hat in der Welt in den letzten Jahrzehnten ständig zugenommen. Hunger ist die Todesursache für etwa 10 bis 20 Millionen der jährlich 55 Millionen Sterbefälle; bis zu 15 Mio. Kinder sterben jährlich an Unterernährung. Ernährungsschäden führen besonders bei Kindern zu bleibenden geistigen und körperlichen Schädigungen. Unterernährte Kinder sind besonders krankheitsanfällig: Dies ist der Hauptgrund für die hohe Kindersterblichkeit in Entwicklungsländern.

Die weltweite Nahrungsmittelproduktion ist theoretisch ausreichend, um alle (heute noch) ausreichend zu ernähren.

(P6.8) Der pro-Kopf-Getreideverbrauch der Industrieländer liegt bis zum zehnfachen über dem Existenzbedarf, da bis zu 90 Prozent an Vieh verfüttert werden.

Die Industrieländer haben einen sehr hohen Getreideverbrauch für die Viehfütterung zur Fleischproduktion. Der Getreideverbrauch (pro Kopf) mancher Industrieländer ist bis zu zehnmal größer als in manchen Entwicklungsländern - bis zu 90% davon werden ans Vieh verfüttert. In der Bundesrepublik dient etwa 80% der landwirtschaftlichen Nutzfläche zur Erzeugung von Viehfutter. Fleisch- und Milchproduktion durch Weidehaltung von Rauhfutterfressern (Rinder, Schafe, Ziegen) konkurriert nicht mit dem Getreideanbau um Ackerfläche und liefert vor allem in Entwicklungsregionen einen Großteil tierischer Produkte.

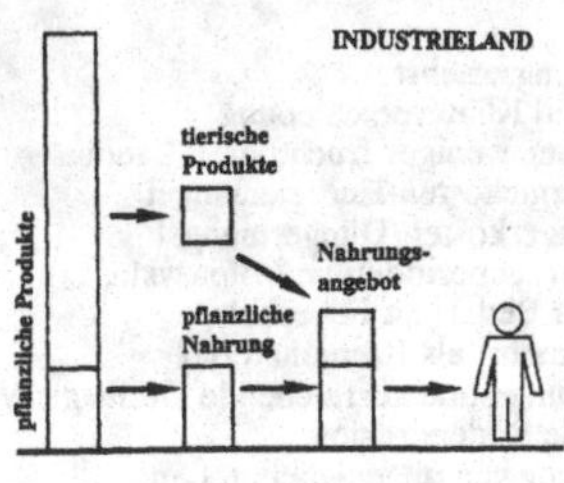

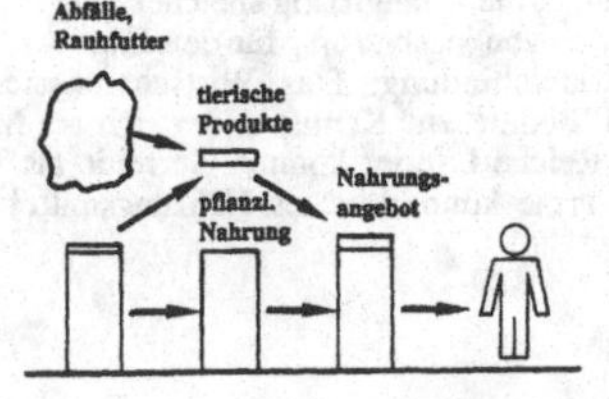

Direkter und indirekter Verbrauch (pro Kopf):

Asien: Getreideverbrauch 135 - 180 kg/Jahr (3/4 direkt verbraucht)

Ungarn: Getreideverbrauch 1500 kg/Jahr (rd. 1300 kg als Viehfutter, Fleischproduktion 155 kg pro Kopf und Jahr)

In der industriellen Landwirtschaft werden zur Erzeugung von 1 kg Geflügelfleisch 2-3 kg Getreide gebraucht; für 1 kg Rindfleisch sind es etwa 10 kg Getreide.

(P6.9) Je nach Bevölkerungszahl und Nahrungszusammensetzung (pflanzlich/tierisch) ergibt sich eine große Spannweite des zukünftigen globalen Nahrungsbedarfs: Ohne Kraftfutteranbau für die Viehmast können zehnmal mehr Menschen von der gleichen Fläche ernährt werden.

Bei der in vielen Industrieländern heute üblichen Ernährungsweise mit hohem Anteil an tierischen Produkten (Fleisch, Milchprodukte, Eier) und Kraftfutter-Mast liegt der Getreide- und Futtermittelbedarf beim Zehnfachen des Bedarfs für eine abgestimmte, auf pflanzlicher Nahrung und Weideviehhaltung basierenden Versorgung. Bei einer solchen Ernährung würde die heutige Anbaufläche ausreichen, um global mindestens die doppelte Zahl von Menschen zu ernähren.

WELT-NAHRUNGSBEDARF
hoher Getreidebedarf durch Tiermast

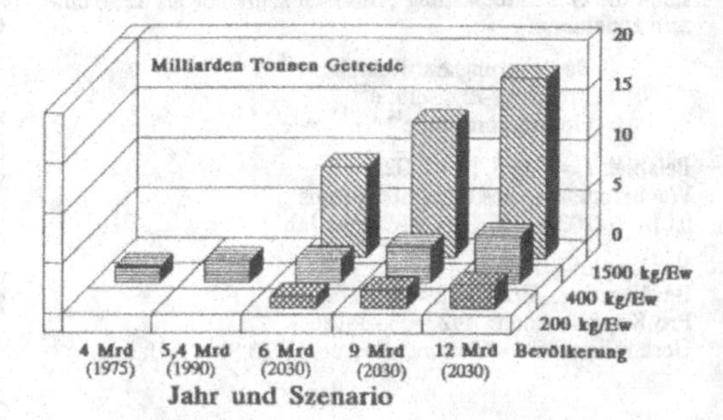

(P6.10) Als Maß für Umwelt- und Ressourcenbelastungen aus Produktion und Konsum kann der pro-Kopf-Energiebedarf gelten. Auf Kilogramm Steinkohle (kgSKE) umgerechnet, bewegt er sich zwischen weniger als 500 kgSKE pro Jahr in der Dritten Welt, bis etwa 6000 in der BRD und 12000 kgSKE pro Jahr in den USA (1 kg SKE = 30 MJ).

Je rund ein Drittel dieses Energiebedarfs entsteht durch den Energieverbrauch in Haushalten und Gewerbe, in der Industrie und im Verkehr. Unterschiedliches Klima, wirtschaftliche Entwicklung und die Effizienz der Energienutzung (Technik, Gewohnheiten, Haus- und Siedlungsformen usw.) haben entscheidenden Einfluß auf die Höhe des spezifischen Verbrauchs.

ENERGIEVERBRAUCH
Jahresverbrauch in Tonnen SKE pro Einw.

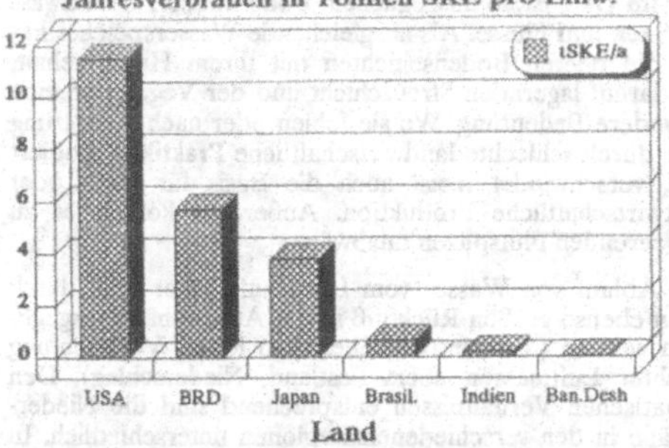

WELT-ENERGIEBEDARF
bessere Nutzung => erneuerbare Energien

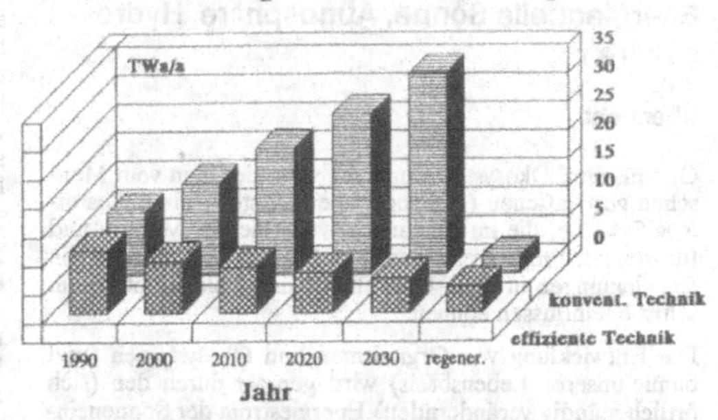

(P6.11) Durch energie- und rohstoffsparende Technik und erneuerbare Energiequellen können Umwelt- und Ressourcenbelastung abgesenkt werden, ohne daß notwendige Dienstleistungen reduziert werden müssen.

Die Technikentwicklung muß darauf gerichtet sein, notwendige Dienstleistungen mit minimaler Umwelt- und Ressourcenbelastung bereitzustellen. Bei fast allen dieser Dienstleistungen (warmer Raum, Beleuchtung, Personentransport, Produktion eines Produkts) lassen sich Energie- und Rohstoffeinsatz und Umweltbelastung durch intelligente technische Lösungen noch erheblich reduzieren.

JAHRES-ENERGIEVERBRAUCH
Einsparung durch bessere Energienutzung

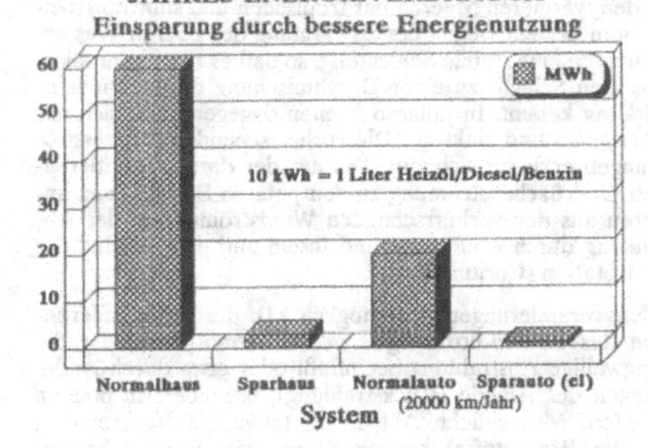

Mit der Annahme, daß ein hoher Energiebedarf pro Kopf weltweit erstrebenswert sei und daß dieser durch konventionelle Energien (einschließlich Atomenergie) gedeckt werden muß, errechnet sich ein stark steigender Weltenergiebedarf (Haefele, IIASA 1981). Hiervon kann nur ein sehr kleiner Anteil regenerativ gedeckt werden. Nach der Erschöpfung der fossilen Brennstoffe bricht das Versorgungssystem zusammen.

Werden dagegen bessere Nutzungstechniken vorausgesetzt, so läßt sich der gleiche Energiedienstleistungsbedarf auch bei sinkendem Verbrauch schließlich weitgehend regenerativ decken (Lovins u.a. 1981).

Beispiel: **(bei exponentiellem Wachstum)**
Bevölkerungswachstum: 1.8% pro Jahr; Wachstum des Energiedienstleistungsbedarfs pro Kopf: 3% pro Jahr. Hieraus folgt die Wachstumsrate des Energieverbrauchs: 1.8 + 3.0 = 4.8% pro Jahr.

Bei Halbierung des spezifischen Energieverbrauchs in 10 Jahren (Schwundrate = 70/10 = 7% pro Jahr) sinkt der globale Energieverbrauch um 4.8 - 7.0 = -2.2% pro Jahr.

(P6.12) Der zukünftige globale Energiebedarf hängt erstens von der weiteren Bevölkerungsentwicklung und zweitens von der Technikwahl ab: Die mögliche Spannweite des Bedarfs und der damit zusammenhängenden Umweltbelastungen ist sehr groß.

Der bei Bevölkerungswachstum ebenfalls noch steigende Bedarf nach Energiedienstleistungen kann durch effizientere Energienutzungstechniken auch bei geringerem Energieeinsatz und mit zunehmendem Anteil regenerativer Energiequellen gedeckt werden.

KLIMASPHÄRE
Energiequelle Sonne, Atmosphäre, Hydrosphäre

Übersicht

Organismen, Ökosysteme und die verschiedenen vom Menschen geschaffenen (anthropogenen) Systeme sind alles offene Systeme, die im Austausch (von Energie, Materie und Information) mit ihrer Umwelt stehen. Sie sind deshalb von Entwicklungen in ihrer Umwelt abhängig, die sie oft kaum selbst beeinflussen können.

Die Entwicklung von Organismen und Ökosystemen (und damit unserer Lebensbasis) wird geprägt durch den (sich örtlich ständig verändernden) Energiestrom der Sonneneinstrahlung, durch die klimatischen Bedingungen der Atmosphäre, durch den Stoffaustausch mit ihr (C, O, H, N usw.), durch den globalen Wasserkreislauf in der Hydrosphäre und seine lokalen Ausprägungen und schließlich auch durch den Stoffaustausch mit Boden und Gestein (Pedosphäre und Lithosphäre).

In diesem Kapitel befassen wir uns mit den Bedingungen und Prozessen der Sonneneinstrahlung, der Atmosphäre und der Hydrosphäre. Dieser Bereich wird hier unter dem Begriff 'Klimasphäre' zusammengefaßt. Auf Pedosphäre und Lithosphäre wird im Kapitel N 'Nährstoffkreisläufe' eingegangen.

Motor (fast) allen Lebens auf der Erde ist die Sonneneinstrahlung. Dieser Energiestrom hängt lokal von geographischer Breite, Jahreszeit, klimatischen und atmosphärischen Bedingungen ab. Alle eingestrahlte Energie muß als Wärmestrahlung wieder die Erde verlassen. Strahlungsungleichgewicht - etwa durch Veränderung der Zusammensetzung der Atmosphäre - führt zu globalen Temperaturänderungen.

Die Atmosphäre ist der wichtigste und überall verfügbare Speicher für die Hauptbaustoffe des Lebens: Stickstoff, Kohlenstoff, Sauerstoff und Wasserstoff. Sie transportiert und verteilt Feuchtigkeit und Energie, verdünnt und verteilt Schadstoffe, absorbiert gewisse Strahlungsfrequenzen und schützt damit vor harter ultravioletter Strahlung aus dem Weltraum und allzu hohem Wärmeverlust an den Weltraum. Der Temperaturgradient der unteren Atmosphäre ist die Voraussetzung für die rasche Durchmischung und das Wettergeschehen.

Die globalen Luftströmungen sind in erster Linie durch die unterschiedliche Sonneneinstrahlung der verschiedenen Breiten bedingt, werden aber modifiziert durch die Drehung der Erde und durch die entsprechende Ablenkung durch die Coriolis-Kraft.

Die globale Zirkulation und die 'Großwetterlage' werden örtlich durch die lokalen orographischen Gegebenheiten wie auch durch Bebauung usw. verändert. Das Lokalklima kann durch solche Einflüsse zum Teil erheblich vom Großklima abweichen.

Die Produktivität von Ökosystemen hängt ab von der Verfügbarkeit von Wasser. Der weitaus größte Teil wird für den Transpirationsstrom (Pflanzenverdunstung) benötigt. Ökosysteme relativ hoher Produktivität (etwa Agrarökosysteme in Mitteleuropa) benötigen bereits den größten Teil des Jahresniederschlags für die Transpiration. Unregelmäßigkeiten der Niederschläge werden durch verschiedene Speicher im Ökosystem ausgeglichen: Bodenwasser, Grundwasser, Seen und Flüsse. Als ausgleichende Wasserspeicher haben die oberen Bodenschichten mit ihrem Humusgehalt, der darauf lagernden Streuschicht und der Vegetation eine besondere Bedeutung. Wo sie fehlen oder nach Abholzung oder durch schlechte landwirtschaftliche Praktiken erodiert sind, verschwindet meist auch die Basis für land- oder forstwirtschaftliche Produktion. Außerdem kommt es zu verheerenden Flutspitzen talabwärts.

Der Ablauf von Wasser vom Land aufs Meer muß durch einen ebenso großen Rückfluß in der Atmosphäre ausgeglichen werden (Verdunstung über dem Meer, Verfrachtung feuchter Luftmassen übers Festland, Niederschlag). Den klimatischen Verhältnissen entsprechend sind die Niederschläge in den verschiedenen Regionen unterschiedlich. In einigen Regionen verändern sich die Klimabedingungen über kurze Distanz sehr stark; diese Regionen sind auch durch leichte Klimaveränderungen besonders bedroht.

Die verschiedenen Wasserspeicher der Hydrosphäre (Bodenwasser, Grundwasser, Seen, Ozean) haben je nach ihrem Volumen und ihren Durchflüssen unterschiedlich lange Verweilzeiten, die bei großen Grundwasserkörpern oder Binnenseen tausende von Jahren betragen können. Das bedeutet u.a., daß Schadstoffeinträge solche Wasserkörper fast irreversibel schädigen können.

Die besonderen Dichteeigenschaften des Süßwassers führen in unseren Breiten zu einer jährlich zweimaligen Durchmischung von Binnenseen; dies hat für die entsprechenden aquatischen Ökosysteme erhebliche Bedeutung. Beim Meer besteht eine derartige Dichteanomalie nicht.

In den wärmeren Meeren der tropischen und subtropischen Breiten besteht wegen der Erwärmung der oberen Wasserschichten eine stabile Schichtung, so daß es nur in der allerobersten Schicht zu einer Durchmischung durch Windeinwirkung kommt. In polaren Breiten dagegen kühlt sich das Wasser ab und sinkt ab. Die vorherrschenden Meeresströmungen erklären sich zum Teil aus der daraus resultierenden Oberflächenströmung zu den polaren Breiten, zum anderen aus den vorherrschenden Windströmungen, der Ablenkung durch Kontinente und Inseln und dem Einfluß der Erdrotation (Coriolis-Kraft).

Klimaveränderungen sind möglich z.B. durch Veränderungen des Kohlendioxidpegels in der Atmosphäre, der die langwellige Abstrahlung beeinflußt oder etwa durch Änderungen des Albedo (Rückstrahlung), besonders in polaren Breiten. Menschliche Aktivitäten (etwa die Verbrennung fossiler Brennstoffe) können Klimaveränderungen hervorrufen.

Inhalt

K1. Energiedurchsatz zur Systemerhaltung und Systementwicklung

Alle Prozesse in Ökosystemen unterliegen den Gesetzen der Physik, insbesondere den beiden Hauptsätzen der Thermodynamik. Die Funktion des Ökosystems und seiner Komponenten wird daher durch die Energieaufnahmefähigkeit der Pflanzen und die Wirkungsgrade der einzelnen Glieder der Nahrungs- und Zersetzerketten umschrieben. Die energetische Betrachtungsweise von Ökosystemen ist daher von zentraler Bedeutung. Die Energieflüsse lassen sich über die Energiegehalte der organischen Trockensubstanz der Organismen verfolgen.

(K1.1) Alle (biotischen und abiotischen) Prozesse benötigen Energie.

Jede Art von Prozeß (physikalisch, chemisch, biologisch) setzt Energieumwandlung voraus, die wiederum nie ohne Verlust an Arbeitsfähigkeit (Exergie) der eingesetzten Energie erfolgen kann. Weiterführung des Prozesses verlangt daher weitere Zufuhr von Energie höherer Arbeitsfähigkeit.

(K1.2) Bei Energieumwandlungen geht Energie nicht verloren (1. Hauptsatz der Thermodynamik).

Energie kann umgeformt werden, geht aber nicht verloren.

Beispiel: Beim Abbremsen eines Kraftfahrzeugs wird kinetische Energie in einen gleichen Betrag von Reibungswärme umgewandelt.

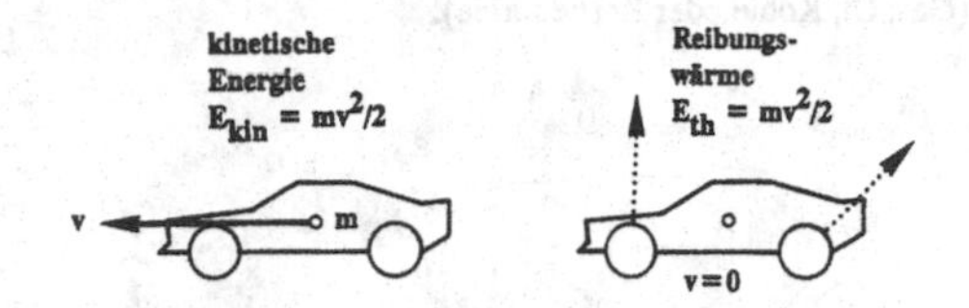

(K1.3) Bei Energieumwandlungen verliert Energie an Wertigkeit (Arbeitsfähigkeit) (2. Hauptsatz der Thermodynamik).

Energieumwandlung bedeutet immer eine Verringerung der Energiewertigkeit (Arbeitsfähigkeit) von einer konzentrierteren Energieform in eine weniger konzentrierte, minderwertigere Energieform (Anergie, Umweltwärme).

Beispiel: Beim Abbremsen eines Kraftfahrzeugs wird die arbeitsfähige kinetische Energie, die z.B. bei einem Zusammenstoß Verformungsarbeit leisten kann, in nicht mehr arbeitsfähige Umweltwärme verwandelt.

(K1.4) Die maximalen Wirkungsgrade von Energieumwandlungen sind immer kleiner als 1 (100%) und liegen aus physikalischen Gründen oft erheblich unter 1.

Der Carnot'sche Wirkungsgrad

$$\eta = (T_o - T_u) / T_o$$

begrenzt z.B. die Energieausbeute (mechanische Energie oder elektrischer Strom) von thermischen Kraftwerken (Gas und Dampfturbinen in Gas-, Kohle- oder Atomkraftwerken) und Verbrennungsmotoren auf 20 bis 60 %. Die Arbeitsfähigkeit der eingesetzten Energie kann nur in der Spanne zwischen der oberen Temperatur T_o und der Austrittstemperatur T_u genutzt werden.

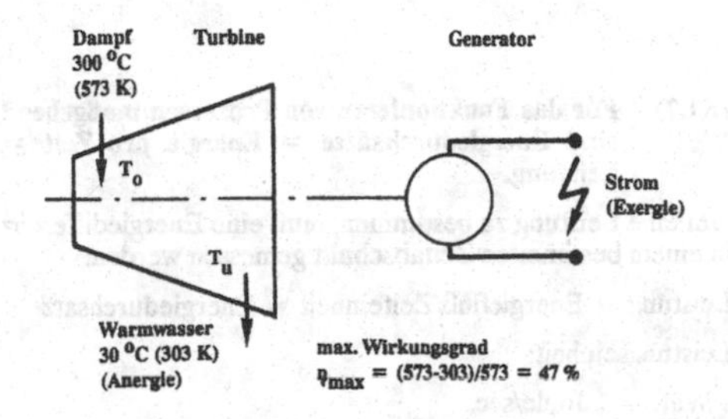

(K1.5) Bei einem System im stationären Zustand (Fließgleichgewicht) muß die Energiebilanz ausgeglichen sein (Energiegewinne = Energieverluste).

Der erste Hauptsatz verlangt die ausgeglichene Energiebilanz. Bei der Elektrizitätsversorgung z.B. entspricht die Summe aus Stromabgabe, Abwärme, Kühlwärme, Leitungsverlusten usw. über einen bestimmten Zeitabschnitt genau der Zufuhr an Energie in den eingesetzten Brennstoffen (Gas, Öl, Kohle oder Kernenergie).

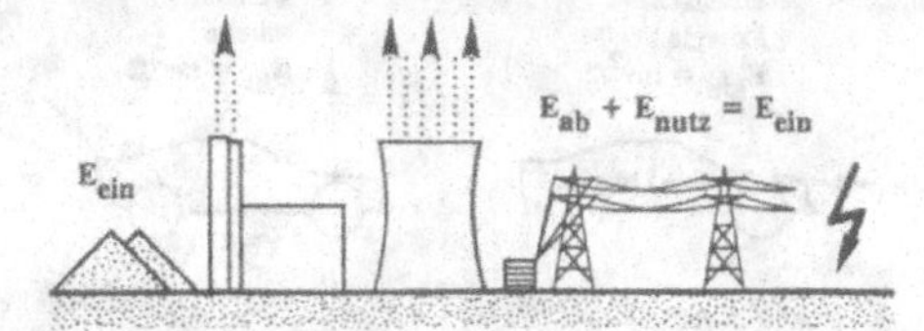

(K1.6) 'Energie' ist das Maß für einen Energiebestand (Energievorrat).

Energiemengen sind als Bestände oder Vorräte bestimmbar.

Beispiele: thermische Energie in einem kg Kohle, Heizöl oder Biomasse; elektrische Energie in einer Batterie; kinetische Energie in einem Kraftfahrzeug bei 100 km/h.

Energieeinheiten:

1 Joule = 1 Nm = 1 Ws
(= 0.24 cal; d.h. 1 cal = etwa 4 J)
1 kWh = 3600 kJ

'Energie' kann auch als 'Leistung * Zeit' = 'Arbeit' verstanden werden (Beispiel Batterie: Energieinhalt = Ladeleistung * Zeit).

Abkürzungen:

J = Joule	s = Sekunde	k = Kilo (10^3)
N = Newton	h = Stunde	M = Mega (10^6)
m = Meter	d = Tag	G = Giga (10^9)
W = Watt	a = Jahr	T = Tera (10^{12})
		P = Peta (10^{15})
		E = Exa (10^{18})

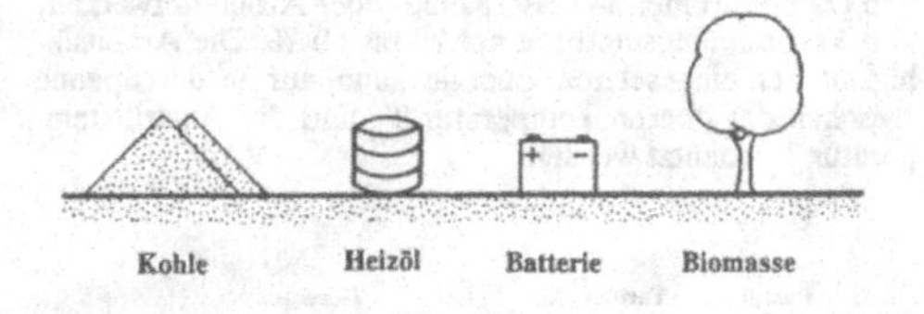

(K1.7) Für das Funktionieren von Prozessen maßgebend sind Energiedurchsätze = Energie pro Zeit = Leistung.

Um eine Leistung zu bestimmen, muß eine Energiedifferenz in einem bestimmten Zeitabschnitt gemessen werden:

Leistung = Energiefluß/Zeiteinheit = Energiedurchsatz

Leistungseinheit:

1 Watt = 1 Joule/sec.

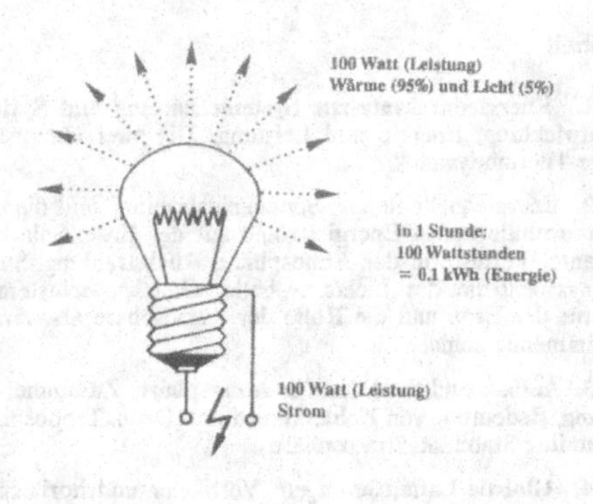

K2. Energiequelle Sonne

Die Erde erhält ständig einen bestimmten Energiestrom von der Sonne. Nur ein kleiner Teil davon wird von den Pflanzen photosynthetisch gebunden. Die Energiebilanz der Erde ist ausgeglichen; der Sonneneinstrahlung steht eine ebenso große Abstrahlung in den Weltraum gegenüber. Während die Einstrahlung vorwiegend aus kurzwelligem sichtbaren Licht besteht, ist die Abstrahlung vorwiegend im infraroten Bereich (Wärmestrahlung). Das Wärmegleichgewicht ist zum Teil durch die Zusammensetzung der Atmosphäre bedingt; Änderungen dort könnten daher zu Klimaveränderungen führen.

(K2.1) In Bezug auf Materie ist die Erde ein (fast) abgeschlossenes System: Materie muß daher rezyklieren.

Der Stoffaustausch mit dem Weltraum (Meteoriten, Gasdiffusion) ist im Verhältnis zu den globalen Stoffflüssen vernachlässigbar: Die Erde funktioniert daher seit ihrer Entstehung (vor etwa 4 Mrd. Jahren) nach dem Prinzip der Stoffrückführung (Rezyklierung). Von atomaren Zerfallsprozessen abgesehen, gilt das Prinzip der Erhaltung von Materie.

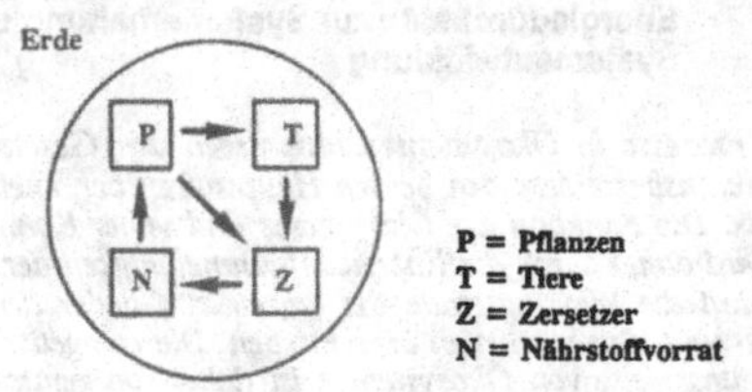

(K2.2) Dauerhaftes Funktionieren der Prozesse auf der Erde setzt (wegen 2. Hauptsatz) eine externe Energiequelle voraus. Diese Energiequelle ist die Sonne.

Im Gegensatz zur Stoffrezyklierung gibt es - wegen des 2. Hauptsatzes der Thermodynamik - kein 'Rezyklieren' von Energie. Energie hoher Arbeitsfähigkeit (Licht) muß ständig von der Sonne zugeführt werden. Die gleiche Energiemenge verläßt ständig die Erde als nicht mehr arbeitsfähige Abwärme (Wärmestrahlung).

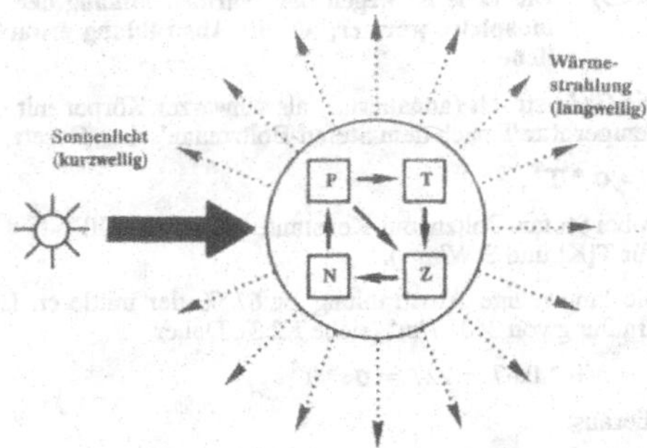

(K2.3) Die Energieprozesse, Stoffumwandlungsprozesse und Stoffströme bedingen sich z.T. gegenseitig und stellen insgesamt ein dynamisches, entwicklungsfähiges System dar. Die Interaktion von biotischen und abiotischen Prozessen hat zu einem anderen Gleichgewichtszustand der Erdatmosphäre geführt, als er ohne Leben zu erwarten wäre (Gaia-Hypothese).

Das Leben auf der Erde hat sich selbst erst die Atmosphäre geschaffen, die für sein Überleben notwendig ist. Hätte sich kein Leben entwickelt, würde die Erdatmosphäre fast vollständig aus Kohlendioxid bestehen. Die mittlere Temperatur würde etwa 300°C betragen (vgl. S1.4).

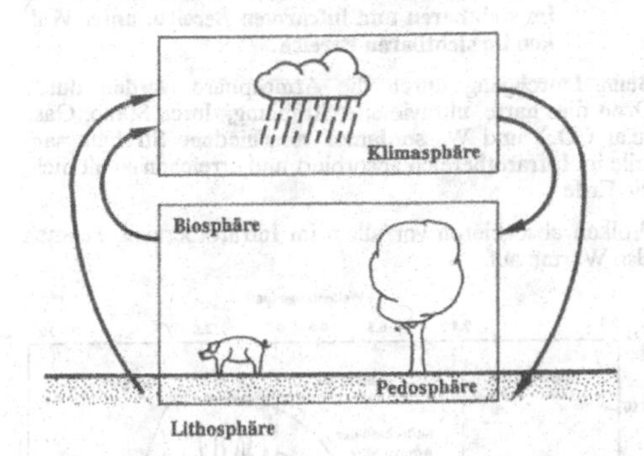

(K2.4) Die Erde erhält vor allem kurzwellige elektromagnetische Strahlungsenergie (Licht) von der Sonne. Nach Verlust von Arbeitsfähigkeit wird die gleiche Energiemenge vor allem im langwelligen Bereich (Infrarot) in den Weltraum abgestrahlt: Die Energiebilanz ist ausgeglichen.

Die Wellenlänge der elektromagnetischen Strahlung bestimmt sich aus der Oberflächentemperatur des strahlenden Körpers: Kühlere Körper strahlen bei größerer Wellenlänge (kleinerer Frequenz) als wärmere Körper. Die heiße Sonne strahlt daher im kurzwelligen, die kühle Erde im langwelligen Bereich.

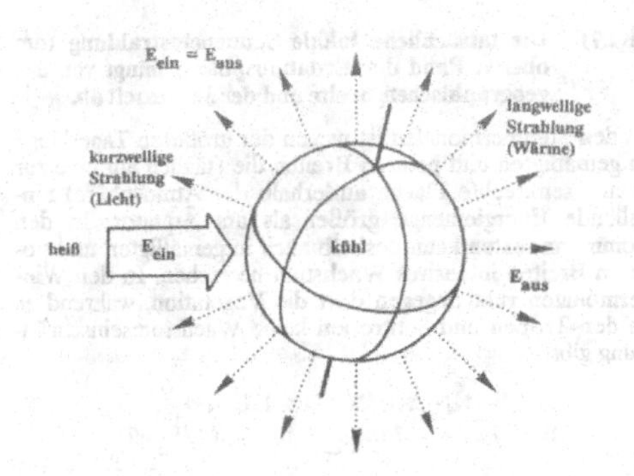

(K2.5) Außerhalb der Erdatmosphäre empfängt eine senkrecht zur Sonne orientierte Fläche eine Leistung von 1360 W/m² (Solarkonstante).

Außerhalb des Erdschattens umlaufende Satelliten können durch ständiges Ausrichten ihrer Solarzellen auf die Sonne ständig diese Leistung beziehen. (Der Wirkungsgrad der Solarzellen von etwa 20% verringert die elektrische Leistung der Zellen entsprechend.)

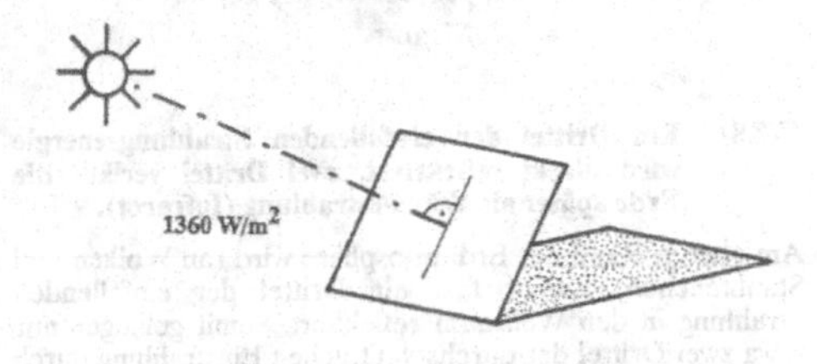

(K2.6) Die mittlere Sonneneinstrahlung (am oberen Rand der Erdatmosphäre) beträgt aus geometrischen Gründen genau ein Viertel der Solarkonstante.

Die Sonneneinstrahlung auf die Querschnittsfläche der Erde (πR^2) verteilt sich auf der Oberfläche der Erdkugel ($4 \pi R^2$). Im Mittel erhält daher die Erdoberfläche außerhalb der Atmosphäre nur 1/4 des Werts der Solarkonstante. Die mittlere Einstrahlung auf die Erdoberfläche (außerhalb der Erdatmosphäre) ist daher

$$S_o = 1360/4 = 340 \text{ W/m}^2.$$

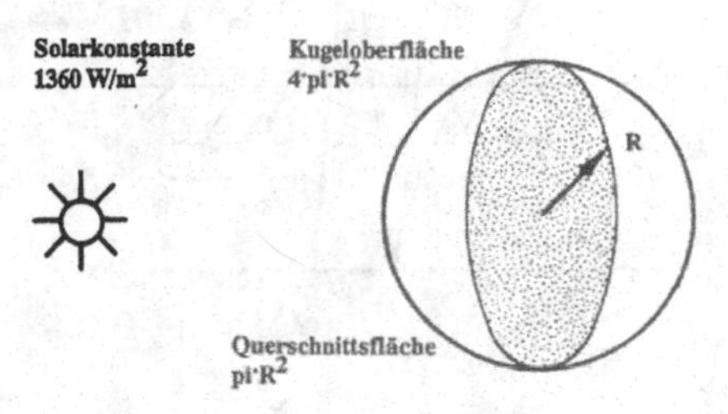

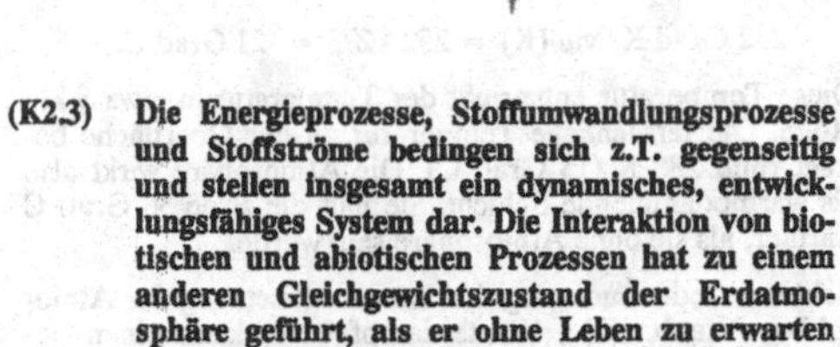

(K2.7) Die tatsächliche lokale Sonneneinstrahlung (am oberen Rand der Erdatmosphäre) hängt von der geographischen Breite und der Jahreszeit ab.

In den Sommermonaten ist wegen der größeren Tageslänge in gemäßigten und polaren Breiten die (täglich auf eine zur Sonne senkrechte Fläche außerhalb der Atmosphäre) einfallende Energiemenge größer als am Äquator. In den Sommermonaten kann deshalb auch in gemäßigten und polaren Breiten intensives Wachstum herrschen. In den Wintermonaten ruht dagegen dort die Vegetation, während es in den Tropen und Subtropen keine Wachstumseinschränkung gibt.

SONNENEINSTRAHLUNG
tägl. Einstrahlung, Freiburg, kWh/m2

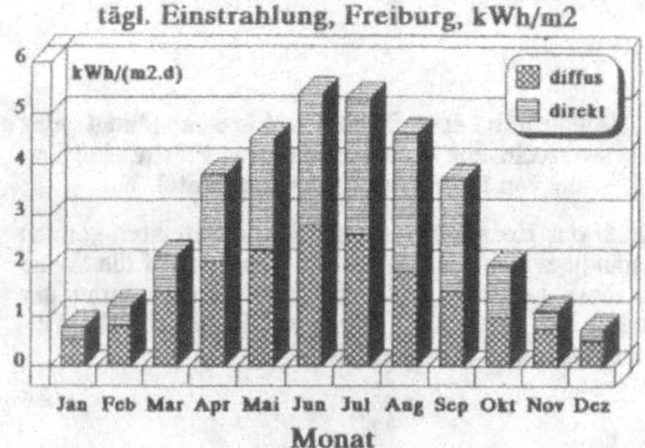

(K2.8) Ein Drittel der einfallenden Strahlungsenergie wird direkt reflektiert, zwei Drittel verläßt die Erde später als Wärmestrahlung (Infrarot).

Am oberen Rand der Erdatmosphäre wird (an Wolken und Staubteilchen) bereits fast ein Drittel der einfallenden Strahlung in den Weltraum reflektiert. Somit gelangen nur etwa zwei Drittel der durchschnittlichen Einstrahlung durch die Erdatmosphäre:

$S_o = 1360/4 * 2/3 = 340 * 2/3$
$= 227\ W/m^2$ (globaler Mittelwert)

Der gleiche Betrag muß von Erdoberfläche und Atmosphäre wieder zurückgestrahlt werden.

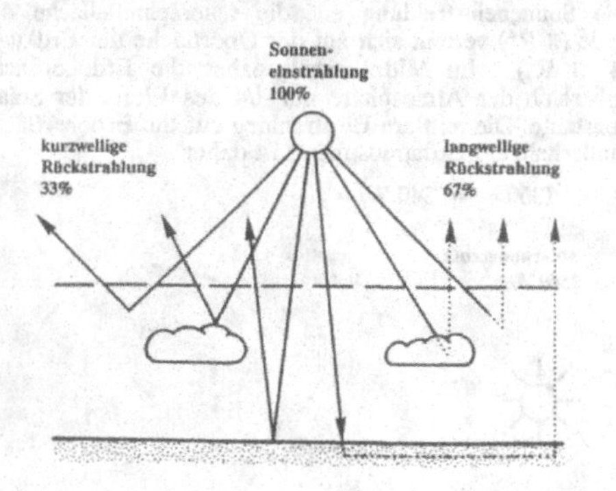

(K2.9) Die Erde ist wegen der Wärmedämmung der Atmosphäre wärmer, als die Abstrahlung erwarten ließe.

Die Erde strahlt (annähernd) als schwarzer Körper mit der Temperatur T nach dem Stefan-Boltzmann'schen Gesetz:

$S = \sigma * T^4$,

wobei Stefan-Boltzmann-Konstante $\sigma = 5.67 * 10^{-8}$ (für T[K] und S[W/m^2]).

Die langwellige Ausstrahlung ist 67 % der mittleren Einstrahlung von 340 W/m^2 (siehe K2.8). Daher

$S = 340 * 0.67 = 227 = \sigma * T^4$

Hieraus:

T = 252 Grad Kelvin (K) = 252 - 273 = -21 Grad C.

Diese Temperatur entspricht der Temperatur in etwa 5 km Höhe. Die tatsächliche Temperatur an der Oberfläche beträgt rund 288 K (15 Grad C). Die Atmosphäre wirkt also als wärmedämmende Schicht. Sie hält die Erde 36 Grad C wärmer, als sie ohne Atmosphäre sein würde.

Achtung: Jede Änderung der Zusammensetzung der Atmosphäre (Staub, CO_2, Wasserdampf usw.) kann einen bedeutenden Einfluß auf den Strahlungshaushalt und damit auf die Temperatur der Atmosphäre und der Erde haben! (s. K2.10).

(K2.10) Sonnenlicht hat seine größte Strahlungsintensität im sichtbaren und infraroten Bereich; unter Wolken im sichtbaren Bereich.

Beim Durchgang durch die Atmosphäre werden durch Ozon die 'harte' ultraviolette Strahlung, durch Staub, Gase (u.a. CO_2) und Wasserdampf verschiedene Strahlungsanteile im Infrarotbereich absorbiert und erreichen somit nicht die Erde.

Wolken absorbieren vor allem im Infrarotbereich, nehmen also Wärme auf.

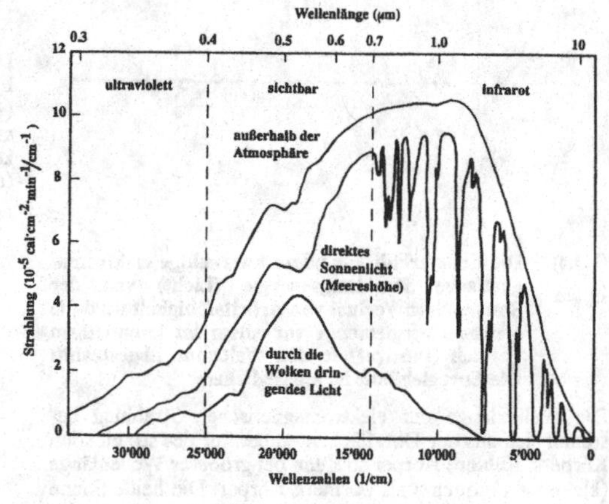

(K2.11) Die Energiebilanz muß an der Obergrenze der Atmosphäre, in der Atmosphäre und an der Erdoberfläche ausgeglichen sein.

Die Energiebilanz muß an jeder Oberfläche, die um die Erde gelegt wird, ausgeglichen sein, sonst würde es langfristig zu Erwärmungen oder Abkühlungen kommen.

Die Sonneneinstrahlung wird an und in der Atmosphäre (z.B. Staub, Wolken) und am Boden zum Teil direkt reflektiert, zum größeren Teil aber absorbiert. Absorbierte Strahlung wird teilweise wieder als Wärme abgestrahlt, liefert Verdunstungswärme oder wird durch Konvektion (Luft und Wasser) weitertransportiert. Ein sehr kleiner Teil (etwa 1/1000) wird photosynthetisch gebunden.

Die Erdoberfläche empfängt 21 + 24 = 45 % der eingestrahlten Energie. Ein Drittel hiervon wird (netto) als Wärmestrahlung in die Atmosphäre zurückgestrahlt; zwei Drittel treiben den Luft- und Wasserkreislauf und die Verdunstung an. Die 45 % werden schließlich - zusammen mit den 22 %, die als Wärmestrahlung von der Sonne in der Atmosphäre blieben - wieder in den Weltraum zurückgestrahlt (22 + 15 + 30 = 67 %).

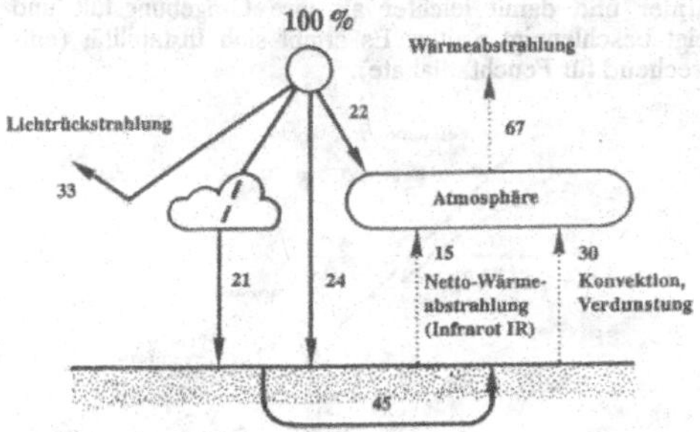

Rolle von Atmosphäre und Wolkendecke in der Energiebilanz!

(K2.12) Etwa 30 Prozent (100 W/m²) der am oberen Rand der Erdatmosphäre einfallenden Energie stehen zur Verfügung, um die Grundprozesse der Erde anzutreiben (Luftströmungen, Wasserkreislauf, Photosynthese).

Etwa 45 % des am oberen Rand der Erdatmosphäre einfallenden Sonnenlichts erreicht die Erdoberfläche (24 % direkt, 21 % durch Wolken, s. K2.11)

$S_e = (0.21 + 0.24) * 340 = 0.45 * 340 = 150 \text{ W/m}^2$

Die Differenz zwischen der Insolation (45 %) und der terrestrischen Nettoausstrahlung (15 %) steht für die Verdampfung von Wasser (Latentwärme) und für den Boden-Luft-Transfer fühlbarer Wärme (Konvektion) sowie die Photosynthese zur Verfügung:

Nettoeinstrahlung = (Insolation - terrestrische Nettoausstrahlung) (siehe K2.11).

$S_{ne} = 340 * (45 \% - 15 \%) = 340 * 30 \% = 100 \text{ W/m}^2$.

Hinweis: Menschliche Energie-Aktivitäten sollten an dieser Größe gemessen werden!

(K2.13) Die Energiebilanz hängt u.a. auch von der Rückstrahlung (Albedo) ab.

Das Albedo hängt von der Glätte der Oberfläche und vom Einfallswinkel des Lichts ab. Es gibt den Anteil der zurückgestrahlten Energie an.

Oberfläche	Albedo
Schnee	0.50 - 0.90
Wasser	0.03 - 0.80
Sand	0.20 - 0.30
Gras	0.20 - 0.25
Boden	0.15 - 0.25
Wald	0.05 - 0.25

Albedo an Wasseroberflächen (abhängig vom Einfallswinkel)

K3. Aufbau und Funktion der Atmosphäre

Die Funktion der Ökosysteme ist in vielfältiger Weise auf die Eigenschaften der Atmosphäre abgestimmt. So ist die Atmosphäre das Reservoir für die Hauptaufbaustoffe Stickstoff, Kohlenstoff, Sauerstoff und Wasserstoff (als Wasserdampf). Die Atmosphäre hat Transport-, Verteilungs- und Schutzfunktionen. Das Wettergeschehen in der Troposphäre ist eine direkte Konsequenz der Temperaturverteilung, die sich aus der Strahlungsabgabe an den Weltraum ergibt.

(K3.1) Die Atmosphäre hat Speicher-, Verteilungs-, Filter- und Wärmedämmungsfunktionen.

Die Funktionen der Atmosphäre:

- Hauptreservoir für Stickstoff N
- am einfachsten erreichbares Reservoir für Kohlenstoff C und Sauerstoff O
- notwendiges Glied in der Rezyklierungskette für Wasserstoff H (als H_2O)
- schützt Organismen vor schädlicher Strahlung aus dem Weltraum
- läßt lebensnotwendiges Sonnenlicht durch (Energiequelle)
- wirkt als 'Wärmedämmung'
- transportiert Energie und Feuchtigkeit
- verteilt Schadstoffe

(K3.2) Die Luft besteht vor allem aus Stickstoff und Sauerstoff; die Anteile anderer Gase sind vergleichsweise sehr klein. Für das Leben auf der Erde haben die Spuren von Kohlendioxid und Ozon besondere Bedeutung.

Luft - Gasgemisch:		Raumanteil:
Stickstoff	N_2	0.7809
Sauerstoff	O_2	0.2095
Argon	Ar	0.0093
Wasserdampf	H_2O	0.01 - 0.04
Kohlendioxid	CO_2	0.000350 = 350 ppm = 0.035 %
Ozon	O_3	0.00000001 = 0.01 ppm = 10 ppb

Weitere Gase (Spuren):
Ne, He, CH_4, Kr, N_2O, H_2

(K3.3) Der sehr kleine Kohlendioxid-Anteil bestimmt wesentlich die Wärmedämmung der Atmosphäre.

Wärmestrahlung (Infrarotbereich), die sowohl von der Sonne als auch von der Wärmerückstrahlung der Erde stammt, wird vom Kohlendioxid der Atmosphäre zum Teil absorbiert. Die CO_2 -Schicht der Atmosphäre wirkt damit als wärmedämmende Schicht und verhindert teilweise die abkühlende Ausstrahlung der Erde. Je mehr Kohlendioxid sich in der Atmosphäre befindet, um so wärmer werden die mittleren globalen Temperaturen.

(K3.4) Der winzige Ozon-Anteil absorbiert lebensschädliches ultraviolettes Licht.

Rolle des Ozons in der Stratosphäre: O_3 ist das einzige atmosphärische Gas, das undurchlässig ist für ultraviolettes Licht (UV) zwischen 0.18 - 0.30 μm. Da diese kurzwellige Strahlung (pflanzliche und tierische) Lebensprozesse schädigt (Photosynthese, Haut), ist die Ozonschicht der einzige Schutz des Lebens auf der Erde. Die UV-Absorption durch Ozon führt zur Erwärmung der Stratosphäre (30 bis 50 km Höhe), in der sich die Ozonschicht befindet.

(K3.5) In der wetterbestimmenden Troposphäre nehmen Druck und Temperatur mit der Höhe ab.

Der **Luftdruck** nimmt mit zunehmender Höhe in der Atmosphäre ständig ab und beträgt in 10 km Höhe nur noch etwa 20% des Bodenwerts.

Die **Temperatur** sinkt mit zunehmender Höhe bis auf etwa minus 55 Grad Celsius in der Tropopause, um dann wieder in der Stratosphäre bis auf etwa 0 Grad Celsius anzusteigen und in der Mesosphäre wieder abzusinken.

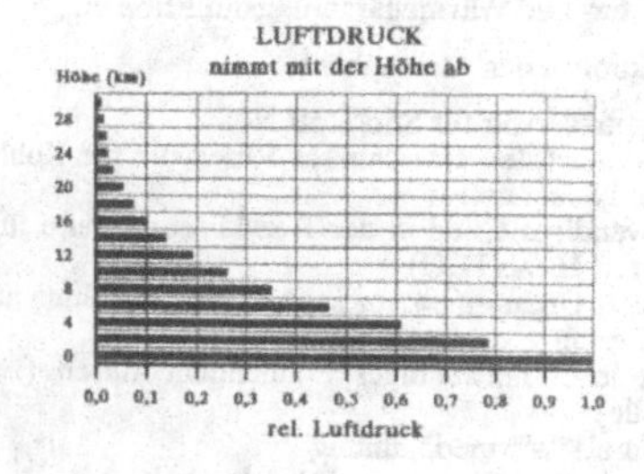

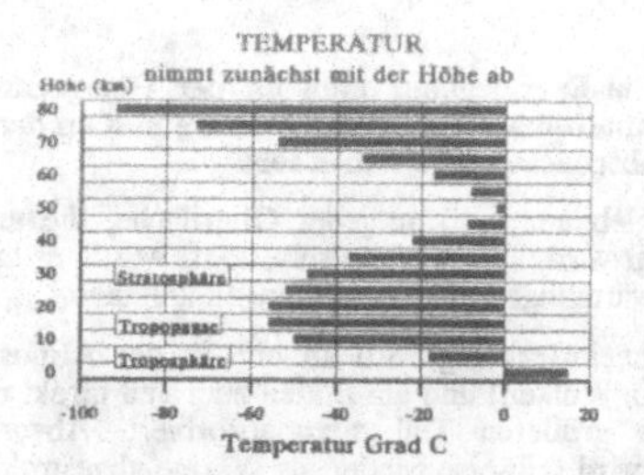

(K3.6) Der Temperaturverlauf mit der Höhe bestimmt die Stabilität oder Instabilität der Luftschichten und damit das Wetter.

Beim Anheben um 100 m in der Atmosphäre kühlt sich ein trockenes Luftteilchen um 1.0 Grad pro 100 m (Trockenadiabate), ein feuchtgesättigtes Luftteilchen um 0.6 Grad pro 100 m ab (Feuchtadiabate).

Verringert sich die aktuelle Temperatur in der Atmosphäre um einen größeren Betrag als die Trockenadiabate (z.B. 1.5 Grad pro 100 m) , so ist die angehobene trockene Luft wärmer und damit leichter als ihre Umgebungsluft und steigt beschleunigt weiter: Es ergibt sich Instabilität (entsprechend für Feuchtadiabate).

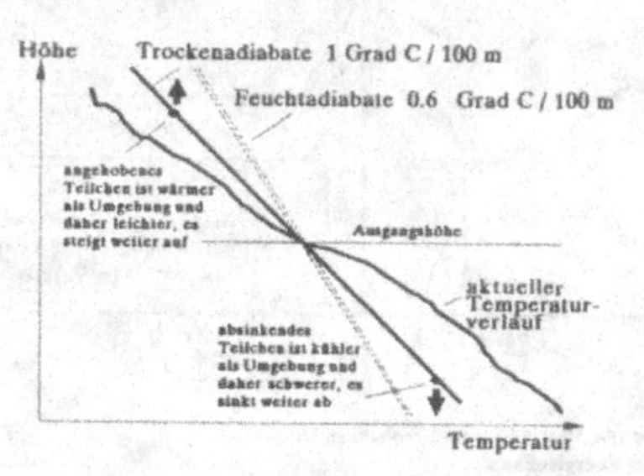

(K3.7) In der Troposphäre kann der aktuelle Temperaturverlauf zu stabilen oder instabilen Wetterlagen führen.

Die Atmosphäre ist **instabil** geschichtet, wenn die Temperatur mit der Höhe schneller abnimmt als es der Trockenadiabate bzw. Feuchtadiabate entspricht.

Ist der Adiabatenverlauf flacher als der tatsächliche Temperaturverlauf, so ist die Atmosphäre **stabil** geschichtet.

In der Troposphäre nimmt die Temperatur fast immer mit der Höhe ab, meist ist die Schichtung instabil (im Gegensatz zur Stratosphäre, s. K3.9). Das Wettergeschehen spielt sich daher fast ausschließlich in der Troposphäre ab.

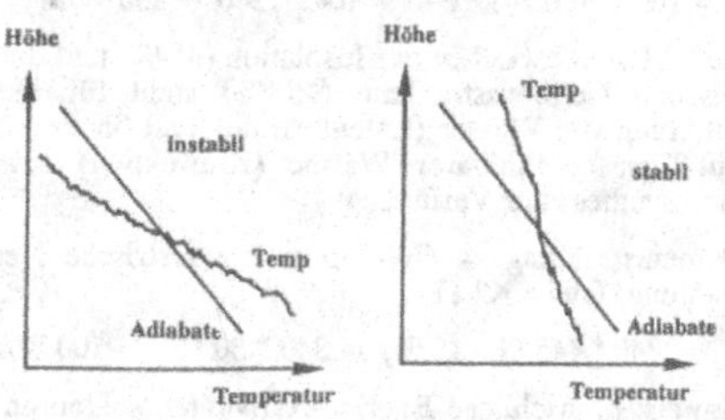

(K3.8) Eine Temperaturumkehr (Inversion) verhindert Aufstieg und Durchmischung von Luftmassen.

Bei manchen Wetterlagen (z.B. winterliches Hochdruckwetter) findet sich eine Inversionsschicht in einigen hundert Metern Höhe mit Temperaturumkehr mit der Höhe. Luftschadstoffe bleiben dann in der unteren Atmosphäre. Die intensive Sonneneinstrahlung an der Inversionsschicht kann zur Bildung von Photooxidantien führen: photochemischer Smog, als dunkle Schicht erkennbar.

Wird die bodennahe Luft stark genug erwärmt (Frühjahr und Sommer), so kann sie beim Aufsteigen - der Adiabate folgend - die Inversionsschicht u.U. durchstoßen und zum Luftaustausch führen.

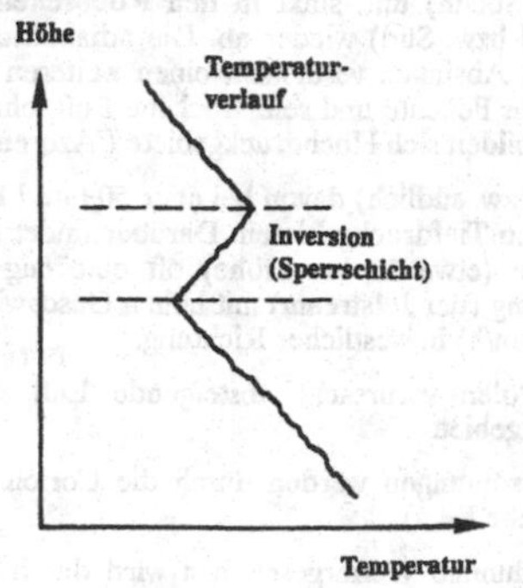

(K3.9) In der Stratosphäre ist wegen des Temperaturverlaufs die Schichtung immer stabil. Gasaustausch erfolgt durch Diffusion.

Da in der Stratosphäre die Temperatur mit der Höhe zunimmt, ist sie stabil geschichtet. Ein vertikaler Luftaustausch kann nicht stattfinden. Der Gastransport (z.B. Treibgase von der Troposphäre in die Ozonschicht) erfolgt durch allmähliche Diffusion.

K4. Globale atmosphärische Zirkulation

Die vorherrschenden Luftströmungen auf der Erde sind durch die von Breitengrad und Jahreszeit abhängige Sonneneinstrahlung und die Coriolisablenkung der Erddrehung bestimmt. Das Wettergeschehen ist ein 'chaotisches' dynamisches System, dessen Entwicklung bei kleiner Änderung der Anfangsbedingungen gänzlich anders verlaufen kann ('Schmetterlingseffekt'). Eine Vorhersage ist daher prinzipiell nur über kürzere Zeiträume (wenige Tage) möglich (s. S2.10).

(K4.1) Große Energiemengen (fühlbare Wärme und latente Verdampfungswärme) und Wassermengen werden durch Luftströmungen über große Entfernungen transportiert.

Bei Verdunstung von 1 Gramm Wasser bei 15°C werden 2.44 kJ Energie latent im Wasserdampf gespeichert und bei Kondensation und Niederschlag an anderer Stelle wieder frei. Mit dem Transport wasserdampfhaltiger (feuchter) warmer Luft aus wärmeren Breiten werden daher außer der fühlbaren Wärme auch große Mengen an Verdunstungswärme (Latentwärme) in kältere Breiten transportiert, die bei Kondensation des Wasserdampfs dort wieder freiwerden.

Der horizontale Energietransport durch Luft- und Meeresströmungen hat daher mehrere Komponenten:

1. fühlbare Wärme und latente Verdampfungswärme in Luftströmungen
2. fühlbare Wärme in Meeresströmungen.

Ohne diese horizontalen Energieflüsse gäbe es keinen Temperaturausgleich - an den Polen wäre dann der absolute Nullpunkt während der Polarnacht erreicht (vgl. Strahlungsgesetz).

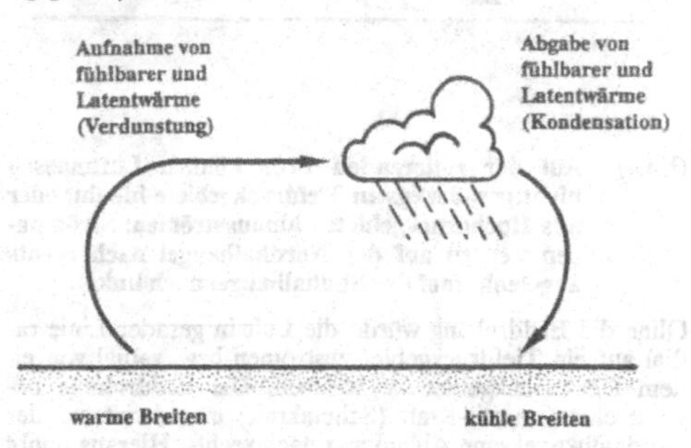

(K4.2) Warme feuchte Luftmassen führen zu einem Tiefdruckgebiet am Boden, in das (in Bodennähe) Luft von außerhalb einströmt.

Sonneneinstrahlung bei instabiler Schichtung führt zum Aufstieg der Luft, Kondensation (mit weiterer relativer Erwärmung) und Wolkenbildung. Die (relativ) wärmere Luftsäule ist (relativ) leichter als die Umgebung, der Bodendruck geringer. In dieses 'Tief' strömt Luft von außerhalb, die ebenfalls aufsteigt.

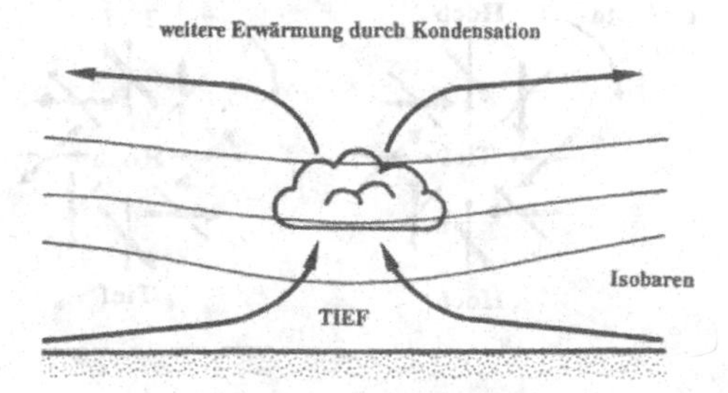

(K4.3) Trockene kühle Luftmassen führen zu einem Hochdruckgebiet am Boden, aus dem Luft (in Bodennähe) nach außerhalb ausströmt.

Eine kühlere Luftmasse führt zu höherem Druck am Boden ('Hoch'). Die Luft fließt aus diesem Gebiet heraus in die umliegenden Gebiete (relativ) niedrigeren Luftdrucks. Die nachströmende absteigende Luft erwärmt sich adiabatisch, wobei sie 'austrocknet' (die relative Feuchte sinkt). Eine Wolkenbildung kann nicht stattfinden. Durch erhöhte Wärmeausstrahlung während der Nacht kühlen sich Boden und Luftmasse weiter ab. Es ergibt sich eine relativ stabile Hochdruckwetterlage.

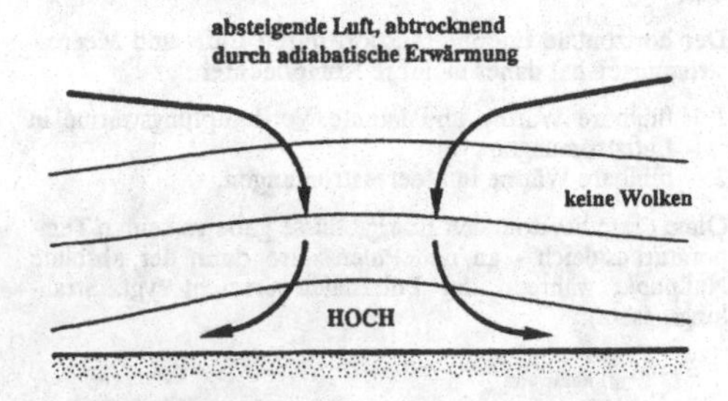

(K4.4) Auf der rotierenden Erde können Luftmassen nicht geradewegs in Tiefdruckgebiete hinein, oder aus Hochdruckgebieten hinausströmen: Strömungen werden auf der Nordhalbkugel nach rechts abgelenkt (auf der Südhalbkugel nach links).

Ohne die Erddrehung würde die Luft in gerader Linie radial auf ein Tiefdruckgebiet zuströmen bzw. radial von einem Hochdruckgebiet wegströmen. Die Erddrehung bewirkt eine Coriolis-Kraft (Scheinkraft) und damit auf der Nordhalbkugel eine Ablenkung nach rechts. Hieraus ergibt sich eine Linksspirale beim Tief bzw. eine Rechtsspirale beim Hoch.

Erklärung: Betrachte die Nordhalbkugel vom Nordpol. Die Erde dreht nach Osten (gegen den Uhrzeigersinn). Eine Luftmasse, die sich von Norden nach Süden bewegt, kommt in Gebiete, die höhere Drehgeschwindigkeiten haben und sich unter ihr wegbewegen. Damit ergibt sich eine scheinbare Ablenkung der Luftmassen nach rechts gegenüber der Erdoberfläche. Bei der Strömung von Süd nach Nord ergibt sich der gleiche Effekt.

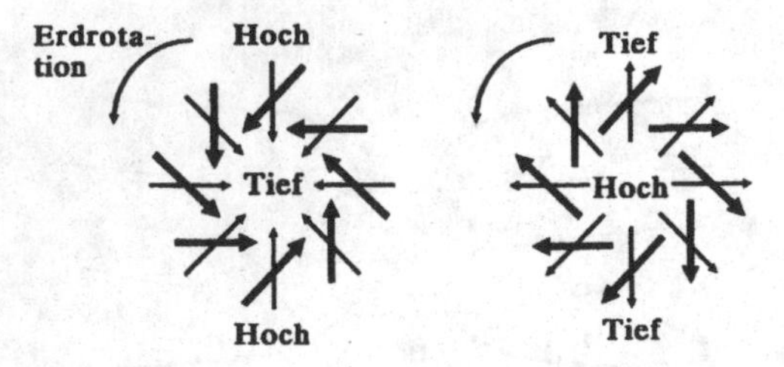

(K4.5) Das globale Wettermuster wird angetrieben durch Sonnenenergiezufuhr und dadurch aufsteigende Luft in den Tropen, sowie Wärmeabstrahlung und absinkende Luft in den polaren Breiten.

Globales Wettermuster: Aufsteigende Luft am Äquator (Regen); subtropische Hochs (absteigende trockene Luft; Wüstengürtel); Tiefs in gemäßigten Breiten (Niederschläge); arktische Hochs.

Die intensivste Sonneneinstrahlung findet sich am Äquator. Daher entstehen dort aufsteigende Luftmassen, deren Feuchte in größerer Höhe kondensiert und wieder abregnet.

Die aufgestiegene Luft strömt in größerer Höhe nach Norden (bzw. Süden) und sinkt in den Roßbreiten (etwa 30 Grad Nord bzw. Süd) wieder ab. Die adiabatische Erwärmung beim Absinken verursacht einen weiteren Rückgang der relativen Feuchte und sehr trockene Luft, ohne Niederschlag. Es bilden sich Hochdruckgebiete ('Azorenhoch').

Nördlich (bzw. südlich) davon bei etwa 50 Grad Breite liegt ein Ring von Tiefdruckgebieten. Darüber findet sich in der Tropopause (etwa 11 km Höhe) oft eine eng begrenzte Luftströmung (der Jetstream) mit hohen Geschwindigkeiten (etwa 200 km/h) in westlicher Richtung.

An den Polen verursacht absteigende Luft wieder ein Hochdruckgebiet.

Alle Luftströmungen werden durch die Coriolis-Kraft abgelenkt (siehe K4.4).

Das großräumige Wettergeschehen wird durch lokale Besonderheiten (Geländebeschaffenheit, Täler, Seen, Küste) oft stark modifiziert. Auch Bebauung, Änderung der Bodenbedeckung usw. können durch Änderung der Strahlungsbilanz und der Strömungsverhältnisse zu lokalen klimatischen Änderungen beitragen.

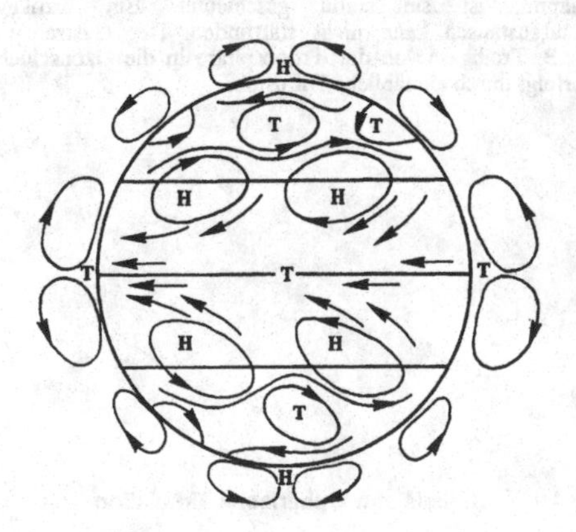

K5. Lokalklima

Das regionale Wettergeschehen wird zwar vor allem durch die Großwetterlage geprägt, lokal aber stark durch die Geländestruktur (Orographie) beeinflußt. Diese Einflüsse bestehen einmal aus der Ablenkung von Luftströmungen durch Hänge und Bebauung, zum anderen durch thermisch verursachte Luftströmungen.

(K5.1) Das kleinräumige Wettergeschehen kann durch die lokale Geländestruktur und Bebauung stark beeinflußt werden.

Berge und Täler 'kanalisieren' Luftströmungen; die Oberflächenrauhigkeit (Meer, Wälder, Gebirge) beeinflußt durch ihren Widerstand die Windgeschwindigkeit; unterschiedliches Albedo und Wärmekapazität des Untergrundes bestimmen die thermische Konvektion; Bebauung behindert Luftströmungen und verändert Albedo, Wärmekapazität und Verdunstungsraten.

(K5.2) Föhn entsteht, wenn feuchte Luftmassen hohe Gebirgszüge überqueren müssen.

Aufsteigende feuchte Luft kühlt sich auf der Luvseite etwa um 0.6 °C/100 m ab, wobei die relative Feuchte auf 100 % ansteigt und es zum Niederschlag kommt. Beim Abstieg der nun trockenen Luft auf der Leeseite erwärmt sie sich um 1 °C/100 m und kommt auf der gleichen Höhe wesentlich wärmer (und trockener) an, als sie beim Beginn des Aufstiegs war.

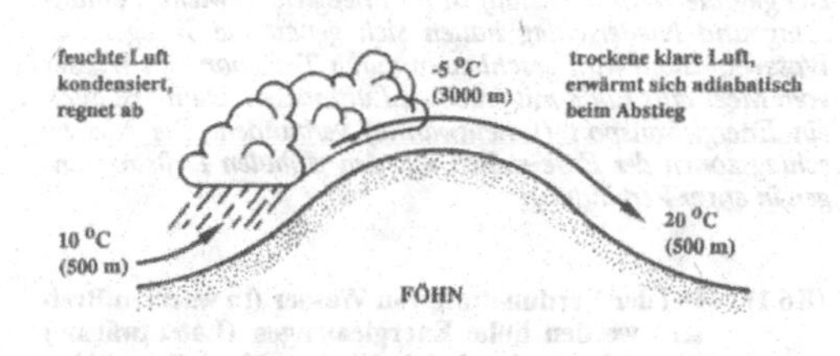

(K5.3) Täler kanalisieren Luftströmungen.

Durch die kanalisierende Wirkung von Tälern und Seitentälern können die Windrichtungen dort gänzlich anders als die Hauptwindrichtung (über dem Gebirge) sein.

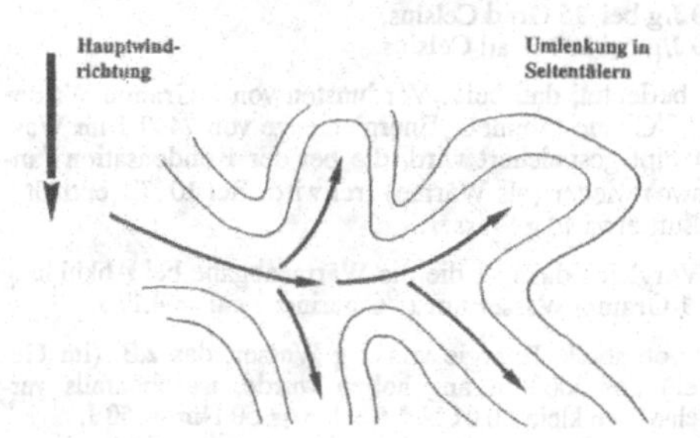

(K5.4) Tal- und Bergwinde, See- und Landwinde entstehen durch unterschiedliche Erwärmung im Tagesverlauf.

Die unterschiedliche Intensität der Sonneneinstrahlung bzw. der Wärmekapazität des Untergrunds kann zu charakteristischen örtlichen Luftströmungen führen wie Seewinden und Talwinden.

Seewind: Das Land erwärmt sich vormittags rascher, Luft steigt auf, der Wind strömt vom Meer aufs Land. In den Abendstunden kehrt sich das Windsystem um: Das Land kühlt ab, das Meer ist wärmer, die Luft steigt dort auf: der Wind bläst vom Land aufs Meer (Landwind).

Talwind: Der Sonne zugeneigte Hänge erwärmen sich rasch, Luft strömt auf: Der Wind weht talaufwärts. Am Abend kehrt sich die Richtung um: Die Abkühlung in höheren Lagen führt zu talwärts strömendem Wind (Bergwind) und aufsteigender Luft in Talmitte.

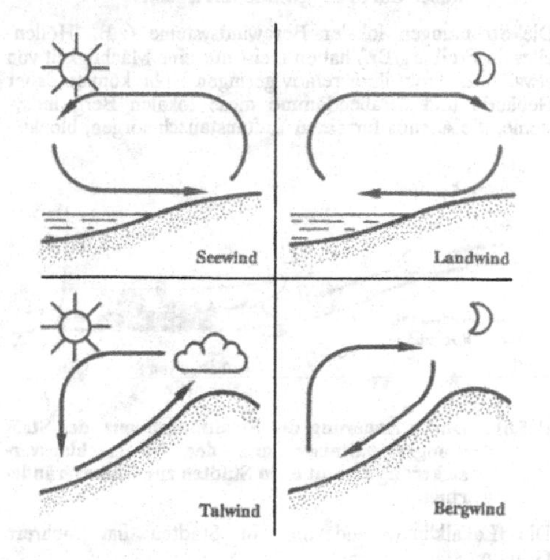

(K5.5) Talkessel erschweren den Luftaustausch insbesondere bei Inversions-Wetterlagen.

Bei Talkessellage wirkt eine Inversionsschicht (Temperaturumkehr siehe (K3.8)) wie ein 'Deckel'. Es gibt keinen Luftaustausch mit außerhalb, Luftverschmutzungen bleiben zum Teil tagelang im Kessel und die Belastung verstärkt sich ständig.

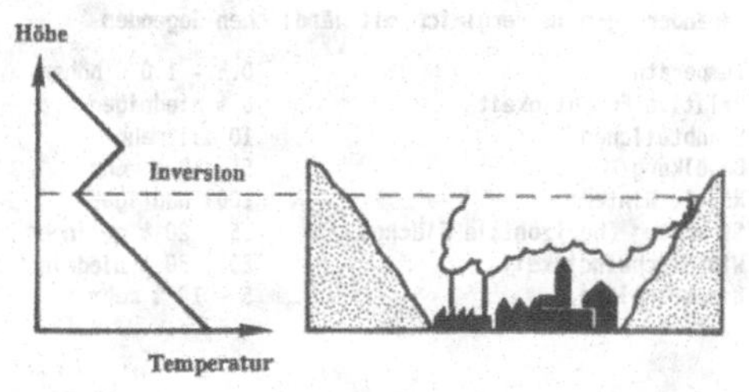

(K5.6) Berghänge in der Hauptwindrichtung weisen besonders hohe Niederschläge auf.

Während des Aufstiegs kühlt sich die Luft ab und kondensiert in Nebeltröpfchen und Niederschlag. Daher ergibt sich an Berghängen in Hauptwindrichtung ein höherer Jahresniederschlag als normal, mit höheren Schäden durch Luftverschmutzung wegen höherer trockener und nasser Deposition von Schadstoffen.

(K5.7) Bebauung kann u.a. den abendlichen Luftaustausch durch Bergwinde verriegeln.

Die Strömungen lokaler Bergwindsysteme (z.B. 'Höllentäler' in Freiburg/Br.) haben meist nur eine Mächtigkeit von etwa 20 m. Trotz ihrer relativ geringen Höhe können daher Gebäude und Straßendämme diese lokalen Bergwindsysteme, die abends für einen Luftaustausch sorgen, blockieren.

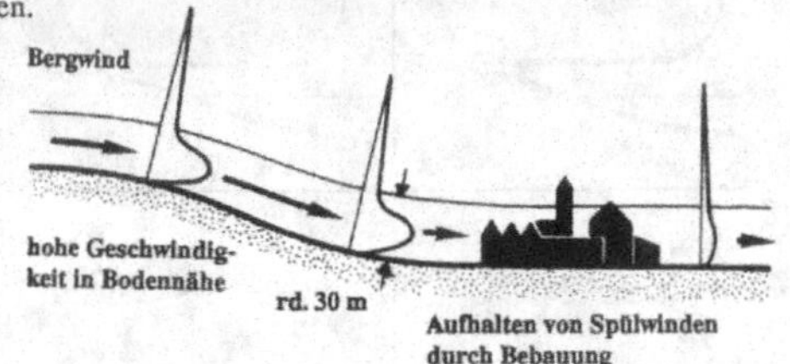

(K5.8) Durch Änderung der Strahlungsbilanz, der Strömungsverhältnisse und der Niederschlagsversickerung kommt es in Städten zur Klimaveränderung.

Die Lokalklimaveränderung in Städten hat mehrere Gründe:

1. Änderungen der Strahlungsbilanz durch Änderungen des Albedo und der Wärmerückstrahlung (strahlungsabsorbierende und wärmestrahlende Baukörper, Straßendecken usw.).
2. Änderungen der Strömungsverhältnisse durch Bauten (Gebäude, Straßendämme, Straßenschneisen).
3. Änderung der Niederschlagsversickerung und -verdunstung durch Bodenversiegelung.

Veränderungen im Vergleich mit ländlichen Gegenden

Temperatur	0.5 - 1.0°C höher
Relative Feuchtigkeit	6 % niedriger
Staubteilchen	10 mal mehr
Bewölkung	5 - 10 % mehr
Nebel, Winter	100% häufiger
Strahlung (horizontale Fläche)	15 - 20 % geringer
Windgeschwindigkeit,	20 - 30 % niedriger
Niederschläge	5 - 10 % mehr

(K5.9) Eine dichte Pflanzendecke (Urwald) kann weitgehend selbst für ihren Niederschlagsbedarf sorgen.

Eine dichte Pflanzendecke verdunstet pro Jahr und Quadratmeter etwa 500 bis 1000 Liter Wasser (500 bis 1000 mm). Über ausgedehnten tropischen Waldgebieten steigt die erwärmte Luft mit dem Wasserdampf aus der Verdunstung in den Mittagsstunden auf, kondensiert in der Höhe und regnet am frühen Abend wieder ab: Von Ablaufverlusten abgesehen, rezykliert das benötigte Wasser weitgehend. Wird der Wald gerodet, so verschwindet auch die 'Zirkulationspumpe': Das Klima kann wesentlich trockener werden - und damit einen dichten Pflanzenbewuchs nicht mehr ermöglichen.

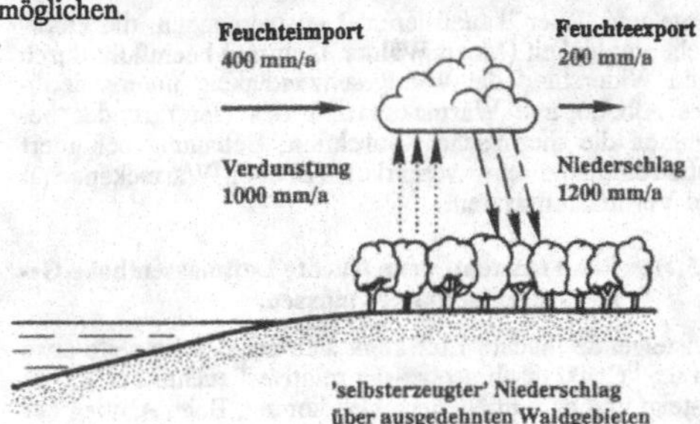

K6. Globaler Wasserkreislauf

Der globale Wasserkreislauf ist im Fließgleichgewicht: Verdunstung und Niederschlag halten sich genau die Waage. Der Wasserkreislauf wird geschlossen durch Transport von Wasser vom Meer aufs Land mit feuchten Luftmassen. Damit ist auch ein Energietransport (Latentwärme) verbunden. Die Niederschlagszonen der Erde stehen mit den globalen Luftströmungen in enger Verbindung.

(K6.1) Bei der Verdunstung von Wasser (in warmen Breiten) werden hohe Energiemengen (Latentwärme) gespeichert, die beim Niederschlag (in kühlen Breiten) wieder frei werden: globaler Energietransport.

(Verdampfungswärme 2440 J/g, Wärmeabgabe bei Abkühlung von Wasser um 1 Grad C: 4.17 J/g, Energiebedarf zum Anheben auf 5000 m: 50 J/g)

Wasser hat die höchste bekannte Verdampfungswärme:

2440 J/g bei 15 Grad Celsius,
2250 J/g bei 100 Grad Celsius

Das bedeutet, daß beim Verdunsten von 1 Gramm Wasser bei 15°C eine (Sonnen-)Energiemenge von 2440 J im Wasserdampf gespeichert wird, die bei der Kondensation (anderswo) wieder (als Wärme) frei wird. Bei 10 °C enthält 1 m^3 Luft etwa 10 g Wasser.

Im Vergleich dazu ist die die Wärmeabgabe bei Abkühlung von 1 Gramm Wasser um 1 °C gering: 1 cal = 4.17 J.

Die potentielle Energie von 1 g Wasser, das z.B. (im Gewitter) auf 5000 m angehoben wurde, ist ebenfalls vergleichsweise klein: 0.01 N * 5000 m = 50 Nm = 50 J.

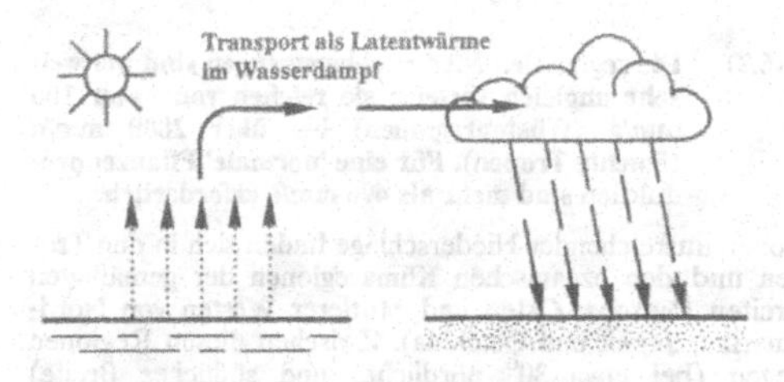

(K6.2) Bei Abkühlung vergrößert sich die relative Luftfeuchte; bei relativer Feuchtesättigung von 100 Prozent kommt es zu Kondensation und Niederschlag.

Die relative Feuchte gibt die Feuchtesättigung (in Prozent) in bezug auf das maximale Aufnahmevermögen der Luft für Wasserdampf an. Wärmere Luft kann mehr Feuchte halten als kühlere Luft. Wird Luft abgekühlt (z.B. durch Aufsteigen), so erhöht sich allmählich die **relative** Feuchte bis auf 100% (bei gleichem **absoluten** Feuchtegehalt): dann kommt es zur Kondensation und zum Niederschlag.

Kondensation kann auch auftreten durch Zufuhr von Wasserdampf (z.B. Verdunstung und Nebelbildung über einer Wasserfläche oder feuchten Wiese, Kühlturm).

Bei der Kondensation aufsteigender Luft an der Wolkenuntergrenze wird Wärme frei, was wiederum den Luftauftrieb erhöht: Die Luft steigt beschleunigt weiter und 'saugt' von unten weitere Luftmengen nach, die ihrerseits kondensieren. Auf diese Weise können sich im Sommer in kurzer Zeit Gewittertürme bilden, die bis in die Stratosphäre (11 bis 18 km Höhe) reichen.

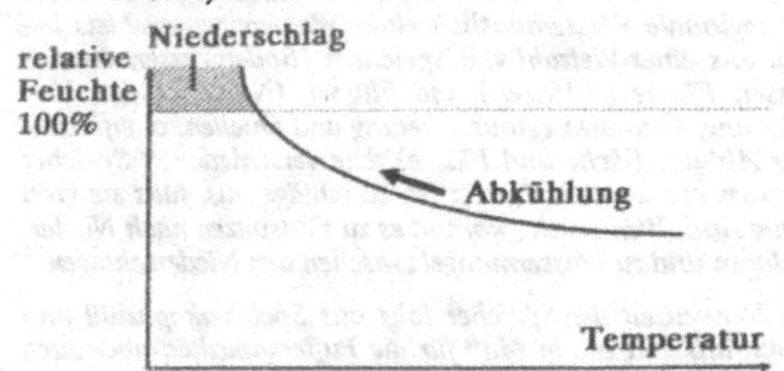

(K6.3) Der Wasserkreislauf wird durch die Prozesse der Verdunstung, des Transports mit Luftmassen, des Niederschlags und des Ablaufs in die Ozeane in einem Fließgleichgewicht aufrechterhalten.

Der Wasserkreislauf wird durch die Prozesse der Verdunstung und der Kondensation angetrieben:

(1) **Wasserverdunstung** (Evaporation) an der Oberfläche von Meeren, Seen, Erdboden.
(2) **Transpiration** von Pflanzen: Wasserdampfabgabe (Evaporation + Transpiration = Evapotranspiration)
(3) Horizontaler **Transport** atmosphärischen Wassers als Wasserdampf, Wassertröpfchen, Eiskristalle, z.T. in Wolken
(4) **Niederschläge** (Regen, Hagel, Schnee)
(5) **Ablauf** von den Kontinenten in die Meere (über oder unter der Oberfläche)

Der Wasserkreislauf zwischen Land und Meer regelt sich selbständig, so daß der Ablauf vom Land genau dem Wassertransport vom Meer auf's Land mit den Luftmassen entspricht (Fließgleichgewicht). Eine höhere Verdunstung im Meer würde z.B. zu höheren Niederschlägen über dem Land führen; der höhere Ablauf gleicht die höhere Verdunstung wieder aus. Eine hohe Bodenfeuchte wird durch eine entsprechend hohe Verdunstungsrate wieder verringert, usw.

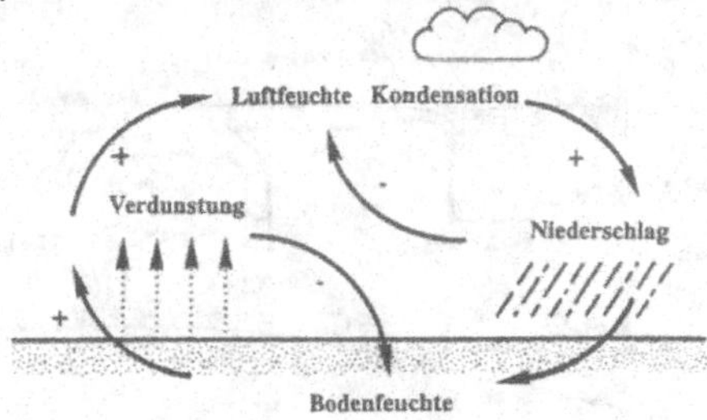

(K6.4) Die Wassermengen pro Jahr (Durchflüsse) im Wasserkreislauf (Niederschläge, Verdunstung, Wasserbedarf der Pflanzen, Versickerung, Grundwasserentnahme usw.) werden als äquivalente Wasserhöhe pro Jahr (mm/a) angegeben.

(1 Liter/m^2 = 1 mm)

1 mm Niederschlag entspricht (1 mm * 1000 mm * 1000 mm) Wasser pro m^2 = 10^6 mm^3/m^2

Da 10^6mm^3 = 1 Liter, folgt:

1 mm Wasserhöhe = 1 Liter Wasser/m^2

100 mm = 0.1 m^3 = 100 Liter/m^2

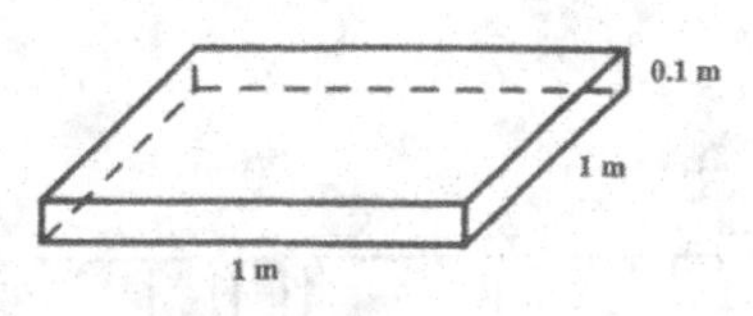

1 mm Niederschlag = 1 Liter Wasser / m^2

(K6.5) Auf die Fläche bezogen, sind Verdunstung und Niederschläge auf den Ozeanen erheblich höher als auf dem Land. Global stammen rund 40 Prozent der Niederschläge überm Land aus der Meeresverdunstung.

Pro Jahr schlagen sich über Land im globalen Mittel etwa 700 mm Wasser nieder, 400 verdunsten wieder, 300 laufen ins Meer.

Auf die Landfläche bezogen, entspricht der Ablauf vom Land ins Meer einer Niederschlagshöhe von 310 mm. Da die Meeresfläche größer ist als die Landfläche, führt dies zu einem auf die Meeresfläche bezogenen Eintrag von 120 mm. Genau die gleiche Menge muß in der Atmosphäre vom Meer aufs Land transportiert werden.

Jährliche Wassermengen:	1000 km^3/Jahr	mm/a
Evaporation (Meer)	456	1260
Evapotranspiration (Land)	62	420
Niederschlag (Meer)	410	1140
Niederschlag (Land)	108	730
von See auf Land	46	120
Ablauf vom Land	46	310

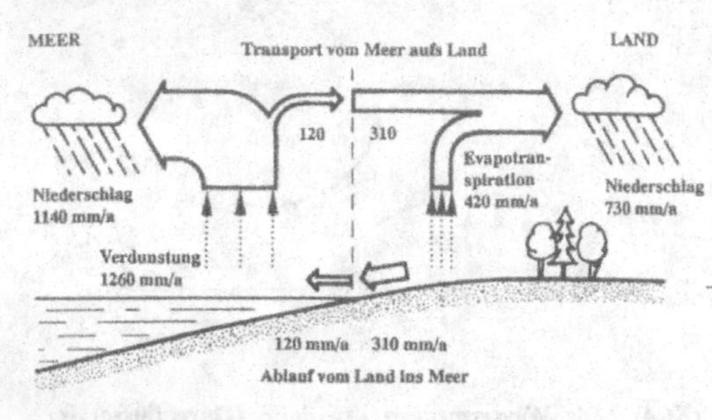

(K6.6) Der Wasserkreislauf in Mitteleuropa entspricht in etwa dem globalen Durchschnitt, mit einem Niederschlagswert von rund 800 mm/a. Rund 60 Prozent des Niederschlags wird durch Verdunstung von Boden und Pflanzendecke 'selbst erzeugt'.

Der Wasserkreislauf der BR Deutschland zeigt bei einem Niederschlag von 837 mm/a Importe von 318 mm/a vom Meer und 331 mm/a von Oberliegern (z.B. Rhein, Elbe, Inn). Vom Gesamteintrag werden 125 mm/a durch Industrie, Haushalte, Elektrizitätswerke und Landwirtschaft genutzt.

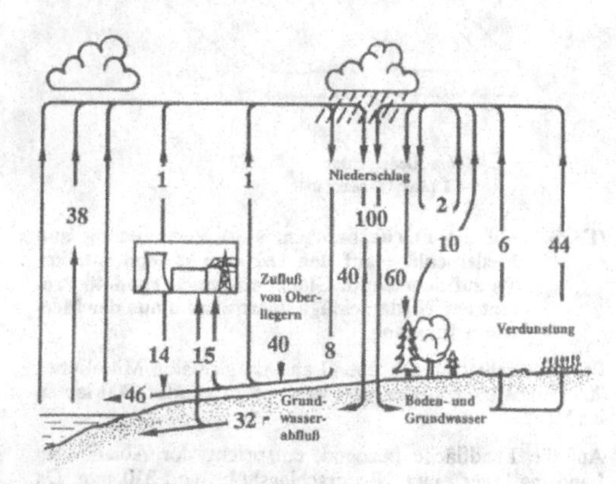

WASSERKREISLAUF IN DER BR DEUTSCHLAND

Angaben in Prozent des mittleren Jahresniederschlags von 837 mm/a

(K6.7) Die regionalen Niederschlagsmengen sind weltweit sehr ungleich verteilt; sie reichen von unter 100 mm/a (Wüstenregionen) bis über 2000 mm/a (feuchte Tropen). Für eine 'normale' Pflanzenproduktion sind mehr als 400 mm/a erforderlich.

Zonen ausreichender Niederschläge finden sich in den Tropen und den ozeanischen Klimaregionen der gemäßigten Breiten (Europa; Osten und Mittlerer Westen von Nordamerika; Japan und Ostchina). Zwischen diesen Regionen liegen (bei etwa 30° nördlicher und südlicher Breite) trockene Wüstenregionen (s. K4.5).

Niederschlagszonen mit mehr als 400 mm/a Niederschlag

K7. Wasserspeicher und regionaler Wasserhaushalt

Der regionale Wasserhaushalt eines Wassereinzugsgebiets besteht aus einer Vielzahl von Speichern (Bodenwasser, Grundwasser, Flüsse und Seen) und Flüssen (Niederschläge, Versickerung, Grundwasseraussickerung und Quellen, oberflächlicher Ablauf, Bäche und Flüsse). Die verschiedenen Speicher gleichen die unregelmäßigen Niederschläge aus, falls sie groß genug sind. Wenn nicht, kommt es zu Flutspitzen nach Niederschlägen und zu Wassermangel zwischen den Niederschlägen.

Die Verweilzeit der Speicher folgt aus Speicherkapazität und Durchfluß und ist ein Maß für die Pufferkapazität, aber auch für die Langfristigkeit von Gefährdungen.

(K7.1) Wasserspeicher im Wasserkreislauf gleichen Schwankungen bei Niederschlägen und Verdunstung usw. teilweise aus.

Die Atmosphäre enthält nur ein Hunderttausendstel der Wassermenge der Ozeane, ist aber wichtigstes Bindeglied des globalen Wasserkreislaufs, da sie Wasser vom Meer aufs Land schafft.

Hydrosphäre	1400000	* 10^3 km
- Meere*	1300000	"
- Gletscher, Polareis	29000	"
- Bodenwasser, Grundwasser	8400	"
- Seen und Flüsse	200	"
- Atmosphäre	13	"
- (Biosphäre)	0.6	"

* 97% des Wassers; bedecken 71% der Erdoberfläche

(K7.2) Große Mengen Süßwasser sind im polaren Eis festgelegt.

Im Grönlandeis und im Antarktik-Eis sind große Mengen Süßwasser festgelegt. Bei Klimaerwärmung ist ein Anstieg des Meeresspiegels zu erwarten.

Mehr als 99% des Welteises befindet sich in polaren Gebieten: Grönland (9%, um 1600 m dick) und Antarktis (91%, mittlere Dicke 2300 m). Die Eisdecken bewegen sich mit einer Geschwindigkeit von 10 ... 100 m/Jahr auf das Meer zu.

Falls diese restlichen Eiskappen schmelzen würden, würde der Meeresspiegel um 80 m ansteigen. (Kein Anstieg bei Schmelzen des Meereseises!) Vor 15'000 Jahren (Eiszeit!) war der Meeresspiegel 130 m tiefer als heute.

Meereseis gefriert bei -2 Grad Celsius (salzig). Seine maximale Dicke beträgt 3 - 5 m (dann ist die Wärmeaufnahme unten größer als die Wärmeabgabe oben). Meereseis hat eine für das Klima wichtige regulierende Funktion (Albedo, Wärmeabgabe). Beim Schmelzen des Meereseises steigt der Meeresspiegel nicht an (Archimedes).

(K7.3) Aus der Speicherkapazität und dem Durchfluß pro Zeit ergibt sich die Verweilzeit.

Die Verweilzeit zeigt an, wie lange sich ein Stoff etwa in einem Speicher befindet, bevor er ihn wieder verläßt.
Verweilzeit = Speicherkapazität/(Durchfluß/Zeit)

Die Angabe ist genau für Durchschiebe-Prozesse (Kugeln in einem Rohr; Wasserversickerung; Verweilzeit in einem Fluß).

Bei Schadstoffeinträgen im Speicher, bei denen sich die Konzentration mit einer abklingenden e-Funktion verringert, bedeutet die 'Verweilzeit' die Zeitkonstante des Systems, nach der sich die Konzentration erst auf 1/e = 37 % verringert hat (s. K.7.5).

Beispiel: Wasser in der Atmosphäre = 13000 km^3,
Niederschlag = Verdunstung = 518000 km^3 pro Jahr
Verweilzeit = 13000/518000 = 0.0251 Jahr = 9.16 Tage

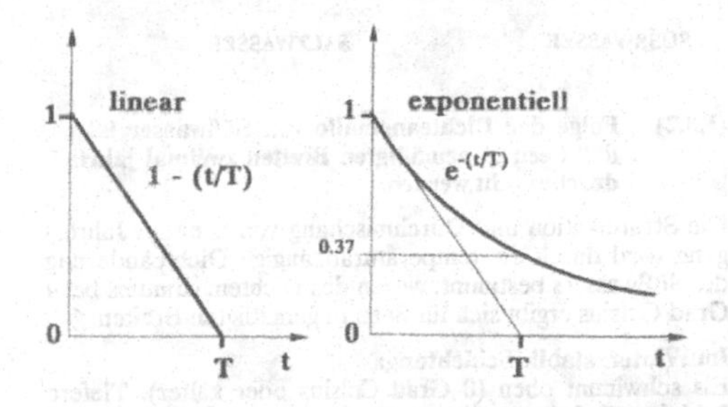

(K7.4) Die Verweilzeit von Wasser in Atmosphäre und Boden ist besonders kurz: wenige Tage. Dagegen sind die Verweilzeiten im Grundwasser, in großen Seen und in den Ozeanen sehr lang.

Aus der Verweilzeit eines Stoffes läßt sich auf die Konsequenzen menschlicher Eingriffe schließen.

Lange Verweilzeit bedeutet:
Der jährliche Durchfluß ist klein im Vergleich zum Speicherinhalt. Menschliche Eingriffe können den Vorrat nur allmählich gefährden. Die Gefährdung wird daher lange Zeit nicht beachtet. Eine Gefährdung ist dann kaum noch oder gar nicht mehr rückgängig zu machen, da der gesamte Speicherinhalt ausgetauscht werden müßte (Grundwasser!).

Kurze Verweilzeit bedeutet:
Der jährliche Durchfluß ist groß im Vergleich zum Speicherinhalt. Menschliche Eingriffe können den Speicherinhalt sehr rasch ändern. Die Gefährdung wird daher relativ rasch bemerkt. Eine Gefährdung ist durch Austausch oft rasch behebbar (Fluß!)

Verweilzeiten in der Hydrosphäre (ungefähr):

Atmosphäre	9 Tage
Flüsse (1 m/sec)	2 Wochen
Bodenfeuchtigkeit	2 Wochen - 1 Jahr
große Seen	10 Jahre
oberes Grundwasser (1 - 10 m/Tag)	10 - 100 Jahre
Mischzone der Ozeane (150 m)	10 Jahre
Ozean	3000 Jahre
Tiefengrundwasser	bis 10'000 Jahre
antarktische Eiskappe	10'000 Jahre

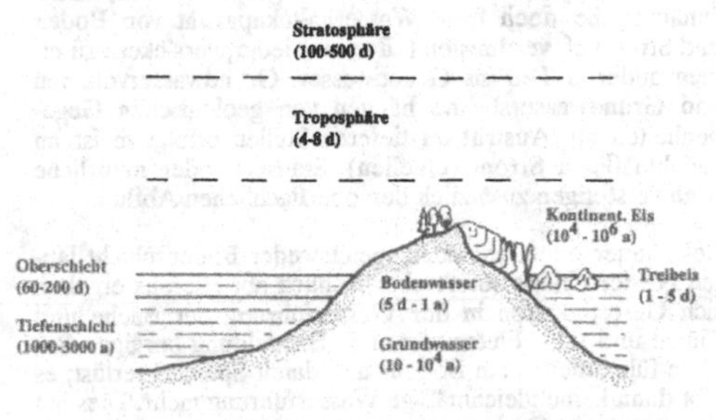

VERWEILZEITEN IN DER HYDROSPHÄRE

(K7.5) Die Verweilzeit ist als Zeitkonstante eines Wasserspeichers auch ein Maß für die Geschwindigkeit der Ausdünnung etwa einer Schadstoffkonzentration.

Wird gleichmäßige Verteilung vorausgesetzt, so ist bei Austausch der halben Wassermenge die Konzentration halbiert worden, usw.: Es ergibt sich ein exponentiell abklingender Verlauf der Konzentration.

Achtung: nach einer Zeitkonstante T (Verweilzeit) ist die Konzentration noch $C = C_o e^{-t/T} = C_o e^{-1} = 0.37\ C_o$!

Der Kehrwert der Verweilzeit ist die Erneuerungsrate. Sie besagt, welcher Anteil des Gesamtvolumens pro Zeiteinheit durch den Durchfluß ersetzt wird.

Wird eine nicht abbaubare Substanz in einen Wasserkörper eingegeben und gleichmäßig verteilt, so wird die anfängliche Konzentration im Laufe der Zeit durch den Durchfluß exponentiell ausgedünnt. Verweilzeit bzw. Erneuerungsrate geben ein Maß für die Geschwindigkeit der Ausdünnung.

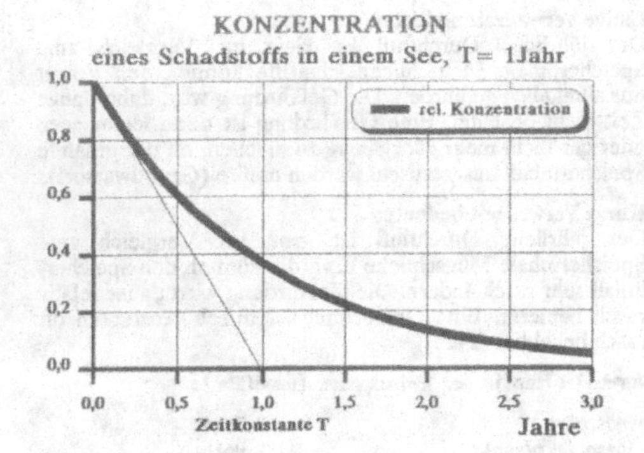

(K7.6) Bei intakter Boden- und Vegetationsdecke kann die Unregelmäßigkeit der Niederschläge durch die verschiedenen Wasserspeicher eines Wassereinzugsgebietes fast vollständig ausgeglichen werden.

Soweit sie nicht von der Vegetation abgefangen werden (Interzeption), erreichen Niederschläge den Boden, füllen zunächst die noch freie Wasserhaltekapazität von Boden und Streu auf, verdunsten teilweise wieder, versickern zu einem anderen Teil ins Grundwasser. Grundwasservolumen und Grundwasserströme hängen von geologischen Gegebenheiten ab. Austritt an tieferen Stellen erfolgt meist im gleichmäßigen Strom (Quellen). Stauseen oder natürliche Seen verstetigen zusätzlich den oberflächlichen Abfluß.

Bei dünner oder fehlender speichernder Bodenschicht laufen Niederschläge sofort oberflächlich ab: Hieraus ergeben sich Unstetigkeiten in der Wasserführung der Bäche und Flüsse und u.U. Flutspitzen. Die Entwaldung bergiger Gebiete führt meist zum Boden- und damit Speicherverlust; es gibt dann keine gleichmäßige Wasserführung mehr. Dies hat Konsequenzen für Vegetation, Wasserversorgung und Siedlung (Überschwemmung).

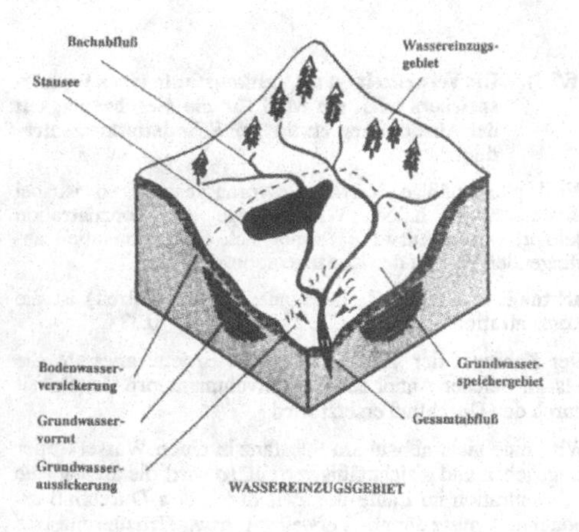

K8. Schichtung und Zirkulation in Gewässern und Meer

Süßwasser ist bei 4 Grad Celsius am dichtesten, was zu einer ökologisch bedeutsamen Durchmischung von Seen im jahreszeitlichen Wechsel in unseren Breiten führt.

Meerwasser hat nicht die Dichteanomalie des Süßwassers und zeigt deshalb anderes Durchmischungsverhalten. Hieraus ergibt sich teilweise die globale Zirkulation von Meerwasser. Andere Eigenheiten der globalen Meeresströmungen sind durch Wind, Kontinente und Coriolis-Kraft bedingt.

(K8.1) Spezifisch schwereres Wasser sinkt ab. Das spezifische Gewicht von Wasser ist abhängig von Temperatur und Salzgehalt; Salzwasser ist schwerer. Süßwasser zeigt eine temperaturabhängige Dichteanomalie.

Süßwasser ist bei 4 Grad Celsius am dichtesten ('schwersten'), darüber und darunter leichter. Es gefriert bei 0 Grad Celsius.

Meerwasser ist dagegen bei -3.5 Grad Celsius am dichtesten und darüber leichter. Da es bereits bei -1.9 Grad Celsius gefriert, hat es keine Dichteanomalie und zeigt daher ein anderes Durchmischungsverhalten als Süßwasser.

An Flußmündungen breitet sich das leichtere Süßwasser oft über dem schwereren salzigen Meerwasser aus, ohne daß es zur Vermischung kommt (stabile Schichtung).

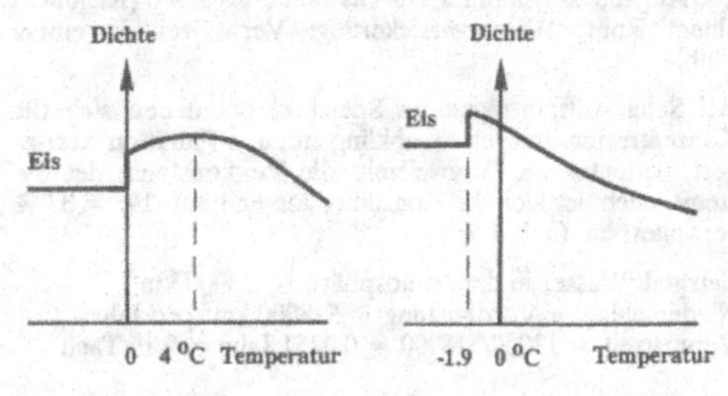

(K8.2) Folge der Dichteanomalie von Süßwasser ist es, daß Seen in gemäßigten Breiten zweimal jährlich durchmischt werden.

Die Stratifikation und Durchmischung von Seen im Jahresgang wird durch die temperaturabhängige Dichteänderung des Süßwassers bestimmt: wegen des Dichtemaximums bei 4 Grad Celsius ergibt sich für Seen in gemäßigten Breiten:

Im Winter: stabile Schichtung:
Eis schwimmt oben (0 Grad Celsius oder kälter). Tiefere Schichten haben Wasser mit Temperaturen zwischen 0 und 4 Grad Celsius. Ein vollständiges Zufrieren ergibt sich nur bei sehr flachem Wasser.

Im Frühjahr: Umwälzung:
Das Eis schmilzt, das obere Wasser erwärmt sich und sinkt ab, solange es kälter als 4 Grad Celsius ist, bis alles Wasser gleichmäßig auf 4 Grad Celsius erwärmt ist. Folge ist eine intensive Durchmischung.

Im Sommer: stabile Schichtung:
Die oberen Schichten erwärmen sich. Da sie leichter sind, bleiben sie oben. Es kommt zur stabilen Schichtung mit fehlender Durchmischung. Die Eutrophierungsgefahr vergrößert sich dadurch.

Im Herbst: Umwälzung:
Die oberen Schichten kühlen sich auf 4 Grad Celsius ab und sinken ab, bis sich eine gleichmäßige Temperaturverteilung bei 4 Grad Celsius einstellt. Hierdurch kommt es wieder zu einer intensiven Durchmischung.

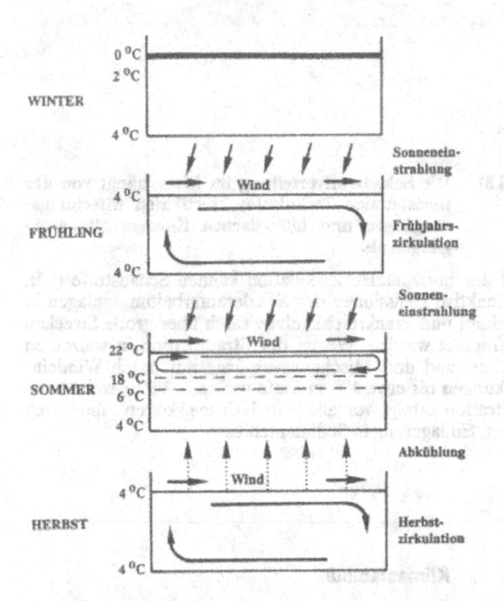

(K8.3) In anderen Breiten können je nach jahreszeitlichem und täglichem Temperaturgang keine, einmalige oder auch tägliche Durchmischungen stattfinden.

(1) Dimiktisch (gemäßigte Breiten): Umwälzung im Frühjahr und Herbst
(2) Kalt-monomiktisch: Wasser ist immer kälter als 4 Grad Celsius, Umwälzung im Sommer (Polarregionen)
(3) Warm-monomiktisch: Wasser nie unter 4 Grad Celsius, Umwälzung im Winter (gemäßigte Breiten und subtropisch)
(4) Polymiktisch: fortlaufende Umwälzung (äquatorial, große Höhen)
(5) Oligomiktisch: thermisch stabil, selten gemischt (tropische Seen und Stauseen)
(6) Meromiktisch: dauernd stratifiziert, meist als Folge chemischer Differenzen von Hypo- und Epilimnion (untere bzw. obere Schicht)

(K8.4) Kälteres Meerwasser sinkt immer ab. Hieraus folgt stabile Schichtung in den warmen Breiten, Durchmischung in den kalten Breiten.

Vertikale Zirkulation im Meer:
Im Gegensatz zum Süßwasser ist kühleres Meerwasser immer dichter und sinkt deshalb ab.

Wegen der Wärmeabgabe des Meeres in den hohen Breiten an die Atmosphäre (im Winter auch in den gemäßigten Breiten) folgt dort ein Absinken des abgekühlten Wassers und ständige Durchmischung.

In den wärmeren Breiten ergibt sich dagegen eine stabile Schichtung, weil wärmeres (und leichteres) Meerwasser an der Oberfläche bleibt.

- **Mischzone** (bis 150 m Tiefe) (15 - 30 Grad Celsius); darunter:
- **Sprungschicht** (Thermokline) (bis 1500 m), Absinken der Temperatur auf rund 4 Grad Celsius; darunter:
- **Tiefenschicht**

An einigen Stellen der Erde (z.B. Peru) treiben Winde das Oberflächenwasser vom Kontinent weg. Nährstoffreiches Tiefenwasser steigt dadurch auf. Der Nährstoffreichtum führt zum Planktonwachstum und zu Fischschwärmen.

Die Durchmischung in den polaren und gemäßigten Breiten führt zu Verteilung von Nährstoffen und damit zur Erhöhung der Primärproduktivität der polaren Meere (Fischreichtum).

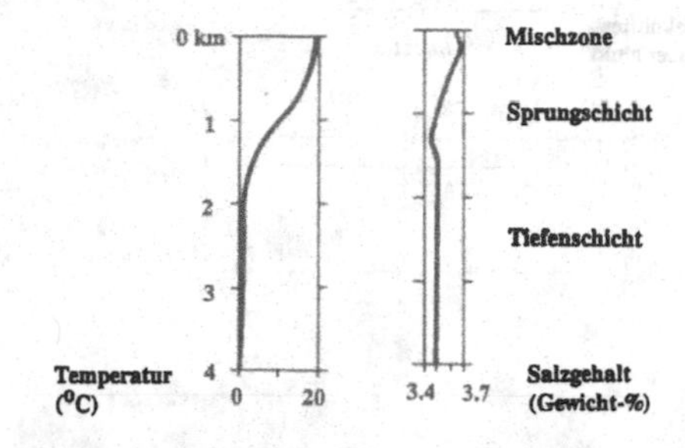

(K8.5) Das Absinken abgekühlten Meerwassers in den kalten Breiten hat Meeresströmungen von den warmen in die kalten Breiten und entsprechenden Wärmetransport zur Folge.

Durch die Wärmeabgabe und das Absinken abgekühlten Wassers in die Tiefenschicht in den gemäßigten und polaren Breiten kommt es zum Nachströmen aus den wärmeren Breiten und damit zu Oberflächenströmungen in Richtung auf die Pole hin. Der Kreislauf durch die Tiefenschicht erfolgt sehr langsam (mehrere 1000 Jahre). Dies hat Konsequenzen für die Tiefseedeponie von chemischen und radioaktiven Abfällen!

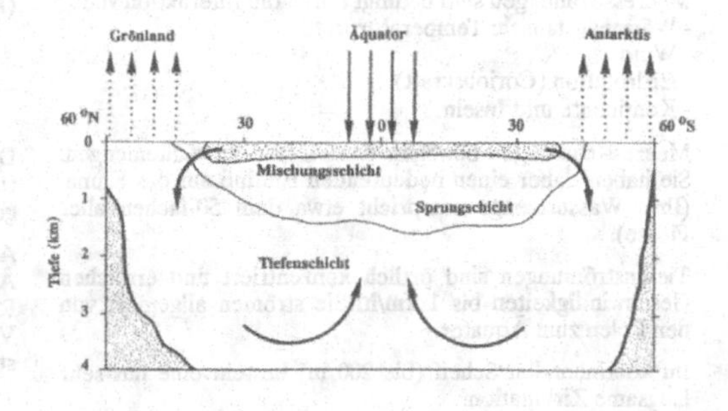

(K8.6) Die stabile Schichtung des Meerwassers in den warmen Breiten führt dort zu geringer Durchmischung und langen Verweilzeiten.

Die Wärmeaufnahme in den warmen Breiten führt zur stabilen Schichtung des Meerwassers mit nur geringer Durchmischung. Eine Konsequenz der stabilen Schichtung der warmen Ozeane sind sehr lange Verweilzeiten in den verschiedenen Zonen:

- Mischzone: um 10 Jahre
- Sprungschicht: um 500 Jahre
- Tiefenschicht: um 2000 Jahre

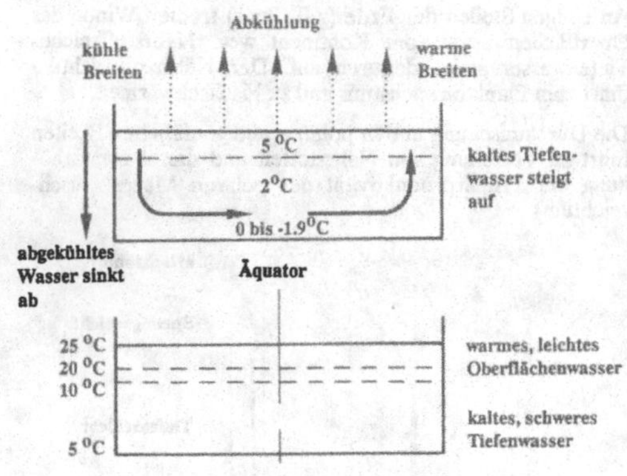

(K8.7) Die polwärts gerichteten Meeresströmungen werden durch die Gestalt der Kontinente, vorherrschende Winde und die Coriolis-Ablenkung beeinflußt.

Horizontale Zirkulation im Meer:

Typische Geschwindigkeit von Oberflächenströmungen:
1 ... 5 km/h (1000 km/Monat)

Meeresströmungen werden bestimmt durch
- Kreisel in subtropischen Breiten
- äquatorialer Gegenstrom (bes. Pazifik)
- Circumpolarstrom (Antarktis)

Meeresströmungen sind bedingt durch die Interaktion von
- Wärmeaustausch: Temperaturprofil
- Wind
- Erdrotation (Corioliskraft)
- Kontinente und Inseln

Meeresströmungen bewegen enorme Wärme/Kältemengen. Sie haben daher einen bedeutenden Einfluß auf das Klima. (Ihre Wassermenge entspricht etwa dem 50-fachen aller Flüsse).

Tiefenströmungen sind örtlich konzentriert und erreichen Geschwindigkeiten bis 1 km/h. Sie strömen allgemein von den Polen zum Äquator.

Im kontinentalen Schelf (bis 200 m) besteht eine nur sehr langsame Zirkulation.

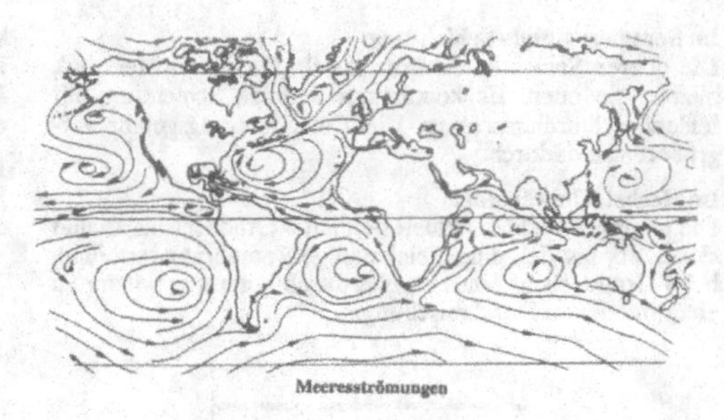

Meeresströmungen

(K8.8) Die Schadstoffverteilung im Meer hängt von der horizontalen Zirkulation, vertikalen Mischungsvorgängen und biologischen Konzentrationsvorgängen ab.

Mit der horizontalen Zirkulation können Schadstoffe (z.B. radioaktive Emissionen der Wiederaufarbeitungsanlagen in England und Frankreich) relativ rasch über große Strecken verfrachtet werden. Wegen der Stratifikation in wärmeren Breiten sind dort Mischungsvorgänge nur durch Windeinwirkungen bis etwa 100 m Tiefe wirksam. Biologische Konzentration erfolgt vor allem in Nahrungsketten, aber auch durch Einlagerung in Sedimenten usw.

K9. Klimastabilität

Das komplexe dynamische Wettergeschehen in der Atmosphäre bestimmt längerfristig das Klima. Dieses ist daher von der Strahlungsbilanz abhängig, die wiederum durch Klima und Wetter verändert werden kann (z.B. Schnee- und Eisbildung). Damit ergibt sich ein komplexes Rückkopplungssystem, das der Mensch vor allem durch Änderungen in der Strahlungsbilanz (CO_2, Treibgase, Methan, Staub in der Atmosphäre) verändern kann. Globale Kippvorgänge sind möglich (z.B. Ausbleiben der El Niño-Strömung).

(K9.1) Das Klima wird bestimmt durch die komplexen Interaktionen zwischen Atmosphäre, Meer und Land. Dieses Zusammenspiel kann durch kleine Verschiebungen in der Strahlungsbilanz regional und global stark verändert werden.

Das Ozean/Atmosphäre-System ist stabil gegen kleine Störungen, aber drastisch veränderbar durch größere Störungen.

Auslösende Ursache von größeren Veränderungen ist die Änderung der Energieflüsse (Strahlungsbilanz). Wegen der Rückkopplungen des Systems ergibt sich eine Tendenz zur Verstärkung von Störungen, bis ein neuer Gleichgewichtszustand erreicht ist (z.B. Eiszeit oder Warmzeit).

Durch geringfügige Zirkulationsveränderungen sind drastische Klimaveränderungen besonders in Gebieten möglich, bei denen sich der Übergang von feuchtem zu trockenem Klima über eine kurze Entfernung vollzieht, z.B. in der Sahel-Zone.

Dort kann eine kleine Verschiebung der atmosphärischen Zirkulationsmuster zu großen Niederschlagsänderungen führen. Hieraus folgen Veränderungen der Ökosysteme und der Anbaubedingungen. In marginalen Gebieten ist dann Landwirtschaft nicht mehr möglich.

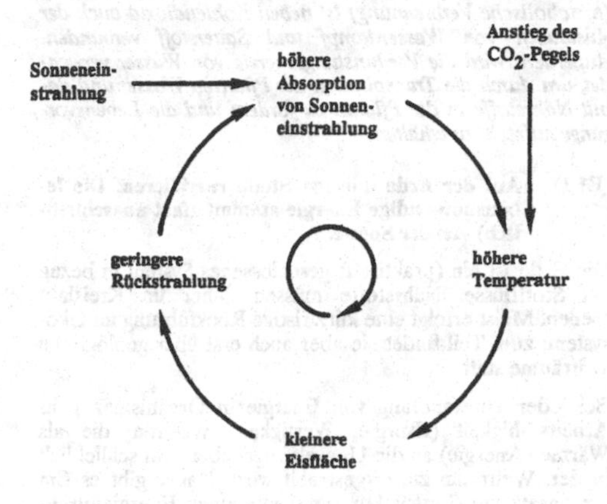

(K9.2) Änderungen in der Strahlungsbilanz ergeben sich vor allem durch Änderungen der Gas-, Staub- und Wasseranteile in der Atmosphäre und durch Veränderung von Oberflächen (Land, Meer, Eis).

Mögliche Klimaveränderung (Erwärmung) durch wachsenden CO_2-Gehalt der Atmosphäre: Kohlendioxid in der Atmosphäre absorbiert die Wärmestrahlung der Erde teilweise und strahlt diese wiederum zurück. Damit ist eine Erhöhung der globalen Temperaturen möglich, mit entsprechenden klimatischen Veränderungen (siehe Rückkopplungseffekte in (K9.1)).

Klimaveränderungen durch Flächennutzung (Albedo-Änderung): Waldgebiete, landwirtschaftlich genutzte Flächen, Grasflächen, Wüsten, bewässerte Gebiete haben sehr unterschiedliches Albedo, damit auch unterschiedlichen Einfluß auf die lokale Strahlungsbilanz und das lokale Klima.

Mögliche Klimaveränderung (Abkühlung) durch wachsenden Staubgehalt der Atmosphäre: Staubteilchen gelangen u.a. aus Wald- und Buschbränden, fossilen Brennstoffen und Vulkanen in die Atmosphäre.

Insgesamt sind die Wirkungen kompliziert: Es können sich prinzipiell sowohl Abkühlung durch größere Reflexion (Albedo) als auch Erwärmung durch das Zusammenspiel von Atmosphäre, Wolken und Erdoberfläche ergeben.

Mit einer Klimaveränderung durch die verschiedenen menschlichen Aktivitäten muß gerechnet werden. Die Wirkungen auf Ökosysteme (Ernährung!) sind besonders gravierend, da evolutionäre Anpassung nicht möglich ist.

Klimaveränderungen, Fazit: Das Klima ist kompliziert, seine Zusammenhänge sind nicht vollständig bekannt, die Wirkungen menschlicher Eingriffe weitgehend unerforscht. Sicher ist, daß die Veränderung der Vegetation durch den Menschen bedeutende Klimawirkungen gehabt hat.

Urbane Verdichtungsgebiete haben ebenfalls z.T. extreme Klimawirkungen über Zehntausende Quadratkilometer. Exponentielles Wachstum (Siedlung, Energieverbrauch) würde daher zu unerträglichen globalen Klimaänderungen führen.

Die wachsende CO_2-Konzentration ist die Folge der Verbrennung fossiler Brennstoffe (Erwärmungstrend). Sie verursacht eine Klimaänderung. Klimaveränderungen sind aber auch durch andere Effekte möglich.

Größte Bedeutung haben tiefgreifende Änderungen der globalen atmosphärischen Zirkulation. Die Konsequenzen jeder Klimaveränderung sind besonders gravierend für die Ernährung: wegen langer Adaptionszeiten gibt es nicht genug Spielraum. Insgesamt ist das Wissen über Wetter und Klima nicht ausreichend: Warnung vor Eingriffen!

(K9.3) Die Durchschnittstemperatur steigt gegenwärtig als Folge der Änderung der chemischen Zusammensetzung der Atmosphäre.

Inzwischen ist der globale Erwärmungstrend gut belegt. Die globale Durchschnittstemperatur hat sich in den vergangenen hundert Jahren um 0.6 ± 0.2 °C erhöht. Der Meeresspiegel ist in dieser Zeit um 14 ± 5 cm angestiegen.

Der Erwärmungstrend hat sich in den letzten Jahren beschleunigt. Der Temperaturanstieg korreliert eindeutig mit dem Anstieg der CO_2-Konzentration in der Atmosphäre in dieser Zeit von 285 ppm auf 350 ppm (1990). Am Temperaturanstieg sind außer CO_2 auch andere Treibhausgase wie Methan (CH_4), Distickstoffoxid N_2O, Ozon und FCKW beteiligt.

TEMPERATUR-ANSTIEG
mittlere Abweichung (Grad C) von 1890

Temperatur-Differenz (°C)

0,8 0,7 0,6 0,5 0,4 0,3 0,2 0,1 0,0

1890 1900 1910 1920 1930 1940 1950 1960 1970 1980 1990

Jahr

(K9.4) Relativ abrupte Klimaänderungen sind möglich und haben in vorgeschichtlicher Zeit bereits mehrfach zu Temperaturänderungen von bis zu 5 °C in weniger als 100 Jahren geführt.

Untersuchungen des CO_2-Gehalts von Luft in Eisbohrkernen und die Rekonstruktion des Temperaturverlaufs nach der Deuterium-Methode haben für die vergangene Eiszeit etwa 15 Temperaturänderungen von 3 bis 5°C im Zeitraum von jeweils nur etwa 100 Jahren nachgewiesen: das Klima kann also in erstaunlich kurzer Zeit 'kippen'.

ENERGIEHAUSHALT UND PRODUKTIVITÄT VON ÖKOSYSTEMEN

Übersicht

Der Mensch ist in vielfältiger Weise abhängig von Ökosystemen und ihren Komponenten (Pflanzen, Tieren, Zersetzern). Er verdankt ihnen u.a. Nahrung, Sauerstoff, Rohstoffe, die Beseitigung seiner Abfallstoffe usw. Die Funktionsfähigkeit der Ökosysteme und ihrer Organismen wird zunehmend beeinträchtigt durch Übernutzung und Schadstoffe des Menschen.

Die Lebensgemeinschaften der Ökosysteme (Biozönosen) bestehen aus Nahrungsketten, in denen Nährstoffe und Energie weitergegeben werden. Nährstoffe rezyklieren in weitgehend geschlossenen Kreisläufen; Energie dagegen verliert nach dem zweiten Hauptsatz der Thermodynamik ständig an Arbeitsfähigkeit (Wertigkeit) und muß daher ständig nachgeliefert werden. Die Energiequelle für fast alles Leben auf der Erde ist die Sonne.

Da Energie von Organismus zu Organismus nur mit Energieverlusten weitergegeben werden kann, ist die Leistungsfähigkeit der Energiesammler, d.h. der Pflanzen, für die Funktion des gesamten Ökosystems (und die menschliche Nutzung) von zentraler Bedeutung.

Inhalt

E1. Struktur und Funktion von Ökosystemen

Alle Ökosysteme (terrestrische oder aquatische) haben ein bestimmtes Funktionsschema mit bestimmten Funktionsblöcken (Produzenten, Konsumenten, Destruenten), denen alle Organismen zugeordnet werden können. Die Funktionsweise der Ökosysteme sorgt für weitgehende Rezyklierung von Nährstoffen. Zur Aufrechterhaltung der Prozesse muß ständig Energie zugeführt werden.

Mit den Grundprozessen der Photosynthese und der Atmung (metabolische Verbrennung) ist neben Kohlendioxid auch der Austausch von Wasserdampf und Sauerstoff verbunden. Außerdem wird die Verdunstungsenergie von Wasser verwendet, um durch die Transpiration der Pflanzen Wasser und damit Nährstoffe in der Pflanze zu fördern und die Lebensvorgänge aufrecht zu erhalten.

(E1.1) Auf der Erde müssen Stoffe rezyklieren. Die lebensnotwendige Energie stammt (fast ausschließlich) von der Sonne.

Die Erde ist ein (praktisch) geschlossenes System in bezug auf Stoffflüsse. Nährstoffe müssen daher im Kreislauf fließen. Meist erfolgt eine kurzfristige Rückführung im Ökosystem; zum Teil findet sie aber auch erst über geologische Zeiträume statt.

Bei jeder Umwandlung von Energie in Organismen geht Arbeitsfähigkeit (Exergie, Wertigkeit) verloren, die als Wärme (Anergie) an die Umwelt abgegeben und schließlich in den Weltraum zurückgestrahlt wird. Daher gibt es (im Gegensatz zur Stoffrückführung) nur einen Energiedurchfluß (keinen 'Kreislauf').

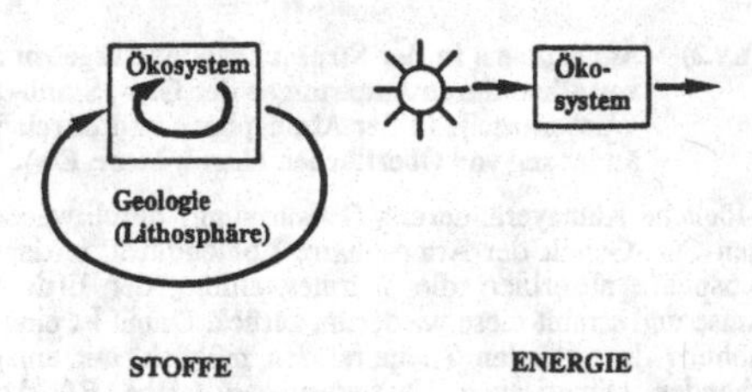

(E1.2) Die Grundprozesse der Ökosysteme sind: Energieaufnahme von der Sonne, Aufnahme von Nährstoffen zum Aufbau lebender organischer Substanz, Energiedurchsatz zur Lebenserhaltung, Zerlegung toter organischer Substanz und Freisetzung von Nährstoffen und Energie.

(Mindestkomponenten des Ökosystems: Produzenten, Destruenten, Nährstoffvorrat)

Die Notwendigkeit der Rezyklierung von Aufbau- und Nährstoffen setzt voraus:

(1) einen **Nährstoffvorrat**, auf den Produzenten beim Aufbau organischer Substanz zurückgreifen können;

(2) **Produzenten** (Pflanzen und Phytoplankton), die Grund- und Nährstoffe aus der Umwelt aufnehmen und daraus mit Hilfe von (Sonnen-)Energie organische Substanz aufbauen können;

(3) **Destruenten** (Zersetzer), die tote organische Substanz wieder (unter Energiegewinn für ihre eigenen Lebensfunktionen) in ihre chemischen Bestandteile auflösen und damit den Nährstoffvorrat wieder auffüllen können.

(4) **Konsumenten** (Tiere) spielen in der Nährstoffrezyklierung keine direkte essentielle Rolle, haben aber andere wichtige Funktionen in Ökosystemen.

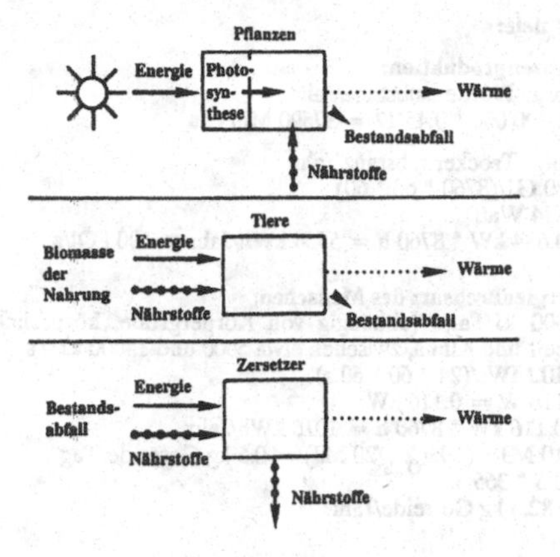

(E1.3) Ökosysteme bestehen aus (1) Produzenten, (2) Konsumenten, (3) Destruenten, (4) Nährstoffvorräten.

Produzenten (grüne Pflanzen, im Wasser auch Phytoplankton) binden durch Photosynthese Sonnenenergie als chemische Energie in Glukose und sind daher energetisch selbsternährend (autotroph). Pflanzen werden daher auch als Primärproduzenten bezeichnet.

Konsumenten (fast ausschließlich Tiere) ernähren sich direkt (Pflanzenfresser) oder indirekt (Fleischfresser) von der durch Pflanzen gebundenen Sonnenenergie. Diese Energie kann in mehreren Stufen einer Nahrungskette weitergegeben werden.

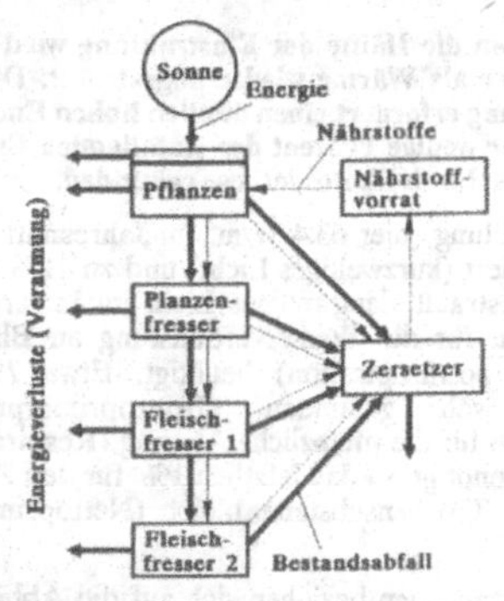

Nährstoffkreislauf und Energiedurchsatz im Ökosystem

Destruenten (Zersetzer), meist Mikroorganismen und Kleinsttiere im Boden, zersetzen den Bestandsabfall der Produzenten und Konsumenten, mineralisieren die tote organische Substanz und setzen die Ausgangsstoffe wieder als Nährstoffe für die Aufnahme durch die Pflanzen frei.

Nährstoffvorräte entstehen aus der Zersetzung zum Teil im Boden (z.B. Nitrat, Phosphat), zum Teil in der Atmosphäre (z.B. Kohlendioxid, Wasserdampf usw.).

(E1.4) Die Prozesse in Ökosystemen lassen sich (wegen des Gesetzes der Erhaltung von Energie) über ihre Energieflüsse schlüssig beschreiben.

Für Prozesse in Ökosystemen gelten
(1) das Gesetz der Erhaltung von Stoffmassen
(2) das Gesetz der Erhaltung von Energie.

Bei der Untersuchung von Ökosystemen sind sie Grundlagen für die Bilanzierung von Stoff- und Energieflüssen. Grundsätzlich gilt (bezogen auf eine Zeiteinheit):

Nettoveränderung des Bestands
= Summe der Einträge - Summe der Austräge

Wegen der Vielzahl der Stoffe ist die genaue **Stoffbilanzierung** schwierig. Oft beschränkt man sich auf elementare Nährstoffe (z.B. Kohlenstoff- und Stickstoffbilanzen).

Zur Untersuchung des Zusammenwirkens der verschiedensten Organismen in Ökosystemen wird die **Energiebilanzierung** verwendet. Da die bei der Photosynthese erzeugte Glukose $(CH_2O)_6$ ein Grundbaustein aller Lebewesen ist, lassen sich organische Trockensubstanz oder Kohlenstoffgehalt direkt in entsprechende Energiemengen übersetzen. Durch die Veratmung wird von allen Lebewesen ein Teil dieser Energie in Umweltwärme umgesetzt.

(E1.5) Die zwei Grundprozesse des Lebens sind die Energiespeicherung beim Aufbau von Glukose durch die Photosynthese und die Energiefreisetzung beim Abbau von Glukose bei der metabolischen Verbrennung (Atmung, Respiration)

Bei der **Photosynthese** wird die elektromagnetische Energie von Lichtquanten in chemisch gebundene Energie (z.B. in Glukose) transformiert. Die Glukosebildung benötigt Kohlendioxid und Wasser. Für den chemisch komplizierten Prozeß gilt summarisch

$$6\,H_2O + 6\,CO_2 + \text{Sonnenenergie} \dashrightarrow C_6H_{12}O_6 + 6\,O_2$$

Hierbei werden 2880 kJ/(mol Glukose) bzw. 2880/6 = 480 kJ/(mol C) an verfügbarer Energie gespeichert.

Bei der **Atmung** (Respiration, metabolische Verbrennung) wird diese Energie in der umgekehrten Reaktion wieder freigesetzt, unter Freigabe von Kohlendioxid und Wasser:

$$6\,O_2 + C_6H_{12}O_6 \dashrightarrow 6\,CO_2 + 6\,H_2O + 2880\text{ kJ}$$

Diese Energiemenge von 2880 kJ/(mol Glukose) entspricht unter Berücksichtigung der Molgewichte: C = 12, O = 16, H = 1; CO_2 = 44, $C_6H_{12}O_6 = (CH_2O)_6 = 6 * (12+2+16) = 6 * 30 = 180$ den spezifischen Energieinhalten:

Kohlenstoff:	2880/(6 * 12) =	40 kJ/g
Glukose:	2880/180 =	16 kJ/g

(E1.6) Bei Photosynthese und Veratmung werden Wasser, Kohlendioxid und Sauerstoff mit der Umwelt ausgetauscht.

Die bei Photosynthese und Atmung mit der Umwelt des Organismus ausgetauschten Stoffmengen lassen sich mit den Molgewichten von C(12), H(1), O(16), O_2(32), CO_2(44), H_2O(18), CH_2O(30) aus den Prozeßgleichungen berechnen.

Bei der **Photosynthese** von 1t organische Trockensubstanz (als Glukose) werden

18/30 = 0.6 t Wasser der Umwelt entzogen,
44/30 = 1.47 t CO_2 der Umwelt entzogen,
32/30 = 1.07 t O_2 in die Umwelt abgegeben.

Bei der **Atmung** fließen die gleichen Stoffströme in die umgekehrte Richtung.

Zum Aufbau von 1t organischer Trockensubstanz werden zusätzlich etwa 400 t Wasser für die Transpiration (Wasserverdunstung in den Spaltöffnungen) der Pflanze benötigt (s. E2.2).

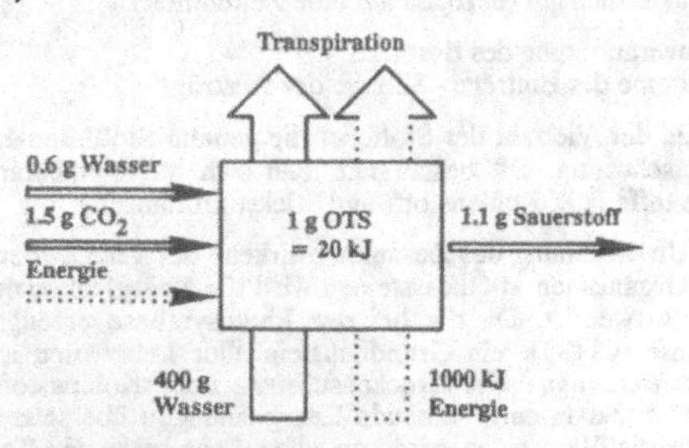

(E1.7) Ein Gramm (pflanzlicher oder tierischer) Biomasse enthält etwa ein halbes Gramm Kohlenstoff bzw. eine Energiemenge von 20 kJ.

Energieinhalte organischer Substanzen:

Stärke (Kohlehydrate) 16 kJ/g in Trockensubstanz
Eiweiß (Protein) 21 kJ/g " "
Fette (Lipide) 38 kJ/g " "

Durchschnitt von Biomasse (Pflanze und Tier):

20 kJ/g in Trockensubstanz
8 kJ/g in der lebenden Substanz (2/3 Wasser)

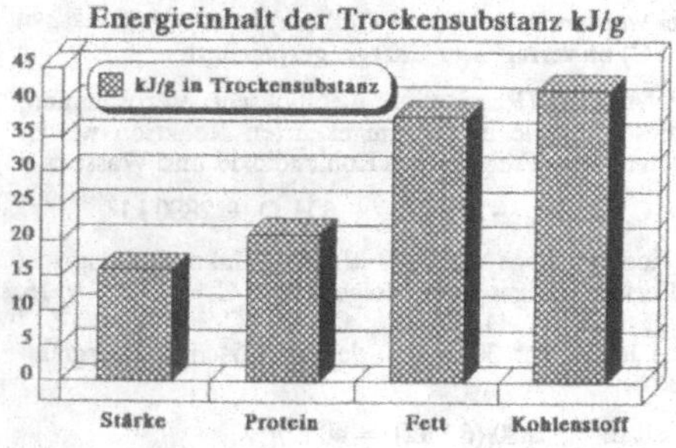

Energieinhalt bezogen auf den Kohlenstoffgehalt organischer Trockensubstanz:

40 kJ/gC

Kohlenstoffmenge pro g org. Trockensubstanz

Glukose: 12/30 = 0.4
Mittel, Biomasse: 0.45
Holz: 0.5

Beispiele:

Pflanzenproduktion:
1 t org. Trockensubstanz/Jahr
= 1'000'000 * 0.45/12 = 37500 Mol C/a

1 t org. Trockensubstanz/Jahr
= 20 GJ/(8760 * 60 * 60)
= 634 Watt
= 0.634 kW * 8760 h = 5554 kWh/Jahr ≈ 500 l Öl/a

Energiedurchsatz des Menschen:
10'000 kJ/Tag (abhängig von Körpergröße, körperlicher Arbeit und Klima, zwischen etwa 5000 und 15000 kJ/Tag)
= 10 MWs/(24 * 60 * 60 s)
= 116 W = 0.116 kW
= 0.116 kW * 8760 h = 1016 kWh/Jahr
= 10 MJ * (1 kg_{OTS}/20 MJ) = 0.5 kg Getreide/Tag
= 0.5 * 365
= 182.5 kg Getreide/Jahr

E2. Energiefluß im Waldökosystem

Am Energiefluß im Waldökosystem läßt sich beispielhaft die Verteilung der Energieströme aus der Sonnenstrahlung und für die Nutzung der Photosynthese in Pflanzengesellschaften zeigen. Andere Ökosysteme funktionieren nach dem gleichen Schema.

(E2.1) Etwa die Hälfte der Einstrahlung wird reflektiert oder als Wärme wieder abgestrahlt. Die Verdunstung erfordert einen ähnlich hohen Energieanteil. Nur wenige Prozent der einfallenden Energie werden durch Photosynthese gebunden.

Die Einstrahlung (hier 63.4 W/m^2 im Jahresmittel) wird zu 15% reflektiert (kurzwelliges Licht) und zu 41% als Wärme wieder abgestrahlt (langwelliges Licht im Infrarotbereich). 42% werden für die Wasserverdunstung an Blättern und Boden (Evapotranspiration) benötigt. Etwa 2% werden photosynthetisch gebunden (Bruttoprimärproduktion). Hiervon wird für die pflanzliche Atmung (Respiration) etwa die Hälfte benötigt, so daß letztlich 1% für den Zuwachs an organischer Trockensubstanz bleibt (Nettoprimärproduktion).

(Die Prozentangaben beziehen sich auf die Abbildung. Für andere Ökosysteme ergeben sich etwas andere Werte.)

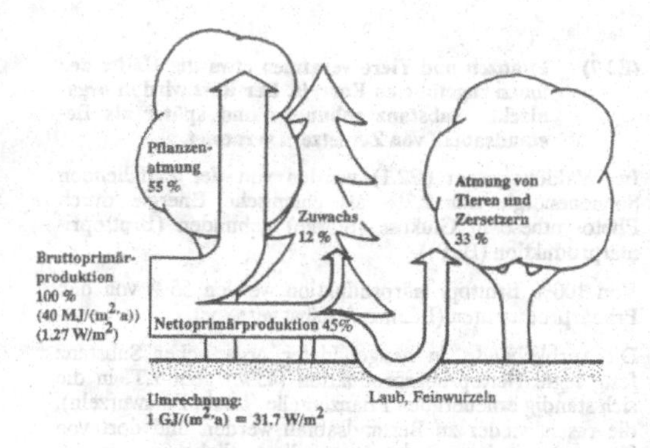

(E2.2) Wasserverdunstung in den Spaltöffnungen (Transpiration) dient dem Stofftransport der Pflanze (Nährstoffpumpe, Assimilattransport). Transpirationskoeffizient: rd. 400 l Wasser zur Erzeugung von 1 kg organischer Trockensubstanz.

Sonnenenergie bewirkt die Verdunstung von Wasser am Boden und an anderen Oberflächen (Evaporation) und die Verdunstung des von der Pflanze aus dem Wurzelbereich geförderten Wassers in den Blattöffnungen (Stomata) (Transpiration). Transpiration ist die Nährstoff- und Wasser'pumpe' der Pflanze. Beide Vorgänge zusammen heißen 'Evapotranspiration'.

Beim Wachstumsvorgang werden enorme Mengen Wasser verdunstet. Faktoren der Verdunstung sind: relative Luftfeuchte, Windgeschwindigkeit und Temperatur. Die Pflanze regelt die Transpiration durch ihre Spaltöffnungen in den Blättern.

Der Wasserbedarf der Pflanzen für die Transpiration ist hoch. Der 'Transpirationskoeffizient' liegt bei etwa 400 Liter Wasser pro kg erzeugter Trockensubstanz (Spannweite: 200 bis 900 l/kg). Bei einer Nettoprimärproduktivität von 10 t organische Trockensubstanz pro Hektar und Jahr (bzw. 1 $kg_{OTS}/(m^2 * a)$) (Land- und Forstwirtschaft in Mitteleuropa) ergibt dies eine Transpiration von 400 l/m² = 400 mm Wasser.

Um die 20 kJ Energie in 1 g organischer Trockensubstanz aufzubauen, müssen daher etwa 400 * 2440 J = rd. 1000 kJ Energie aufgewendet werden. Damit ergibt sich ein spezifischer Energieaufwand von etwa 50 kJ pro 1 kJ erzeugter Trockensubstanz (NPP), d.h. rund die Hälfte der einfallenden Sonnenenergie wird für die Transpiration benötigt (vgl. E2.1)

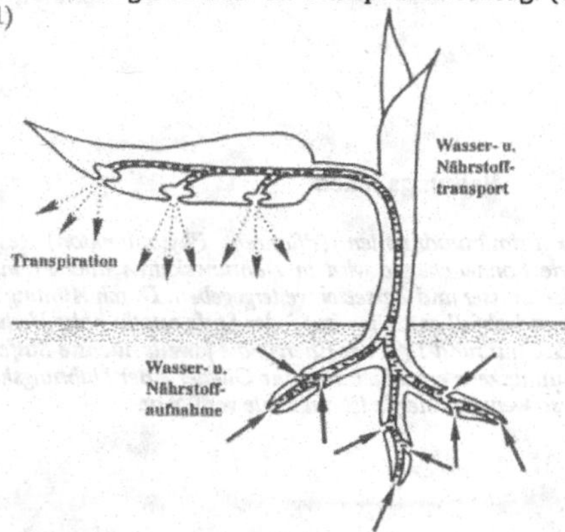

(E2.3) Auf die Blattfläche bezogen, haben die verschiedenen Pflanzengruppen unterschiedliche maximale photosynthetische Leistung (um 10 W/m²).

Die Photosyntheseleistung von Blättern ist stark lichtabhängig (vgl. E2.4). Sie wird meist über die CO_2-Aufnahme pro Blattfläche und Zeiteinheit gemessen, die sich in Leistung pro Blattfläche umrechnen läßt (siehe Zusammenhang zwischen CO_2 und Energiespeicherung in E1.5 und E1.6). Es gilt die Umrechnung

$$1 \text{ mg } CO_2/(dm^2 \cdot h) = 0.1 \text{ g } CO_2/(m^2 \cdot h) = 0.3 \text{ W/m}^2$$

Die **maximale Photosyntheseleistung** von Pflanzenarten unterscheidet sich stark:

Pflanze	max. Photosyntheseleistung des Blattes ($mgCO_2/(dm^2 \cdot h)$)	(W/m^2)
Büffelgras	100	30
Mais	50	15
Getreide	30	9
Laubbaum	20	6
Nadelbaum	10	3
Moose, Flechten	2	0.6

PHOTOSYNTHESE-LEISTUNG
max. Leistung pro Blattfläche W/m2

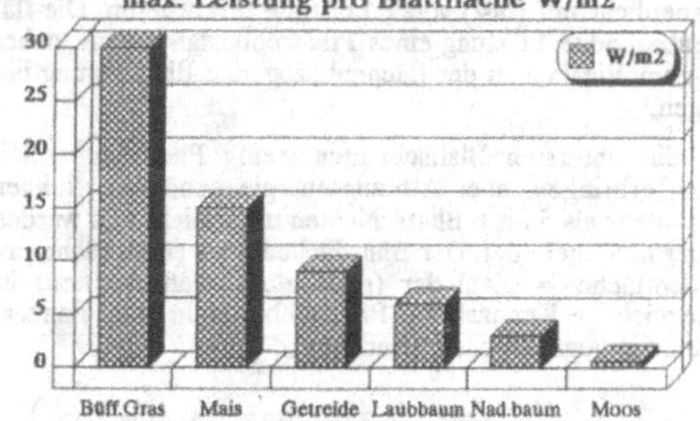

(E2.4) Pflanzenblätter erreichen ihre volle Photosynthese-Produktion bereits bei Einstrahlungsstärken, die wesentlich unter der vollen Sonneneinstrahlung liegen (bewölkter Himmel).

PHOTOSYNTHESE
hängt von der Einstrahlung ab

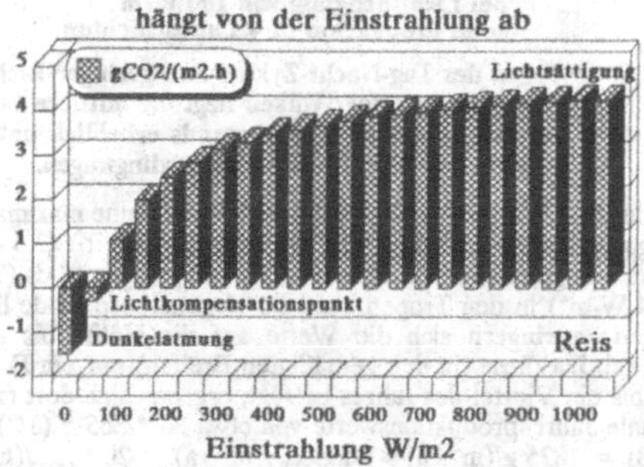

Blätter veratmen ständig Energie, die Nettophotosyntheseleistung ist daher bei Dunkelheit negativ. Mit zunehmenkeit wird der Lichtkompensationspunkt erreicht, bei dem sich Produktion und Veratmung die Waage halten. Mit zunehmender Beleuchtungsstärke nimmt auch die Produktion zunächst linear zu, erreicht dann aber einen Sättigungswert (Lichtsättigung) bereits bei Beleuchtungsstärken, die bewölktem Himmel (Lichtblätter) oder Sonnenschatten (Schattenblätter) entsprechen.

(E2.5) **Pflanzenbestände nutzen die Lichteinstrahlung durch mehrfach überdeckende Blattschichten fast vollständig aus. Die Blattfläche pro Bodenfläche (Blattflächenindex) liegt meist zwischen etwa 4 und 8. Damit kann die maximale Photosyntheseleistung des Bestands pro Bodenfläche etwa bis zum Vierfachen der maximalen Leistung pro Blattfläche betragen.**

Im Blattwerk eines Pflanzenbestands wird das einfallende Licht exponentiell rasch gedämpft: Jede Blattschicht absorbiert einen Anteil k (rund die Hälfte) des auftreffenden Lichts. Da aber die maximale Photoproduktion bereits bei etwa 1/10 der Beleuchtungsstärke voller Sonneneinstrahlung erreicht wird, können die oberen 3 - 4 Blattschichten bei Sonnenlicht mit (fast) voller Leistung produzieren. Die flächenbezogene Leistung eines Pflanzenbestands kann daher bis zum Vierfachen der flächenbezogenen Blattleistung betragen.

Da die untersten Blattschichten wenig Photosyntheseleistung erbringen, aber Atmungsenergie benötigen, 'lohnen sich' mehr als 5 bis 6 Blattschichten meist nicht und werden daher nicht gebildet. Der Blattflächenindex (Blattfläche pro Bodenfläche = Zahl der (gedachten) Blattschichten) ist eine wichtige Kennzahl für Pflanzenbestände und Pflanzenarten. Sie liegt zwischen 4 und 8.

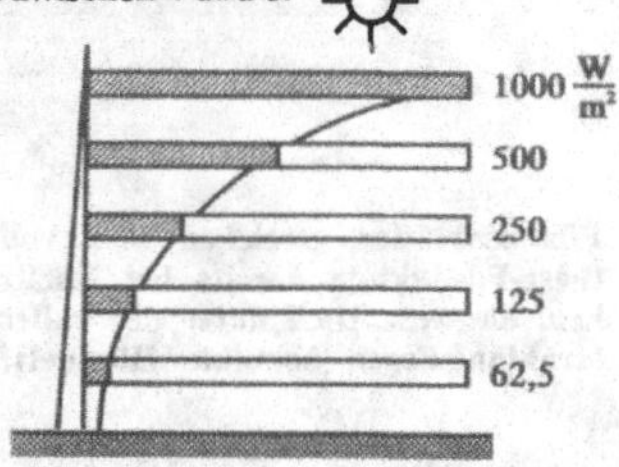

bei Lichtsättigung von 100 W/m²: volle Produktion in 4 Laubschichten

(E2.6) **Wegen des Tag-Nacht-Zyklus und geringer Lichteinstrahlung unter Wolken liegt die mittlere Jahresleistung des Pflanzenbestands erheblich unter dem Maximalwert für optimale Bedingungen.**

In der Praxis erreichen Nutzpflanzenkulturen eine maximale Tagesproduktionsleistung von 15 - 30 $g_{OTS}/(m^2 \cdot d)$ (3.5 - 7 W/m^2) in gemäßigten Breiten und 15 - 60 $g_{OTS}/(m^2 \cdot d)$ (3.5 - 14 W/m^2) in den Tropen. Auf die Vegetationsperiode bezogen, verringern sich die Werte auf die Hälfte bis ein Drittel. Da diese (in den gemäßigten Breiten) nur ein Drittel bis ein Viertel des Jahres beträgt, ergeben sich dort maximale Jahresproduktionswerte von etwa $30 * 365 * (1/2) * (1/3) = 1825\ g/(m^2 \cdot a) \approx 2\ kg_{OTS}/(m^2 \cdot a) = 20\ t_{OTS}/(ha \cdot a)$. (Dies entspricht etwa der Produktion an organischer Trockensubstanz im Maisanbau.)

(E2.7) **Pflanzen und Tiere veratmen etwa die Hälfte der ihnen zugeführten Energie. Der Rest wird in organischer Substanz gebunden und später als Bestandsabfall von Zersetzern veratmet.**

Im Waldökosystem (E2.1) werden von der einfallenden Sonnenenergie nur 2.2% als chemische Energie durch Photosynthese in Glukose (Stärke) gebunden (Bruttoprimärproduktion (BPP)).

Von 100% Bruttoprimärproduktion werden 55% von den Primärproduzenten (Pflanzen) selbst veratmet.

Die verbleibende, in neugebildeter organischer Substanz festgelegte Nettoprimärproduktion (45%) geht z.T. in die sich ständig erneuernden Pflanzenteile (Laub, Feinwurzeln), die rasch wieder zu Bestandsabfall werden und dort von Zersetzern zerlegt werden, wobei die restliche Energie veratmet wird. Endprodukt sind hier mineralisierte Nährstoffe. Ein anderer Teil der Nettoprimärproduktion wird von Tieren direkt gefressen und wieder über kurz oder lang veratmet. Ein kleinerer Teil geht in den echten Zuwachs an pflanzlicher und tierischer Biomasse.

Von der organischen Substanz wird ein kleiner Teil exportiert (Wind, Wasser, Wanderung).

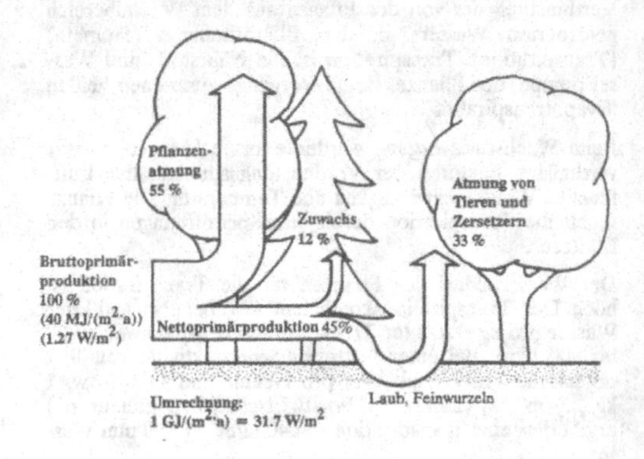

E3. Nahrungsketten

Von Primärproduzenten (Pflanzen, Phytoplankton) gespeicherte Sonnenenergie wird in Nahrungsketten über Pflanzen, Fleischfresser und Zersetzer weitergegeben. Durch Atmung und Bestandsabfall entstehen auf jeder Stufe relativ hohe Verluste, so daß nur rund 10% der Energie die jeweils nächste Stufe der Nahrungskette erreichen. Je mehr Glieder einer Nahrungskette, um so weniger Energie ist am Ende verfügbar.

(E3.1) Energie wird unter Energieverlusten in den (meist drei bis fünf) Gliedern einer Nahrungskette weitergegeben.

Energie wird in der 'Nahrungskette' von der pflanzlichen Quelle über verschiedene Organismen weitergegeben (Fressen, Gefressenwerden).

Bei jedem Transfer gehen 80 - 90% der Eingangsenergie durch Atmung und Bestandsabfall für die Nahrungskette verloren. Deshalb ist die Zahl der Glieder in der Nahrungskette beschränkt: meist sind es nur drei bis fünf. Je kürzer die Nahrungskette ist, um so mehr Energie bleibt auf der letzten Stufe verfügbar. Nahrungsketten sind oft miteinander verflochten: Man spricht dann von 'Nahrungsnetzen'.

Beispiele:

Weide-Nahrungskette:
grüne Pflanze ---> weidende Pflanzenfresser (Herbivoren) ---> Fleischfresser (Carnivoren).

Zersetzer-Nahrungskette (Detritus-Kette):
Bestandsabfall (Detritus) ---> Zersetzer (Detritivoren) ---> Räuber

Menschliche Ernährung:
Sonne ---> Phytoplankton ---> Zooplankton ---> Friedfisch ---> Raubfisch ---> Mensch

Sonne ---> Gras ---> Rind ---> Mensch
Sonne ---> Getreide ---> Mensch

(E3.2) Die trophische Ebene kennzeichnet die Stellung eines Organismus in der Nahrungskette und im Ökosystem. Wegen der hohen Energieverluste auf jeder Ebene ist der verfügbare Energiefluß auf den oberen Ebenen nur noch gering.

Organismen (oft sehr verschiedene), deren Nahrung über die gleiche Zahl von Stufen aus der Sonnenenergie stammt, lassen sich zu einer **trophischen Ebene** zusammenfassen. Damit wird die zusammenfassende Betrachtung des Ökosystems erleichtert.

1. trophische Ebene: grüne Pflanzen (Primärproduzenten);
2. trophische Ebene: Pflanzenfresser (Herbivore = Primärkonsumenten = Sekundärproduzenten);
3. trophische Ebene: Fleischfresser (Carnivore = Sekundärkonsumenten);
4. trophische Ebene: sekundäre Fleischfresser (Tertiärkonsumenten);
letzte trophische Ebene: Spitzenräuber

Da beim Übergang von einer trophischen Ebene zur nächsthöheren nur etwa 10% der Energie weitergegeben wird, ist auf der n-ten trophischen Ebene nur noch etwa $1/10^{n-1}$ der Energie in der organischen Trockensubstanz der 1. trophischen Ebene verfügbar (bzw. $1/10^{n+1}$ der Sonneneinstrahlung).

(E3.3) Terrestrische und aquatische Ökosysteme folgen dem gleichen Prinzip.

Die Nahrungsketten des Ökosystems (Weidekette, Zersetzerkette) stellen in Ökosystemen auf dem Land wie im Wasser die Rückführung von Nährstoffen und die vollständige Ausnutzung der ursprünglich von Pflanzen bzw. Phytoplankton gespeicherten Energie sicher.

Ein qualitativer Unterschied: Die Primärproduzenten auf dem Land sind meist relativ große Pflanzen, im Wasser dagegen meist winziges freischwimmendes Phytoplankton. Daher sind dort auch die Weidetiere zum Teil sehr klein (Zooplankton).

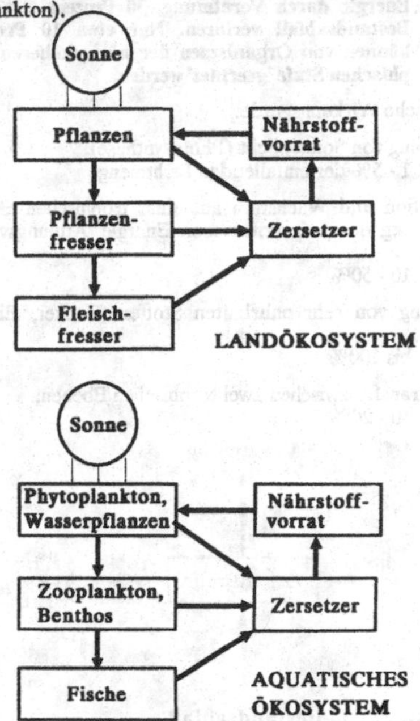

(E3.4) Die quantitative Analyse von Ökosystemen erfolgt durch Messungen der Energieflüsse und Energiebestände auf den verschiedenen trophischen Ebenen.

Zahlenbeispiel: Messungen der Energieflüsse im aquatischen Ökosystem von Silver Springs, Florida (in kJ/(m^2 · a)). Hieraus ergibt sich:

Der Wirkungsgrad der Umwandlung von Sonnenenergie in Stärke (Bruttoprimärproduktion) ist etwa 1%.

Bei Tier und Pflanze werden 60 - 80% der aufgenommenen Energie veratmet.

In den Bestandsabfall gelangen 10 - 30% auf jeder Stufe.

Lediglich rund 10% der aufgenommenen Energie stehen für die Weitergabe an die nächsthöhere trophische Ebene zur Verfügung.

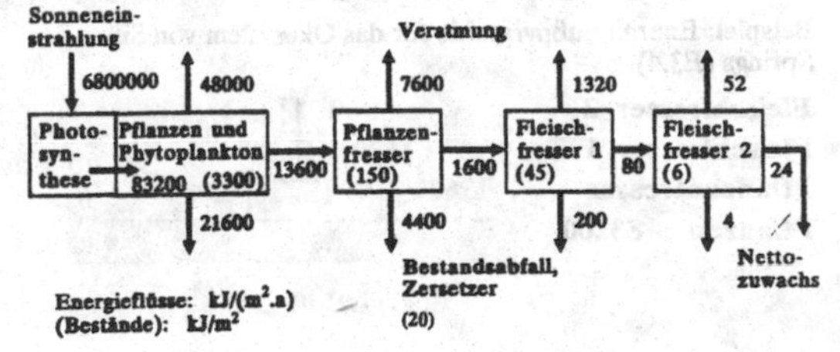

(E3.5) Primärproduzenten (Pflanzen, Phytoplankton) binden nur rund ein Prozent oder weniger der einfallenen Sonnenenergie. Auf jeder trophischen Ebene gehen rund 60 Prozent der aufgenommenen Energie durch Veratmung, 30 Prozent mit dem Bestandsabfall verloren. Nur etwa 10 Prozent können von Organismen der nächsthöheren trophischen Stufe 'geerntet' werden.

Ökologische Wirkungsgrade:

Verwertung von Sonnenlicht (Photosynthese):
1 - 5% der einfallenden Lichtmenge

Assimilation und Wachstum auf einer trophischen Ebene (Verwertung der aufgenommenen Energie, Atmungsverluste):
10 - 50%

Ernährung von sehr nahrhaften Stoffen (Zucker, Eiweiß usw.):
bis 100%.

Energietransfer zwischen zwei trophischen Ebenen:
10 - 20%

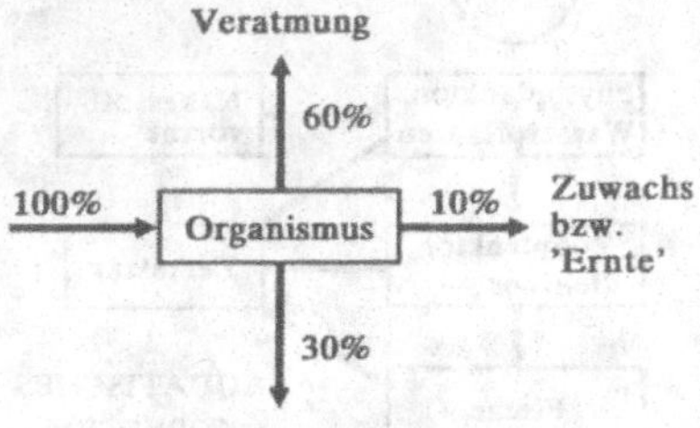

(E3.6) Energieflußpyramiden sind Balkendiagramme der Energieflüsse (Energiedurchsätze pro Zeiteinheit) auf jeder trophischen Ebene. Sie verjüngen sich immer nach oben, da auf jeder höheren trophischen Ebenen weniger Energiedurchsatz verfügbar ist.

Energieflußpyramiden stellen die Energieaufnahme pro Zeiteinheit auf jeder trophischen Ebene dar. Wegen der Verluste durch Atmung, Bestandsabfall usw. (Wirkungsgrad kleiner als 1) ist die Aufnahme auf der nächsthöheren trophischen Ebene immer geringer, d.h. die Energieflußpyramide verjüngt sich nach oben.

Bei Untersuchungen von Ökosystemen immer unterscheiden:

1. Biomassebestand (in Energieeinheiten)
2. Energieaufnahme der Populationen auf den verschiedenen trophischen Ebenen (Energie/Zeit = Leistung).

Beispiel: Energieflußpyramide für das Ökosystem von Silver Springs (E3.4).

Fleischfresser 2
Fleischfresser 1
Pflanzenfresser
Pflanzen 83200

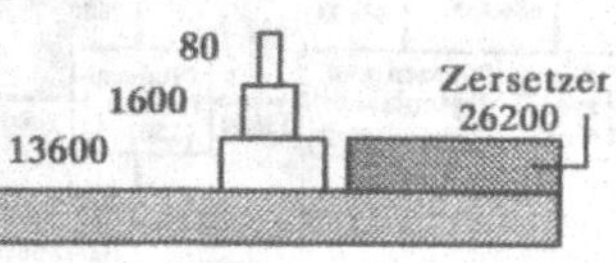

(E3.7) Energiebestandspyramiden sind Balkendiagramme der auf jeder trophischen Ebene vorhandenen Biomasse (in Energieeinheiten). Sie verjüngen sich meist, aber nicht immer, nach oben.

Während sich die Energieflußpyramide immer nach oben verjüngt, muß dies bei der Energiebestandspyramide nicht sein. In aquatischen Ökosystemen z.B. sind Organismen der untersten trophischen Ebenen (Phytoplankton, Zooplankton) sehr klein und haben insgesamt eine geringe Biomasse, aber einen sehr hohen spezifischen Energiedurchsatz (siehe E4.2).

Dagegen haben die größeren Organismen der oberen trophischen Ebenen einen relativ niedrigen spezifischen Energiedurchsatz; ihre Biomasse kann daher größer sein als die Biomasse der unteren Ebenen.

Beispiel: Energiebestandspyramide für das Ökosystem von Silver Springs (E3.4).

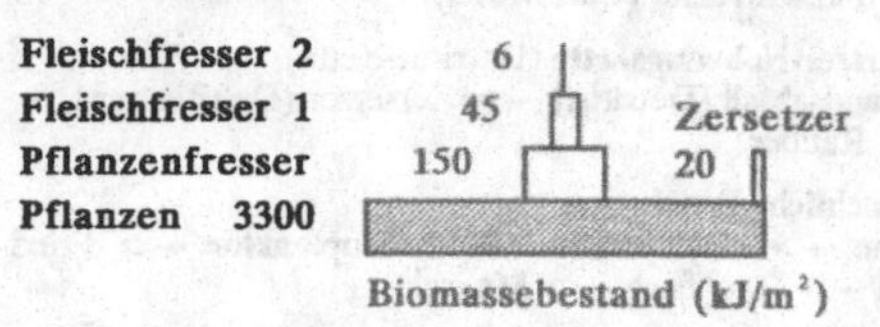

(E3.8) Für die dritte trophische Ebene (Fleischfresser) ist noch rund ein Zehntausendstel der einfallenden Sonnenenergie verfügbar.

Mit den angegebenen Wirkungsgraden (E3.4, E3.5) folgt das Schema der Energieverfügbarkeit auf jeder trophischen Ebene. (Die Werte gelten für Sonneneinstrahlung im Jahresmittel von 100 W/m^2 = 876 $kWh/m^2 \cdot a$):

verfügbare Energiemenge in kJ pro m^2 u. Jahr (ungefähr)

Sonne	1. Ebene	2.	3.	4.	5.
3'154'000	30'000 (BPP Pflanze)	3000 (an Pflanzenfresser)	300 (an Fleischfresser)	30	3 usw.

Die Zahl (bzw. Biomasse) der Konsumenten mit einem bestimmten spezifischen Energiebedarf, die von einem bestimmten Primärproduktionsbetrag (bzw. von einer bestimmten Fläche) ernährt werden können (z.B. Spitzenräuber), hängt von der Länge der Nahrungskette ab!

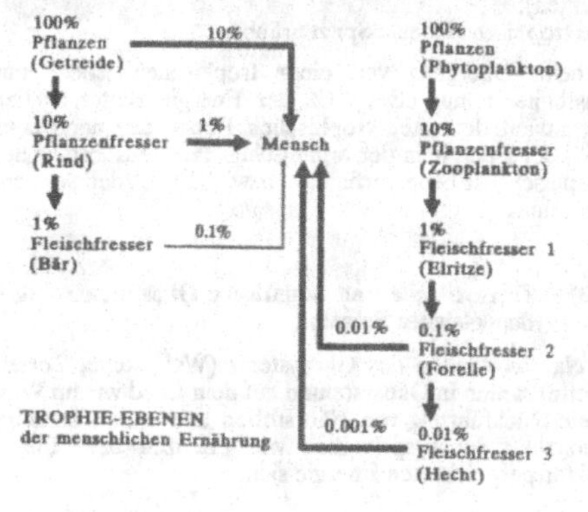

(E3.9) Als Pflanzenfresser bzw. Fleischfresser erreichen den Menschen ein Tausendstel, bzw. ein Zehntausendstel der auf die Anbaufläche eingestrahlten Sonnenenergie.

Da der Mensch eine Leistungsaufnahme von etwa 100 Watt hat, was etwa der mittleren Sonneneinstrahlung auf einen Quadratmeter entspricht, werden für seine Ernährung benötigt:
bei pflanzlicher Nahrung etwa 1000 m^2 (0.1 ha)
bei tierischer Nahrung etwa 10000 m^2 (1 ha).

E4. Energieumsatz von Organismen

Der spezifische Energiedurchsatz pro Zeiteinheit (Nahrungsaufnahme pro Zeiteinheit) bestimmt, wieviele Organismen einer bestimmten Art sich in einem vorgegebenen Gebiet über die Nahrungskette direkt oder indirekt von den Primärproduzenten (Pflanzen oder Phytoplankton) ernähren können. Der Energieumsatz ist stark von der Organismusgröße abhängig.

(E4.1) Der Energieumsatz von Organismen zeigt auf jeder trophischen Ebene das gleiche Schema. Zur Darstellung von Nahrungsketten lassen sich solche Moduln verkoppeln.

Von der aufgenommenen Energie (I) verläßt ein Teil den Organismus wieder unverdaut (NU). Der Energieanteil, der vom Körper assimiliert wird (A), wird zum Teil für die Aufrechterhaltung der Lebensvorgänge wieder veratmet (R) und steht zum anderen Teil für den Aufbau organischer Substanz zur Verfügung (P). Hiervon geht ein Teil in Speicherung, um später verbraucht zu werden (S). Ein anderer Teil (G) führt zum Zuwachs an organischer Substanz (B), ein kleiner Teil wird mit Exkrementen, Speichel, Schuppen usw. ausgeschieden (E).

Verluste (L) an Biomasse (Energieflüsse) entstehen durch Bestandsabfall (Abwurf von Laub und Feinwurzeln, Tod von Organismen) und durch Fraß (oder Ernte) durch Organismen der nächsthöheren trophischen Ebene.

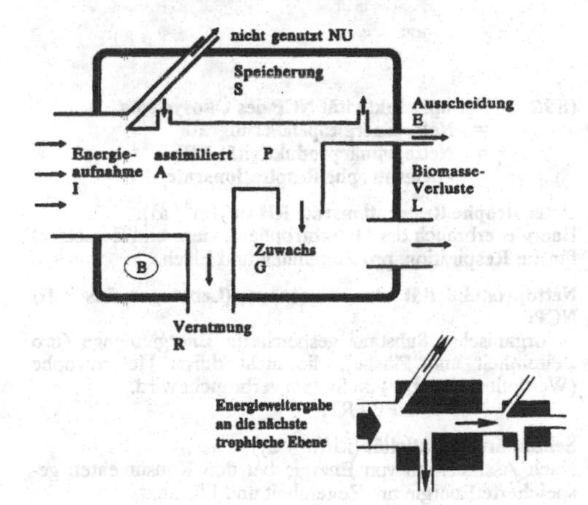

(E4.2) Der Energieumsatz ist stark von der Körpergröße abhängig und in etwa der Oberfläche proportional: kleinere Organismen haben einen höheren spezifischen Energieumsatz pro Biomasseeinheit als große.

Energieumsatz (Metabolismus) und Organismusgröße: Der Bestand an Biomasse, der mit einem gegebenen Energiedurchsatz erhalten werden kann, hängt in hohem Maße von der Größe der Organismen ab:

- Je kleiner der Organismus, um so größer der Energieumsatz pro Gramm Biomasse.
- Je größer der Organismus, um so größer der Biomassebestand pro gegebenem Energiedurchsatz.

Tendenz: Der Energieumsatz pro Organismus ist proportional zur Oberfläche des Organismus, d.h. der Energieumsatz ist proportional zum Quadrat der charakteristischen Länge L:

$$E_u \sim L^2$$

Da die Körpermasse proportional zu L^3 ist, folgt für den spezifischen Energiedurchsatz (Energieumsatz pro Biomasse):

$$e_u = E_u/M \sim L^2/L^3 = 1/L$$

Der spezifische Energieumsatz ist also umgekehrt proportional zur Körperlänge L: Kleine Organismen haben tendenziell einen höheren Energieumsatz pro Gramm Körpergewicht als große.

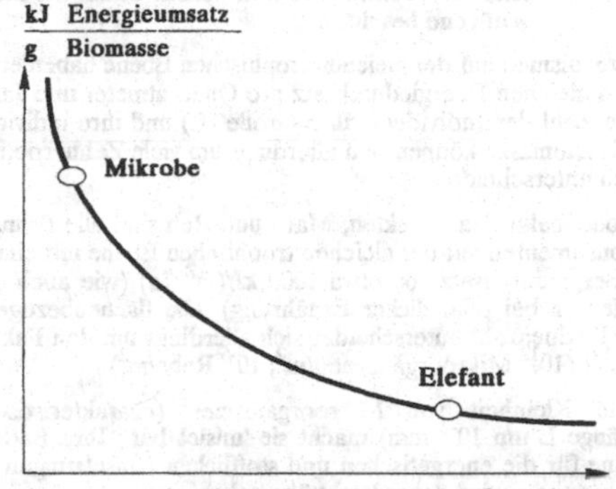

(E4.3) Der Energiedurchsatz des Menschen beträgt etwa 100 Watt, bzw. 10'000 kJ/Tag.

Täglicher Nahrungsbedarf:

Mensch	0.15 kJ/g Körpergewicht
kleines Säugetier oder Vogel	4 kJ/g "
Insekten	2 kJ/g "

Mensch bei 70 kg Körpergewicht: rund 10000 kJ/Tag oder 10000 * 365 = 3'650'000 kJ/Jahr.

Vergleich: mittlere Sonneneinstrahlung pro Jahr auf 1 m^2 = 100 Watt * 60 * 60 * 24 * 365 sec = 3'154'000 kJ/(m^2 . a)

Der jährliche Energiebedarf eines Menschen entspricht also etwa der jährlich auf einen Quadratmeter Erdoberfläche einfallenden Sonnenenergie; bzw. dem jährlichen Energiebedarf einer 100 Watt-Glühbirne (876 kWh).

(E4.4) Bei einem Ökosystem mit relativ geringem Verbrauch durch Pflanzenfresser (z.B. Wald) muß fast die gesamte Nettoprimärproduktion des Bestandes (Photosynthese minus Respiration) von den Zersetzern 'verarbeitet' werden, davon rd. 90 Prozent durch Mikroorganismen.

In einem Waldbestand mit einer Baumbiomasse von 30 kg_{OTS}/m^2 ist die Bruttoprimärproduktion des Bestands etwa 2 $kg_{OTS}/(m^2 \cdot a)$, die Nettoprimärproduktion etwa 1 $kg_{OTS}/(m^2 \cdot a)$.

Die Biomasse der Mikroorganismen (Bakterien, Schleimpilze, Pilze, Algen, Protozoen) im Boden ist etwa 0.1 kg_{OTS}/m^2; Mikroorganismen zersetzen etwa 90% des Bestandsabfalls.

Der spezifische Energiedurchsatz der Bäume ist daher $2 \cdot 20$ $kJ/(30\ g_{OTS} \cdot a) = 1.33\ kJ/(g_{OTS} \cdot a)$, der der Mikroorganismen $0.9 \cdot 1 \cdot 20\ kJ/(0.1\ g_{OTS} \cdot a) = 180\ kJ/(g_{OTS} \cdot a)$.

Auf ihre Biomasse bezogen, setzen die Mikroorganismen im Boden verglichen mit dem Baumbestand das 180/1.33 = 135-fache an Energie um.

Der Energieumsatz bei der Zersetzung der Bestandsabfälle beträgt hier $(1000\ g_{OTS}/m^2 \cdot a) * (20\ kJ/g_{OTS}) = 20\ MJ/(m^2 \cdot a)$.

(E4.5) Trotz ihres hohen spezifischen Energiedurchsatzes haben die für die Funktion der Ökosysteme lebenswichtigen Boden-Mikroorganismen nur eine sehr kleine Biomasse und werden daher oft nicht genügend beachtet.

Organismen auf der gleichen trophischen Ebene haben etwa den gleichen Energiedurchsatz pro Quadratmeter und Jahr; die Zahl der Individuen, ihre Größe (L) und ihre individuelle Biomasse können sich allerdings um viele Zehnerpotenzen unterscheiden.

Bodenbakterien, Insekten, Maus und Reh sind alle Primärkonsumenten auf der gleichen trophischen Ebene mit einem Energiedurchsatz von etwa 1000 $kJ/(m^2 \cdot a)$ (wie auch der Mensch bei pflanzlicher Ernährung). Die flächenbezogene Individuenzahl unterscheidet sich allerdings um den Faktor 10^{17}! (10^{12} Mikroorganismen/m^2; 10^{-5} Rehe/m^2).

Die Kleinheit von Mikroorganismen (charakteristische Länge L um 10^{-3} mm) macht sie 'unsichtbar'. Ihre Bedeutung für die energetischen und stofflichen Umsetzungen im Ökosystem wird daher leicht übersehen.

E5. Produktivität von Ökosystemen

Die Produktivität von Ökosystemen ist u.a. von Bedeutung für die menschliche Ernährung, für die Erzeugung erneuerbarer Rohstoffe (Holz, Fasern usw.), aber auch für die Umweltbelastung (Eutrophierung von Gewässern). Die Nettoprimärproduktivität von künstlichen oder natürlichen Ökosystemen ist etwa gleich hoch. Im entwickelten stabilen Ökosystem gibt es keine Überschüsse, die auf Dauer vom Mensch geerntet werden könnten. Dauerhaftes Ernten setzt voraus, daß Ökosysteme vom Menschen künstlich in einem Zustand hoher Nettoproduktivität gehalten werden, wobei Konkurrenten (Schädlinge) ferngehalten werden müssen.

*Die wesentlichen Faktoren der Primärproduktivität sind Jahresmitteltemperatur (als Maßstab für Sonneneinstrahlung und Tageslänge), Niederschlagsmittel und Nährstoffversorgung. Im folgenden wird der Ausdruck 'Produktivität' als Energie pro Fläche und Zeit ($kJ/(m^2 \cdot a)$) verstanden, während 'Produktion' eine Energiemenge (kJ) bedeutet und als (Produktivität * Fläche * Zeit) berechnet werden kann.*

(E5.1) Nettoprimärproduktivität NPP der Produzenten
= Bruttoprimärproduktivität BPP
- autotrophe Respirationsrate RA

Bruttoprimärproduktivität BPP ($kJ/(m^2 \cdot a)$):
Gesamtenergieinhalt der durch Photosynthese oder Chemosynthese pro Zeiteinheit und Fläche produzierten organischen Substanz (einschließlich der später veratmeten).

autotrophe Respirationsrate RA ($kJ/(m^2 \cdot a)$):
Energieverbrauch der Autotrophen (Pflanzen) für die Respiration, pro Zeiteinheit und Fläche.

Nettoprimärproduktivität NPP ($kJ/(m^2 \cdot a)$):
Nach Abzug der Energieverluste durch Atmung (Respiration RA) pro Zeiteinheit und Fläche gespeicherte Energiemenge ('scheinbare Photosynthese', Nettoassimilation).

$$NPP = BPP - RA$$

Autotrophe: ernähren sich selbst (Photosynthese und Chemosynthese; Pflanzen usw.)
Heterotrophe: ernähren sich von anderen Organismen; vor allem Tiere und Zersetzer.

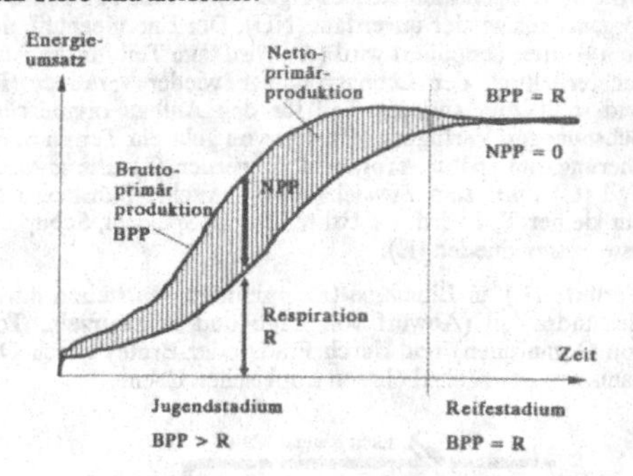

(E5.2) Nettoproduktivität NCP des Ökosystems
= Netto-Energiespeicherungrate
= Nettoprimärproduktivität NPP
- heterotrophe Respirationsrate RH

Heterotrophe Respirationsrate RH ($kJ/(m^2 \cdot a)$):
Energieverbrauch der Heterotrophen (Tiere und Zersetzer) für die Respiration, pro Zeiteinheit und Fläche.

Nettoproduktivität der Biozönose (Lebensgemeinschaft) NCP:
In organischer Substanz gespeicherte Energiemenge (pro Zeiteinheit und Fläche), die nicht durch Heterotrophe (Weidetiere, Räuber) im System verbraucht wird.

$$NCP = NPP - RH$$

Sekundärproduktivität ($kJ/(m^2 \cdot a)$):
Nach Assimilation von Energie bei den Konsumenten gespeicherte Energie pro Zeiteinheit und Fläche.

(E5.3) Die Biomasse eines Ökosystems wächst, falls die Nettoprimärproduktivität größer ist als der Verbrauch durch Konsumenten. Ernten setzt daher Bewirtschaftung im Jugendstadium voraus (Nettoproduktivität größer als Null).

Positive Nettoprimärproduktivität ergibt sich nur im Wachstumsstadium eines Ökosystems. Der Zuwachs bzw. die Nettoproduktivität ist am höchsten dort, wo die Biomassekurve des Ökosystems ihren Wendepunkt hat (vgl. S4.2).

Land- und Forstwirtschaft versuchen, Ökosysteme künstlich an diesem Punkt zu erhalten. Sie haben Interesse an hohen Erträgen (Erntemengen, Zuwachs pro Zeiteinheit), nicht an großen Beständen.

Hohe Produktivität und ein hohes NPP/BPP-Verhältnis sind durch hohen künstlichen Energieeinsatz (Kultivierung, Unkrautbekämpfung, Bewässerung, Schädlingsbekämpfung, usw.) erreichbar. Allgemein liegt die Bruttoprimärproduktivität kultivierter Ökosysteme nicht über der von natürlichen Ökosystemen.

Der Mensch steigert die Nettoprimärproduktivität und die Nettoproduktivität der Biozönose durch Energiebeihilfen, um ein an sich instabiles Ökosystem (das auf den Reifezustand hinstrebt) künstlich in einem Zustand hoher Nettoproduktivität zu halten.

(E5.4) Im Reifezustand (Klimax) eines Ökosystems ist die Nettoproduktivität gleich Null.

Ökosysteme entwickeln sich auf ein Reifestadium hin, bei dem sich Energieeinträge und -austräge genau die Waage halten (z.B. tropischer Regenwald). Dieses Fließgleichgewicht kann über tausende von Jahren bestehen. Die Nettoproduktivität ist in diesem Zustand gleich Null, da die Gesamtbilanz konstant bleibt. Eine Biomasse-Entnahme (Ernten) bedeutet eine Störung dieses Fließgleichgewichts.

(E5.5) Die Bruttoprimärproduktivität natürlicher Ökosysteme kann sehr hoch sein, während ihre Nettoproduktivität gleich Null ist. Letzteres ist Voraussetzung für ein stabiles Fließgleichgewicht.

Jährliche Produktivität und Respiration
(Beispiele, kJ/(m² · a))

	Luzerne-feld	Kiefern-schonung	trop. Re-genwald	Küstenge-wässer
Bruttoprimär-produktivität BPP	100000	50000	180000	23000
autotrophe Re-spiration RA	36000	19000	128000	13000
Nettoprimär-produktivität NPP	64000	31000	52000	10000
heterotrophe Respiration RH	4000	18000	52000	10000
Nettoproduktivität NCP d.Biozönose	60000	13000	0	0
NPP/BPP (%)	64	62	29	43
NCP/BPP (%)	60	26	0	0

Vergleichszahl: Der Energieinhalt von 1 Liter Benzin oder Heizöl ist etwa 40000kJ.

Pflanzen verbrauchen einen großen Teil der BPP für ihre eigene Respiration RA. Die verbleibende NPP wird durch Tiere und Zersetzer u.U. vollständig aufgebraucht (RH). Natürliche Ökosysteme im Reifestadium haben eine Nettoproduktivität NCP von Null.

Regel:

Natur maximiert Bruttoprimärproduktivität BPP, Mensch maximiert Nettoproduktivität NCP.

(E5.6) Die Nettoprimärproduktivität reicht von etwa 50 kJ/(m² · a) in der Wüste bis etwa 40'000 kJ/(m² · a) im Tropenwald, in Sümpfen und Marschen, sowie in Algenbetten. Der durchschnittliche Wert beträgt auf dem Land etwa 13000 kJ/(m² · a), im Ozean 3000.

	Biomasse Trockengew. kg/m²	Nettoprimärproduktivität Trockengew. g/(m²a)	Energie-fixierung kJ/(m²a)
Tropischer Regenwald	45	2200	37600
Sommergrüne Wälder	30	1200	25500
Boreale Nadelwälder	20	800	16000
Savannen	4	900	15000
Steppen	1.6	600	10000
Tundren	0.6	140	2600
Halbwüsten	0.7	90	1700
Kulturland	1.0	650	11000
Sumpf und Marschen	15	3000	52800
Seen und Flüsse	0.02	400	7500
Offenes Meer	0.003	125	2500
nährstoffreiche Zonen	0.02	500	10000
Schelfmeere	0.001	360	7200
Algenbestände und Riffe	2	2500	47000
Flußmündungsgebiete	1	1500	28200
Globale Werte	3.6	336	6500

(E5.7) Die maximale Nettoprimärproduktivität von Phytoplankton, von einjährigen Kulturpflanzen oder Wildpflanzen, und von mehrjährigen Pflanzen wie Bäumen unterscheidet sich prinzipiell nicht: Sie liegt bei 40'000 kJ/(m²a) (etwa 2000 g_{OTS}/(m²a).

Die maximalen Nettoprimärproduktivitäten im tropischen Regenwald, in der intensiven Landwirtschaft, in Sümpfen und Marschen, in Algenbeständen und Korallenriffen haben den gleichen Wert von etwa 40 MJ/(m²a) (vgl. E5.6). Dies entspricht einem Wirkungsgrad der Sonnenenergienutzung von etwa 1.5%. Auf die Wachstumsperiode bezogen, lassen sich höhere Wirkungsgrade erzielen (für Mais, Zuckerrohr und Zuckerrüben etwa 5%).

Durch optimale Anbaubedingungen (z.B. Gewächshäuser oder Folienabdeckung, Bewässerung, Düngung und Kunstlicht) läßt sich die (natürliche) Nettoprimärproduktivität bei entsprechendem Aufwand maximal vervierfachen (auf etwa 160 MJ/(m² · a) = rd. 80 t_{OTS}/(ha · a)).

E6. Faktoren der Pflanzenproduktivität

Die Primärproduktivität ist von der Photosynthese und damit vom Sonnenlicht abhängig. Da die meisten Pflanzen ihre maximale Photosyntheseleistung bereits bei einem Bruchteil der vollen Sonneneinstrahlung erreichen (lichtliebende Pflanzen bei etwa 200 W/m², Schattenpflanzen bei etwa 20 W/m² = 1/5 bzw. 1/50 der vollen Sonnenstrahlung), ist - während der Vegetationsperiode - das Lichtangebot kein begrenzender Faktor. Die wichtigsten, die Primärproduktivität beschränkenden Faktoren sind: die Jahresmitteltemperatur (in der sich auch die Intensität der Sonneneinstrahlung und die Tageslänge ausdrücken), das Niederschlagsmittel und das Nährstoffangebot. Setzt man ein ausreichendes Nährstoffangebot voraus, so kann man mit Hilfe der bekannten Temperatur- und Niederschlagsdaten Karten der Nettoprimärproduktivität für alle Regionen der Welt erstellen und damit die dort maximal mögliche Produktion bestimmen.

(E6.1) Pflanzen (auch Phytoplankton) benötigen 1. Strahlungsenergie, 2. Nährstoffe aus Boden (P, N, K, Ca u.a.) und Atmosphäre (CO_2), 3. Wärme, 4. Wasser.

Die während der Wachstumsperiode photosynthetisch gebundene Energie hängt von der Strahlungsintensität und -dauer (Tageslänge!) ab. Zum Aufbau von Biomasse sind Nähr- und Aufbaustoffe in einem bestimmten Verhältnis notwendig. Sie stammen aus dem Boden und der Atmosphäre. Die Geschwindigkeit der physiologischen Prozesse ist stark temperaturabhängig; sowohl bei tiefen wie bei hohen Temperaturen kann Wachstum nicht stattfinden. Die Wasserverdunstung in den Spaltöffnungen der Blätter treibt als 'Umwälzpumpe' die Nährstoff- und Assimilatverteilung in den Pflanzen an.

(E6.2) Das Pflanzenwachstum wird bereits eingeschränkt, wenn nur einer der notwendigen Faktoren nur eingeschränkt verfügbar ist (Minimumgesetz von Liebig).

Liebig'sches Gesetz des Minimums:
Die Menge lebender Substanz in einem gegebenen Umweltbereich hängt von der Menge des begrenzenden Faktors (z.B. Nährstoff, Licht, Wasser) ab (d.h. vom Nährstoff oder Faktor mit dem relativ geringsten Vorkommen).

Erklärung: Für den Aufbau einer bestimmten Menge organischer Substanz sind ganz bestimmte Nährstoffmengen erforderlich, während die Photosyntheseproduktion der empfangenen Strahlung und der Wasserverfügbarkeit proportional ist. Mangel eines einzigen Faktors begrenzt daher das Wachstum.

Folge: Es genügt daher eine Düngung mit dem einen begrenzenden Nährstoff, um die Erträge stark zu steigern. Da in Gewässern Phosphat meist der begrenzende Faktor ist, kann es durch Phosphateinträge aus Landwirtschaft, Klärwerken und Waschmitteln zur Überdüngung (Eutrophierung) kommen.

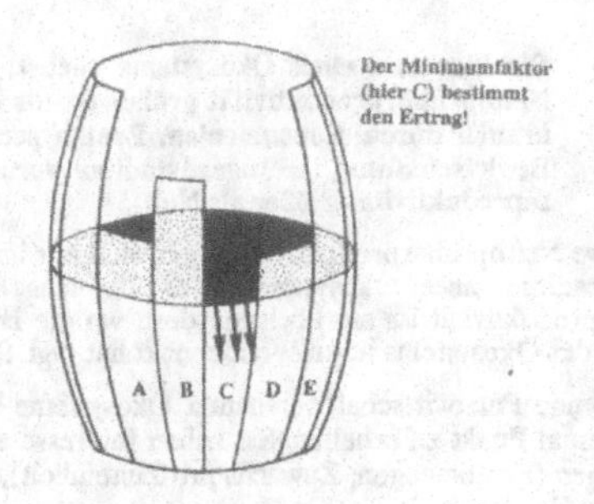

(E6.3) Bei sonst gleichen Bedingungen ist die Nettoprimärproduktivität proportional zur Tageslichtdauer: daher auch hohe Produktivität in polaren Breiten im Sommer.

In den höheren und polaren Breiten ist im Sommer wegen der größeren Tageslänge die pro Tag einfallende Strahlungsenergiemenge größer als in den Tropen (s. K2.7). Während der kurzen Vegetationsperiode ergibt sich dort daher besonders starkes Wachstum. (Standortgunst für die Getreideproduktion in Nordamerika und Europa.)

(E6.4) Die Nettoprimärproduktivität steigt mit der Nährstoffverfügbarkeit. Dies gilt sowohl für Bodennährstoffe wie auch für CO_2.

Zum Aufbau von Biomasse sind gewisse Mindestmengen spezifischer Nährstoffe notwendig (siehe hierzu Abschnitt N1). Fehlt ein Nährstoff, so kann die Nettoprimärproduktion nur bis zu dieser Grenze wachsen.

Mit wachsender Verfügbarkeit des Nährstoffs steigt auch die Nettoprimärproduktivität, bis es zur 'Überdüngung' kommt, bei der der Zuwachs aufhört und - bei höherer Nährstoffgabe - wieder zurückgeht.

Nährstoffreichtum (Eutrophie) ist in Binnengewässern meist unerwünscht, da dann Algenblüten auftreten und das Gewässer umkippen kann (siehe Abschnitt C4).

Ein Gewässer ist 'eutroph', wenn der Phosphorgehalt (als Phosphat) etwa 10 - 30 Mikrogramm/Liter und der Stickstoffgehalt (als Nitrat) etwa 500 - 1000 Mikrogramm/Liter beträgt. Dann ist die Produktivität etwa 8 g/(m² · Tag) (Trockensubstanz).

NÄHRSTOFFEINFLUSS (aquat. Ökosystem)
P-Einfluß auf Produktivität

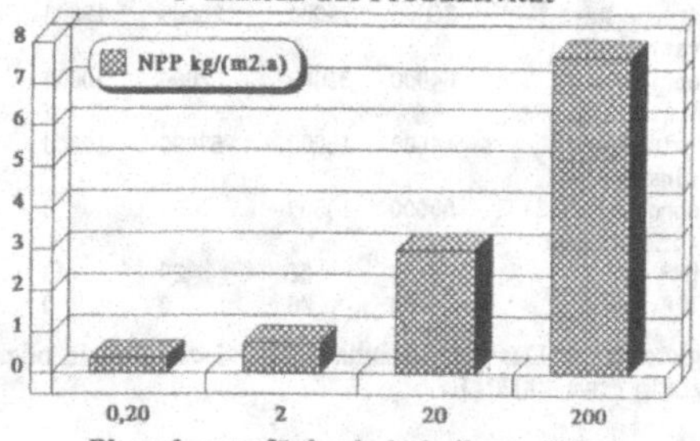

(E6.5) Die Nettoprimärproduktivität steigt mit zunehmender Jahresmitteltemperatur.

Bei ausreichendem Nährstoff- und Wasserangebot steigt die Nettoprimärproduktivität (Trockensubstanz) von etwa 0.5 kg/(m^2 · a) bei einer Jahresmitteltemperatur von 0 Grad Celsius auf rund 2.5 bei einer Jahresmitteltemperatur von 20 Grad Celsius. In Mitteleuropa mit einer Jahresmitteltemperatur von 10 Grad Celsius ergibt sich eine maximale Produktivität von etwa 1.5 kg$_{OTS}$/(m^2 · a).

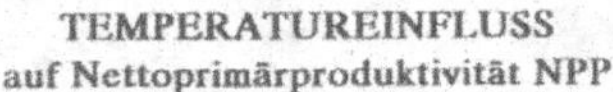

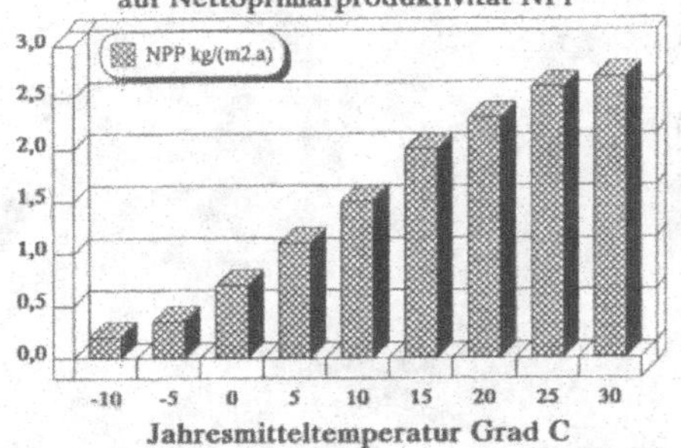

(E6.6) Die Nettoprimärproduktivität wächst mit steigendem mittlerem Jahresniederschlag.

Ohne Wasser ist die Produktivität gleich Null. Mit steigendem Jahresniederschlag steigt die Produktivität linear an. Erst bei hohem Jahresniederschlag ergibt sich kaum noch eine Zunahme. Eine Produktivität von 2.5 kg/(m^2 · a) (Trockensubstanz) wird bei einem mittleren Jahresniederschlag von etwa 2000 mm erreicht. In unseren Breiten mit einem Jahresmittel zwischen 600 und 1000 mm ist eine maximale Produktivität von etwa 1.5 zu erwarten.

(Die auf den Quadratmeter bezogenen Werte mit 10000 multiplizieren, um Hektarerträge zu erhalten.)

NIEDERSCHLAGSEINFLUSS
auf Nettoprimärproduktivität NPP

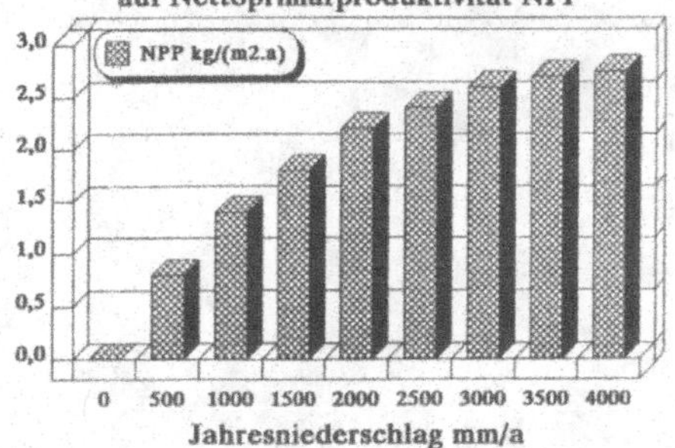

Jahresniederschlag mm/a

(E6.7) Die tatsächliche örtliche Nettoprimärproduktivität ergibt sich aus dem jeweils einschränkendsten der verschiedenen Produktivitätsfaktoren.

In den hohen Breiten ist vor allem die relativ niedrige Jahresmitteltemperatur der einschränkende Faktor. In ihr drückt sich u.a. die geringe Strahlungsmenge aus (Intensität und Dauer, vgl. Integral unter der Kurve in K2.7); daneben hat die Temperatur selbst einen Einfluß auf die Wachstumsprozesse.

In den Subtropen (besonders Wüstengürteln) ist die Nettoprimärproduktivität durch die geringen Niederschläge limitiert.

Generell ist die maximale Nettoprimärproduktivität nur durch ausreichende Bodennährstoffe bzw. Düngung zu erreichen.

(E6.8) Auf den Landgebieten der Erde deckt sich die Weltkarte potentieller Nettoprimärproduktivität ziemlich genau mit der Niederschlagskarte. Produktionserhöhungen sind u.U. durch Düngung noch möglich.

Die größte Nettoprimärproduktivität findet sich in den feuchten Tropen und Subtropen. Ausgedehnte relativ fruchtbare Gebiete gibt es außerdem in Nordamerika, Europa und Ostasien.

Weltkarten der Primärproduktivität lassen sich anhand der Ergebnisse in (E6.5) und (E6.6) aus den regionalen Jahresmitteltemperaturen und Jahresniederschlägen errechnen.

Die höchste Nettoprimärproduktivität (um 2000 g Trockensubstanz/(m^2 · a)) haben die feuchten Tropen und Subtropen. Die Erntemenge (Nettoproduktivität) hängt allerdings von der Bewirtschaftungsform ab.

Gute Erträge (um 1500 g/(m^2·a)) finden sich auch in Nordamerika, Europa und Ostasien sowie im polaren Südpazifik.

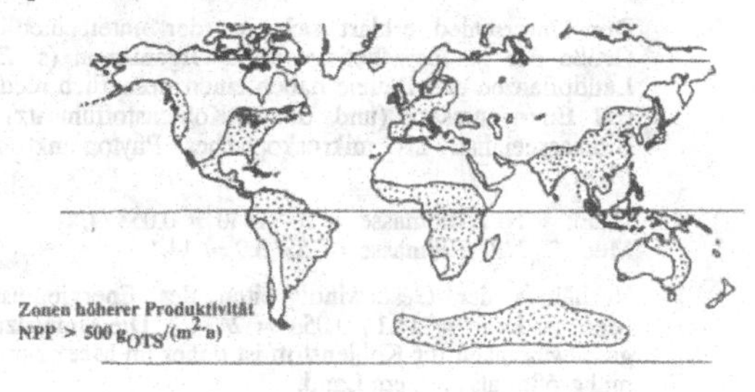

(E6.9) Im Meer ist die Produktivität in den polaren Breiten am höchsten.

Das Absinken abgekühlten Oberflächenwassers in den polaren Breiten (s. K8.5) führt dort zum Aufsteigen nährstoffreichen Tiefenwassers und damit guten Voraussetzungen für eine hohe Nettoproduktivität in den Sommermonaten. So ergibt sich z.B. im südpazifischen Polarmeer eine NPP, die etwa der von Europa entspricht.

(E6.10) Durch Integration der örtlichen Nettoprimärproduktivität über die Fläche ergibt sich die Jahresproduktion.

Festland: etwa 107 Milliarden Tonnen Trockensubstanz pro Jahr,
Meere: etwa 55 Milliarden Tonnen Trockensubstanz pro Jahr.

Dies entspricht zusammen etwa dem Zehnfachen des heutigen technischen Energieverbrauchs.

Trotz der fast 500 mal größeren Pflanzenmasse auf dem Land ist die Nettoprimärproduktion der Landflächen nur etwa doppelt so hoch wie die der Meere. Beide zusammen entsprechen etwa dem zehnfachen der heutigen technischen Energieproduktion (etwa 10 TWa/a).

Wegen des Zusammenhangs zwischen Kohlenstoffbindung und Energiebindung bei der Photosynthese kann die jährliche Nettoprimärproduktion in Kohlenstoff, organischer Trockensubstanz, kJ oder Watt angegeben werden (s. E1.7).

Pflanzenmasse und Nettoprimärproduktion:

Phytomassebestand	Land	Meer	Gesamt
10^9 t org. Trockensubstanz	1840.0	3.9	1843.9
Nettoprimärproduktion			
10^9 t org. Trockensubst./Jahr	107	55	162
10^{15} Mol Kohlenstoff/Jahr	4.0	2.1	6.1
10^{18} kJ/Jahr	2.01	1.05	3.06
10^{12} Watt = TW = 1000 GW = TWa/a	63	33	96
Verweilzeit für Kohlenstoff, Jahre	17.2	0.07 (= 26 d)	

(E6.11) Trotz vergleichbarer Nettoprimärproduktion ist die Pflanzenmasse auf dem Land rund fünfhundert mal größer als die Phytomasse im Meer. Auf die Biomasse bezogen, ist die spezifische Nettoproduktivität im Meer rund 250 mal höher als auf dem Land.

Der Unterschied erklärt sich aus der unterschiedlichen Größe der photosynthetisierenden Organismen (s. E4.2): Landpflanzen und Bäume haben einen wesentlich niedrigeren Energieumsatz (und damit Kohlenstoffumsatz) pro Biomasseeinheit als mikroskopisches Phytoplankton im Meer.

Land: NPP/Biomasse = 107/1840 = 0.058 (1/a)
Meer: NPP/Biomasse = 55/ 3.9 = 14.1.

Verhältnis der Geschwindigkeiten des Energieumsatzes Meer zu Land = 14.1 / 0.058 = 243 : 1. Die Umwälzungsgeschwindigkeit für Kohlenstoff ist daher im Meer rund 250 mal größer als auf dem Land.

NÄHRSTOFFBEDARF, NÄHRSTOFFKREISLÄUFE, BODEN

Übersicht

Zum Aufbau organischer Substanz benötigen alle Lebewesen (Pflanzen, Tiere, Zersetzer) Nährstoffe, d.h. verschiedene chemische Elemente, die sie ihrer Umwelt, also der Luft, dem Wasser oder dem Boden entnehmen müssen. Als Hauptbausteine des Lebens fungieren dabei Kohlenstoff, Sauerstoff, Wasserstoff und Stickstoff, für die die Atmosphäre ein wesentliches Reservoir darstellt.

Leben auf der Erde ist auf Dauer nur möglich, weil zumindest die in großen Mengen benötigten Nährstoffe aus toter organischer Substanz ständig wieder in die Nährstoffvorräte und in lebende Organismen überführt werden. Diese Nährstoffkreisläufe unterscheiden sich je nach den chemischen und physikalischen Eigenschaften der Stoffe. Bei der Rückführung in die Nährstoffvorräte spielen bestimmte Lebewesen, die Zersetzer, die entscheidende Rolle.

Um eine bestimmte Menge Biomasse aufzubauen, wird eine bestimmte, artenspezifische Menge jeden Nährstoffs benötigt. Ist die benötigte Menge nicht verfügbar, so reduziert sich das gesamte Biomassewachstum proportional. Düngung mit dem 'im Minimum' befindlichen Nährstoff führt zu weiterem Wachstum, bis es durch Nährstoffmangel eines anderen Stoffes oder genetische Begrenzungen begrenzt wird.

Der Boden macht mineralische Nährstoffe für Pflanzen verfügbar: Der größte Teil stammt aus der Mineralisierung toter organischer Substanz durch Zersetzer. Verluste werden ergänzt durch Gesteinsverwitterung und durch Niederschläge und Fixierung (von Stickstoff) aus der Atmosphäre. Der Boden selbst ist ein dynamisches System, das sich im Zusammenspiel mit den klimatischen Bedingungen und der auf und in ihm lebenden Lebensgemeinschaft entwickelt und verändert.

Inhalt

N1. Nährstoffbedarf: Hauptbausteine, Makronährstoffe, Mikronährstoffe. Mengenmäßige Anteile der wichtigsten Stoffe. Artencharakteristischer Bedarf. Liebig'sches Gesetz des Minimums.

N2. Nährstoffkreislauf: Prinzip. Komponenten: Pflanzen, Tiere, Zersetzer, Nährstoffvorrat. Enge und weite Kreisläufe. Transportvorgänge. Verweilzeiten.

N3. Kohlenstoffkreislauf: Photosynthese und Atmung = Aufbau und Verbrennung von Glukose. Gasaustausch bei Photosynthese und Respiration. Wasserbedarf. Pfade des Kohlenstoffs. Bestände und Flüsse in Atmosphäre, Land und Ozean. Fixierung in Biomasse, Zufuhr in die Atmosphäre.

N4. Stickstoffkreislauf: Stickstoff als Baustein der Eiweißstoffe. Stickstoffkreislauf und Zufuhr durch Fixierung aus der Luft. Rolle von Mikroorganismen bei Fixierung und Mineralisierung. Pfade, Bestände und Flüsse in Atmosphäre, Land und Ozean. Stickstoffbestände, Flüsse und Verweilzeiten.

N5. Phosphorkreislauf: Kein atmosphärischer Pfad, muß im Boden rezyklieren. Pfade, Bestände und Flüsse in Land und Meer. Abbau von Phosphatvorräten für Dünger und Waschmittel.

N6. Schwefelkreislauf: Die Rolle von Bakterien im Schwefelkreislauf. Pfade, Bestände und Flüsse in Land, Meer und Atmosphäre. Überlastung der Ökosysteme durch Schwefel aus der Verbrennung fossiler Brennstoffe.

N7. Boden: Boden als kybernetisches System. Struktur und Zusammensetzung. Bodenwasser- und Nährstoffdynamik. Verwitterung. Bodenleben. Bodenhorizonte.

N1. Nährstoffbedarf

Die Baupläne der Organismen verlangen die verschiedenen Aufbaustoffe und Nährstoffe in einer bestimmten artenspezifischen Zusammensetzung. Diese Zusammensetzung ist allerdings bei allen Organismen relativ ähnlich, da die photosynthetisch erzeugte Glukose ein wesentlicher Baustein allen Lebens ist.

Den größten Teil der organischen Substanz bilden die vier Bausteine Kohlenstoff, Sauerstoff, Wasserstoff und Stickstoff. Lebensnotwendig sind ferner in kleineren Mengen 7 Makronährstoffe und in kleinsten Mengen 13 Mikronährstoffe.

Das Überangebot eines Nährstoffs hat nur dann einen Wachstumseffekt, wenn es sich um den Nährstoff handelt, der im Minimum war und der damit das Wachstum begrenzte.

(N1.1) Die Baupläne der Organismen verlangen die verschiedenen Aufbaustoffe und Nährstoffe in einer bestimmten Zusammensetzung, die bei allen Organismen (Pflanzen, Tiere, Mikroorganismen) relativ ähnlich ist.

Der weitaus größte Teil besteht aus den Baustoffen C, O, H in der Form von Kohlehydraten.

Alle wichtigen biochemischen Umsetzungen benötigen Enzyme - alle Enzyme sind Proteine. Andere Eiweißstoffe spielen als Hormone, Sauerstoffträger, in Muskeln, Sehnen, Haut und Knochen eine wichtige Rolle. Alle Proteine bestehen aus Aminosäuren, und diese wiederum enthalten die Aminogruppe ($-NH_2$) und damit Stickstoff.

Beim Energieträger ATP (Adenosintriphosphat) und dem Elektronträger NADP (Nicotinamid-Adenin-Dinucleotid-Phosphat), die bei Atmung und Photosynthese eine wichtige Rolle haben, ist die Phosphatgruppe ($-PO_4$) von Bedeutung.

Wegen der Einheitlichkeit der Grundprozesse bei allen Organismen ist auch die Zusammensetzung des Nährstoffbedarfs ähnlich.

(N1.2) Lebensnotwendig sind die 4 Hauptbausteine Kohlenstoff, Sauerstoff, Wasserstoff, Stickstoff sowie 7 Makronährstoffe (K, Ca, Mg, P, S, Na, Cl) und 13 Spurenstoffe (F, Si, V, Cr, Mn, Fe, Co, Cu, Zn, Se, Mo, Sn, J).

Die 4 Hauptbausteine C, O, H, N werden in relativ großen Mengen benötigt; sie stehen in der Atmosphäre zur Verfügung. Die 7 Makronährstoffe K, Ca, Mg, P, S, Na und Cl wie auch die 13 Spurenelemente F, Si, V, Cr, Mn, Fe, Co, Cu, Zn, Se, Mo, Sn, J stehen normalerweise im Boden (bzw. Meerwasser) zur Verfügung. (Na und Cl haben bei Meeresorganismen und Landtieren eine wichtige Bedeutung, weniger bei Landpflanzen).

(N1.3) Da Glukose als wesentlicher Baustein bei allen Organismen auftritt, überwiegen mengenmäßig Wasserstoff, Sauerstoff und Kohlenstoff in der organischen Substanz.

1000 g Trockensubstanz von Landpflanzen haben im Mittel die folgende Zusammensetzung:

Massen-verhältnis	Mol-verhältnis	Atom-gewicht
382 g C	1000 C	12
64 g H	2000 H	1
509 g O	1000 O	16
20 g N	45 N	14
10 g K	8 K	39
10 g Ca	8 Ca	40
2 g Mg	3 Mg	24
2 g P	2 P	31
1 g S	1 S	32

Die 'chemische Formel' für Landpflanzen

$(CH_2O)_{1000}N_{45}\ K_8\ Ca_8\ Mg_3\ P_2\ S$

gibt daher den ungefähren Aufbau ihrer organischen Substanz wieder.

(N1.4) Zur Erzeugung von 10 Tonnen pflanzlicher Trockenmasse pro Hektar (= 1 kg_{OTS}/m^2) sind (außer C, H, O) etwa folgende Mengen von Makronährstoffen erforderlich:

200 kg N, 100 kg K, 100 kg Ca, 20 kg P, 20 kg Mg, 10 kg S

Dieser Bedarf folgt direkt aus der Zusammensetzung von Landpflanzen oder aus der 'chemischen Formel' (N1.3) nach Einsetzen der entsprechenden Molgewichte.

NÄHRSTOFFBEDARF
für 10 t/ha org. Trockensubstanz

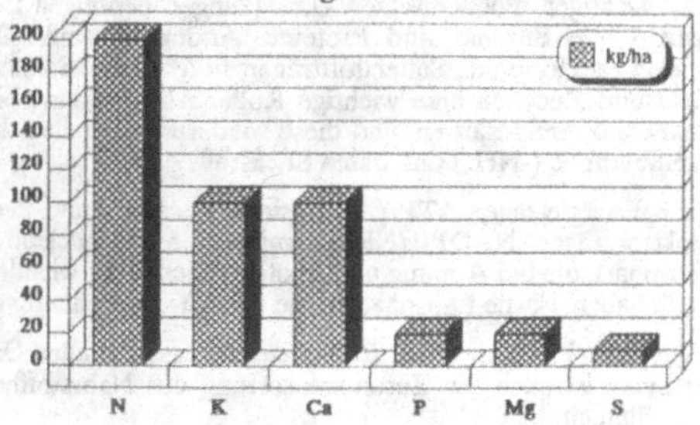

Bei Schwefel ist der Eintrag in Ökosysteme aus der Luftverschmutzung heute jährlich etwa das Siebenfache des sonst im Ökosystem rezyklierenden Betrags. (Benötigter Bestand = rund 10 kg, jährlicher Zuwachs durch Luftverschmutzung in Mitteleuropa = 70 kg/ha).

(N1.5) Jede Pflanze hat ein eigenes charakteristisches Nährstoffbedarfsspektrum. Manche Pflanzen können daher als Indikatoren für das Nährstoffangebot im Boden genutzt werden.

Die Unterschiede der Nährstoffanforderungen sind im Diagramm der 6 Nährstoffe N, S, P, K, Ca, Mg für verschiedene Pflanzentypen gut erkennbar.

Wegen dieses typischen Bedarfsspektrums ist das starke Auftreten (oder das Fehlen) bestimmter Pflanzen ein guter Indikator für das Nährstoffangebot in einem Boden.

NÄHRSTOFFSPEKTRUM
artenspezifischer Nährstoffbedarf

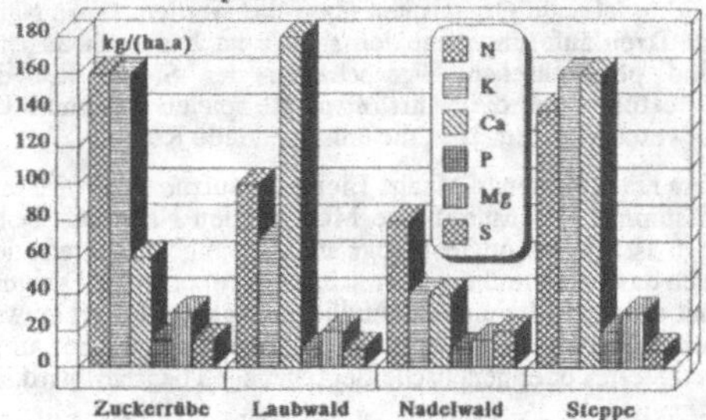

(N1.6) Das Wachstum wird durch denjenigen Nährstoff (oder anderen Wachstumsfaktor wie Licht, Wärme, Wasser) begrenzt, der sich im Minimum befindet (Minimumgesetz von Liebig).

Das Wachstum kann gefördert werden, wenn die Verfügbarkeit des sich im Minimum befindenden Faktors erhöht wird. Stehen z.B. nur 150 kg/ha Stickstoff zur Verfügung, so kann eine Pflanze, die die Nährstoffzusammensetzung in N1.4 benötigt nur etwa

$$10 * (150/200) = 7.5\ t_{OTS}/(ha \cdot a)$$

bilden. Auch von den anderen Nährstoffen werden dann nur etwa 75% entnommen. Werden zusätzlich 50 kg N/ha pflanzenverfügbar (Düngung), so wird der Ertrag von 10 t_{OTS}/ha erreicht (falls nicht andere Wachstumsfaktoren oder Nährstoffe ins Minimum geraten).

MINIMUMGESETZ
Ertragserhöhung durch Mangelstoffdüngung

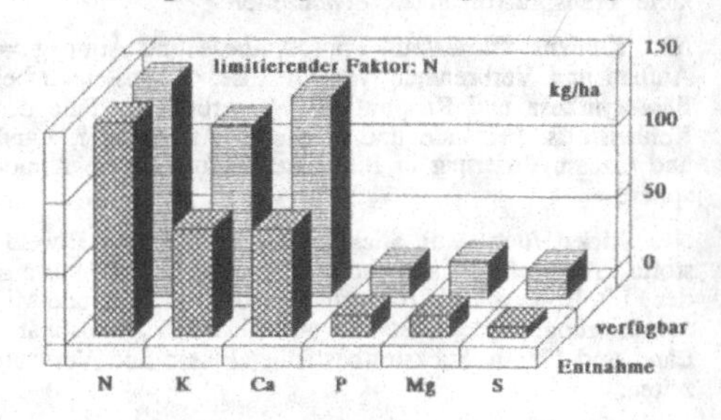

(N1.7) Pflanzen erschließen schwer zugängliche Mineralstoffquellen oft durch die biochemische Leistungsfähigkeit von Pilzen, mit denen sie in Symbiose leben. Wurzelpilze (Mykorrhiza) können die resorbierende Wurzelfläche um das Hundert- bis Tausendfache vergrößern.

Über das ausgedehnte Myzelnetz (Pilzgewebe) im Boden schafft der Pilz Nährstoffe und Wasser herbei und leitet sie an die Wirtspflanze weiter, die ihn mit Kohlenhydraten versorgt. Bodenversauerung und Umweltschadstoffe (Biozide) können die Mykorrhiza-Entwicklung erheblich beeinträchtigen oder verhindern. Dies hat entsprechende Konsequenzen für das Pflanzenwachstum.

N2. Kreislauf der Nährstoffe

Den Nährstoffspeichern in Boden, Wasser und Luft werden durch die Organismen Nährstoffe entnommen und über die Zersetzer wieder zurückgeführt. Bei kleinem Speicherinhalt und/oder großer Umsetzungsrate sind die Verweilzeiten in den Beständen klein.

(N2.1) Die Aufbaustoffe und Nährstoffe von Organismen bewegen sich grundsätzlich im Kreislauf zwischen Organismen und mineralischen oder atmosphärischen Nährstoffvorräten.

Da die Erde ein (praktisch) geschlossenes System in bezug auf Stoffe ist, müssen alle Aufbaustoffe und Nährstoffe der Organismen rezyklieren, d.h. nach dem Tod der Organismen durch Zersetzung wieder 'mineralisiert' und dem Nährstoffvorrat erneut zugeführt werden.

Der größte Teil der Nährstoffe rezykliert relativ rasch über die ökologischen Mineralisierungskreisläufe in Boden und Atmosphäre. Ein kleinerer Teil rezykliert in geologischen Zeiträumen über die Prozesse der Auswaschung, Sedimentierung, geologischen Umschichtung und Gesteinsverwitterung.

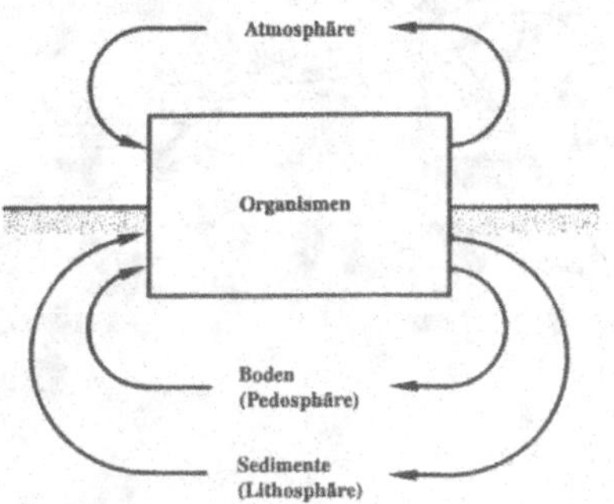

(N2.2) Die Kreislaufvorgänge sind zum Teil durch die Eigenschaften der Stoffe, zum Teil durch die Transportvorgänge in der Natur bestimmt.

Die Kreisläufe durch die biotischen und abiotischen Teile der Umwelt erhalten die Fruchtbarkeit der Umwelt und verhindern lebensbedrohende Stoffansammlungen.

Die Transportvorgänge sind vielfältig: u.a. Niederschläge, Ablauf, Versickerung, Meeresströmung, Verdunstung, Wind, Verwitterung, Erosion, tierische Mobilität, geologische Verschiebung.

Die Stoffbeweglichkeit in der Umwelt hängt ab von
- physikalischem Zustand (fest, flüssig, gasförmig)
- physikalischen Eigenschaften (Löslichkeit, Flüchtigkeit)
- Möglichkeiten chemischer Umwandlungen (biotisch und abiotisch).

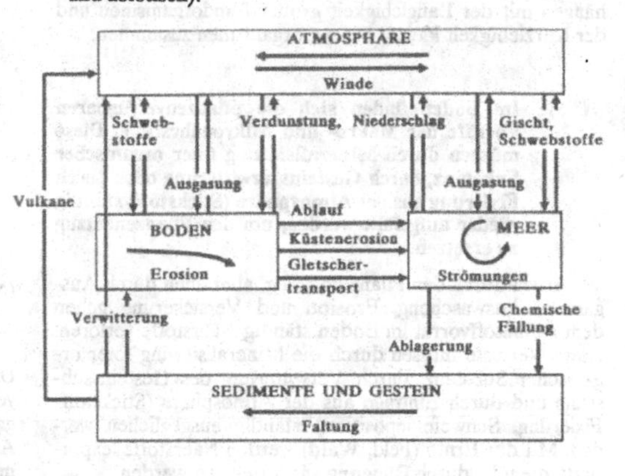

(N2.3) In den Nährstoffkreisläufen spielen abiotische und biotische chemische Vorgänge eine Rolle. Beide sind stark vom Wasser abhängig.

Die Chemie der Nährstoffkreisläufe hat zwei Komponenten:
(1) Chemie der Verwitterung und Sedimentierung (langsam, große Vorräte)
(2) Chemie der Lebensvorgänge (schnell, kleine Vorräte).

Die Chemie der Nährstoffkreisläufe ist stark abhängig vom Wasser als
- Quelle von Wasserstoff-Ionen (H+) und Hydroxid-Ionen (OH-)
- Medium für chemische Lösung (Reaktionsort)
- Transportmittel.

(N2.4) Die Hauptbaustoffe C, O, H und N entstammen den Vorräten in der Atmosphäre (CO_2, N_2) und Hydrosphäre (H_2O).

Aus den Speichervolumina und den Durchflüssen der verschiedenen Stoffe folgen sehr unterschiedliche Verweilzeiten (s. K7.3).

Die Verweilzeiten von Kohlendioxid in der Atmosphäre und von Kohlenstoff in lebendem organischen Material im Meer sind besonders kurz.

Einige Verweilzeiten im Nährstoffkreislauf (Jahre):

Stickstoff in der Atmosphäre	64'000'000
Sauerstoff in der Atmosphäre	7 500
inorganischer Stickstoff im Boden	100
Kohlenstoff in totem organischem Material, Land	27
Kohlenstoff in lebendem organ. Material, Land	17
Kohlendioxid in der Atmosphäre	5
Kohlenstoff in lebendem organ. Material, Meer	0.10
Schwefelverbindungen in der Atmosphäre	0.02

Die kurze Verweilzeit des CO_2 in der Atmosphäre ist durch den kleinen CO_2-Vorrat dort bedingt. Dieser ist daher durch Verbrennung fossiler Brennstoffe leicht veränderbar, während der sehr viel größere Sauerstoffvorrat durch die Verbrennung kaum beeinträchtigt wird.

Die relativ lange Verweilzeit von Kohlenstoff in organischer Substanz auf dem Land und die kurze Verweilzeit im Meer hängen mit der Langlebigkeit großer Landorganismen und der Kurzlebigkeit kleiner Meeresorganismen zusammen.

(N2.5) Im Boden finden sich die pflanzenverfügbaren Vorräte der Makro- und Mikronährstoffe. Diese müssen durch Mineralisierung toter organischer Substanz, durch Gesteinsverwitterung oder durch Fixierung aus der Atmosphäre (Stickstoff) ständig wieder aufgefüllt werden, um den Pflanzenentzug zu ersetzen.

Vor allem durch den Pflanzenentzug, aber auch durch Ausgasung, Auswaschung, Erosion und Versickerung gehen dem Nährstoffvorrat im Boden ständig Nährstoffe verloren. Diese Verluste müssen durch die Mineralisierung toter organischer Substanz, durch Verwitterung des Gesteinssubstrats und durch Einträge aus der Atmosphäre (Stickstoff-Fixierung, Schwefeldeposition) ständig ausgeglichen werden. Mit der Ernte (Feld, Wald) werden Nährstoffe 'exportiert', die u.U. durch Düngung wieder ersetzt werden.

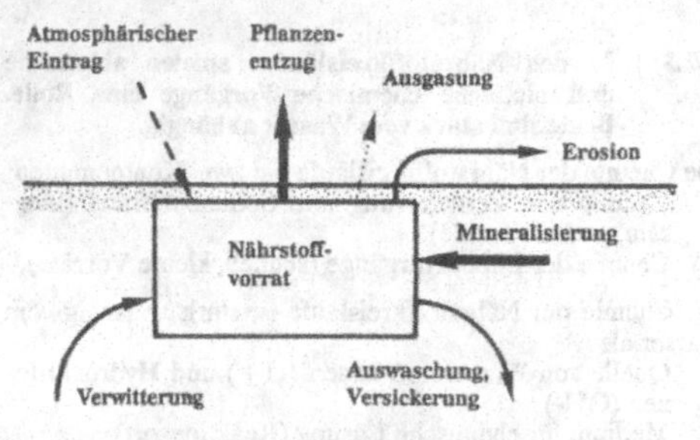

(N2.6) Die Prozesse des ökologischen Nährstoffkreislaufs laufen im Zeitraum von Monaten bis Jahren ab. (Zersetzung, Aufnahme durch Pflanzen).

Das grundsätzliche Schema des ökologischen Nährstoffkreislaufs:

- Nährstoffaufnahme durch die Produzenten (Pflanze, Phytoplankton)
- Weitergabe mit lebender oder toter organischer Substanz an die Konsumenten (Tiere) oder Destruenten (Zersetzer)
- Zerlegung der toten organischen Substanz von Produzenten und Konsumenten in seine mineralischen Bestandteile durch die Destruenten (Zersetzer) (Mineralisierung)
- damit Wiederauffüllen des lokalen oder globalen Nährstoffvorrats.

Diese Umsetzungen laufen in relativ kurzer Zeit (Monate bis Jahre) ab.

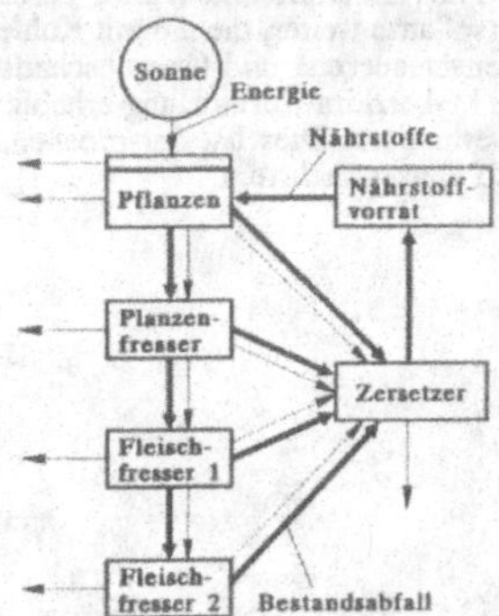

Nährstoffkreislauf und Energiedurchsatz im Ökosystem

(N2.7) Die Prozesse des geologischen Nährstoffkreislaufs laufen im Zeitraum von Jahrmillionen ab (Gesteinsbildung, Gesteinsverwitterung).

Die Prozesse im geologischen Nährstoffkreislauf: Gesteinsverwitterung, Nährstoffaufnahme durch Pflanzen, Weitergabe an Tiere und Zersetzer, Mineralisierung, Erosion und Auswaschung der Nährstoffvorräte, Abfluß ins Meer, Sedimentablagerung, Gesteinsbildung, Entstehung von Landmassen durch Faltung o.ä., Gesteinsverwitterung und erneute Nährstoffaufnahme.

Diese Vorgänge laufen über Millionen bis Milliarden Jahre ab. In bezug auf die Zeiträume der menschlichen Entwicklung ist dieser Kreislauf nicht geschlossen: Auswaschungs-, Erosions- und Sedimentierungsverluste (im Meer) sind für uns irreversibel.

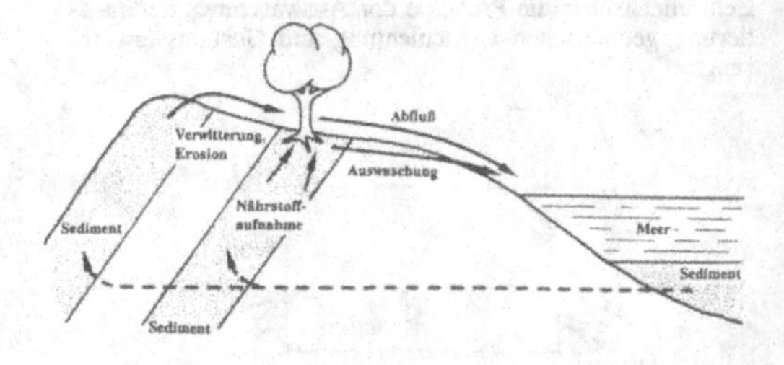

(N2.8) Die moderne Landwirtschaft verzichtet weitgehend auf den ökologischen Nährstoffkreislauf und damit auf Nachhaltigkeit in überschaubaren Zeiträumen.

Im natürlichen Ökosystem wie auch in der traditionellen nachhaltigen Landwirtschaft rezyklieren Nährstoffe zum allergrößten Teil im relativ raschen ökologischen Kreislauf (bei der Landwirtschaft durch Rückführung organischer Abfälle als Stallmist, Jauche oder Kompost).

In der modernen Landwirtschaft werden Nährstoffe nur noch teilweise (Ernterückstände) wieder rückgeführt und müssen daher durch Industriedünger ergänzt werden. Kritische Nährstoffe wie Phosphor gehen dabei weitgehend über Gewässer und Klärwerke als Meeressedimente verloren und müssen durch Abbau knapper geologischer Vorräte ergänzt werden. In den Zeiträumen menschlicher Entwicklung ist dieses System nicht nachhaltig durchführbar.

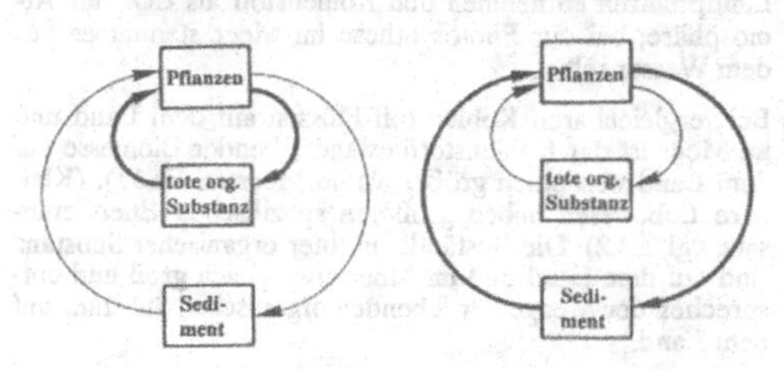

(N2.9) Ökologische Nährstoffkreisläufe können 'eng' sein (geringer mineralischer Bestand, hohe Umsetzungsgeschwindigkeit, z.B. Tropenwald) oder 'weit' (großer mineralischer Bestand, langsame Umsetzungsgeschwindigkeit, z.B. Wald in gemäßigten Breiten).

Bei der Verfügbarkeit von Nährstoffvorräten gibt es große Unterschiede :

Im Tropenwald gibt es wegen der hohen Temperatur und Feuchte eine hohe Zersetzungsgeschwindigkeit und Mineralisierungsrate. Daher besteht hier ein 'enger' Nährstoffkreislauf: Tote organische Substanz wird rasch zersetzt und verfügbare Nährstoffe werden rasch wieder aufgenommen, so daß der Nährstoffvorrat im Boden stets klein bleibt. Problem: mit der Zerstörung tropischen Regenwaldes geht der größte Teil der in Biomasse gebundenen Nährstoffe verloren, da der Boden selbst nährstoffarm ist.

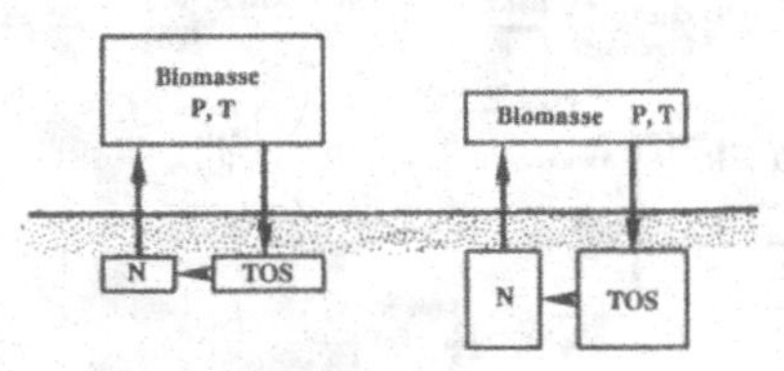

Im kühleren Klima besteht ein 'weiter' Nährstoffkreislauf: Die (wegen der niedrigen Jahresmitteltemperatur) langsamen Wachstums- und Zersetzungsgeschwindigkeiten führen zu langsamer Umsetzung, hohen Nährstoffvorräten im Boden und kleinen Nährstoffbeständen im organischen Bestand. Durch Abholzung sind diese Ökosysteme daher weit weniger gefährdet als die der Tropen: die großen Nährstoffvorräte im Boden bleiben erhalten (falls Erosion verhindert wird).

(N2.10) Die Dicke der Streuauflage stellt sich so ein, daß sich in kühlen wie in heißen Klimata etwa gleiche Nährstoffmineralisierung und gleiches Wachstum ergeben: selbststabilisierendes System.

Bei einem Ökosystem im Reifestadium (Klimax) sind Energie- und Nährstoffflüsse im Fließgleichgewicht. Auch die Dicke der Streuauflage (bzw. Menge/ha) bleibt konstant. Bei gleicher Nettoprimärproduktivität (Annahme) ist in wärmeren Regionen wegen der höheren Zersetzungsgeschwindigkeit die Streuauflage geringer als in kühleren Regionen. Die Mineralisierungsrate ist (als Produkt aus Streumenge * Zersetzungsgeschwindigkeit) in beiden Fällen gleich.

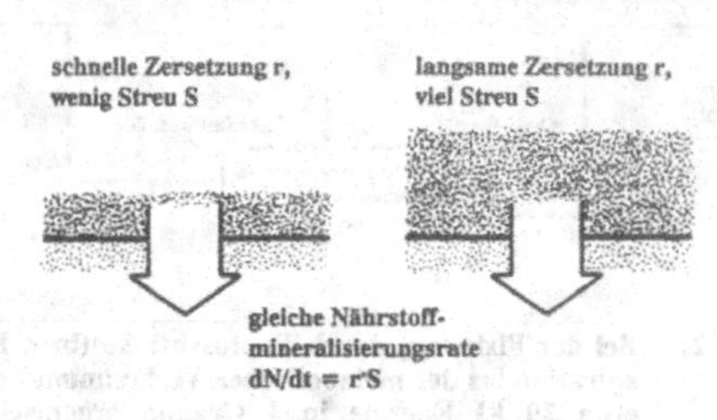

N3. Kohlenstoffkreislauf

Obwohl in der Atmosphäre relativ rar (etwa 0.35 Promille = 350 ppm) spielt der Kohlenstoff bei allen Lebensvorgängen eine zentrale Rolle. Er wird von Pflanzen bei der Photosynthese als CO_2 aus der Atmosphäre aufgenommen, in Glukose umgewandelt, und von Pflanzen und Tieren wieder zu CO_2 in die Atmosphäre veratmet. Aus diesem Grunde werden Biomassebestände oft direkt in Gramm Kohlenstoff, und die Produktivität eines Ökosystems in fixierter Kohlenstoffmenge pro Jahr oder der CO_2-Aufnahme oder -Abgabe pro Zeiteinheit angegeben.

Ein wesentlicher Unterschied zwischen den Ökosystemen auf dem Land und im Meer ist, daß trotz vergleichbarer Kohlenstoff-Flüsse pro Jahr wegen größerer, langlebigerer Organismen auf dem Land der Kohlenstoffbestand dort wesentlich höher ist als im Meer.

Wegen des geringen Anteils des Kohlendioxids in der Atmosphäre kann der Kohlendioxidpegel durch menschliche Eingriffe relativ rasch verändert werden (gegenwärtig der Fall).

(N3.1) Die Pfade des Kohlenstoffs: Aufnahme durch Pflanzen als Kohlendioxid aus der Atmosphäre, Veratmung durch Pflanzen, Tiere und Zersetzer, Weitergabe in der Nahrungskette, Ausscheidung und Bestandsabfall, der durch Zersetzer unter Abgabe von Kohlendioxid an die Atmosphäre zerlegt wird.

Nur Pflanzen können mit Hilfe der Photosynthese Kohlenstoff fixieren und damit Sonnenenergie in Glukose (und anderen organischen Verbindungen) binden. Pflanzen veratmen etwa die Hälfte dieser Energie selbst. Alle anderen Organismen verbrennen zur Aufrechterhaltung ihrer Lebensvorgänge Stoffe, die ursprünglich von Pflanzen gebunden und gespeichert wurden.

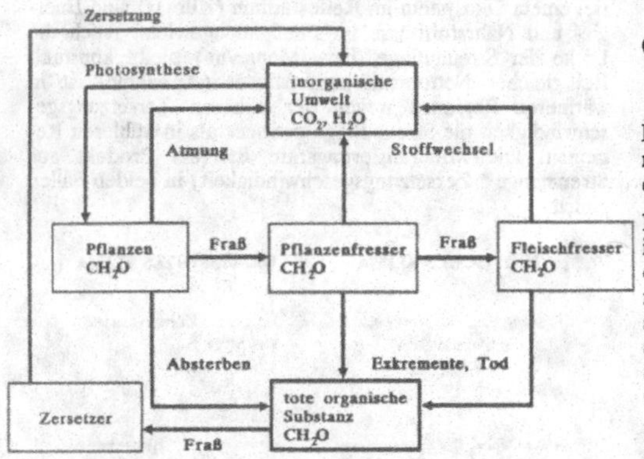

(N3.2) Bei der Fixierung durch Photosynthese (bzw. Respiration bei der metabolischen Verbrennung) der etwa 20 kJ Energie in 1 Gramm organischer Trockensubstanz werden etwa 0.75 Liter Sauerstoff und 0.75 Liter Kohlendioxid ausgetauscht.

Bei der Fixierung von 1 g organischer Trockensubstanz werden (s. E1.6) 1.07 g Sauerstoff erzeugt und 1.47 g Kohlendioxid sowie 0.6 g Wasser der Umwelt entzogen.

Mit der spezifischen Dichte (0°C, 1013 hP = Normaldruck) von 1.98 g/l für CO_2 und 1.47 g/l für O_2 und der Dichteveränderung von Gasen mit der Temperatur

$$V_2 = V_1 * (T_2 / T_1)$$

ergibt sich bei 10°C und Normaldruck ein Gasaustausch von 0.77 Liter CO_2 und 0.75 Liter O_2 pro Gramm organische Trockensubstanz.

Beim Menschen ergibt sich beim Nahrungsbedarf von 10 MJ/d ein Sauerstoffbedarf von 375 l/d und eine Kohlendioxidabgabe von ebenfalls etwa 375 l/d.

(N3.3) Der Kohlenstoffvorrat der Landökosysteme ist die Atmosphäre. Der Kohlenstoffkreislauf im Meer ist nicht von der Atmosphäre abhängig.

Landpflanzen entnehmen den Kohlenstoff als CO_2 der Atmosphäre; bei der Photosynthese im Meer stammt er aus dem Wasser selbst.

Bei vergleichbaren Kohlenstoff-Flüssen auf dem Land und im Meer ist der Kohlenstoffbestand lebender Biomasse auf dem Land wesentlich größer als im Meer (s. E6.11). (Kleinere Lebewesen haben größeren spezifischen Energieumsatz, vgl. E4.2). Die Bestände an toter organischer Substanz sind auf dem Land und im Meer etwa gleich groß und entsprechen der Menge der lebenden organischen Substanz auf dem Land.

Der Austausch von Kohlenstoff zwischen Land und Meer ist unwesentlich (Austrag mit Flüssen).

Die Verbrennung fossiler Brennstoffe stellt einen zusätzlichen Kohlenstofffluß-Eintrag in die Atmosphäre dar. Dieser ist heute nur teilweise durch erhöhte CO_2-Aufnahme der Ozeane ausgeglichen; insgesamt ergibt sich ein ständiger Anstieg des CO_2-Pegels der Atmosphäre.

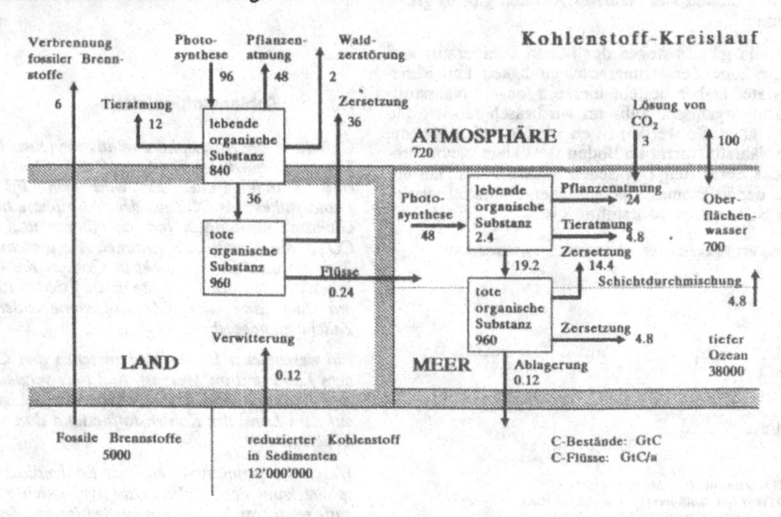

(N3.4) **Die Kohlendioxid-Bilanz der Atmosphäre ist nicht mehr ausgeglichen: zusätzliche anthropogene Einträge durch Verbrennung fossiler Brennstoffe, Waldzerstörung und Humusoxidation führen zu einem ständigen Anstieg des CO_2-Pegels und zum 'Treibhauseffekt'.**

Der anthropogene Beitrag zum Kohlendioxid-Kreislauf ist mit 4% der CO_2-Emissionen in die Atmosphäre relativ gering. Doch hat er zu einer Destabilisierung des Kreislaufs in diesem Jahrhundert geführt, die den CO_2-Pegel der Atmosphäre ständig anwachsen läßt.

Die anthropogenen Quellen sind: Verbrennung fossiler Energieträger, Rodung tropischer Regenwälder, intensive Bodenbearbeitung in der Landwirtschaft, Waldschäden in den Industrieregionen.

Für den Treibhauseffekt ist CO_2 zu 50% verantwortlich; 19% entfallen auf Methan (CH_4) (u.a. aus Reisanbau, Viehzucht und Mülldeponien), 17% auf Treibgase FCKW, 8% auf Ozon (in der Troposphäre), 4% auf Distickstoffoxid N_2O (aus Nitratdüngung) und 2% auf atmosphärischen Wasserdampf.

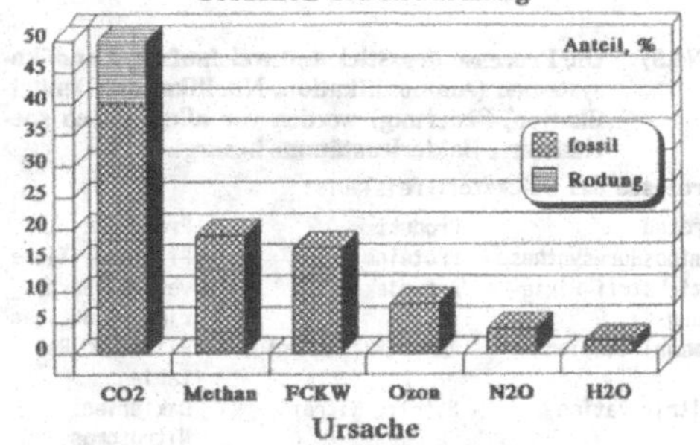

(N3.5) **Der Einfluß der (metabolischen oder thermischen) Verbrennung von Kohlenwasserstoffen auf den Kohlendioxidpegel der Atmosphäre ist 700 mal größer als auf den Sauerstoffpegel.**

Jedes Mol O_2, das (bei Verbrennung, Atmung oder Zersetzung) der Atmosphäre entnommen wird, bedeutet die Addition eines Mols CO_2. Da das Mol-Verhältnis O_2/CO_2 = 700 in der Atmosphäre ist, so ist der Effekt für den CO_2-Bestand 700 mal größer.

Der heutige Anstieg des CO_2-Pegels von 0.4% pro Jahr bedeutet daher eine Senkung des O_2-Pegels der Atmosphäre um 0.4/700 = rund 0.0006% pro Jahr.

N4. Stickstoffkreislauf

Der Stickstoff ist in Proteinen enthalten, die bei allen Organismen lebenswichtige Funktionen übernehmen. Wichtigste Stickstoffquelle ist die Atmosphäre, aus der gewisse Bakterien Stickstoff fixieren und den Pflanzen verfügbar machen können. Der größte Teil des Stickstoffs im Ökosystem rezykliert jedoch durch Mineralisierung toter organischer Substanz und Wiederaufnahme des so entstandenen Ammoniums oder Nitrats durch die Pflanzen.

Die industrielle Fixierung von Stickstoff (Düngerherstellung und Verbrennungsprozesse usw.) hat inzwischen etwa die Höhe der natürlichen Fixierung erreicht.

(N4.1) **Proteine mit der Aminogruppe (-NH_2) haben in allen Organismen lebenswichtige Funktionen als Körperbaustoffe, Sauerstoffträger, Hormone, Enzyme usw.**

Bausteine der verschiedenen Eiweißstoffe (Proteine) in Organismen sind die Aminosäuren; alle haben die Aminogruppe -NH_2. Diese Proteine haben im Organismus vielfältige Aufgaben als: Körperbaustoffe, Sauerstoffträger sowie Enzyme und Hormone (mit regelnden und steuernden Funktionen) usw.

'Essentielle Aminosäuren' können vom Körper nicht synthetisiert werden und müssen mit der Nahrung aufgenommen werden. Der Bedarf läßt sich durch ausgewogene ausschließlich pflanzliche Nahrung decken.

(N4.2) **Organismen weisen in ihrer stofflichen Zusammensetzung ein charakteristisches Verhältnis von Kohlenstoff und Stickstoff (C/N-Verhältnis) auf.**

Das C/N-Verhältnis läßt sich für die Abschätzung von Stickstoffbeständen und -Flüssen in Ökosystemen verwenden.

C / N Verhältnis:	
Landpflanzen	30 bis 50
Stroh	80 bis100
Laubstreu	30 bis 50
Humus	10 bis 40
Planktonalgen	5 bis 12
Bakterien	4
Tiere	4 bis 6
Eiweißstoffe	3

(N4.3) **Auf dem Land wie auch im Meer finden die größten Stickstoff-Flüsse im ökologischen Nährstoffkreislauf statt.**

Die Stationen dieses Kreislaufs sind: Aufnahme durch Pflanzen, Weitergabe in der Nahrungskette, Mineralisierung des Bestandsabfalls für die erneute Aufnahme. Verluste aus diesem Kreislauf werden vor allem durch Stickstoff-Fixierung gedeckt.

Bei diesem Kreislauf kommt es jedoch zu ständigen Verlusten durch Denitrifikation und Auswaschung, die durch Fixierung von Stickstoff aus der Atmosphäre ausgeglichen werden müssen. Zusätzliche Fixierung von pflanzenverfügbarem Stickstoff ergibt sich aus Blitzschlag, Vulkaneruption, Düngerproduktion und Verbrennungsprozessen jeder Art (Stickoxide entstehen bei hohen Temperaturen).

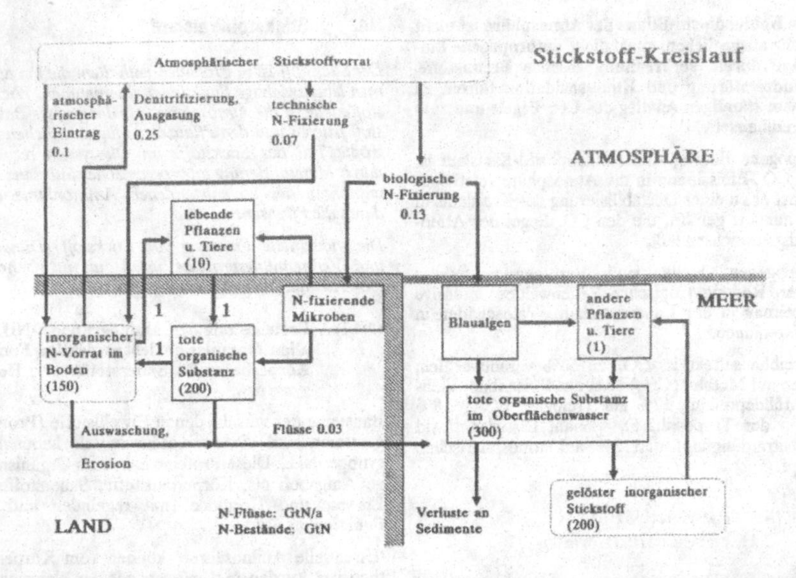

(N4.4) Bei der Stickstoffmineralisierung wird tote organische Substanz durch Bakterien zunächst zu Ammoniak (NH_3) bzw. Ammonium (NH_4^+) ammonifiziert. Dieser wird - wieder von Bakterien - zu Nitrit (NO_2^-) und Nitrat (NO_3^-) nitrifiziert. Pflanzen können Ammonium und Nitrat aufnehmen.

Stickstoff-fixierende Bakterien (Fixierer) produzieren Ammoniak (NH_3), bzw. nach Lösung in Wasser das Ammonium-Ion NH_4^+. Der Ammoniumvorrat im Boden wird außerdem durch die Ammonifizierung toter organischer Substanz durch Bakterien (Ammonifizierer) wieder aufgefüllt. Ein Teil des Ammoniums wird von den Pflanzen direkt aufgenommen, ein anderer Teil wird wiederum durch verschiedene Bakterien (Nitrifizierer) zunächst zu Nitrit (NO_2), dann zu Nitrat (NO_3) nitrifiziert. Nitrat wird ebenfalls von den Pflanzen aufgenommen. Andere Bakterien (Denitrifizierer) können Nitrat zu Luftstickstoff (N_2) oder zu Lachgas (N_2O) denitrifizieren, womit es den Pflanzen als Nährstoff verlorengeht.

ATMOSPHÄRE

N_2 — N_2, N_2O

biologische Fixierung

tote organische Substanz NH_2^+ | lebende Pflanzen u. Tiere NH_2^+

Ammonifikation

Ammoniumvorrat NH_4^+, NH_3

Assimilation u. Eiweißsynthese

Assimilation, Reduktion, Eiweißsynthese

Nitrifikation — Denitrifikation

Boden

Nitritvorrat NO_2^- — Nitrifikation / Denitrifikation — Nitratvorrat NO_3^- — Denitrifikation

(N4.5) Die Prozesse des Stickstoffkreislaufs in Landökosystemen (Ammonifikation, Nitrifikation, Denitrifikation, Fixierung) werden vor allem durch spezialisierte Bakterienstämme besorgt.

Prozesse des Stickstoffkreislaufs:

Prozeß	**Produkt**	**Produzent**
Aminosäuresynthese	Proteine	Pflanzen, Tiere
Stickstoff-Fixierung	Ammoniak	versch. Bakterien, Blaualgen
Ammonifikation	Ammoniak, Ammonium	Pilze und Bakterien
Nitrifikation	Nitrit, Nitrat	Bakterien: Nitrosomas, Nitrobacter
Denitrifikation	Stickstoff, Lachgas	versch. Bakterien

Der Stickstoffkreislauf - und damit die Funktionsfähigkeit der Ökosysteme - hängt von wenigen Bakterienstämmen ab.

(N4.6) Das günstigste C/N-Verhältnis für den mikrobiellen Abbau organischer Substanz liegt zwischen 10 und 20. Das optimale Verhältnis von Stickstoff zu Phosphor beträgt dabei etwa N/P = 5.

Stoffe mit sehr hohem C/N-Verhältnis (z.B. Stroh) sind für Mikroorganismen schlecht verwertbar. Ihre Mineralisierung wird verzögert, wenn nicht zusätzliche Stickstoffquellen zur Verfügung stehen (Bodenvorrat, Zusatzdüngung).

(N4.7) Der Aufbau des Stickstoffvorrats in wachsenden Ökosystemen, wie auch der Ausgleich von Stickstoffverlusten, muß durch stickstoff-fixierende Bakterien und Blaualgen erfolgen bzw. durch Leguminosen in Symbiose mit Fixierern.

Da dem Stickstoffkreislauf im Boden durch Denitrifizierung und Auswaschung ständig Stickstoff verlorengeht, muß er durch biologische Fixierung aus der Luft ergänzt werden. Nur wenige Organismen (einige Bakterien und Algen) können Stickstoff aus der Atmosphäre in komplexere Verbindungen für Pflanzen und Tiere umwandeln: Das Leben auf der Erde hängt ganz von diesen Organismen ab!

Im Boden kommen stickstoff-fixierende Bakterien teils freilebend, teils in Symbiose mit Schmetterlingsblütlern (Leguminosen) vor. In Gewässern (z.B. auch Reisfeldern) wird Stickstoff durch Blaualgen fixiert.

Stickstoffausträge in der Landwirtschaft können durch Anbau von Leguminosen (Klee, Lupine, Bohnen, Erbsen, Wikken) ersetzt werden. Sie können bis zu etwa 150 kg N/(ha · a) Stickstoffgewinn bringen. Stickstoff-fixierende Bäume (u.a. Akazie, Robinie, Erle) spielen bei der (Wieder)-Besiedlung von Flächen als 'Stickstoffpumpen' eine wichtige Rolle.

N5. Phosphorkreislauf

Der lebensnotwendige Phosphor kommt in der Natur nur in der Phosphatform vor. Da durch Verwitterung relativ wenig Phosphat freigesetzt wird, sind Ökosysteme auf ständige Rezyklierung der Phosphate angewiesen.

Der Mensch entnimmt bei der Ernte mit den Feldfrüchten große Mengen an Phosphaten, die durch Rückführung organischer Abfälle, durch Phosphatdünger (aus knappen Phosphatvorräten) oder Gesteinsmehl wieder ersetzt werden müssen.

(N5.1) Phosphor ist knapp und daher oft begrenzender Nährstoff (besonders in aquatischen Ökosystemen). Im Phosphorkreislauf gibt es keine gasförmigen Verbindungen und keinen atmosphärischen Pfad.

Wegen seiner Knappheit ist Phosphor oft begrenzender Nährstoff. Gründe für die Knappheit:

- Phosphor bildet keine gasförmigen Verbindungen unter normalen Umweltbedingungen.
- Phosphor kommt nur in vier verschiedenen Phosphatformen vor: anorganisches gelöstes Phosphat (kürzer- oder längerkettige Phosphate), anorganisches schwerlösliches Phosphat (an Ca und Fe gebunden), organisch lösliches Phosphat (z.B. Zuckerphosphate) und organisch partikuläres Phosphat (in Organismen und Detritus).

(N5.2) Ökosysteme sind auf die Rezyklierung von Phosphaten durch phosphatisierende Bakterien angewiesen. Die Freisetzung von Phosphaten durch Gesteinsverwitterung ist gering.

Die Freisetzung von Phosphat durch Verwitterung des Gesteinsuntergrunds ist relativ gering: etwa 0.05 bis 2.5 kg P/(ha · a) (s. N7.7).

Damit sind Ökosysteme darauf angewiesen, daß Phosphate im Ökosystem selbst rezyklieren. Mineralisierung toter organischer Substanz geschieht durch phosphatisierende Bakterien.

(N5.3) Die Phosphorkreisläufe von Land und Meer sind jeder für sich praktisch geschlossen.

Etwa 10% des im Landökosystem umlaufenden Phosphats geht jährlich durch Abschwemmung ins Meer verloren und muß durch Gesteinsverwitterung und mineralische Düngung ersetzt werden. Der Vorrat an inorganischen Phosphaten in terrestrischen Ökosystemen ist normalerweise ausreichend und nicht wachstumseinschränkend. Bei landwirtschaftlicher Nutzung muß allerdings Phosphat zugeführt werden.

Im Phosphatkreislauf im Meer entstehen Verluste durch Sedimentierung, die durch den Eintrag über Flüsse ausgeglichen werden müssen.

In geologischen Zeiträumen werden Phosphate in Meeressedimenten wieder durch Verwitterung für Landökosysteme verfügbar.

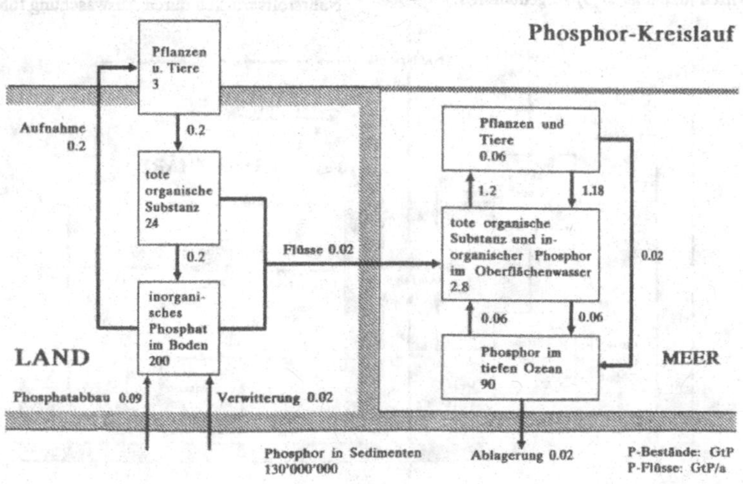

(N5.4) Der industrielle Abbau begrenzter Phosphatvorräte übersteigt die natürliche Verwitterungsrate bereits bei weitem. Die Erschöpfung dieser Düngervorräte ist absehbar.

Der Phosphatabbau (90 Mio t P/a in etwa 200 Mio t Phosphat/a) beträgt heute das rund Vierfache der natürlichen Verwitterung (etwa 20 Mio t P/a). 80% des Abbaus ist für Dünger, 15% für Waschmittel. Die Phosphatvorräte sind auf wenige Länder begrenzt (z.B. Nordafrika).

Sowohl der ständige Phosphatentzug in der Landwirtschaft (bei Nichtrückführung organischer Abfälle) wie auch die starke Abbaurate nichterneuerbarer Phosphatreserven sind bedeutende Eingriffe in den Phosphorkreislauf.

Die abbaubaren Phosphatvorräte sind begrenzt; die gegenwärtige Abbaurate kann nicht lange durchgehalten werden. Die Erschöpfung der Phosphatvorräte ist daher beunruhigend. Sie entsteht nur, weil der Kreislauf aufgebrochen ist und P-haltige Ernterückstände und Abwässer nicht wieder dem Boden zugeführt werden.

N6. Schwefelkreislauf

Schwefel spielt in der Struktur von Proteinen eine essentielle Rolle. In natürlichen Ökosystemen erfolgt die Versorgung mit dem lebensnotwendigen Schwefel ebenfalls vorwiegend im Kreislauf, bei dem wiederum verschiedene Bakterien bei der Mineralisierung toter organischer Substanz und der Rückführung in den Nährstoffvorrat eine große Rolle spielen.

Schwefel aus der Verbrennung fossiler Brennstoffe führt inzwischen z.B. in Mitteleuropa zu jährlichen zusätzlichen Schwefeleinträgen, die einem Vielfachen des normalen Bedarfs entsprechen (der ja bereits durch Rezyklierung weitgehend gedeckt wird).

(N6.1) Die Mineralisierung des Schwefels aus toter organischer Substanz zu Sulfat (SO_4^{2-}) wird durch sulfatisierende Bakterien, z.T. in mehreren Schritten (u.a. über H_2S) vorgenommen.

Auch im Schwefelkreislauf haben Bakterien wieder eine hervorragende Bedeutung. Sie überführen organische Schwefelverbindungen der (toten) organischen Substanz in Schwefelwasserstoff (H_2S) (anaerobisch) bzw. Sulfate (aerobisch), die dann wieder für die Pflanzen verfügbar sind.

(N6.2) Die Schwefelkreisläufe auf dem Land und im Meer haben relativ hohe Verluste durch Auswaschung, Ausgasung und Sedimentation. Dem stehen hohe Einträge aus Niederschlägen und als Ablauf vom Land ins Meer gegenüber.

Beim Schwefelkreislauf spielt der atmosphärische Pfad wieder eine große Rolle. Der größte Teil des Schwefels rezykliert direkt, mit Mineralisierung durch verschiedene bakterielle Prozesse. Als Produkt bakterieller Zersetzung entweicht Schwefel in gasförmiger Form (SO_2, H_2S) in die Atmosphäre; auch als SO_2, H_2S und SO_4 aus Vulkanausbrüchen und als SO_2 aus der Verbrennung fossiler Brennstoffe. Trockene oder nasse Deposition in Ökosystemen kann als SO_2 und SO_4 usw. erfolgen.

(N6.3) Der Schwefelkreislauf ist durch die Schwefeldioxidfreisetzung bei der Verbrennung fossiler Brennstoffe erheblich beeinträchtigt. Der Eintrag in Ökosysteme übersteigt bei weitem den natürlichen Bedarf und führt zur Bodenversauerung.

Der Schwefelausstoß in die Umwelt aus menschlichen Aktivitäten (bes. Verbrennungsprozesse der Industrie und Kraftwerke) beträgt in den Industrieregionen inzwischen weit mehr als der natürliche Eintrag aus Vulkanen und Verwitterung. Als Folge ergibt sich eine starke Zunahme von sauren Niederschlägen (trocken und naß) im Lee von Industriegebieten. Saurer Regen ist in einigen Regionen (z.B. Erzgebirge) eindeutig Ursache des Waldsterbens. In vielen Regionen überschreitet der jährliche Schwefeleintrag aus der Luftverschmutzung ein Vielfaches des für Wachstumsprozesse notwendigen Betrags (der im natürlichen Ökosystem sowieso weitgehend rezykliert). Damit ist eine fortschreitende Bodenversauerung verbunden, die wiederum andere lebenswichtige Bodenprozesse (z.B. Mikroorganismen der Mineralisierung) beeinträchtigt und zu Nährstoffverlusten durch Auswaschung führt (s. N7.9).

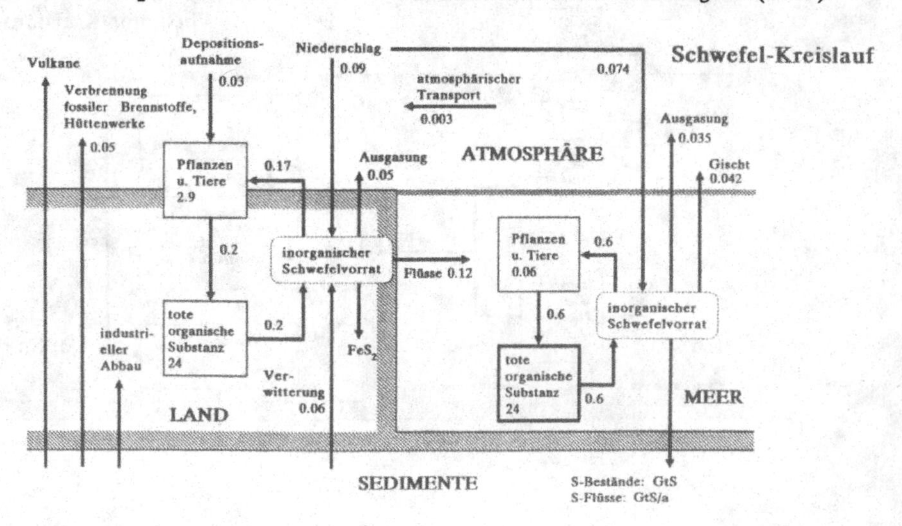

N7. Boden

Der Boden als Nährstoffspeicher, aber auch als Nährboden für die Zersetzer, ist ein wesentliches Element im Ökosystem. Er entwickelt sich selbst dynamisch im Zusammenspiel mit den Komponenten des Ökosystems.

(N7.1) **Der Boden ist ein komplexes kybernetisches System, in dem im Zusammenspiel zwischen mineralischen und organischen Komponenten, Temperatur und Niederschlägen, Bodenorganismen, Pflanzen, chemischen Substanzen und Wasser ständig dynamische Prozesse stattfinden. Sie liefern nicht nur Nährstoffe und Wasser für das Ökosystem, sondern verändern im Lauf der Zeit auch den Boden selbst.**

Der Boden ist nicht nur Standort für Pflanzen und Quelle ihres Wassers und ihrer Nährstoffe, er beherbergt auch eine große Vielfalt von Kleintieren und Mikroorganismen, die von uns meist nicht wahrgenommen werden, die aber eine lebensnotwendige Komponente von Ökosystemen darstellen. Diese Komponenten des Bodens interagieren in einer Vielzahl von biologischen, chemischen und physikalischen Prozessen, die in einem selbstregelnden (kybernetischen) System aufeinander abgestimmt sind. Dieses komplexe System mit seinen abiotischen und biotischen Komponenten verändert sich ständig dynamisch. Einige dieser Dynamiken (Wasser, Stickstoff) sind sehr schnell (Zeitkonstante von Stunden). Dies erschwert die Bewirtschaftung etwa in Landwirtschaft und Gartenbau.

(N7.2) **Die mittlere Zusammensetzung des Bodens (in Raumteilen) ist etwa: 48% mineralische, 2% organische Bestandteile, 30% Wasser, 20% Luft.**

Die festen Bestandteile des Bodens machen nur etwa die Hälfte des Volumens aus; die andere Hälfte wird von Wasser und Luft eingenommen. Beide sind für Mikroorganismen und die Atmung der Pflanzenwurzeln und Mykorrhiza lebensnotwendig. Die organischen Bestandteile ('Humus') haben u.a. eine große Bedeutung für die Nährstoffbindung und damit die Fruchtbarkeit des Bodens.

(N7.3) **Die Wasserdynamik des Bodens ist wesentlich bestimmt durch die mittlere Korngröße, bzw. die relativen Anteile von Sand, Schluff und Ton.**

Die Bodenkomponenten werden durch ihre Korngrößen definiert:

Sand	2.0 - 0.063 mm
Schluff:	0.063 - 0.002 mm
Ton:	0.002 - 0.0002 mm

Nur ein Teil des Bodenwassers ('nutzbare Feldkapazität' nFK, maximal etwa 25% des Bodenvolumens) ist pflanzenverfügbar. Bei einer wurzelerreichbaren Bodentiefe von 1 m bedeutet dies maximal 250 mm Wasser (etwa die Hälfte der während der Vegetationsperiode erforderlichen Menge).

Die Wasserhaltekapazität des Bodens erhöht sich bei abnehmender Korngröße beträchtlich, da damit die Möglichkeit der Anlagerung durch die Vergrößerung der inneren Oberfläche stark zunimmt (s. N7.4). Gleichzeitig erhöht sich auch die chemische Einwirkungsmöglichkeit auf die Bodenminerale. Erst bei sehr kleinen Korngrößen (Ton) nimmt der Anteil pflanzenverfügbaren Wassers wegen der starken Zunahme der Kapillarkräfte wieder ab.

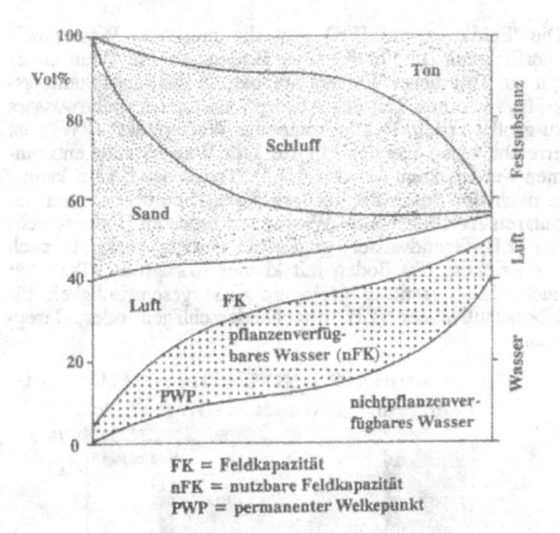

FK = Feldkapazität
nFK = nutzbare Feldkapazität
PWP = permanenter Welkepunkt

(N7.4) **Bei Reduzierung der Korngröße um eine Zehnerpotenz (durch Zermahlen eines Gesteinskorns) vergrößert sich die Gesamtfläche um eine Zehnerpotenz und die Zahl der Körner um den Faktor 1000.**

Ein Gesteinsquader von 1 cm Kantenlänge hat eine Gesamtoberfläche von 6 cm^2. Wird dieser Quader in 1000 kleinere Quader von jeweils 1 mm Kantenlänge (und 6 mm^2 Oberfläche) zermahlen, so erhöht sich die Gesamtoberfläche auf das Zehnfache:

$$1000 * 6\ mm^2 = 1000 * 0.06\ cm^2 = 60\ cm^2$$

Kapillarkräfte sind umgekehrt proportional zum charakteristischen Radius der Kapillaren (bzw. Körner). Bei zehnfach kleinerer Korngröße erhöht sich die kapillare Steighöhe auf das Zehnfache (s. N7.5). Die Wasserhaltekapazität nimmt entsprechend zu, wobei bei hohen Kapillarkräften nicht alles Wasser pflanzenverfügbar ist.

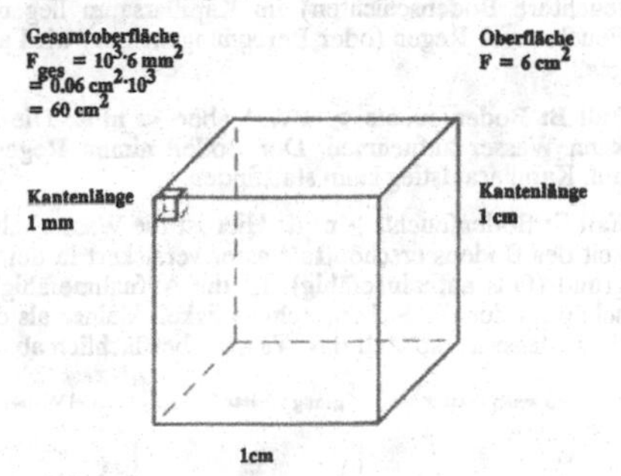

(N7.5) **Im Vergleich zu grobkörnigem Boden (Sand) hat feinkörniger Boden (Schluff, Ton) höhere Kapillarkräfte, kann daher mehr Wasser aufnehmen (Feldkapazität FK), hat aber auch mehr nichtpflanzenverfügbares Haftwasser (permanenter Welkepunkt PWP) und hat eine geringere Sickergeschwindigkeit und höhere kapillare Aufstiegshöhe (Versorgung aus dem Grundwasser).**

Die 'Feldkapazität' (FK) gibt die maximale Wasserspeicherfähigkeit (in Vol %) eines Bodens an. Für Pflanzen ist nur ein Teil dieses Wassers nutzbar, da die Saugspannungskräfte für einen Teil des Adsorptions- und Kapillarwassers zu groß werden. Der 'permanente Welkepunkt' (PWP) ist erreicht, wenn von der Pflanze kein Wasser mehr entnommen werden kann (s. Abb. N7.3). Trockener Boden kann - je nach der durch die mittlere Korngröße bestimmten kapillaren Aufstiegshöhe - Wasser aus feuchten Bodenschichten (z.B. Grundwasser) gegen die Gravitationskräfte nach oben ziehen. Ein Boden mit kleiner Korngröße (Ton) hat auch eine wesentlich geringere Sickergeschwindigkeit für Überschußwasser (z.B. aus Niederschlägen oder Beregnung).

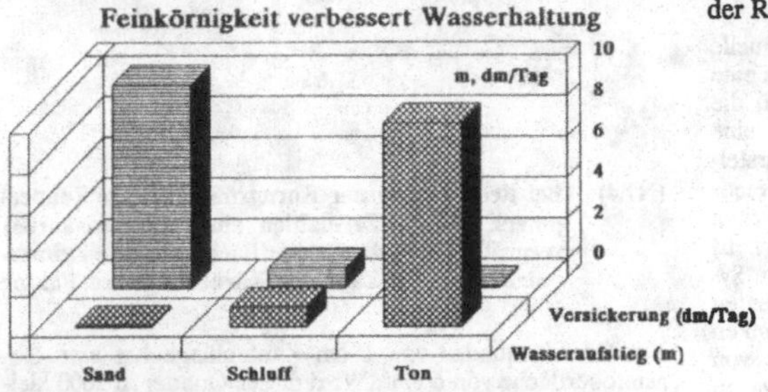

(N7.6) Der Boden nimmt Niederschlag bis zu seiner Feldkapazität auf. Weiterer Niederschlag versickert oder läuft oberflächlich ab, falls die Versickerung behindert ist (Bodenverdichtung) oder die Sickergeschwindigkeit zu gering ist. Laubstreu auf dem Boden und organische Substanz im Boden (Humus) können weiteres Wasser entsprechend etwa ihrem Volumen aufnehmen.

Fall A: Bodenfeuchte ≤ PWP: Die Pflanze kann kein Bodenwasser aufnehmen und welkt. Falls Grundwasser (oder feuchtere Bodenschichten) im Kapillarsaum liegen, steigt Feuchte auf. Regen (oder Beregnungswasser) wird aufgesogen.

Fall B: Bodenfeuchte > PWP, aber < nFK: Die Pflanze kann Wasser aufnehmen. Der Boden nimmt Regenwasser auf, Kapillaraufstieg kann stattfinden.

Fall C: Bodenfeuchte ≥ nFK: Hier ist die Wasserhaltefähigkeit des Bodens erschöpft. Wasser versickert in den Untergrund (falls aufnahmefähig). Ist die Aufnahmefähigkeit erschöpft, oder die Sickergeschwindigkeit kleiner als die Niederschlagsrate, so läuft das Wasser oberflächlich ab.

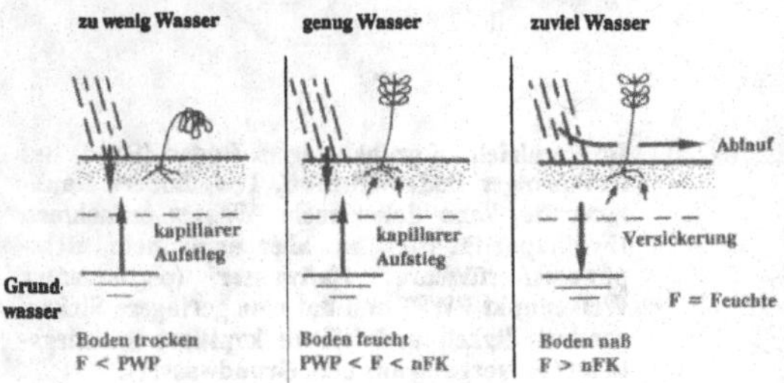

(N7.7) Die Nährstoffdynamik des Bodens wird bestimmt durch die Verfügbarkeit mobiler Nährstoffe (etwa 2% der Gesamtmenge) (in der Bodenlösung und an Austauscher-Teilchen (Ton, Humus) gebunden) sowie mobilisierbarer Reserve-Nährstoffe (etwa 98%) (in anorganischen Verbindungen (Mineralien) und organischen Verbindungen (Humus)).

Nährstoffe stehen im Boden mit unterschiedlicher Mobilität zur Verfügung: Nur etwa 2% der Nährstoffe sind in der Bodenlösung oder an Austauscherteilchen (Ton, Humus) mobil verfügbar. Etwa 98% liegen als Reserve-Nährstoffe in Mineralien oder Humus fest und sind nur allmählich durch Mineralverwitterung und Humusabbau verfügbar. Die Mobilisierungsrate beträgt in gemäßigten Regionen etwa 0.1% der Reserve pro Jahr, in tropischen Zonen 0.4%.

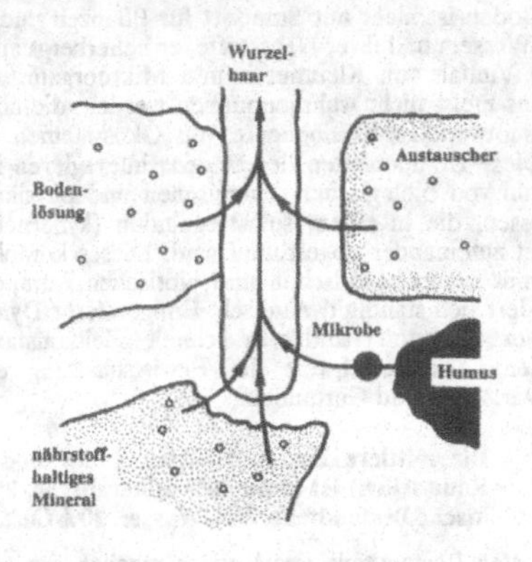

NÄHRSTOFFAUFNAHME EINES WURZELHAARES

Beispiel: bei einem P-Anteil im Mineralboden von 0.7 g/kg (0.7 Promille) (s. N7.13), 20 cm Krumentiefe und einem spezifischen Gewicht des Bodens von 1.5 ergibt sich ein P-Vorrat von

$$0.7\ g * 100 * 1.5 * 2 = 210\ g/m^2 \text{ bzw. } 2.1\ t/ha.$$

Bei einer Mobilisierungsrate von 0.1%/a werden pro Jahr 2.1 kg/(ha·a) freigesetzt. Dies ist etwa 1/10 des Gesamtbedarfs (s. N1.4) und würde in einem natürlichen Ökosystem ausreichen, um die Auswaschungsverluste zu ersetzen.

(N7.8) Als Austauscher spielen Ton- und Humusteilchen eine wichtige Rolle bei der Nährstoffversorgung. Sie bestimmen wesentlich die Bodenfruchtbarkeit.

Die Bodenchemie wird bestimmt durch die Eigenschaften der Ton- und Humusteilchen im Boden. Beide tragen negative elektrische Ladungen an der Oberfläche, die positive Nährstoffkationen im Boden halten und für Pflanzen allmählich verfügbar machen. Humusteilchen sind dabei sehr viel wirksamer als Tonteilchen (bis zu 10 mal mehr).

Humuszerstörung durch gewisse landwirtschaftliche Praktiken (schnellere Humusoxidation durch Tiefpflügen) hat daher Konsequenzen für die Bodenfruchtbarkeit.

(N7.9) Protonen (H^+-Ionen) aus sauren Niederschlägen können Nährstoffkationen am Austauscher ablösen und damit zu ihrer Auswaschung führen.

Bei zu hoher Konzentration von Wasserstoff-Ionen (saurer Boden, niedriger pH-Wert; H-Ionen aus Kohlensäure durch Lösung von CO_2 in Wasser oder aus saurem Regen oder aus Zersetzung von organischem Material) können H-Ionen die Nährstoffkationen ersetzen. Die Nährstoffe werden dann ausgelaugt. Abhilfe: Kalkung.

Bei hohen Säuregraden des Bodens (niedriger pH-Wert) werden aus Tonmineralen Aluminium-Ionen freigesetzt, die für Pflanzen giftig sind.

Bei Mangel an H-Ionen (alkalischer Boden, hoher pH-Wert) sind einige Nährstoff-Ionen zu stark an Ton und Humus gebunden und können dann von Pflanzen nicht aufgenommen werden. Andere (Eisen und Mangan) gehen dann Verbindungen ein, die in basischen Lösungen extrem unlöslich sind.

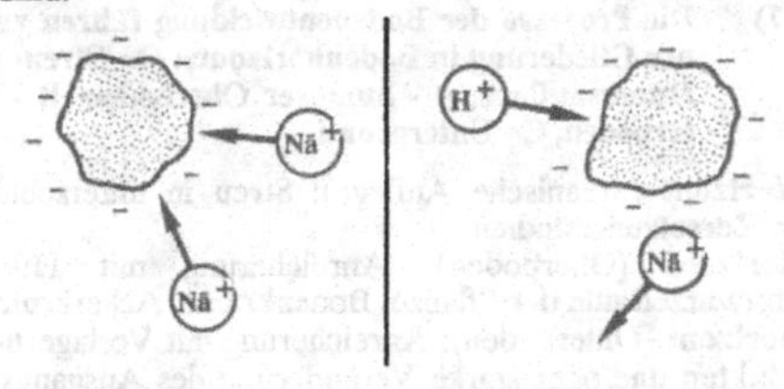

(N7.10) Das von Bodenorganismen und Pflanzenwurzeln bei der Atmung freigesetzte CO_2 bildet mit dem Bodenwasser Kohlensäure (H_2CO_3), die die Verwitterungsrate von Silikaten und Karbonaten erheblich erhöht.

Die Atmung von Bodenorganismen und Pflanzenwurzeln setzt große Mengen CO_2 frei, die mit dem Bodenwasser zu Kohlensäure H_2CO_3 reagieren. Diese beschleunigt die Verwitterungsrate und damit die Nährstofffreisetzung aus Silikaten und Karbonaten auf das über 50-fache.

(N7.11) Die Umsetzungsraten chemischer (z.B. Verwitterung) und biologischer Prozesse (z.B. Mineralisierung) im Boden erhöhen sich stark mit steigender Bodentemperatur.

Die Geschwindigkeit der Reaktionskinetik chemischer Prozesse steigt mit der Temperatur exponentiell an. (Reaktionsgeschwindigkeits-Temperatur-Regel von Van't Hoff). Für biologische und chemische Prozesse in Ökosystemen (Verwitterung, Mineralisierung, Atmung, Photosynthese) gilt etwa (Q_{10} = 2): Verdopplung der Reaktionsgeschwindigkeit pro 10°C Temperaturerhöhung.

(N7.12) Die Mobilisierungsrate bei Mineralverwitterung und Humusabbau beträgt in gemäßigten Breiten etwa 0.1% der Reserve pro Jahr, in den Tropen 0.4%.

Die Temperaturabhängigkeit der Bodenprozesse zeigt sich durch langsame Zersetzungsgeschwindigkeit und Verwitterungsraten in gemäßigten Zonen verglichen mit tropischen Zonen.

Bei einem Jahresmittelwert der Temperatur von 10°C in gemäßigten Breiten und 30°C in den Tropen (Temperaturdifferenz 20°C) ergibt die Van't Hoff-Regel mit Q_{10} = 2 eine vierfach höhere Reaktionsgeschwindigkeit in den Tropen.

Beispiel:
Mobilisierungsrate der Mineralverwitterung:
0.1% der Reserve pro Jahr in gemäßigten Breiten,
0.4% der Reserve pro Jahr in den Tropen

Beispiel:
Streuzersetzung in Laubwäldern in gemäßigten Breiten:
2 - 4 Jahre
Streuzersetzung in Laubwäldern in den Tropen:
0.5 - 2 Jahre

(N7.13) Der mittlere Gehalt an mineralischen Nährstoffen im Boden kann bei normalen Verwitterungsraten den (verlust- und wachstumsbedingten) Nettobedarf natürlicher Ökosysteme etwa decken.

Vorräte und Verfügbarkeiten mineralischer Nährstoffe im Boden (spez. Bodendichte = 1.5):

	spezifisch	Vorrat im Boden in 20 cm Krume	Verfügbarkeit bei 0.1%/a (gem.Breiten)	bei 0.4%/a (Tropen)
	g/kg_{TS}	kg/ha	kg/(ha·a)	kg/(ha·a)
N	1	3000	3	12
P	0.7	2100	2.1	8.4
S	0.7	2100	2.1	8.4
K	14	42000	42	168
Ca	14	42000	42	168
Mg	5	15000	15	60

(vgl. hierzu den Pflanzenbedarf in N1.4, der aber im natürlichen Ökosystem bereits weitgehend durch Rezyklierung gedeckt wird).

(N7.14) Durch Verwitterung von Grundgestein ergibt sich eine Bodenneubildung von etwa 1 mm in 10 bis 100 Jahren, entsprechend etwa 0.1 bis 1 t Boden pro Hektar und Jahr. Die Erosionsraten der modernen Landwirtschaft liegen zwischen 5 und 50 (bis 200) Tonnen pro Hektar und Jahr.

Bodenneubildung durch Verwitterung: etwa 1 cm in 200 - 1000 Jahren. Die entspricht etwa 0.1 - 1 t Boden pro Hektar und Jahr. Wegen dieser geringen Neubildungsrate ist Verlust von Boden praktisch irreversibel. Erosion ist selbst bei sorgfältiger Kultivierung nicht zu vermeiden.

Hohe Erosionsverluste ergeben sich besonders in der 'modernen' Landwirtschaft:

Bodenverlust durch Erosion	t/(ha · a)
Mais, Weizen, Klee im Fruchtwechsel	7
Weizen Monokultur	25
Mais Monokultur	50

Erosion ist besonders in Entwicklungsländern (wegen Überweidung, Abholzung, Brennholzentnahme, Rodung), aber auch wegen jahreszeitlicher heftiger Regenfälle (Monsun) ein ernstes Problem. Dort ist u.U. pfluglose Landwirtschaft sinnvoll (Problem hierbei: Unkrautkontrolle).

(N7.15) Trotz ihrer geringen Masse (im Wiesenboden nur 5% von 7% = 0.35% der organischen Substanz) haben die Bodenlebewesen für ein Ökosystem enorme Bedeutung, da sie den gesamten Bestandsabfall verdauen und für die Rückführung der Nährstoffe sorgen.

Bei einer Bodentiefe von 20 cm ergibt sich die organische Trockensubstanz der Bodenlebewesen zu etwa 1 kg pro Quadratmeter oder 10 t/ha.

Bodenvolumen bei 20 cm Tiefe:

$$2 * 100 = 200 \text{ l/m}^2$$

Bodengewicht bei 1.5 g/cm^3

$$200 * 1.5 = 300 \text{ kg/m}^2$$

darin 7% organische Substanz

$$0.07 * 300 = 21 \text{ kg/m}^2$$

darin 5% Kleinlebewesen

$$0.05 * 21 = 1.05 \text{ kg/m}^2.$$

Bezogen auf den Hektar:

10.5 t Bodenlebewesen/ha.

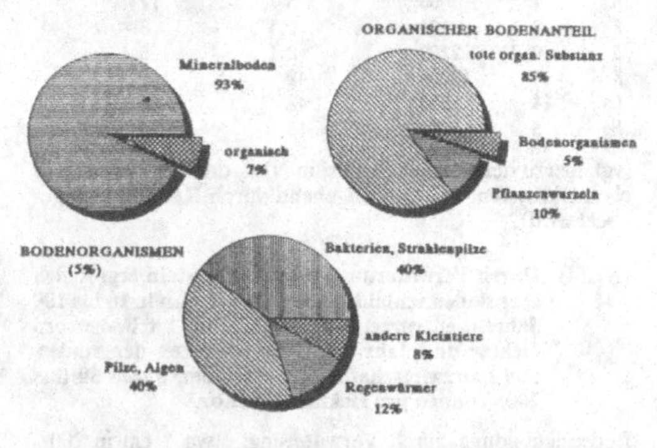

(N7.16) Die verschiedenen Böden sind das Resultat der mineralischen Zusammensetzung, der klimatischen Bedingungen und der jeweiligen Biosysteme, aber auch der Kultivierungsverfahren.

Bodenbildung ist das Resultat der mineralischen Zusammensetzung und klimatischer Bedingungen:

Podsolisierung: Kühles Klima, viel Niederschläge, saure obere Bodenschichten, aus denen mineralische Nährstoffe, Eisen- und Aluminiumoxide stark ausgelaugt sind: Nährstoffe, Oxide, Humus finden sich in den tieferen Schichten. Typisch für nördliche Waldgebiete.

Lateritbildung: Prozesse der feuchten Tropen und Subtropen: Bei hohen mittleren Temperaturen fortlaufende rasche bakterielle Zersetzung, die die Ansammlung von pflanzlichem Abfall und Humus minimiert: Keine organische Humusschicht, Boden neutral, daher Eisen- und Aluminiumoxide unlöslich. Diese sammeln sich als harter Ton und gesteinsartiger Laterit in den oberen Bodenschichten.

Verkalkung: In Klimata, wo Evapotranspiration den Niederschlag übersteigt. Kaum Auslaugung der metallischen Kationen, mikrobielle Aktivität sehr langsam: Boden deshalb alkalisch, humusreich. Kalziumkarbonat in Lösung wird durch kapillare Vorgänge vom Grundwasser her nach oben getragen und bleibt in fester Form in den oberen Schichten.

Vergleyung: Charakteristisch für schlecht drainierte Böden in kühlen und kalten Klimata: Wegen der niedrigen Temperaturen starke Ansammlung organischer Stoffe; wegen der hohen Nässe darunter klebriger Ton.

Versalzung: Ansammlung hochlöslicher Salze im Boden; bei schlechter Drainage in Gegenden mit wenig Niederschlag und hoher Temperatur: Kann auch durch falsche landwirtschaftliche Praktiken entstehen: bei zu sparsamer Bewässerung in trockenem Klima oder durch salzhaltiges Bewässerungswasser. Boden alkalisch.

(7.17) Die Prozesse der Bodenentwicklung führen zu einer Gliederung in Bodenhorizonte: O - Streu- und Humusauflage, A - humoser Oberboden, B - Unterboden, C - Untergrund.

O-Horizont (organische Auflage): Streu in unterschiedlichen Zersetzungsstadien
A-Horizont (Oberboden): Anreicherung mit Humus, Hauptwurzelraum der Pflanze: Bodenkrume, Ackerkrume.
B-Horizont (Unterboden): Anreicherung mit Verlagerungsprodukten und/oder starke Veränderung des Ausgangsmaterials.
C-Horizont (Untergrund): Ausgangsmaterial der Bodenbildung; weitgehend unverändert.

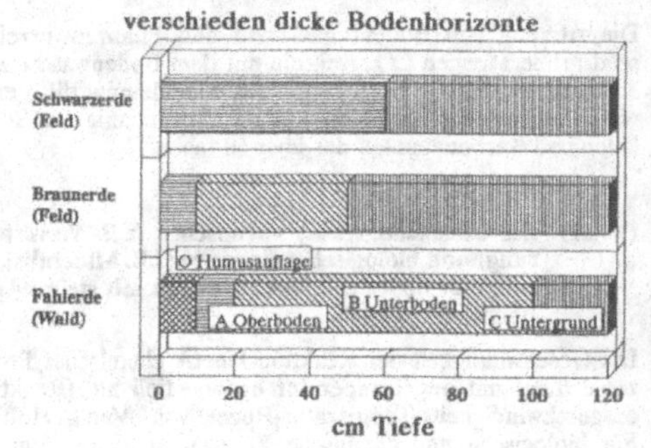

ÖKOSYSTEME UND IHRE ENTWICKLUNG

Übersicht

Organismen (Pflanzen, Tiere, Zersetzer) können nie isoliert, sondern nur eingebettet in ein Ökosystem funktionieren, aus dem sie Nährstoffe und Energie beziehen, und in das sie ihren Bestandsabfall abgeben. Dieses Zusammenspiel muß daher immer in seinem systemaren Zusammenhang betrachtet werden. Ein Ökosystem besteht daher grundsätzlich aus zwei Komponenten: der Lebensgemeinschaft der Organismen (Biozönose) und der abiotischen physischen Umwelt (Biotop), die die Lebensmöglichkeiten der Biozönose abgrenzt und andererseits auch durch sie gestaltet wird.

Die Entwicklungsmöglichkeiten von Ökosystemen sind wesentlich durch Klimafaktoren bestimmt. Den verschiedenen Kombinationen von Jahresniederschlag und mittlerer Jahrestemperatur lassen sich bestimmte Gruppen von Ökosystemen zuordnen (Biome). Auch die Entwicklung der Böden ist durch klimatische Faktoren wesentlich mitbestimmt. Bei ihrer Entwicklung spielen Mikroorganismen eine wesentliche Rolle. Die abiotische Seite der Ökosphäre (vor allem die Atmosphäre) ist selbst im Zusammenspiel mit den biotischen Komponenten so verändert worden, daß Leben in der heutigen Form erst möglich wurde.

Für Ökosysteme gelten die Gesetze der Systemtheorie. Die Dynamik ihrer Zustandsveränderungen ist nur teilweise durch exogene Einflüsse bestimmt (jahreszeitliche Veränderungen, Einstrahlung, Temperatur und Niederschläge); ein wesentlicher Teil der Dynamik ergibt sich aus den Systemelementen und ihren Wirkungsbeziehungen in einer rückgekoppelten, sich selbst regelnden und organisierenden Systemstruktur.

Durch ihre ständigen Fließvorgänge des Werdens und Vergehens sind Ökosysteme immer dynamisch. Bestenfalls (im Klimax- oder Reifestadium) befinden sie sich in einem Fließgleichgewicht, in dem die Konstanz der Bestände durch gleiche Zu- und Abgänge aufrechterhalten wird. Oftmals verändern sie sich jedoch laufend, bewegen sich auf einen neuen Gleichgewichtszustand zu, oder schwingen um einen solchen herum. Die Dynamik kann dazu führen, daß ein Ökosystem sowohl durch Akkumulation von Nährstoffen einen Gleichgewichtspunkt bei einer höheren Nettoproduktion erreicht (Sukzession) oder daß es, etwa durch Zerstörung seiner Vegetation, Desertifikation oder Erosion in ein Gleichgewicht mit nur niedriger Produktivität gerät. Die Nettoproduktivität von Ökosystemen ist am größten, wenn sie sich noch im Wachstumsstadium befinden und auf einen Gleichgewichtspunkt höherer Bruttoproduktivität zubewegen (Sukzession). Um hohe Erträge zu erzielen, muß der Mensch sie in diesem Wachstumsstadium nutzen. Um sie in diesem Stadium zu halten, muß er regelnd eingreifen (Unkraut- und Schädlingsbekämpfung, Bodenbearbeitung usw.).

Ökologische Gleichgewichte, ob von niedriger oder hoher Produktivität, sind immer dadurch gekennzeichnet, daß die Bruttoprimärproduktion genau der Respiration der Lebensgemeinschaft entspricht. Den Ökosystemen im Wachstumsstadium und denen im Reifestadium lassen sich jeweils charakteristische Eigenschaften zuordnen, die besonders die Struktur- und Stabilitätseigenschaften und die Effizienz der Energie- und Stoffnutzung betreffen.

Längerfristig gesehen, verändern sich auch die Lebewesen in einem Ökosystem ständig im Laufe der durch Selektionsprozesse vorangetriebenen Evolution, was zu Veränderungen der Gestalt des Ökosystems, seiner Komponenten und seiner Gleichgewichtsbedingungen führt. Da die Evolution eines Organismus durch seine jeweilige Umwelt gestaltet wird, zu der auch andere evolvierende Organismen gehören, so handelt es sich meist um eine gemeinsame Ko-Evolution der verschiedenen Lebewesen in einem Ökosystem. Die Evolutionsgeschwindigkeit wird wesentlich von der Generationsdauer bestimmt, die wiederum von dem Körpervolumen der Organismen abhängt: Große Organismen evolvieren langsam, kleinere passen sich schneller an.

Inhalt

S1. Systeme in der Umwelt: Organismen, Populationen, Ökosysteme, Biome, Ökosphäre. Wechselbeziehungen und wechselseitige Beeinflussung.

S2. Systeme: Grundbegriffe und Verhaltensweisen: Systemumgebung, Systemelemente, Systemstruktur, Systemzustand, Systemzweck. Rückkopplungen, Eigendynamik, Stabilität. Kippen und Chaos.

S3. Dynamik von Populationen; Stabilität von Ökosystemen: Exogene und endogene Dynamik, Wachstum mit und ohne Sättigung. Räuber-Beute-Beziehungen und deren Dynamik. Konkurrenz. Resilienz durch Vielfalt.

S4. Entwicklung von Ökosystemen: Sukzession, Akkumulation von Nährstoffen, Bewirtschaftung als Regeleingriff, Charakteristika des Wachstumsstadiums und des Reifestadiums.

S5. Selektion und Evolution: Selektion, Ko-Evolution, Generationsdauer, genetische Vielfalt, Evolution.

S1. Systeme in der Umwelt

Ökosysteme bestehen aus biotischen und abiotischen Komponenten, die sich z.T. gegenseitig bedingen und längerfristig auch gegenseitig verändern.

Die Entwicklungsmöglichkeiten der Ökosysteme sind durch die klimatischen Bedingungen ihres Standorts eingegrenzt.

Diese haben zu regionalen Ökosystemtypen (Biomen) geführt. Was lokal und regional gilt, hat auch fundamentale globale Bedeutung: Das Leben auf der Erde hat sich durch Interaktion mit seiner abiotischen Umwelt z.B. erst die heutige Atmosphäre geschaffen.

(S1.1) Ein Ökosystem besteht aus den abiotischen Komponenten des örtlichen Lebensraums (Biotop) und der darauf heimischen örtlichen Lebensgemeinschaft (Biozönose).

Ökosystem = Biotop + Biozönose
= Lebensraum + Lebensgemeinschaft.
Beide bedingen sich gegenseitig: Die Biozönose entwickelt sich entsprechend dem Biotop; dieser wird durch die Biozönose verändert. Dieses Ökosystem selbst wiederum steht unter dem Einfluß seiner Umwelt (Klima, Wetter usw.).

Organismen sind immer eingebettet in eine Lebensgemeinschaft, die in einer zum Teil von ihr gestalteten Umwelt existiert. Im Ökosystem müssen die abiotischen Komponenten der physischen Umwelt (Biotop) und die biotischen Komponenten der Lebensgemeinschaft (Biozönose) gemeinsam betrachtet werden.

Abiotische Faktoren: Temperatur, Licht, Feuchtigkeit, Substrat.

Biotische Faktoren: Artgenossen, Konkurrenten, Symbionten, Beute und Nahrung, Freßfeinde und Parasiten.

Die jeweiligen Lebensbedingungen lassen sich nach Standorten (Habitaten) klassifizieren.

Beispiele: Hochmoor, Kalkbuchenwald, Kalkmagerrasen.
Süßwasserhabitate: Fließgewässer, Teiche, Seen.
Meereshabitate: Küste, offenes Meeer, Korallenriffe, Flußmündungen (Estuarien), Arktis.

(S1.2) In der Lebensgemeinschaft (Biozönose) sind Organismen und Populationen auf den verschiedenen trophischen Ebenen vor allem in Nahrungsketten- und Konkurrenzbeziehungen, aber auch in anderen Abhängigkeiten (Blütenbestäuber, Samenverteiler, Symbiosen usw.) miteinander verbunden.

Die Biozönose als 'Organisation' von Organismen und Populationen ist durch den Stoff- und Energiehaushalt aufs engste mit den spezifischen ökologischen Bedingungen und Faktoren ihres Biotops verbunden. Von Nachbarbiozönosen ist sie aber mehr oder weniger deutlich abgegrenzt und nur auf die Energiezufuhr durch Sonnenstrahlung und u.U. Wassernachschub angewiesen. Durch das Wechselspiel ihrer Komponenten kann sie sich über lange Zeiträume in stabilem Gleichgewicht erhalten, solange sie nicht durch Eingriffe von außen gestört wird.

(S1.3) Unter ähnlichen Niederschlags- und Temperaturbedingungen sind auf allen Erdteilen ähnliche Vegetationszonen mit ähnlichen Ökosystemen entstanden.

Die Vegetationszonen der Erde lassen sich durch die zwei Klimafaktoren: mittlere Jahrestemperatur und mittlerer Jahresniederschlag klassifizieren.

Unter gleichen Niederschlags- und Temperaturbedingungen sind auf den verschiedenen Erdteilen gleiche Vegetationszonen entstanden, in denen sich wiederum ähnliche Ökosysteme entwickeln können. Die natürliche Vegetationszone Mitteleuropas ist sommergrüner Laubwald, der in Osteuropa in gemäßigte Steppe und in Nordeuropa in borealen Nadelwald übergeht.

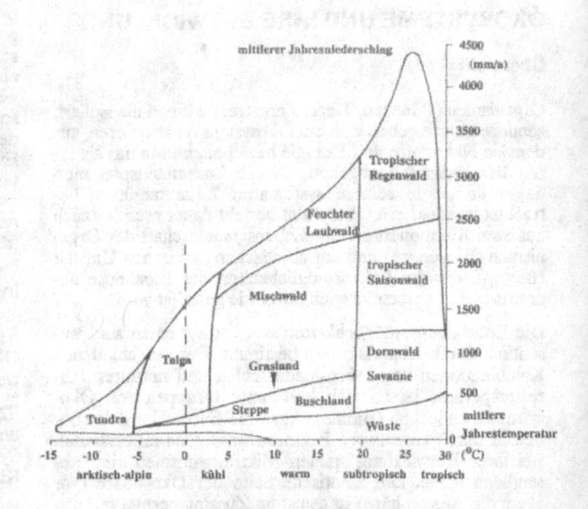

(S1.4) Die biotischen und abiotischen Komponenten der Ökosphäre der Erde (Biosphäre, Atmosphäre, Hydrosphäre, Lithosphäre) haben durch ihre ständige Interaktion im Laufe der Entwicklung der Erde bestimmte Umweltbedingungen (Atmosphäre, Klima, Boden) entstehen lassen, die erst das Leben in seiner heutigen Form ermöglichen: Leben schafft die Voraussetzungen für seine eigene Entfaltung (Gaia-Hypothese).

Das Gasgemisch der Erdatmosphäre entspricht nicht der Zusammensetzung, die man aufgrund der chemischen Zusammensetzung der Erde erwarten müßte. Dieser chemisch 'unwahrscheinliche' Zustand entstand parallel zur Entwicklung des Lebens und hat sich über etwa 2 Milliarden Jahre als stabil erwiesen: Leben kann sich die besonderen Bedingungen, die für sein eigenes Überleben notwendig sind, selbst schaffen und mit Hilfe natürlicher Rückkopplungsmechanismen erhalten. Es hat die Fähigkeit zur Selbstorganisation.

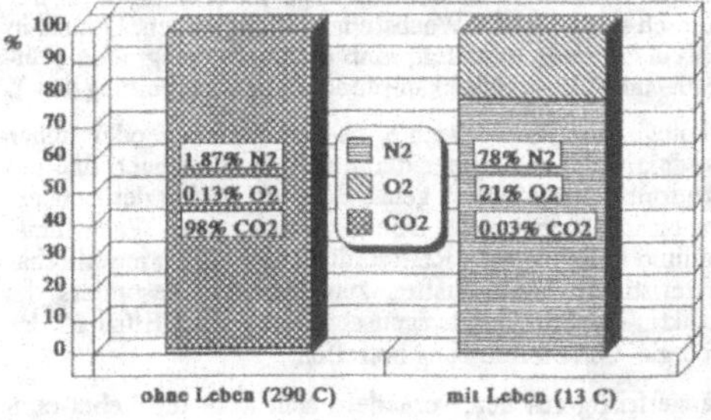

(S1.5) **Entwicklungen in der Umwelt werden durch das Zusammenwirken (Interagieren) vieler Systeme auf unterschiedlichen Organisationsstufen bestimmt: Organismen, Populationen, Ökosysteme, Klima- und Ökosphäre. Beim Verständnis dieser Entwicklungen helfen grundlegende Konzepte der Systemwissenschaft, die sich auf Systeme völlig unterschiedlicher physischer Gestalt gleichermaßen anwenden lassen.**

Das Beispiel zeigt die Systemstruktur eines logistischen Wachstumsprozesses, der sich in allen Bereichen der Umwelt und anderswo findet (z.B. Wachstum von Organismen und Populationen, Ansteckungsvorgänge, Marktdurchdringung, Ausbreitung von Innovationen, Umweltbelastungen, usw.). Es gibt viele andere derartige Elementarsysteme.

Die Zustandsgröße x wächst mit einer Wachstumsrate r, so daß sie sich in der Zeiteinheit um rx vermehrt (kleinere Rückkopplungsschleife). Dieses Wachstum wird aber modifiziert durch den Faktor (K-x), der sich mit Annäherung des Systemzustands x an die Kapazitätsgrenze K auf Null verringert (größere Rückkopplungsschleife), so daß das Wachstum schließlich aufhört.

Das Diagramm entspricht der nichtlinearen Differentialgleichung

$$dx/dt = rx(K-x)$$

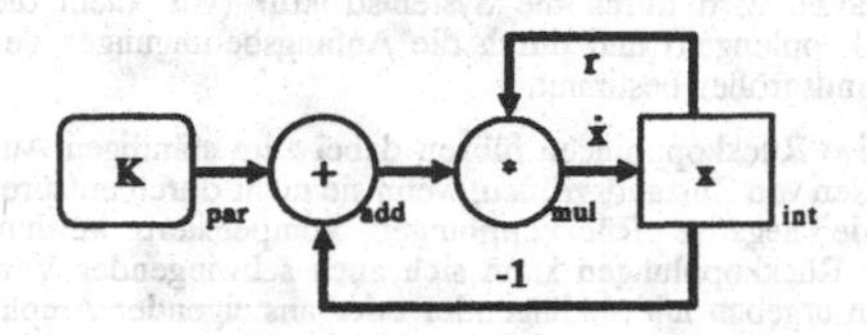

Logistischer Wachstumsprozeß

S2. Systeme: Grundbegriffe, Verhaltensweisen

Das Verhalten von Systemen wird nur teilweise von ihren äußeren Einwirkungen (z.B. Strahlung, Temperatur, Niederschläge), zu einem bedeutenden Teil aber von den Systemelementen und ihren internen Verknüpfungen (Systemstruktur) bestimmt, die vor allem auch Rückkopplungen enthalten können. Die durch die Systemstruktur bedingte Eigendynamik bestimmt das Stabilitätsverhalten gegenüber Störungen. Für das Verständnis von Umweltsystemen und ihres Verhaltens genügt die Kenntnis isolierter Wirkungsbeziehungen daher nicht; diese Systeme müssen immer als Ganzheiten betrachtet werden: Ein System ist mehr als die Summe seiner Teile.

(S2.1) **Ein System ist eine gegenüber seiner Systemumgebung abgrenzbare Einheit. Im allgemeinen wirken Größen aus der Systemumgebung auf das System ein, und es selbst wirkt durch einige seiner Systemgrößen auf die Systemumgebung (und dort vorhandene andere Systeme) ein.**

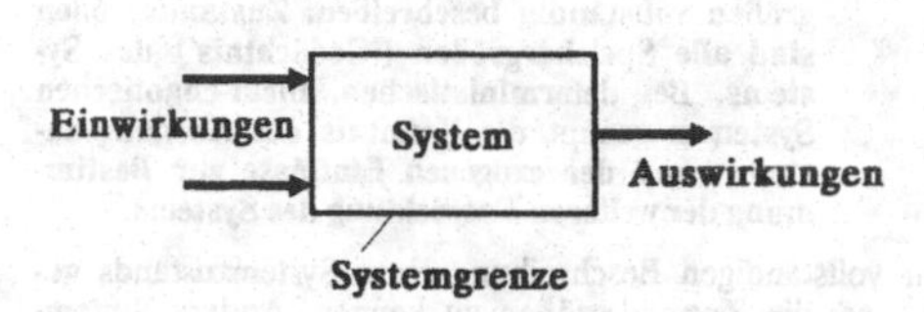

Die Systemgrenze ist dort zu ziehen, wo Rückkopplungseffekte über die (durch die Wahl der Systemgrenze bedingte) Systemumgebung nicht bestehen oder vernachlässigbar werden. Ein- und Auswirkungen über die Systemgrenze sind bei offenen Systemen immer vorhanden.

Beispiel: Um ein Teichökosystem läßt sich etwa am Schilfrand, am Teichboden und an der Wasseroberfläche die Systemgrenze legen. Es bestehen Einwirkungen von außen auf das System (Sonnenstrahlung, Niederschläge, einmündender Bach), ebenso ergeben sich Auswirkungen auf die Systemumgebung (austretender Bach), die aber keine nennenswerten Rückkopplungen auf das Systemverhalten zeigen.

(S2.2) **Ein System besteht aus Systemelementen, die durch Wirkungsbeziehungen in einer für das gegebene System charakteristischen Systemstruktur miteinander verknüpft sind und sich gegenseitig beeinflussen.**

Die Auflösung der Systemelemente hängt von der Betrachtungsebene ab. Bei aggregierter Betrachtung können Systemelemente selbst (Sub)Systeme sein, die bei differenzierter Betrachtung wieder zerlegt werden müßten, usw. Die Systemstruktur wird durch die aktiven (oder aktivierbaren) **Wirkungsbeziehungen** zwischen den Systemelementen gebildet. Für die Systembetrachtung ist dagegen (die ins Auge fallende) physische Nähe oder Verbindung von Systemelementen oft irrelevant.

Beispiel: Für die Entwicklungsdynamik eines Baums ist das Zusammenwirken der Systemelemente 'Laub', 'Feinwurzeln', 'Stamm' und 'Assimilatspeicher' entscheidend. Dagegen ist deren geometrische Zuordnung (unser Bild des Baums) für seine Funktion weitgehend uninteressant. Für den genannten Beschreibungszweck ist die Systemauflösung etwa auf der Ebene der Zelle nicht angebracht, doch wäre sie z.B. für eine genaue systemare Untersuchung der Wirkungen von Luftschadstoffen auf Blattfunktionen notwendig..

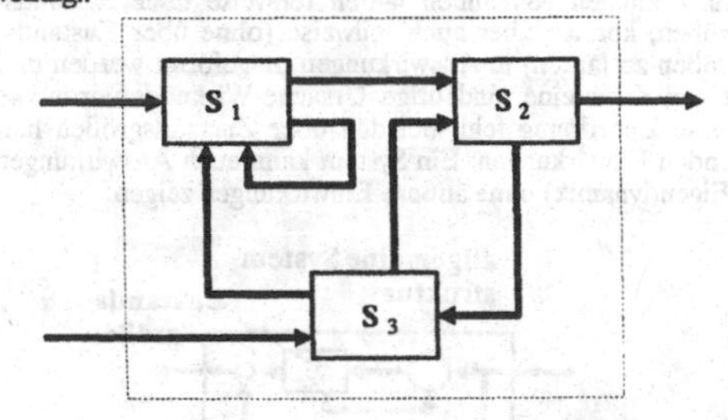

(S2.3) Der Gesamtzustand eines Systems läßt sich durch die augenblicklichen Werte seiner Zustandsgrößen vollständig beschreiben. Zustandsgrößen sind alle Speichergrößen ('Gedächtnis') des Systems. Bei deterministischen, nicht-chaotischen Systemen genügt die Kenntnis des Ausgangszustands und der exogenen Einflüsse zur Bestimmung der weiteren Entwicklung des Systems.

Zur vollständigen Beschreibung eines Systemzustands genügt es, die Zustandsgrößen zu kennen. Andere Systemgrößen lassen sich aus diesen und den äußeren Einwirkungen über die Wirkungsbeziehungen im System ermitteln. Dies hat große Bedeutung u.a. auch für empirische Untersuchungen, da nach einer gründlichen Systemanalyse dann gezielt oft nur wenige Größen ermittelt werden müssen und auf großangelegte Datensammelei verzichtet werden kann.

In Ökosystemen sind Zustandsgrößen meist gut durch das Gedankenexperiment des 'momentanen Einfrierens' zu bestimmen: die dann noch meßbaren Größen (z.B. Biomassen, Stoffvorräte usw.) sind Zustandsgrößen.

(S2.4) Die systemcharakteristischen Systemelemente und die Systemstruktur bewirken, daß bestimmte Zustände und Verhaltensweisen wahrscheinlicher sind als andere: einem System läßt sich daher ein 'Systemzweck' zuschreiben.

Eine bestimmte Systemkonfiguration ergibt sich aus der Notwendigkeit, bestimmte Aufgaben zu erfüllen (die sich mit einem 'Systemzweck' umschreiben lassen).

So ergeben sich etwa aus der Notwendigkeit der Energieaufnahme, der Fortbewegung oder der Arterhaltung jeweils verschiedene, weitgehend unabhängig voneinander beschreibbare (Sub)Systeme eines Organismus. Systembeschreibungen des gleichen Systems können sich daher grundlegend unterscheiden, je nach dem interessierenden Systemaspekt (z.B. Stickstoffdynamik, Wasserdynamik oder Populationsdynamik eines Waldökosystems).

(S2.5) Das systemcharakteristische Verhalten ist im allgemeinen nur zum Teil durch Einwirkungen äußerer Größen bestimmt. Ein System kann auch weitgehend oder ganz durch 'autonomes' Verhalten geprägt sein, das allein durch seine Elemente und seine (Rückkopplungs)Struktur bedingt ist.

Systeme enthalten Zustandsgrößen, die meist miteinander verkoppelt sind. Die Speicherwirkung der Zustandsgrößen bewirkt Verzögerungen, so daß der augenblickliche Systemzustand (über die Zustandsverkopplungen, einschließlich Eigenkopplungen) die zukünftige Entwicklung mitbestimmt. Einwirkungen von außen laufen teilweise über Zustandsgrößen, können aber auch teilweise (ohne über Zustandsgrößen zu laufen) in Auswirkungen umgeformt werden und zeigen dann eine eindeutige Ursache-Wirkungszuordnung. Diese Zuordnung fehlt bei den über Zustandsgrößen laufenden Einwirkungen: Ein System kann auch Auswirkungen (Eigendynamik) ohne äußere Einwirkungen zeigen.

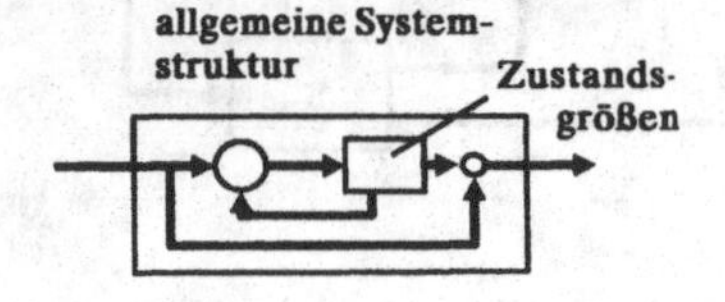

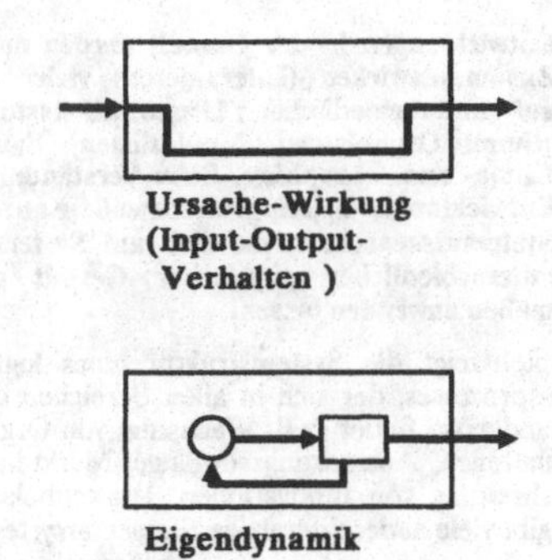

(S2.6) Je nach seiner charakteristischen Systemstruktur und seinem Ausgangszustand kann das autonome Verhalten eines Systems schwingend oder aperiodisch, mit abklingender, konstanter oder aufklingender Amplitude sein.

Systeme, die ohne Einwirkung von außen ein dynamisches Verhalten zeigen, werden als 'autonom' bezeichnet. Dieses Verhalten wird durch die Systemstruktur (vor allem die Rückkopplungen) und durch die Anfangsbedingungen der Zustandsgrößen bestimmt.

Positive Rückkopplungen führen dabei zum ständigen Anwachsen von Zustandsgrößen, wenn sie nicht durch entsprechende negative Rückkopplungen kompensiert werden. Über Rückkopplungen kann sich auch schwingendes Verhalten ergeben mit abklingender oder ansteigender Amplitude. Eine einzige geringfügige, nicht kompensierte positive Rückkopplung führt auch bei komplexen Systemen schließlich zur Instabilität und u.U. zum Systemzusammenbruch.

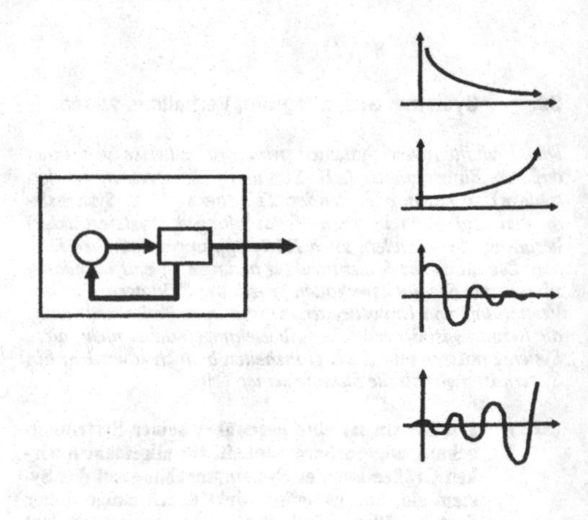

(S2.7) Strebt das Systemverhalten einem (Fließ)Gleichgewichtszustand zu, so ist es stabil. Strebt es vom Gleichgewichtszustand weg, so ist es (auf diesen Zustand bezogen) instabil.

Systemstabilität wird bezogen auf einen (Fließ-)Gleichgewichtszustand des Systems definiert. Ein 'Weglaufen' des Systemzustands von diesem Gleichgewicht bedeutet (lokale) Instabilität. Diese Veränderung kann jedoch das 'Einlaufen' in einen anderen Fließgleichgewichtszustand bedeuten und muß nicht zum Systemzusammenbruch führen.

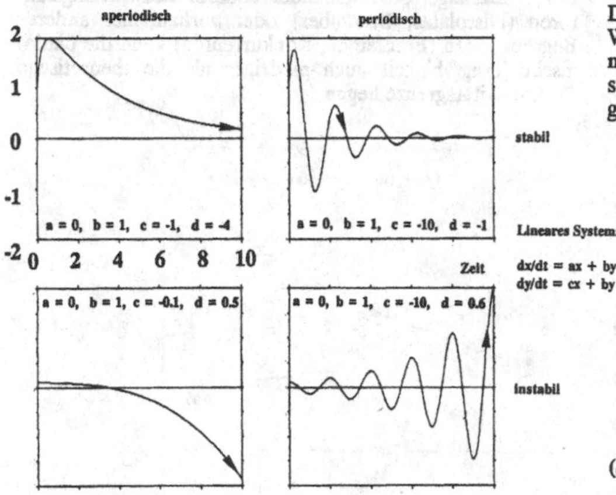

(S2.8) (Negative) Rückkopplungen, aber auch zustandsabhängige Strukturänderungen (selbstorganisierende Systeme) können zur Selbstregelung, Stabilisierung und Adaptation an veränderte Bedingungen führen, die die weitere Erhaltung und Entfaltung des Systems gewährleisten. Bei durch Instabilität gefährdeten Systemen kann die Veränderung der ursprünglichen Systemstruktur (und Systemelemente) zur Verhaltensänderung und Stabilisierung führen (Regler).

Bei positiver Rückkopplung führt eine einzige Störung der Zustandsgröße zu einer ständigen weiteren Vergrößerung der Abweichung vom Ausgangszustand. Eine negative Rückkopplung dagegen wirkt dagegen der anfänglichen Störung entgegen (Umkehr des Vorzeichens). Der Einbau negativer Rückkopplungen kann daher zur Stabilisierung und generell zur Verhaltensänderung führen. Bei technischen Reglern werden solche Strukturänderungen bewußt eingeführt; in natürlichen Systemen entwickeln sie sich oft im Laufe der Selbstorganisation und Evolution von Organismen und Ökosystemen.

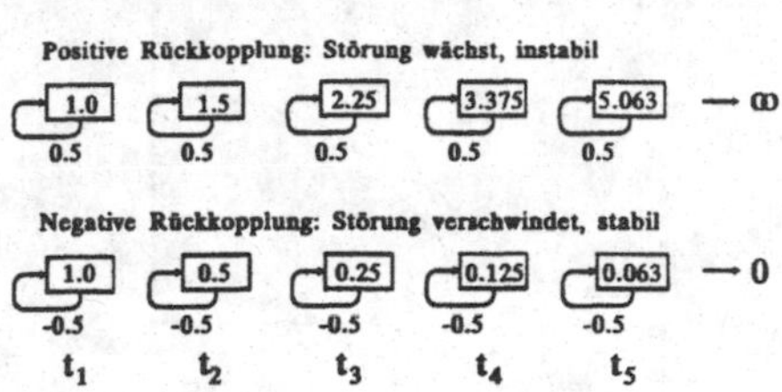

(S2.9) Ein System kann mehrere Gleichgewichtszustände haben. Wird der ursprüngliche (Gleichgewichts)Zustand zu stark gestört, kann es zum 'Kippen' des Systems in einen anderen Gleichgewichtszustand führen.

Gewässer haben z.B. im oligotrophen (nährstoffarmen) Zustand eine ganz bestimmte Organismenzusammensetzung und -dichte (Biozönose). Bei reichlicher Nährstoffzufuhr kippt das System in einen andern (eutrophen = überdüngten) aber stabilen Zustand mit gänzlich anderer Biozönose.

Die Klimageschichte zeigt häufiges 'Kippen' zwischen Warmzeiten und Eiszeiten (Kippvorgang in weniger als einem Jahrhundert). Beides sind gegen kleinere Störungen stabile Fließgleichgewichte, die aber durch größere Störungen instabil werden.

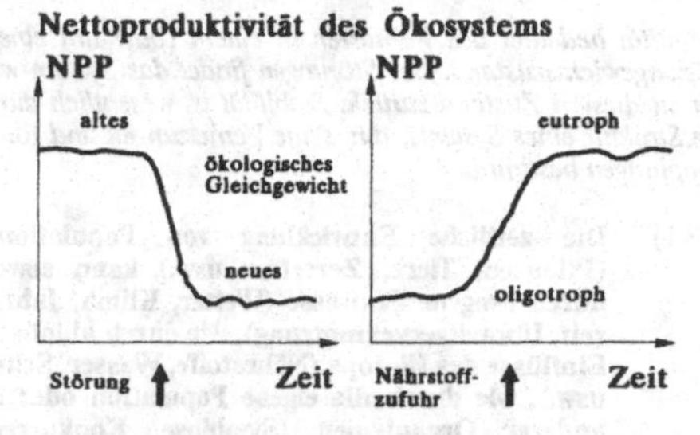

(S2.10) Es gibt Systeme, bei denen sich die weitere Entwicklung auch nicht bei sehr genauer Kenntnis der Ausgangsbedingungen vorhersagen läßt: chaotische Systeme. Hier lassen sich nur gewisse Verhaltensbereiche angeben, zwischen denen das System auf unvorhersehbare Art 'hin und her' springen kann.

'Deterministische' Systeme, deren Wirkungsbeziehungen ohne jegliche Zufälligkeiten ablaufen, wurden bis vor kurzem als völlig 'berechenbar' angesehen. Inzwischen weiß man, daß es unter deterministischen Systemen 'chaotische' Systeme gibt, die auf unvorhersehbare Weise in andere Verhaltensbereiche springen können.

Hierzu gehören das Wettergeschehen und Populationen von Organismen (Insekten, Lachs) unter gewissen Bedingungen. Eine vereinfachte Darstellung der Konvektionsvorgänge der Atmosphäre ergibt z.B. das chaotische Lorenz-System:

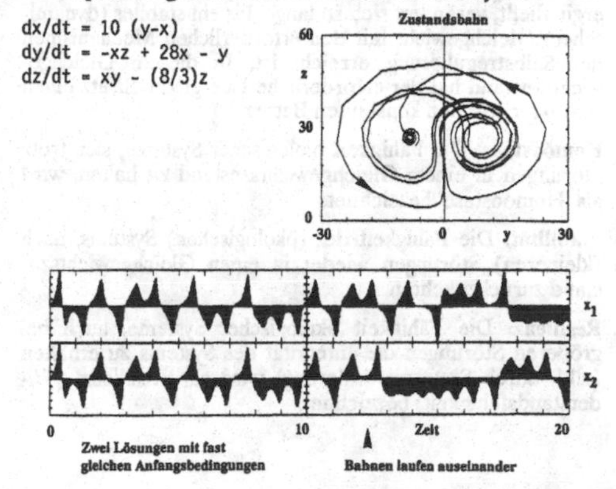

S3. Dynamik von Populationen; Stabilität von Ökosystemen

Die Dynamik von Ökosystemen ist auch die Dynamik ihrer Populationen. Die heutige 'theoretische Ökologie' befaßt sich daher fast ausschließlich mit den Phänomenen der Populationsdynamik.

Ökosysteme können sich über einen längeren Zeitraum in einem Zustand des Fließgleichgewichts befinden. Durch innere oder äußere Einflüsse können sie in einen anderen Fließgleichgewichtszustand übergehen. Auch ohne äußere Einflüsse stellt sich manchmal kein konstanter Fließgleichgewichtszustand ein, sondern das Ökosystem schwingt um einen Gleichgewichtszustand. Von dieser Eigendynamik der Ökosysteme abgesehen, werden Ökosysteme außerdem durch den Rhythmus der Jahreszeiten geprägt.

Stabilität bedeutet das Verharren in einem (oder um einen) Gleichgewichtszustand. Bei Störungen findet das System wieder zu diesem Zustand zurück. Stabilität ist wesentlich durch die Struktur eines Systems, d.h. seine Vernetzungen und Rückkopplungen bestimmt.

(S3.1) **Die zeitliche Entwicklung von Populationen (Pflanzen, Tiere, Zersetzer usw.) kann sowohl durch exogene Einflüsse (Wetter, Klima, Jahreszeit, Umweltverschmutzung), wie durch abiotische Einflüsse des Biotops (Nährstoffe, Wasser, Schutz usw.), wie durch die eigene Population oder die anderer Organismen (Symbiose, Konkurrenz, Beute, Räuber, Parasiten, Krankheitserreger usw.) bestimmt sein. Normalerweise regeln mehrere dieser Faktoren die Entwicklung einer Population.**

Ökosysteme, Populationen, Organismen sind zur Selbsterhaltung und Selbstregulierung (auch durch Strukturveränderung) fähig: Sie sind selbstorganisierende kybernetische Systeme.

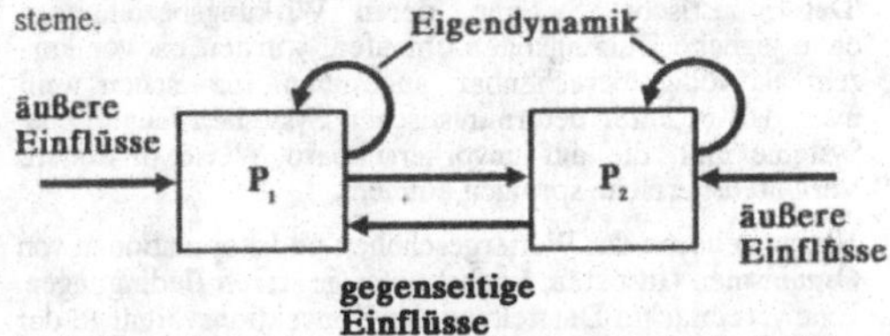

Stabilitätsprinzip: Jedes natürliche System, durch das Energie fließt, verändert sich so lange, bis ein stabiles (dynamisches) Gleichgewicht mit den erforderlichen Mechanismen der Selbstregulierung erreicht ist. In diesem Gleichgewichtszustand hat der erforderliche Energiedurchsatz einen charakteristischen konstanten Betrag.

Homöostase: Die Fähigkeit biologischer Systeme, sich trotz Störungen in einem Gleichgewichtszustand zu halten, wird als 'Homöostase' bezeichnet.

Stabilität: Die Fähigkeit des (ökologischen) Systems, nach (kleineren) Störungen wieder in einen Gleichgewichtszustand zurückzukehren.

Resilienz: Die Fähigkeit ökologischer Systeme, auch bei größeren Störungen die Integrität des Systems zu erhalten (u.U. durch Systemveränderung) wird als 'Resilienz' (Widerstandsfähigkeit) bezeichnet.

(S3.2) **Eine uneingeschränkte Populationsentwicklung würde zu exponentiellem Wachstum führen und in der Realität früher oder später an eine Grenze der ökologischen Tragfähigkeit stoßen.**

Uneingeschränktes Populationswachstum findet dann seine Grenze, wenn der die Entwicklung bestimmende Minimumsfaktor (vgl. N1.6) ausgeschöpft ist. Hieraus ergibt sich die ökologische Tragfähigkeit eines Standorts. Letzlich ist das Strahlungsangebot der Sonne (Energie pro Fläche und Zeiteinheit) die begrenzende Größe. Wegen Wasser- oder Nährstoffmangel oder fehlender anderer Entwicklungsfaktoren (Nistplätze, Bestäuber) oder vorhandener anderer Begrenzungen (Freßfeinde, Konkurrenten) kann die ökologische Tragfähigkeit auch niedriger als die theoretische Produktivitätsgrenze liegen.

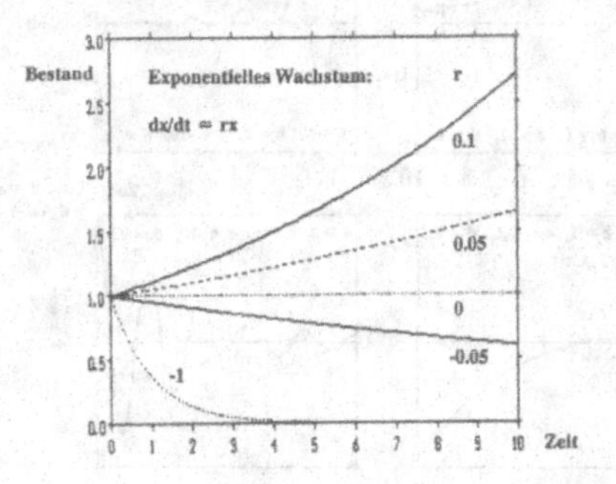

(S3.3) **Jede reale Populationsentwicklung stößt an durch die exogenen Bedingungen und die anderen Komponenten des Ökosystems gesetzte Grenzen. Sie äußern sich durch Annäherung an oder Schwingungen um Gleichgewichtszustände der Populationen.**

In einfachen Ökosystemen kann sich ein bestimmter Sättigungszustand einstellen (z.B. die Pflanzenmasse auf einer abgegrenzten Fläche). (Bsp. Gerste-Wachstum oder Hasenpopulation in einem gegebenen Weidegebiet).

In komplexeren Ökosystemen sind durch die Abhängigkeits- und Konkurrenzbeziehungen zwischen verschiedenen Populationen meist eine größere Zahl stabiler Populationskonstellationen möglich. Neben gleichbleibenden Gleichgewichtszuständen sind auch stabile Schwingungen der Populationsbestände möglich.

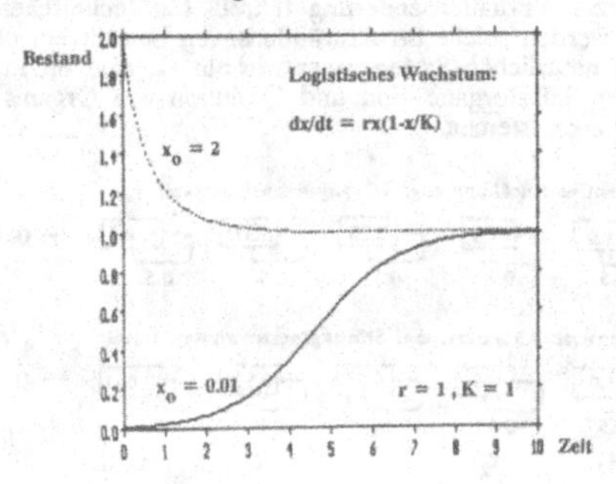

Bei der Entwicklung von Gleichgewichten zwischen Populationen macht es einen grundsätzlichen Unterschied, ob sich Populationen in einem Konkurrenz- oder in einem Räuber-Beute-Verhältnis befinden.

Konkurrenz um Standortfaktoren (Licht, Nahrung, Nährstoffe, Wasser usw.) kann zum völligen Auslöschen der unterlegenen Population führen: Konkurrenz kann Populationen (und Arten) vernichten.

Besteht dagegen (bei einer Räuberpopulation) die Abhängigkeit von einer Beutepopulation als Nahrungsquelle, so kann der Räuber die Beutepopulation nicht unter eine gewisse Mindestdichte dezimieren, ohne das Überleben der eigenen Population zu gefährden. Ein Freßverhältnis kann daher Populationen (und Arten) normalerweise nicht ernsthaft gefährden.

(S3.4) Zur Erhaltung einer Population ist eine bestimmte Mindestpopulation erforderlich.

Populationen brechen unabhängig vom Nahrungsangebot spätestens dann zusammen, wenn die Populationsdichte soweit reduziert ist, daß Partnerfindung, Fortpflanzung, Aufzucht und/oder Schutz nicht mehr gewährleistet sind und die Sterberate damit größer als die Geburtenrate wird.

Zur Erhaltung eines anpassungsfähigen Genpools einer Population muß die Population erheblich größer sein als diese Mindestpopulation (s. S5.3).

Überschreitet die Fangrate einen kritischen Wert (hier u = 0.25), so bricht die Population durch Übernutzung zusammen.

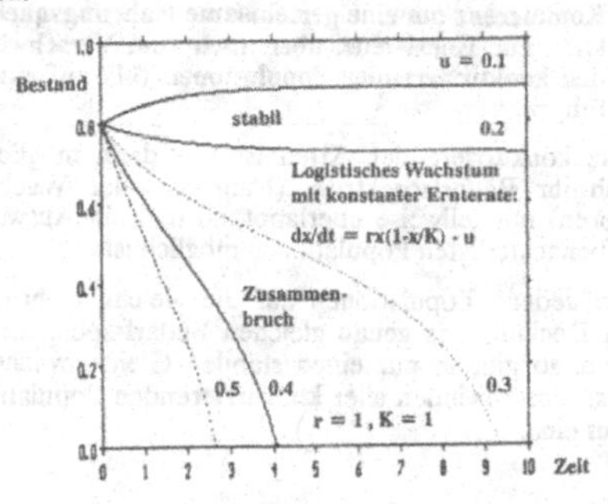

(S3.5) Auch kleinere Eingriffe in ein Ökosystem können zu irreversiblen Veränderungen führen (Kippen in Richtung auf einen anderen Gleichgewichtszustand), wenn dadurch etwa die Produktivität verändert wird oder eine für die Funktion des Ökosystems wichtige Population verschwindet.

Bei zu starker Störung kann sich permanent ein anderer Gleichgewichtszustand einstellen ('Kippen' des Ökosystems). Dieses 'Kippen' kann in zwei Richtungen verlaufen:

(1) Verringerung der Tragfähigkeit (Kapazität) etwa durch Schadstoffeintrag oder Nährstoffentzug (Erosion) und dadurch niedrigere Produktivität, meist verbunden mit Rückgang der Artenvielfalt.

(2) Erhöhung der Produktivität (Kapazität) durch höheres Nährstoffangebot (Eutrophierung).

Bestandsänderungen bei einer wichtigen Tier- oder Pflanzenart (Blütenbestäuber, Samenverteiler, spezielle Pflanzennahrung, Bäume als Nistplätze usw.) können zum Umkippen eines Ökosystems in ein anderes stabiles System führen.

Beispiel: In einem Teichökosystem sorgen Enten dafür, daß der Nährstoffeintrag durch Abwasser von ihnen wieder 'exportiert' wird, so daß es nicht zu einer Überdüngung und Eutrophierung kommt. Ohne Enten akkumulieren Nährstoffe im Ökosystem, sedimentieren zwar teilweise im Bestandsabfall, aber rezyklieren auch in hohem Maße, so daß es zu einer Eutrophierung kommt: Beim Ausbleiben der Enten kann das Ökosystem kippen.

TEICHÖKOSYSTEM

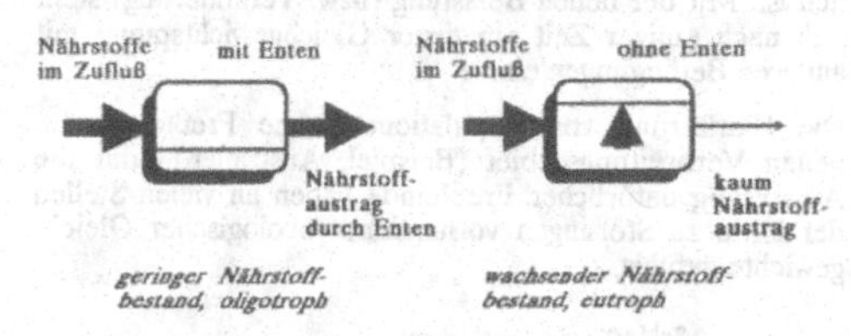

(S3.6) Falls eine Störung das System nicht aus dem Stabilitätsbereich des Gleichgewichtspunkts herausgebracht hat, dauert es je nach der Schwere der Störung länger oder kürzer, bis der ursprüngliche Zustand wieder erreicht ist.

Bei Kahlschlag eines Waldes (schwere Störung) muß das ursprüngliche Ökosystem neu aufgebaut werden (Sukzession). Falls der Biotop nicht grundsätzlich verändert wurde (Erosion), wird sich im Laufe der Zeit wieder ein reifes Ökosystem einstellen, das dem ursprünglichen entspricht.

Bei einmaliger unterkritischer hoher Schadstoffbelastung dagegen wird u.U. zwar alles Laub abgeworfen, es kommt aber nicht zur Zerstörung der Systemkomponenten: Das System erholt sich in kurzer Zeit wieder.

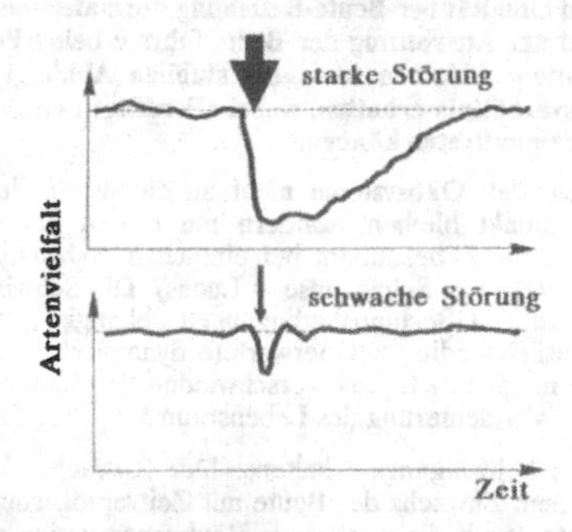

(S3.7) Beim Verschwinden einer Räuberpopulation kann es zum Überweiden und zur Zerstörung der Regenerationsfähigkeit der Vegetationsbasis und damit zum Zusammenbruch der Beutepopulation kommen. Das Ökosystem regelt sich dann auf einem Gleichgewichtszustand niedrigerer Produktivität wieder ein.

Historisches Beispiel für das Kaibab-Plateau (Colorado, USA): Eine Abschußprämie für Raubtiere führte zu einem starken Anstieg der Population der Weißwedelhirsche, die das Gebiet überästen und damit die Vegetation auf Dauer zerstörten. Es ergab sich ein neuer Gleichgewichtspunkt des Ökosystems ohne Raubtierpopulation und mit geringer Nettoprimärproduktion.

Allgemein gilt: Die Räuber(Fleischfresser)population sichert die Stabilität des Ökosystems auf einer höheren Ebene der Nettoprimärproduktivität, da sie das Ökosystem vor Überweidung schützt.

Die Grenze der Belastbarkeit eines Ökosystems ist dann gegeben, wenn die Aufrechterhaltung des ökologischen Gleichgewichts im gegenwärtigen Zustand nicht mehr möglich ist. Mit der neuen Belastung (bzw. Veränderung) stellt sich nach einiger Zeit ein neuer Gleichgewichtspunkt mit anderen Bedingungen ein.

Die Einführung von Populationen ohne Freßfeinde im neuen Verbreitungsgebiet (Beispiel: Australien) oder die Ausrottung natürlicher Freßfeinde haben an vielen Stellen der Erde zu Störungen vorhandener ökologischer Gleichgewichte geführt.

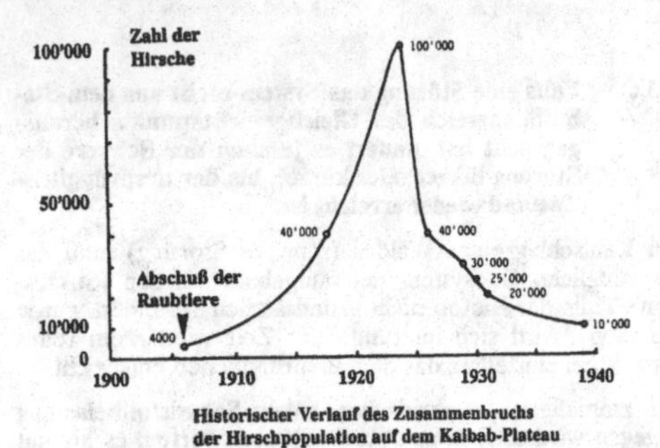

Historischer Verlauf des Zusammenbruchs der Hirschpopulation auf dem Kaibab-Plateau

(S3.8) Da die Räuber von ihrer Beute abhängig sind, kann eine Räuber-Beute-Beziehung normalerweise nicht zur Ausrottung der Beute führen: beide Populationen bleiben in einem stabilen Abhängigkeitsverhältnis erhalten, wobei allerdings Schwingungen auftreten können.

Es ist möglich, daß Ökosysteme nicht an einem stabilen Gleichgewichtspunkt bleiben, sondern um diesen herum schwingen. Dies wird besonders bei einfachen Nahrungsketten beobachtet (z.B. Schneehase -- Luchs). Die Schwingungsperiode ist von Bestandsbedingungen abhängig (und nicht jahreszeitlich bedingt). Unerwartete dynamische Reaktionen sind möglich, z.B. das Verschwinden der Räuberpopulation bei Verkleinerung des Lebensraums.

Erklärung des Schwingungsverhaltens: Der Zuwachs der Räuber folgt dem Zuwachs der Beute mit Zeitverzögerung. Wird die Beute durch die wachsende Räuberpopulation zu stark dezimiert, so verringert sich auch die Räuberpopulation (mit Zeitverzögerung) wieder, was der Beutepopulation wiederum Zeit für eine Erholung gibt, usw.

Im einfachsten Fall läßt sich die Abhängigkeit zwischen Räuber x und Beute y durch zwei Differentialgleichungen für die zwei Zustandsgrößen (x und y) angeben (Lotka und Volterra):

$$dx/dt = r_x x - c_x xy$$
$$dy/dt = c_y xy - r_y y$$

wobei

r_x = Nettozuwachsrate der Beute
r_y = Atmungsverluste des Räubers
c_x = spez. Verlust der Beute durch Beuteschlagen
c_y = spez. Gewinn des Räubers durch Beuteschlagen.

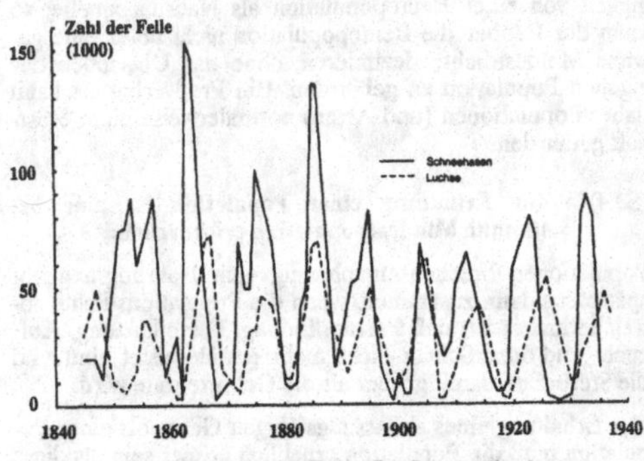

Aufzeichnungen der Hudson-Bay-Company über den Eingang von Fellen von Luchsen und Schneehasen

(S3.9) Konkurrenz um eine gemeinsame Nahrungsquelle kann zur Koexistenz, aber auch zum Verschwinden konkurrierender Populationen (bis auf eine) führen.

Koexistenz konkurrierender Arten ist nur dann möglich, wenn sich ihr Bedarfsspektrum (Nahrung oder Wachstumsfaktoren) nur teilweise überlappt, so daß ein Ausweichen der benachteiligten Populationen möglich ist.

Sind verschiedene Populationen auf die gleiche Nahrung (bzw. auf Deckung des genau gleichen Bedarfsspektrums) angewiesen, so gibt es nur einen stabilen Gleichgewichtspunkt: Das Verschwinden aller konkurrierenden Populationen bis auf eine.

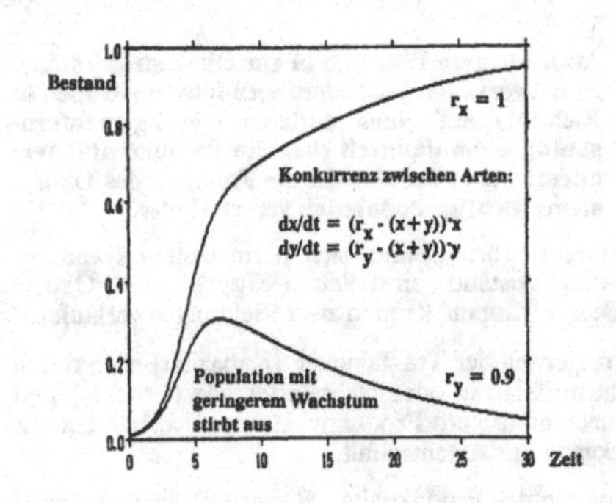

(S3.10) In Ökosystemen kann auch chaotisches Verhalten auftreten: Bei hohen Wachstumsraten kann sich bei Populationen mit getrennten Generationen chaotisches Systemverhalten ergeben.

Viele Organismen durchlaufen zeitdiskrete (z.B. jahreszeitliche oder jährliche) Entwicklungsstadien, so daß sich die Generationen nicht überlappen. Die Zahl der Individuen in der (n+1)-ten Generation (z.B. Larven) wird dann z.B. durch die der n-ten Generation (Erwachsene) bestimmt. Hierbei ergibt sich eine Zeitverzögerung von (z.B.) einem Jahr zwischen einer dichteabhängigen Regulation und ihrer Wirkung auf die Populationsdichte. Je nach der Höhe der Reproduktion in der Verzögerungszeit erhält man als dynamisches Verhalten exponentielles Einlaufen ins Gleichgewicht, gedämpfte Schwingungen, Grenzzyklen oder deterministisches Chaos.

Die Populationsentwicklung wird hier durch eine Differenzengleichung beschrieben, z.B.

$$x_{n+1} = x_n \cdot \exp(r(1-x_n))$$

wobei x_n = (relative) Populationszahl zum Zeitschritt n (bzw. n+1); r = spezifische Wachstumsrate pro Zeitschritt.

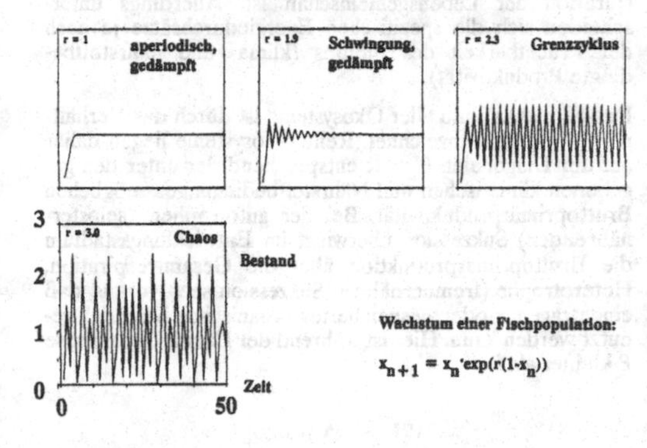

(S3.11) Vielfältige redundante (überzählige) Verknüpfungen (z.B. in Nahrungsnetzen) können zur Stabilisierung von Ökosystemen gegen Störungen beitragen: "Vielfalt bringt Stabilität". 'Generalisten' sind in Ökosystemen weniger gefährdet als 'Spezialisten'.

Die Stabilität bzw. Widerstandsfähigkeit (Resilienz) eines Systems (s. S3.1) ist im allgemeinen um so besser, je mehr Rückkopplungen, Vernetzungen, Redundanzen, d.h. Komplexität im System zu finden ist.

Vielfalt: Artenvielfalt, Umweltvielfalt, Nischenvielfalt, genetische Vielfalt, biochemische Vielfalt, vielfältige Vernetzung der Nahrungsketten usw.

Ökologische Regel (es gibt Ausnahmen, theoretisch unbefriedigend geklärt):

Vielfalt bringt Stabilität

(vgl. Ashby's Law of Requisite Variety: 'Only variety can cope with variety').

Mehrfach verflochtene Nahrungsketten sind stabiler (weniger störanfällig) als einfache (lineare) Nahrungsketten. Das Nahrungsnetz eines Küstengewässers zeigt z.B. vielfache Nahrungsquellen für einige Organismen, während andere sich nur auf eine Nahrungsquelle verlassen. Bei Ausfall eines Gliedes der Nahrungskette sind die einfachen linearen Nahrungsketten besonders gefährdet.

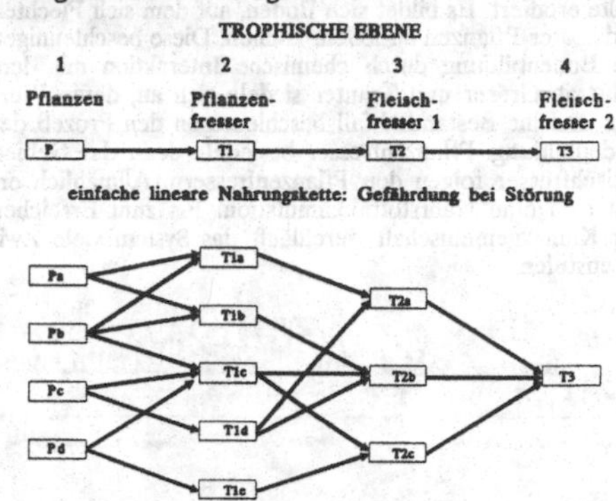

(S3.12) Die Erhaltung der Funktionsfähigkeit ('Leben') von Organismen, Populationen und Ökosystemen erfordert einen Energiedurchsatz: Diese Systeme sind immer 'offen' (also auch nie völlig autonom).

Erhaltung (und Entfaltung) erfordert den Einsatz von Energie.

Organismen, Ökosysteme, Biosphäre schaffen und erhalten den Zustand hochgradiger interner Ordnung (hoher Information, niedriger Entropie) (als Voraussetzung des für die Erhaltung und Entfaltung notwendigen ordnungsgemäßen Ablaufs der Lebensprozesse) durch ständige Dissipation hochwertiger Energie (Licht, Nahrung) in niederwertige Energie (Niedertemperaturwärme), d.h. durch Energiedurchsatz (Leistung). Dies läßt sich auch verstehen als Aufrechterhaltung der internen Ordnung durch 'Hinauspumpen von Unordnung' mit Hilfe ständigen Energiedurchsatzes.

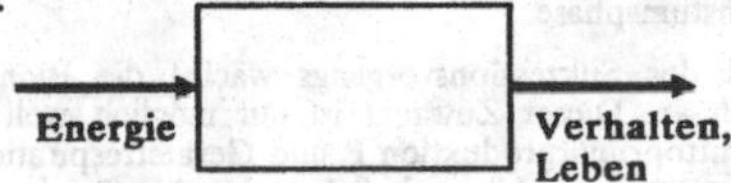

S4. Entwicklung von Ökosystemen: Sukzession

Die Besiedlung eines Ökosystems folgt bestimmten Regeln. Im Wachstumsstadium eines Ökosystems haben andere Organismen einen Standortvorteil als im Reifestadium. Wichtigstes Kennzeichen der Sukzession ist die allmähliche Akkumulation von Nährstoffen und Biomasse im Ökosystem.

(S4.1) Bei Neubesiedlung oder Wiederbesiedlung eines Biotops siedeln sich die Arten in einer bestimmten Reihenfolge an (Sukzession).

Im Laufe dieser ökologischen Sukzession erhöht sich die Bruttoprimärproduktion, bis sie sich bei der ökologischen Tragfähigkeit (Kapazität im Klimaxstadium) einpendelt.

Primärsukzession = Neubesiedlung: Entwicklung einer Biozönose, wo vorher keine vorhanden war (Rückzug eines Gletschers, vulkanische Neubildung einer Insel. usw.). Der Vorgang fängt auf dem Gesteinssubstrat an und setzt sich fort, bis eine relativ stabile Biozönose (=Klimaxbiozönose) erreicht ist:
Zunächst wird Gestein durch Wind und Regen, Hitze und Kälte erodiert. Es bildet sich Boden, auf dem sich Flechten und später Pflanzen ansiedeln können. Diese beschleunigen die Bodenbildung durch chemische Interaktion mit dem Substrat. Gräser und Kräuter siedeln sich an, deren Wurzeln und ihr Bestandsabfall beschleunigen den Prozeß der Bodenbildung. Pflanzenfresser besiedeln dann das Gebiet. Fleischfresser folgen den Pflanzenfressern. Allmählich ergibt sich eine Nährstoffakkumulation. Bis zum Erreichen der Klimaxgemeinschaft durchläuft das System viele Zwischenstufen.

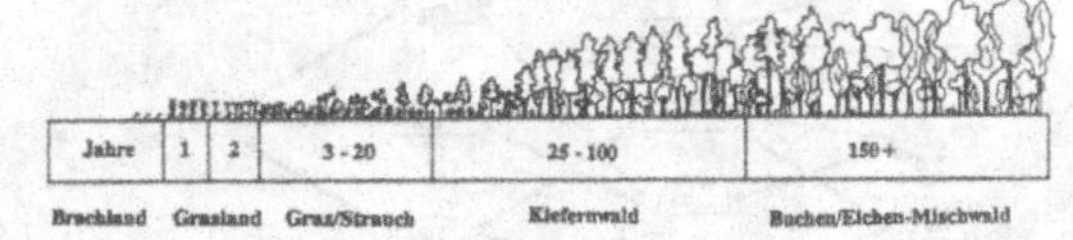

Sekundärsukzession = Wiederbesiedlung: Sie findet statt, wenn eine Klimaxbiozönose zerstört worden ist (z.B. Waldbrand oder Kahlschlag). Im Unterschied zur Primärsukzession entfällt hier der langwierige Bodenbildungsprozeß.

Da die Sukzession mit Nährstoffakkumulation (aus Atmosphäre und Verwitterung) verbunden ist, 'zieht sich das Ökosystem am eigenen Zopf hoch'.

(S4.2) Während der Sukzession erhöht sich in der Entwicklungsphase der Biomassebestand und damit auch das Nährstoffinventar im Ökosystem. Mit dem höheren Biomassebestand steigen auch die Bruttoprimärproduktion und die Respiration, bis sie sich im Reifezustand (Klimax) die Waage halten.

Die Entwicklung ganz verschiedener Ökosysteme (Wald, Mikroorganismen im Labor) zeigt das grundsätzlich gleiche Verhalten: Nettoüberschuß an Primärproduktion während der Wachstumsphase.

Während des Sukzessionsvorgangs wächst die Biomasse allmählich an. Dieser Zuwachs ist nur möglich, weil zwischen Bruttoprimärproduktion P und Gesamtrespiration R des Ökosystems ein Überschuß besteht, der für den Zuwachs verwendet werden kann. Falls der Zuwachs in voller Höhe geerntet wird, ist keine weitere Sukzession möglich (Land- und Forstwirtschaft).

Im Laufe der Sukzession gibt es bedeutende Veränderungen im Verhältnis

(Bruttoprimärproduktion P) / (Gesamtrespiration der Biozönose R) = P/R

Entwicklungsphase: P/R ist größer als 1: 'Produktion größer als Respiration'. Biomasse kommt hinzu, die Nettobiozönoseproduktion ist hoch.

Reifezustand: P/R geht gegen 1: 'Produktion gleich Respiration'. Das System ist im Gleichgewicht, die Nettobiozönoseproduktion geht gegen Null.

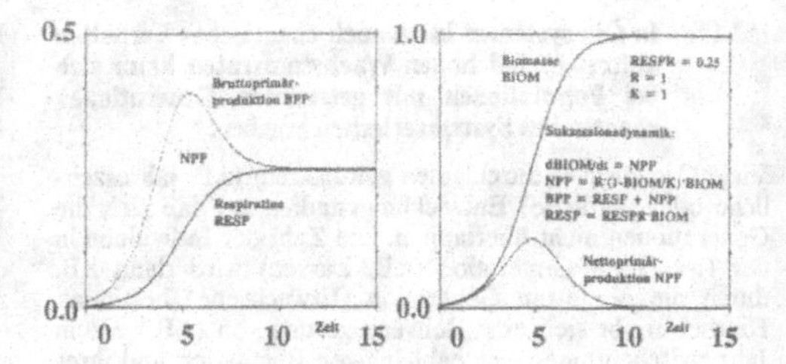

(S4.3) Der Klimaxzustand entspricht der ökologischen Tragfähigkeit bzw. dem natürlichen Vegetationstyp einer Region und ist weitgehend durch Jahresniederschlag, Jahresmitteltemperatur und Bodenfruchtbarkeit bestimmt.

Alle Ökosysteme streben auf einen stabilen Endzustand hin, bei dem die Bruttoprimärproduktion gleich der Gesamtrespiration der Lebensgemeinschaft ist. Allerdings unterscheiden sich die spezifischen Energiedurchsätze je nach der Fruchtbarkeit des Biotops (klima- und nährstoffbedingte Produktivität).

Das Klimaxstadium aller Ökosysteme ist durch das Verhältnis P = R gekennzeichnet. Reife Ökosysteme liegen daher auf der Diagonalen P = R entsprechend der unter den gegebenen klimatischen und Nährstoffbedingungen möglichen Bruttoprimärproduktivität. Bei der autotrophen (selbsternährenden) Sukzession überwiegt im Entwicklungsstadium die Bruttoprimärproduktion über die Gesamtrespiration. Heterotrophe (fremdernährte) Sukzession setzt voraus, daß eingetragenes oder gespeichertes organisches Material genutzt werden kann. Hier ist während der Entwicklungsphase P kleiner als R.

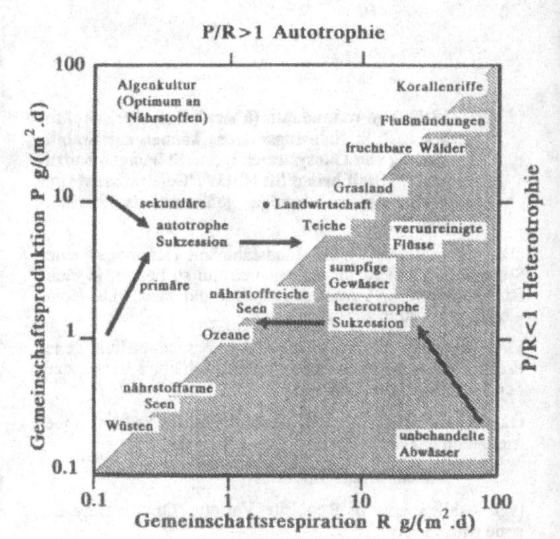

(S4.4) Nur im Anfangsstadium der Sukzession hat das Ökosystem eine positive Nettoproduktion. Dieser Überschuß ermöglicht den Biomassezuwachs. Im Reifezustand ist die Nettoproduktion gleich Null (Fließgleichgewicht mit P = R).

Ein Ernten von Biomasse ist daher in der Klimaxphase ohne ein Rückversetzen in die Wachstumsphase der Sukzession nicht möglich: Ökosysteme können nur in der Wachstumsphase dauerhaft bewirtschaftet werden.

Nur im Anfangsstadium der Sukzession produziert die Biozönose einen Nettoüberschuß an Biomasse. Zuwachs während der Wachstumsphase bedeutet gleichzeitig auch Zuwachs des Nährstoffinventars im Ökosystem.

Das frühe Stadium der Sukzession hat die höchste Nettoproduktivität. Durch Landwirtschaft werden Ökosysteme künstlich in diesem (instabilen) Stadium gehalten, um das P/R-Verhältnis und damit die Nettoproduktion zu maximieren. Dabei muß Energie aufgewendet werden (Feldbestellung, Unkrautbekämpfung), um die natürliche Sukzessionsfolge zu verhindern.

Nach Beendigung der künstlichen Regeleingriffe geht bewirtschaftetes Land wieder nach einer Sukzessionsphase in das natürliche Klimaxstadium über.

Das Agrarökosystem entsteht durch 'Zurückversetzen' des Ökosystems in eine frühe Sukzessionsphase bei hoher Nettoproduktivität und durch Verhindern natürlicher Sekundärsukzession durch regelnde Eingriffe des Land- oder Forstwirts. Fallen diese Eingriffe weg, so ergibt sich wiederum eine Sukzessionsphase, bis sich ein stabiler Klimaxzustand eingestellt hat. Bei diesem ist keine Ernte möglich: Ein tropischer Regenwald läßt sich nicht durch nachhaltige Forstwirtschaft nutzen, ohne daß er seinen Klimaxcharakter verliert.

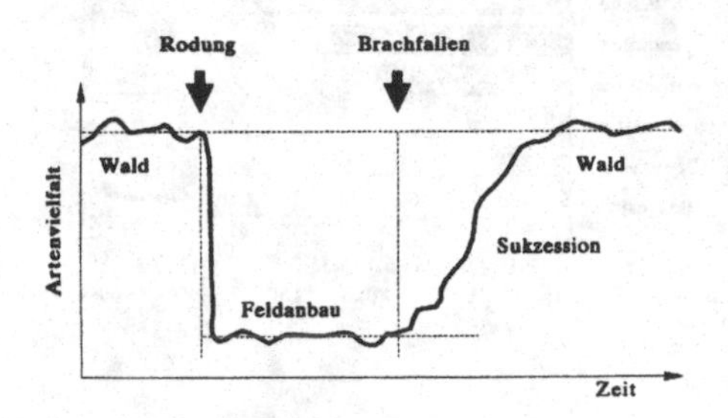

(S4.5) Zwischen dem Entwicklungsstadium und dem Reifestadium (Klimax) eines Ökosystems bestehen wichtige qualitative Unterschiede. Das Entwicklungsstadium ist eher durch robuste Pioniere geprägt, das Reifestadium durch komplexe Organisation und Spezialisierung.

Generell hat das Reifestadium: bessere Energienutzung, mehr Vielfalt und Vernetzung, mehr Spezialisierung und Organisation, bessere Regelung und Stabilität, geschlossene verlustarme Nährstoffkreisläufe, mehr Information und weniger Entropie.

Im frühen Stadium der Sukzession

- sind Nahrungsketten ziemlich linear
- dominiert Energiedurchsatz durch Herbivore (Weide-Nahrungskette)
- sind Organismen eher vom Typ 'Generalisten'.

Im Klimax

- sind Nahrungsketten zu Nahrungsnetzen verknüpft
- werden bis zu 90% der Nettoprimärproduktion nicht von Herbivoren konsumiert, sondern gehen direkt in die Detrituskette zu den Bestandsabfallfressern
- sind die Organismen meist 'Spezialisten', die sich auf gewisse 'ökologische Nischen' spezialisiert haben.

Charakteristika von Ökosystemen im Wachstums- und Reifestadium

nach E.P. Odum (Science 164 (1969): 262-270)

Wachstumsstadium	Reifestadium
Energetik	
Atmungsverbrauch R ist kleiner als Bruttoprimärproduktion P.	Atmungsverbrauch R ist etwa gleich der Bruttoprimärproduktion P.
Im Verhältnis zur Biomasse B ist die Bruttoprimärproduktion P groß.	Im Verhältnis zur Biomasse B ist die Bruttoprimärproduktion P klein.
Mit dem Energiefluß P wird relativ wenig Biomasse B unterhalten.	Mit dem Energiefluß P wird relativ viel Biomasse B unterhalten.
Die Nettogemeinschaftsproduktion NCP (Ertrag) ist hoch.	Die Nettogemeinschaftsproduktion ist gering oder etwa Null.
Organisation und Struktur der Gesellschaft	
Die Flächendichte der organischen Substanz ist relativ gering.	Die Flächendichte der organischen Substanz ist relativ hoch.
Einfache (lineare) Weide-Nahrungsketten dominieren.	Nahrungsketten sind vielfach vernetzt. Zersetzer-Nahrungsketten überwiegen.
Organismen sind relativ klein.	Organismen sind relativ groß.
Lebenszyklen von Organismen sind kurz und einfach.	Lebenszyklen von Organismen sind lang und komplex.
Geringe Vielfalt (Diversität) bei Arten, Organismen und biochemischen Komponenten.	Hohe Vielfalt bei Arten, Organismen und biochemischen Komponenten.
Geringe Vielfalt der räumlichen und funktionellen Strukturierung.	Hohe Vielfalt der räumlichen und funktionellen Strukturierung.
Kaum Nischenspezialisierung; Generalisten überwiegen.	Enge Nischenspezialisierung; Spezialisten überwiegen.
Informationsgehalt relativ gering.	Informationsgehalt sehr groß.
Nährstoffkreislauf	
Wenig Nährstoffspeicherung im System.	Hoher Nährstoffvorrat im System selbst.
Die Kreisläufe der anorganischen Nährstoffe sind nicht geschlossen.	Die Kreisläufe der anorganischen Nährstoffe sind geschlossen.
Schnelle Umsetzung von Nährstoffen zwischen Organismen und Umwelt.	Langsame Umsetzung von Nährstoffen zwischen Organismen und Umwelt.
Bei der Nährstoffbereitstellung spielt der Bestandsabfall kaum eine Rolle.	Das System ist bei der Nährstoffbereitstellung auf die Mineralisierung des Bestandsabfalls angewiesen.
Selektionsdruck	
Rasch wachsende und sich vermehrende Organismen haben Selektionsvorteile (Pioniere) ("r-Selektion").	Selektionsvorteile für Organismen, die knappe Ressourcen bestmöglich nutzen und sich in komplexes System einfügen können ("K-Selektion").
Vorteile durch Quantität.	Vorteile durch Qualität.
Selbstorganisation, Stabilität, Dynamik	
Innere Symbiosen unterentwickelt.	Innere Symbiosen stark entwickelt.
Geringe Stabilität gegen Störungen von außen. System leicht veränderbar.	Gute Stabilität gegen (kleinere) Störungen von außen.
Hohe Resilienz (Widerstandsfähigkeit) gegen starke Störungen.	Geringe Resilienz gegen starke Störungen.
Instationärer Zustand, der auf den Reifezustand zuläuft.	Nachhaltigkeit, Fließgleichgewicht.

S5. Selektion und Evolution

Zusätzlich zur relativ kurzfristigen Dynamik der Entwicklung von Ökosystemen (Sukzession) besteht noch die meist langfristige Dynamik der Evolution der Organismen selbst. Evolution ist die Anpassung an veränderte Bedingungen, so daß die Evolution eines Organismus gleichzeitig die Evolution anderer, mit ihm in Beziehung stehender Population beeinflußt (Koevolution).

(S5.1) **Populationen, die miteinander in Beziehung stehen (z.B. Räuber und Beute) beeinflussen auch die evolutionäre Entwicklung des anderen. Diese Koevolution ist der Regelfall der Evolution.**

Beispiel **Räuber-Beute-Systeme**:
Die Evolution besseren Schutzes bei der Beute führt zur Evolution raffinierterer Jagdmethoden beim Räuber. Beide Populationen ko-evolvieren durch selektiven Druck auf den anderen. Ähnlich: Parasit/Wirt-Systeme.

Beispiel **Mutualismus**: Kooperation (z.B. Einsiedlerkrebs und Seerose), Blütenbiologie (Insektennahrung, Befruchtung), Mykorrhiza (Pilzgeflechte an den Wurzeln höherer Pflanzen: Wasser- und Nährstoffbeschaffung gegen Kohlehydrate), Knöllchenbakterien bei Leguminosen (Stickstoffversorgung gegen Kohlehydrate), Flechten (Zusammenleben von Algen und Pilzen).

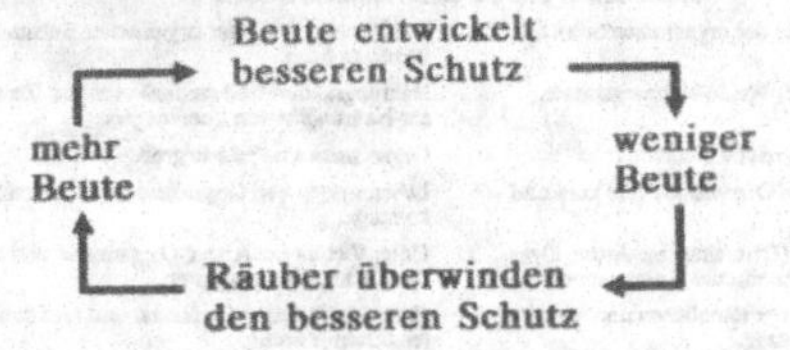

(S5.2) **Entwicklungs- und Reifestadium des Ökosystems haben jeweils andere Selektionsanforderungen: hohes Wachstumspotential bzw. hohe Selbstregelung.**

Im Entwicklungsstadium der Sukzession hat hohes Wachstums- und Reproduktionspotential der Organismen Selektionsvorteile ('r-Strategen'). Im Reifestadium der Sukzession haben Langlebigkeit und hohe Selbstregelung Selektionsvorteile ('K-Strategen').

Die **Vermehrungsstrategie** (r-Strategie) bringt kleine, kurzlebige Formen hervor, die wenig Biomasse (bzw. Energie) speichern und rasch einen großen Überschuß an Nachkommen erzeugen ('Pioniere', 'Generalisten').

Die **Anpassungsstrategie** (K-Strategie) erzeugt dagegen nur wenige, große und langlebige Formen, die relativ widerstandsfähig sind, große Reserven haben und oft an spezielle Anforderungen in stabilen Klimax-Ökosystemen angepaßt sind ('Spezialisten').

(S5.3) **Die Voraussetzung für erfolgreiche evolutionäre Anpassung einer Population an veränderte Bedingungen ist die Vielfalt des Genpools (genetische Vielfalt).**

Natürliche Selektion ergibt sich aus der verschieden starken Reproduktion genetischer Typen: an Umweltanforderungen besser angepaßte Organismen können sich (etwas) zahlreicher vermehren.

Selektion kann nur stattfinden, wenn in einer Population genetische Vielfalt (Variabilität, Vielfalt der Genotypen) herrscht. Eine Population **ohne** genetische Variabilität kann nicht lange überleben, da sie **keine** Möglichkeit hat, sich evolutionär an veränderte Bedingungen anzupassen. Künstliche Selektion klappt nur, wenn die entsprechende genetische Variabilität vorhanden ist. Bei starker Verminderung einer Population ergibt sich eine Verarmung der genetischen Variabilität (des Genpools).

(S5.4) **Wegen der schnelleren Generationsfolge ist die Evolution kleinerer Organismen schneller als die größerer Organismen.**

Es besteht ein Zusammenhang zwischen dem Körpervolumen und der Generationsdauer bzw. Geschwindigkeit der Evolution eines Organismus: kleinere Organismen haben kürzere Generationsdauer und daher eine höhere Evolutionsgeschwindigkeit.

Praktische Bedeutung hat dies u.a. für die Landwirtschaft: Chemische Schädlingsbekämpfung hat nicht nur meist auch die Vernichtung der natürlichen (größeren) Feinde zur Folge, sondern sie fördert vor allem auch die rasche Herausbildung immuner Stämme durch Resistenzbildung bei den (kleineren) Schadorganismen (in 2-4 Jahren). Großorganismen können sich nicht an rasch wechselnde Bedingungen anpassen (Dinosaurier!).

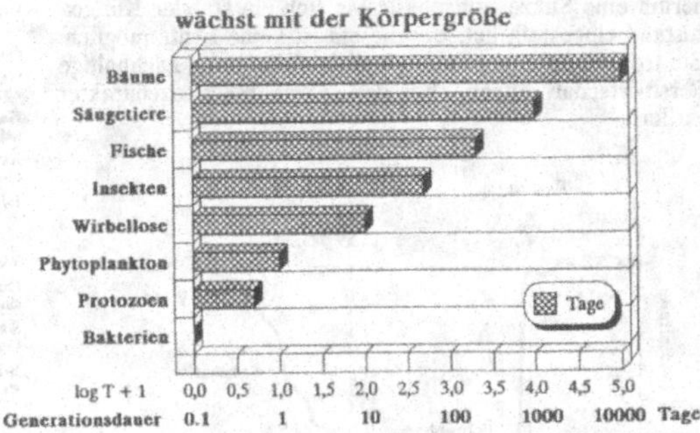

(S5.5) **Bei Organismen, Populationen, Ökosystemen, Sukzession, Evolution handelt es sich um Systemprozesse selbstorganisierender Systeme. Es bestehen Parallelen zur menschlichen Gesellschaft und ihren Entwicklungsprozessen.**

Die Strategie der Sukzession als Kurzzeitprozeß entspricht der Strategie der Evolution als Langzeitprozeß: wachsender Schutz vor Störungen durch wachsende Homöostase (Fähigkeit zur Selbstregulierung) und Resilienz (Widerstandsfähigkeit).

Parallelen: Evolution/Entwicklungsbiologie, Entwicklung von Ökosystemen, Entwicklung der menschlichen Gesellschaft. In allen diesen Fällen handelt es sich um die Entwicklung selbstorganisierender Systeme.

NUTZUNG ERNEUERBARER RESSOURCEN

Übersicht

Das Prinzip der nachhaltigen Nutzung erneuerbarer Ressourcen für die Ver- und Entsorgung von Organismen und Ökosystemen hat die Natur vor etwa 4 Milliarden Jahren auf der Erde entwickelt und seitdem konsequent durchgehalten. Unter dem Zwang dieses Prinzips haben sich Organismen in einer ungeheuren arbeitsteiligen Vielfalt entwickelt, die die effiziente Nutzung der Sonnenenergie in den Nahrungsketten und die vollständige Rezyklierung von Stoffen in den Ökosystemen sicherstellt.

Für eine erdgeschichtlich sehr kurze, für die Umwelt aber äußerst folgenreiche Zeit hat die Menschheit die Erde bewirtschaftet, ohne sich am Prinzip der Nachhaltigkeit zu orientieren. Diese Zeit geht - zwangsläufig - ihrem Ende zu. Wir müssen lernen, in jeder Beziehung nachhaltig mit der Umwelt umzugehen. Sie kann uns auf Dauer mit Rohstoffen, Energie, Wasser, Abfallentsorgungskapazität und frischer Luft versorgen. Zum nachhaltigen Umgang zählt auch der Schutz der Arten - und nicht nur um ihres (aktuellen oder potentiellen) ökonomischen Wertes willen.

Der wichtigste Bereich der menschlichen Versorgung - die Nahrungsmittelproduktion - beruht auf der Nettoprimärproduktion von Pflanzen und setzt damit eine Mindestanbaufläche pro Mensch voraus. Aber auch große Mengen erneuerbarer Rohstoffe (Holz, Fasern, Zellstoff, Papier, Baustoffe usw.) und Energieträger (Holz, Pflanzenreste, Dung) entstammen direkt oder indirekt dieser Pflanzenproduktion.

In Zukunft wird die Menschheit in steigendem Maße auf erneuerbare Rohstoffe und Energieträger aus diesen Quellen angewiesen sein (u.a. Energie aus Biomasse, Holzchemie, Bau- und Kunststoffe). Dauerhaft hohe Erträge setzen dabei die Nachhaltigkeit der Nutzung (Nährstoff-Rezyklierung, Erhalt der Bodenfruchtbarkeit, Verhinderung von Erosion, Erhaltung der Wasserhaltefähigkeit usw.) voraus.

Fast alle heute verbreiteten Systeme der land- und forstwirtschaftlichen Nutzung erfüllen die Bedingungen der Nachhaltigkeit nicht oder nicht mehr. Mit der Zunahme der Weltbevölkerung wird damit der Druck auf die Ökosysteme ständig stärker, was unter heutigen Bedingungen zum beschleunigten Verfall der ökologischen Tragfähigkeit und der Nachhaltigkeit führt.

Diese Entwicklung ist nicht unausweichlich; eine nachhaltigere und ausreichende Versorgung mit Nahrung, Rohstoffen und Energie aus der nachwachsenden Quelle 'Biomasse' ist bei weiser Nutzung der Ökosysteme, der Rohstoffe und der Energieträger auch bei relativ hoher Weltbevölkerung möglich. Allerdings darf diese nicht mehr wesentlich anwachsen.

Obwohl die nördlichen Industrieregionen der Welt mit Niederschlägen um 700 mm pro Jahr mit Wasser gut versorgt sind, führt die Wassernutzung durch Haushalte, Industrie und Landwirtschaft doch an vielen Stellen zu Knappheit und zu Umweltbelastungen, die auf die Ökosysteme der Binnengewässer und der Meere durchschlagen. Mit zunehmender Produktion, zunehmendem materiellen Lebensstandard und wachsender Bevölkerung steigen bisher noch diese Belastungen.

Auswirkungen auf Ökosysteme und auf die menschliche Versorgung haben vor allem der steigende Verbrauch und damit die Verknappung, die Gewässerbelastung mit verschiedenartigen Schadstoffen, von denen einige nur sehr schwer abbaubar sind, und die Veränderungen der hydrologischen Systeme durch verschiedenartige wasserbauliche Eingriffe.

Belastungen und Veränderungen der hydrologischen Systeme sind deshalb besonders gravierend, weil ihre Komponenten meist sehr lange Zeitkonstanten (Verweilzeiten) haben (z.B. Grundwasser, Meer). Werden Ökosysteme beeinflußt, sind diese Veränderungen oft irreversibel. Ziel wissenschaftlicher und technischer Bemühungen muß es daher in Zukunft vor allem sein, nicht nur etwa auf die Reduzierung der Schadstoffeinleitungen hinzuwirken (wie heute), sondern Schadstoffe aus der Hydrosphäre (wie auch aus der Atmosphäre) völlig fernzuhalten und Wasser auf allen Stufen rationeller zu nutzen. Durch Mehrfach- und Kreislaufnutzung, durch intelligente Nutzungsverfahren und Vermeidung unvernünftiger Nutzungen lassen sich - bei gleichem Lebenskomfort- die Belastungen der Ökosphäre und der Hydrosphäre durch den verschwenderischen Umgang des Menschen mit dem Lebenselement Wasser erheblich vermindern.

Inhalt

R1. Verfügbare erneuerbare Ressourcen

Nachhaltigkeit setzt nicht nur eine ständige Versorgung mit erneuerbaren Ressourcen (Stoffe, Energie, Wasser, Luft) voraus, sondern sie schließt gleichzeitig auch die laufende Entsorgung der entstehenden Abfallprodukte ein. Die natürliche Umwelt leistet beides seit Beginn des Lebens auf der Erde in eingespielten Systemen, deren Kapazität wir (teilweise) nutzen können.

(R1.1) Physikalische, chemische und biologische Prozesse in der Umwelt können die Abfälle biologischer Prozesse und die (biologisch abbaubaren) Abfälle menschlicher Aktivität ständig wieder aufarbeiten und reinigen und damit lebensnotwendige Stoffe erneut verfügbar machen.

Die Zersetzerketten der Ökosysteme zerlegen alle organischen Abfälle in ihre mineralischen Bestandteile und machen sie damit erneut für pflanzliche Organismen verfügbar, die sie an andere Organismen in der Nahrungskette weitergeben. Physikalische und chemische Prozesse in Boden, Wasser und Atmosphäre sorgen für andere notwendige Reinigungs- und Verwandlungsprozesse.

Die vom Menschen neu geschaffenen chemischen Verbindungen, mit denen Organismen keine evolutionären Erfahrungen haben sammeln können, werden dagegen nicht abgebaut, verteilen sich oft überall auf der Erde und akkumulieren z.T. in Organismen und Ökosystemen, die sie oft durch ihre Schadwirkung bedrohen.

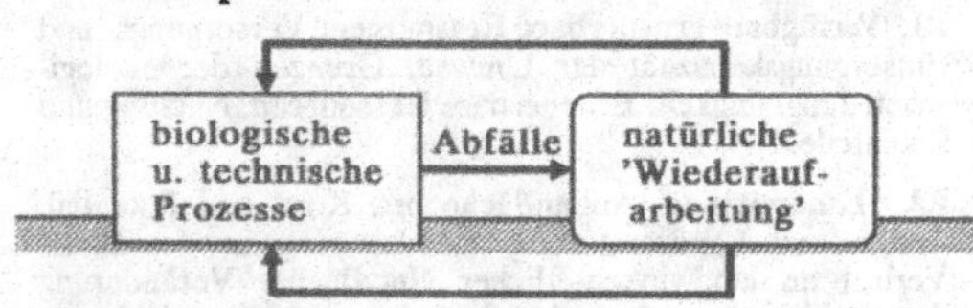

(R1.2) Mit der natürlichen Energiefixierung durch die Photosynthese steht eine dauerhafte Energiequelle (für Ernährung und technische Energien) und Rohstoffquelle (Baustoff, Fasern, Chemierohstoffe, Arzneimittel) zur Verfügung.

Mit der Photosynthese ist nicht nur eine erhebliche, leicht nutzbare Energiebindung verbunden, sondern sie stellt auch - über die verschiedenen Tier- und Pflanzenarten - eine Vielzahl von Rohstoffen, Chemiegrundstoffen und speziellen Wirkstoffen zur Verfügung. Mit diesen Energieträgern und Stoffen läßt sich prinzipiell das gesamte Spektrum des menschlichen Bedarfs abdecken.

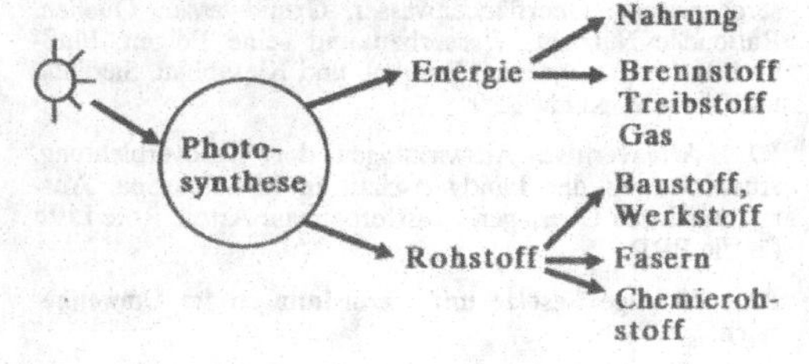

Beispiele: Nahrungsmittel jeder Art. Biomasse als Ausgangsmaterial für Energieträger jeder Art (Holz, Holzkohle, Biogas, Flüssig-Brenn- und Treibstoffe). Biomasse als Ausgangsmaterial für Werkstoffe (Holz, Preßplatten, Papier und Pappe, Kunststoffe jeder Art). Faserwerkstoffe: Wolle, Seide, Baumwolle, Leinen, Zellwolle, Synthetikfasern. Chemierohstoffe: Zucker, Alkohol, Kohlenwasserstoffe, Stärke, Öle und Fette, Proteine. Spezielle Wirkstoffe: Pharmaka, Farbstoffe, Arzneimittel, Schädlingsbekämpfungsmittel (z.B. Pyrethrum).

(R1.3) Wegen des geschlossenen Stoffkreislaufs belastet die nachhaltige Nutzung erneuerbarer Ressourcen die Umwelt nicht, auch wenn die Durchsätze groß sein können: Das System ist dann im Fließgleichgewicht.

Im Gegensatz zur Verbrennung fossiler Energieträger wird z.B. bei der energetischen Nutzung von Biomasse (Nahrung, Brenn- und Treibstoffe) nur das CO_2 wieder frei, das vorher durch Pflanzen aus der Atmosphäre gebunden wurde. Halten sich Biomasseverbrauch und Biomassezuwachs (durch nachhaltige Nutzung) die Waage, so ändert sich der CO_2-Pegel der Atmosphäre nicht.

In Boden und Gewässern können (durch Zersetzer) organische Abfälle abgebaut werden, solange diese Systeme nicht überlastet werden. Nachhaltige Nutzung verlangt also nicht die Isolierung von abbaubaren Abfällen von der Umwelt (Deponien!), sondern setzt sogar deren Rückführung (in nachhaltig abbaubaren Raten!) in die Umwelt voraus.

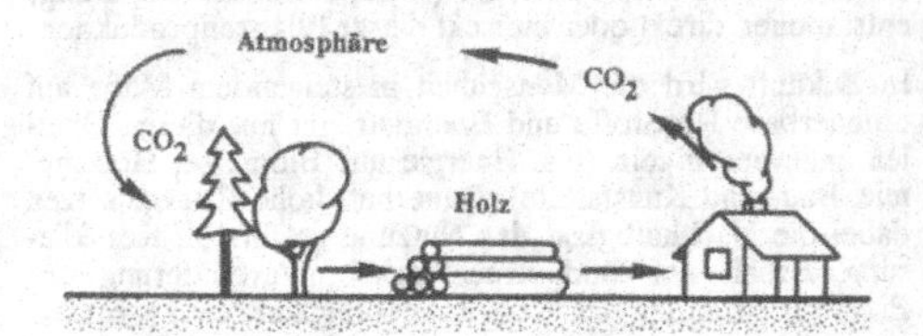

(R1.4) Die Verfügbarkeit erneuerbarer Ressourcen (Reinigungskapazität, Stoffe, Energien) ist an die Durchsatzleistung natürlicher Prozesse gebunden (Sonneneinstrahlung, Umsatzleistungen von Mikroorganismen, Photosyntheseleistung usw.).

Für die nachhaltige Nutzung zählen nicht Vorräte, sondern lediglich die **auf Dauer** ohne Umweltbeeinträchtigung erzielten **Durchsätze** (Energie- und Stoffmengen pro Zeiteinheit). In allen Ökosystemen - auf die die nachhaltige Nutzung angewiesen ist - werden diese Durchsätze direkt oder indirekt durch die auf die Fläche bezogene Leistungsdichte der Sonnenstrahlung begrenzt.

Mittlere spezifische Jahresleistung (W/m^2):

Sonneneinstrahlung (s. K2.12):	100 W/m^2
Nettoprimärproduktion (Pflanzen):	1 W/m^2
Bodenmikroorganismen (Zersetzer):	1 W/m^2
intensiver Pflanzenbau (max.):	5 W/m^2
technische Solarenergienutzung (max.):	30 W/m^2

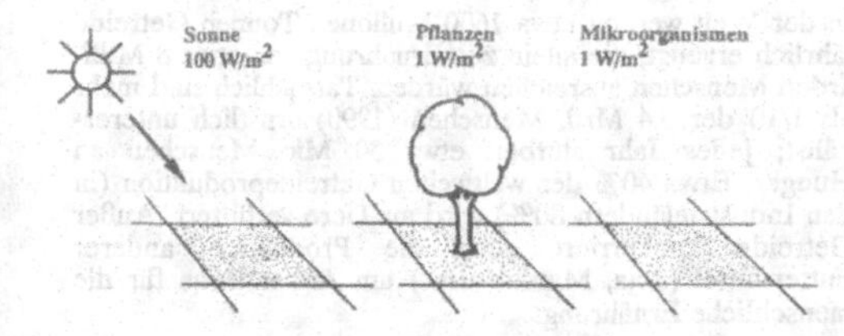

(R1.5) Um die nachhaltige Verfügbarkeit so hoch wie möglich zu halten (z.B. für die menschliche Ver- und Entsorgung), muß die Leistungsfähigkeit ökologischer Prozesse auf möglichst großen Flächen gewährleistet bleiben.

Die Leistungsfähigkeit ökologischer Prozesse hat für uns nicht nur dort Bedeutung, wo wir sie direkt für unsere Zwecke nutzen (Land- und Forstwirtschaft). Von überlebenswichtiger Bedeutung ist auch und gerade die Leistungsfähigkeit ökologischer Prozesse in der 'unberührten' Natur, da dort die lebenswichtigen Abbau-, Reinigungs-, Rückführungs-, Stabilisierungs- und Evolutionsprozesse vollzogen werden.

Naturwälder, Gewässer, Meere, Boden, Arten und die Vielfalt der natürlichen Ökosysteme müssen daher im eigenen Interesse vor den Umweltbelastungen durch den Menschen bewahrt werden.

(R1.6) Die nachhaltige Nutzung erneuerbarer Ressourcen kann wegen der durch Naturgesetze prinzipiell begrenzten Leistungsfähigkeit der natürlichen Prozesse nur bis höchstens an die Grenze der ökologischen Tragfähigkeit getrieben werden. Diese läßt sich durch Bewirtschaftungsmaßnahmen nur bedingt erhöhen.

Unter günstigen Bedingungen haben natürliche Ökosysteme eine Nettoproduktivität (Jahresdurchschnitt) von rd. 50 $MJ/m^2 \cdot a$ bzw. 1.5 W/m^2. Durch optimale Bewirtschaftung (mehrere Ernten pro Jahr), Nährstoff- und Wasserversorgung und Temperatur- und Lichtbedingungen (Gewächshauskulturen) läßt sich dieser Ertrag maximal vervielfachen (vgl. E2.6, E5.6).

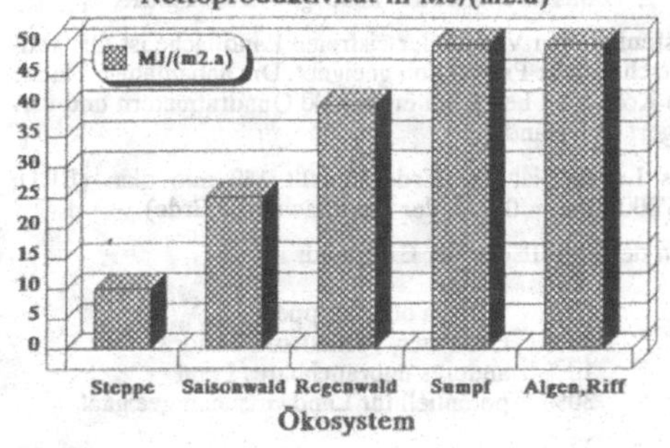

(R1.7) Die weitere Entwicklung der Menschheit (Bevölkerungszahl, Energie- und Rohstoffverbrauch) muß sich der Leistungsgrenze der Ökosysteme anpassen.

Die landwirtschaftliche Nutzfläche beträgt mit 1.3 Milliarden Hektar etwa 3% der Erdoberfläche. Wird ein mittlerer nachhaltiger (Körnerertrag) von 2.5 $t_{OTS}/(ha \cdot a)$ vorausgesetzt, so ergibt sich bei einem Pro-Kopf-Nahrungsbedarf von etwa 200 kg Getreide pro Jahr eine nachhaltige Ernährungskapazität der Erde von 16 Milliarden Menschen (1990: 5.4 Mia) unter der Voraussetzung, daß ausschließlich pflanzliche Nahrung für die menschliche Ernährung (kein Tierfutter, keine Energie- und Rohstofferzeugung) angebaut wird.

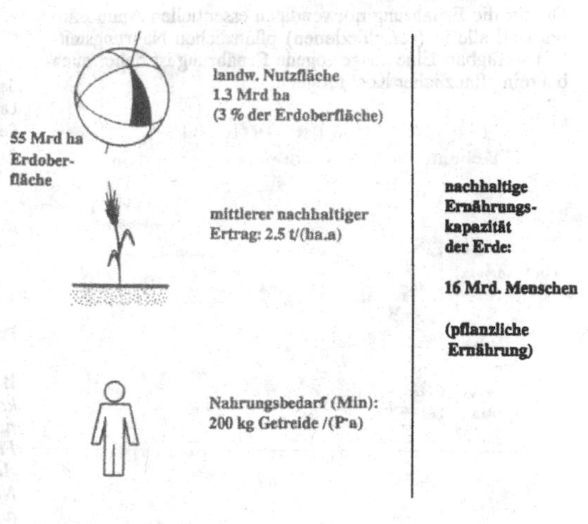

(R1.8) Bei Nahrungsmitteln, Wasser, Luft und der Entsorgung organischer Abfälle sind wir vollständig auf erneuerbare Ressourcen (ökologische Prozesse) angewiesen.

Die vielfältigen und komplexen ökologischen Prozesse der Nahrungs- und Energieversorgung, der Luft- und Wasserreinigung und Abfallzersetzung lassen sich z.T. prinzipiell nicht (Normalnahrung), z.T. nur unter hohem Aufwand unter Sonderbedingungen (Labor, Weltraumstation) durch technische Prozesse ersetzen.

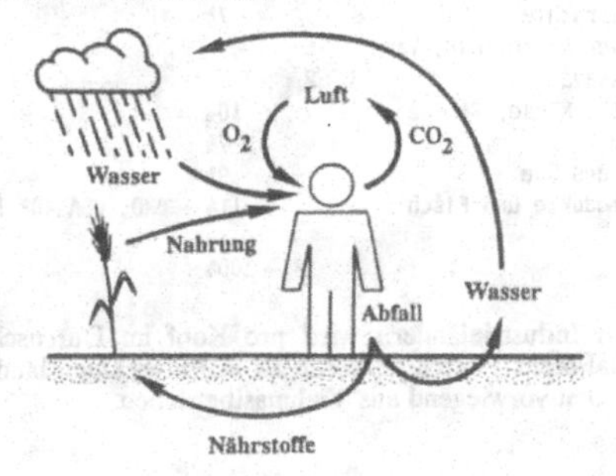

(R1.9) Erneuerbare Ressourcen lassen sich sparsam oder verschwenderisch nutzen. Wegen der hohen Energieverluste in der Nahrungskette können mit der gleichen landwirtschaftlichen Nutzfläche bei tierischer Kost weit weniger Menschen ernährt werden als bei pflanzlicher Kost.

Beispiel Eiweißversorgung: Mit Sojabohnen läßt sich der jährliche Eiweißbedarf von etwa 15 Menschen pro Hektar decken; mit Bohnen der von etwa 8 Menschen pro Hektar. Bei der Eiweißversorgung aus Rindfleisch reicht 1 Hektar nur für etwa 1/2 Person. Mit Eiweiß aus Sojabohnen, Bohnen oder Erbsen lassen sich also auf der gleichen Fläche 20 - 30 mal mehr Menschen ausreichend mit Eiweiß versorgen als durch Rindfleisch.

Die für die Ernährung notwendigen essentiellen Aminosäuren sind alle in (verschiedenen) pflanzlichen Nahrungsmitteln verfügbar. Eine ausgewogene Ernährung ist daher auch bei rein pflanzlicher Kost möglich.

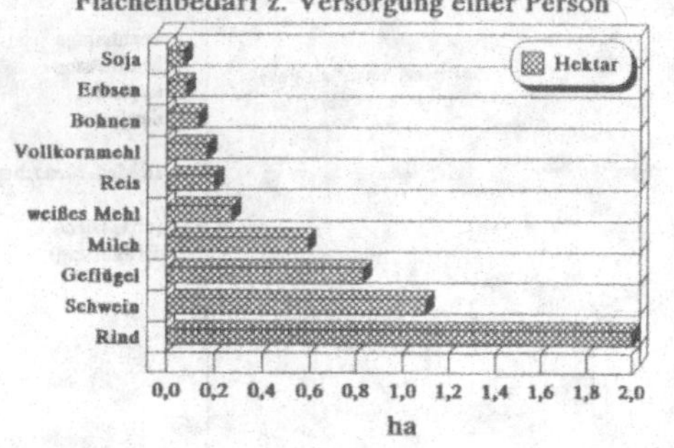

(R1.10) Rund 90% der menschlichen Nahrungsenergie stammen aus pflanzlichen, 10% aus tierischen Quellen (Weltdurchschnitt).

Pflanzliche Nahrung macht den weitaus größten Teil der menschlichen Ernährung aus.

Quellen menschlicher Nahrungsenergie

Getreide		56%	
davon Reis	21		
Weizen	20		
Mais	5		
andere	10		
Wurzelfrüchte		7%	
davon Kartoffeln, Yams	5		
Cassava	2		
Früchte, Nüsse, Gemüse		10%	
Zucker		7%	
Fette und Öle		9%	
Tierprodukte und Fisch		11%	BRD, USA 40% !

		100%	

In den Industrieländern wird pro Kopf im Durchschnitt achtmal mehr Fleisch gegessen als in Entwicklungsländern. Es stammt vorwiegend aus Viehmastbetrieben.

In der Welt werden etwa 1600 Millionen Tonnen Getreide jährlich erzeugt, die allein zur Ernährung von etwa 8 Milliarden Menschen ausreichen würden. Tatsächlich sind mehr als 1/10 der 5.4 Mrd. Menschen (1990) ernstlich unterernährt; jedes Jahr sterben etwa 50 Mio Menschen an Hunger. Etwa 40% der weltweiten Getreideproduktion (in den Industrieländern 80%) wird an Tiere verfüttert. Außer Getreide konkurriert auch die Produktion anderer Futtermittel (Soja, Maniok usw.) um Anbaufläche für die menschliche Ernährung.

(R1.11) Durch Landwirtschaft ist die für den Menschen verfügbare Erntemenge pro Fläche stark erhöht worden. Gegenüber der Sammlerkultur hat sie sich etwa vertausendfacht.

	Ernteertrag $kJ/m^2 \cdot a$	erford. Fläche m^2/Mensch
Sammlerkultur	1 - 40	400000
Landwirtsch. ohne Energiezufuhr	100 - 4000	4000
Getreideanbau mit Energiezufuhr	4000 - 40000	400
Algenkulturen mit Energiezufuhr	40000 - 160000	40

R2. Landnutzung

Während die weltweit verfügbare anbaufähige Fläche etwa konstant bleibt, sinkt wegen der weiter steigenden Weltbevölkerung die pro Kopf verfügbare Fläche ständig. Die anbaufähige Fläche ist darüber hinaus gefährdet durch die zunehmende Anwendung nicht-nachhaltiger Nutzungsmethoden mit hohen Nährstoff- und Bodenverlusten. In der Bundesrepublik und anderen Industrieländern geht ständig Landwirtschaftsfläche durch Bebauungen usw. verloren.

Der Wald hat elementare Bedeutung beim Kohlenstoff-, Sauerstoff- und Wasserkreislauf, bei der Regulierung des Wasserhaushalts und des Klimas, bei der Erschließung und Bereithaltung mineralischer Nährstoffe, für die Artenvielfalt usw. Gegenwärtig gehen weltweit ständig große Waldflächen verloren, teilweise durch Abholzung, teilweise durch die Folgen der Luftverschmutzung.

(R2.1) Nur etwa ein Viertel der Landfläche der Erde ist potentiell landwirtschaftlich nutzbar. Dies ist etwa das Dreifache der heute genutzten Fläche.

Bestenfalls ein Viertel der eisfreien Landfläche ist für landwirtschaftliche Produktion geeignet. Die anbaufähige Fläche pro Kopf liegt heute bei etwa 3000 Quadratmetern und verringert sich ständig.

Das Landgebiet der Erde umfaßt 149 mio qkm (BRD: 245'000 qkm = 0.16% der Landfläche der Erde).

Von der Landfläche der Erde sind:

	20%	Berge
	20%	Wüsten oder Steppe
	20%	Gletscher, Permafrost, Tundra
	10%	anderes unbrauchbares Land
nur	30%	potentiell für Landwirtschaft geeignet

Das potentiell landwirtschaftlich nutzbare Land hat eine Fläche von 3.2 Mrd ha = 24% des eisfreien Gebiets. Hiervon werden aber bereits rd. 1.5 Mrd. ha landwirtschaftlich genutzt (davon 0.7 Mrd ha für den Getreideanbau), während der Rest von Wald bestanden ist oder als Weide dient. Von der gesamten potentiell nutzbaren Fläche von 3.2 Mrd ha sind 53% in den Tropen, 18% in den subtropischen und warm-gemäßigten Gebieten und 29% in kühl-gemäßigten Gebieten.

Als Anbaufläche stehen heute pro Kopf etwa 0.3 ha = 3000 m^2 zur Verfügung. Diese Zahl verringert sich ständig mit weiterem Bevölkerungswachstum.

LANDFLÄCHE
nur wenig Land für Landwirtschaft

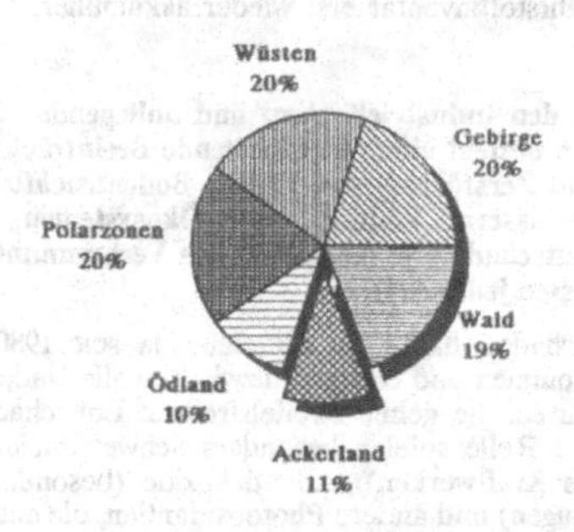

(R2.2) Bei einer Weltbevölkerung von 6.3 Milliarden (im Jahr 2000) ergibt sich eine Anbaufläche von rund 2400 m^2 pro Kopf. Die spezifische Anbaufläche reduziert sich bei weiterem Bevölkerungswachstum ständig.

Da sich die Größe der Anbaufläche ohne ökologische Schäden (Waldzerstörung, Erosion) und Verwendung marginaler Standorte (Hanglagen) nicht vergrößern läßt, muß weiterhin von einer Anbaufläche von etwa 1.5 Mrd. ha ausgegangen werden, davon 0.7 Mrd ha Getreidefläche. Bei einer Bevölkerungszahl von 6.3 Mrd im Jahr 2000 bedeutet dies eine spezifische Anbaufläche von 2400 m^2 pro Kopf (1/4 Hektar) (bzw. 1100 m^2 Getreidefläche).

ANBAUFLÄCHE PRO KOPF
sinkt wegen Bevölkerungsanstieg

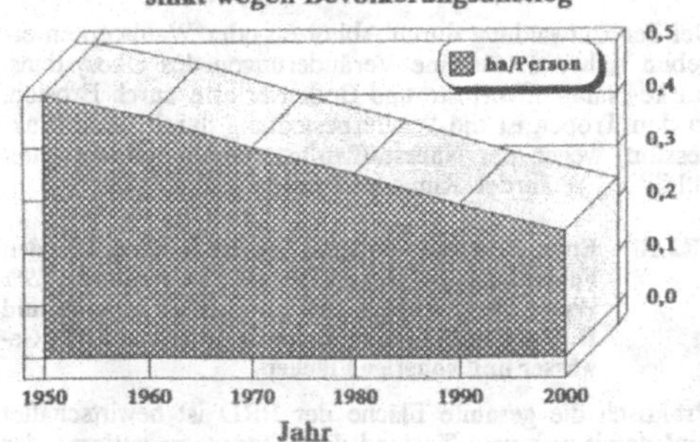

(R2.3) Bei einem mittleren Getreideertrag von 2200 kg/ha sind rund 1000 m^2 Anbaufläche pro Person bei rein pflanzlicher Ernährung erforderlich.

Der mittlere Getreideertrag der Welt liegt bei etwa 2200 kg/ha. Der Ertrag hat sich seit 1950 (bei einer Verfünffachung der Mineraldüngergabe) fast verdoppelt, stagniert jetzt aber (Maximalerträge liegen bei 12000 kg/(ha · a).

Um den Jahresgetreidebedarf einer Person bei pflanzlicher Ernährung (etwa 200 kg/a) zu decken, sind (im Weltmittel) etwa 1000 m^2 erforderlich. (Diese Überschläge zeigen, daß auch bei erheblichen Ertragssteigerungen auf Dauer nicht viel Luft in der Nahrungsversorgung steckt.)

(R2.4) Die westlichen Industrienationen haben pro Person etwa doppelt so viel Anbaufläche wie die anderen Ländergruppen. Die Fläche pro Person bleibt in den Industrieländern in Zukunft etwa gleich, sinkt aber in den Entwicklungsländern wegen des Bevölkerungswachstums und der Bodenzerstörung (Degradation) stark ab.

Wegen des unterschiedlich starken Bevölkerungswachstums sinkt die Anbaufläche pro Kopf in den Entwicklungsländern sehr viel rascher als in den Industrienationen. Die Entwicklungsländer haben nicht nur weniger als die Hälfte der pro-Kopf-Anbaufläche der Industrienationen, sie haben außerdem auch meist schlechtere Bodenproduktivität (Wasser, Nährstoffe, Erosion).

Die Anbaufläche pro Kopf beträgt in den Industrienationen rund 5000 m^2/Kopf, in den Entwicklungsregionen rund 2000 m^2/Kopf.

ANBAUFLÄCHE PRO KOPF
ist in den Industrieländern größer

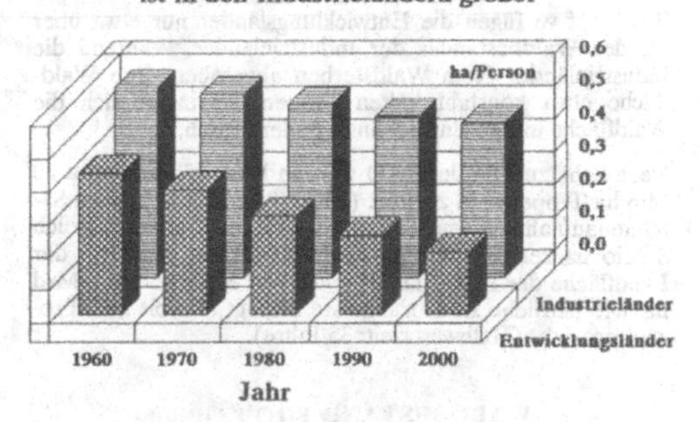

(R2.5) Die fortschreitende Bodenzerstörung in vielen Ländern führt zum Verlust von Anbauflächen, Zerstörung der Pflanzendecke und der Wälder und zum Anwachsen der Wüstengebiete.

Weltweit breiten sich die Wüsten rasch aus, große Waldgebiete gehen verloren und bewässertes Land wird durch Versalzung usw. geschädigt.

Zum Teil durch Übernutzung marginaler Gebiete (Übervölkerung, Ansiedlung von Nomaden usw.), zum Teil durch längerfristige Klimaveränderungen (Sahel-Zone) breiten sich Wüsten rasch aus. Klimaveränderungen sind möglicherweise z.T. durch verbreitete Abholzung bedingt, die den Wasserkreislauf verändert haben.

Die Hälfte des bewässerten, ursprünglich meist besonders fruchtbaren Bodens ist bereits durch Versalzung usw. geschädigt. Nachhaltige Nutzung bewässerter Böden ist nur bei äußerst sorgfältiger Bewirtschaftung möglich.

Existenznot, aber auch unüberlegte Entwicklunghilfesmaßnahmen haben zur fortschreitenden Wüstenbildung beigetragen. In der Sahel-Zone (Südrand der Sahara) wurden z.B. Nomaden angesiedelt, Brunnen gebohrt, Reservoire angelegt, Veterinärmedizin eingeführt. Die Folge: Die Viehzahlen erhöhten sich stark. Es kam zur Überweidung und zu stark erhöhtem Feuerholzverbrauch, Bodenerosion und zu Wüstenbildung. Der Vorgang wurde durch ausfallende Monsune noch verstärkt.

WALD- UND BODENZERSTÖRUNG

Wald verschwindet, Wüsten wachsen

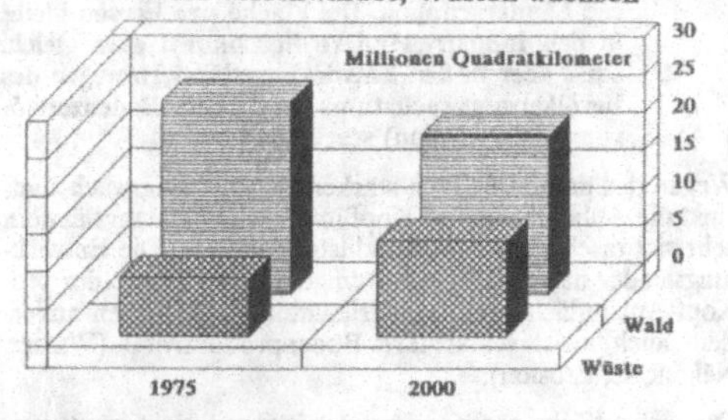

(R2.6) In den Entwicklungsländern ist (1) der Waldbestand pro Person wesentlich geringer und (2) der jährliche Waldverlust wesentlich höher als in den Industrieländern.

Pro Kopf verfügen die Entwicklungsländer nur etwa über 1/3 des Waldbestandes der Industrieländer. Während die Industrieländer (vom Waldsterben abgesehen) ihre Waldfläche etwa konstant halten können, verringert sich die Waldfläche in den Entwicklungsländern rasch.

Nach Schätzungen der FAO werden heute jährlich etwa 20 Mio ha Tropenwald zerstört (BRD: 24.5 Mio ha). Nach Satellitenaufnahmen wurden (1987) allein in Brasilien jährlich 8 Mio ha zerstört. Tropenwälder bedecken etwa 8% der Landfläche der Erde, d.h. 8% von 14.9 Mrd ha = 1.2 Mrd ha. Die jährliche Zerstörungsrate beträgt also bis zu 2 Prozent pro Jahr (Halbwertszeit: 35 Jahre).

WALDBESTAND PRO KOPF

ist in den Industrieländern größer

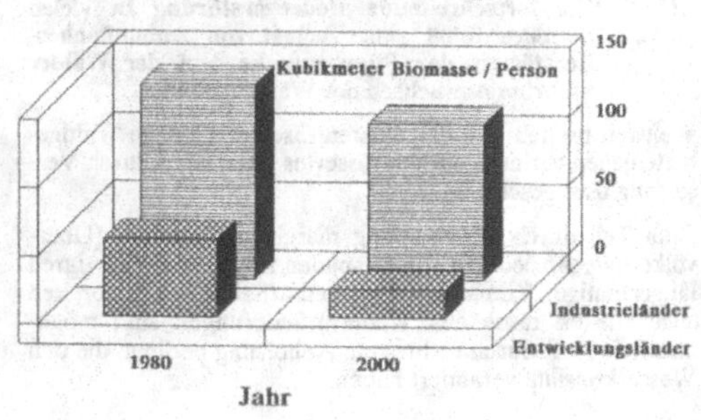

Jahr

(R2.7) Tropische Waldböden sind wegen des engen Nährstoffkreislaufs für die dauerhafte landwirtschaftliche Nutzung schlecht geeignet.

Tropische Böden sind (wegen des 'engen' Nährstoffkreislaufs, vgl. N2.9) besonders nährstoffarm. Nach Entwaldung wird der Boden nach wenigen Jahren landwirtschaftlicher Nutzung unbrauchbar.

Die dürftige Qualität tropischer Böden und hohe Niederschläge führen zu raschem Nährstoffverlust nach Rodung. Bei eisenreichen lateritischen Böden (5 bis 10% der tropischen Wälder, bes. Brasilien) ergibt sich unter Sonneneinwirkung Lateritbildung. Damit ist die weitere landwirtschaftliche Nutzung unmöglich. Wiederaufforstung ist nur mit erheblichen Anstrengungen möglich. Der Wiederaufbau eines tropischen Waldes dauert dann hunderte von Jahren, weil das Nährstoffinventar erst wieder akkumuliert werden muß.

(R2.8) In den Industrieländern und anliegenden Regionen besteht eine fortschreitende Beeinträchtigung und Zerstörung von Böden, Bodenfruchtbarkeit, Gewässern, Wäldern und Ökosystemen durch Luftschadstoffe (vor allem aus Verbrennungsprozessen jeder Art).

Die Waldschäden haben in Mitteleuropa seit 1980 sehr stark zugenommen und erfassen inzwischen alle Nadel- und Laubbaumarten. Sie gehen zweifelsfrei auf Luftschadstoffe zurück. Eine Rolle spielen besonders Schwefeldioxid (besonders aus Kraftwerken) und Stickoxide (besonders aus Kraftfahrzeugen) und andere Photooxidantien, die entweder das Feinwurzelsystem schädigen (saurer Boden, erhöhte Umlaufrate), oder die Photosynthese beeinträchtigen (geringere Assimilatproduktion).

Bäume zeigen bei jahrelanger Immissionsbelastung keinen Zuwachs mehr und sterben schließlich plötzlich ab. Eine Rettung der Wälder erscheint auf Dauer nur bei drastischer Verringerung der Emissionen möglich.

(R2.9) Durch zunehmende Abholzung und Entwaldung sind Klima, Arten, Ökosysteme, Land- und Forstwirtschaft und Wasserversorgung gefährdet.

Waldökosysteme spielen eine wichtige Rolle für das Klimamuster, den Wasserhaushalt und die Wasserrückhaltung, den Nährstoffkreislauf, die Erosionsverhütung, die Sauberhaltung von Luft und Wasser, den Zustand von Bächen, Flüssen, Seen und Grundwasservorräten, die genetische Vielfalt von Pflanzen, Tieren und Mikroorganismen.

Bei der Entwaldung durch Abholzen oder Waldsterben ergeben sich u.a.: extreme Veränderungen des Ökosystems, starke Nährstoffverluste und Bodenverluste durch Erosion. In den Tropen ist die Wiederbesiedlung durch Wald (Sukzession) wegen der Nährstoffverluste und möglicher Lateritbildung gefährdet. Klimaänderungen sind möglich.

(R2.10) Etwa 31% des Bodens der BRD wird für den Feldanbau genutzt, 21% sind Grünland, 29% Wald, 5% unkultiviertes Land, 6% Gebäude und Hofflächen, 5% Verkehrswege und rund 3% Gewässer und sonstige Flächen.

Praktisch die gesamte Fläche der BRD ist bewirtschaftet und damit weit vom Zustand des Ökosystems entfernt, der sich auf natürliche Weise einstellen würde (Klimaxstadium).

Auf 60 Millionen Einwohner bezogen, ergibt sich bei der Gesamtfläche von 24.5 Mio ha eine Feldanbaufläche von 24.5 * 0.31/60 = 0.127 ha pro Person. Bei mittleren Erträgen von 5000 kg Getreide/ha in der BRD genügen hier pro Person 400 m^2 = 0.04 ha für eine pflanzliche Ernährung (200 kg Getreide/Jahr). Der größte Teil der Feldanbaufläche dient der Viehfuttererzeugung.

(R2.11) Durch Bauten und Verkehrswege geht in allen Ländern ständig landwirtschaftliche Nutzfläche verloren. (Etwa 120 Hektar (3 größere Höfe) pro Tag in der BRD.)

Die jetzt seit den 50er Jahren anhaltenden Neubaumaßnahmen (Siedlungen, Verkehrsflächen, Industrieansiedlung) haben insgesamt zu einem enormen und unwiederbringlichen Verlust an landwirtschaftlicher Nutzfläche geführt. In einigen anderen Industrienationen liegen die Verhältnisse noch ungünstiger.

Die jährliche Verlustrate an Landwirtschaftsfläche beträgt derzeit in der BRD etwa 43000 ha/a = rd 120 ha/Tag. Die durchschnittliche Betriebsgröße der Bundesrepublik ist heute 17 ha.

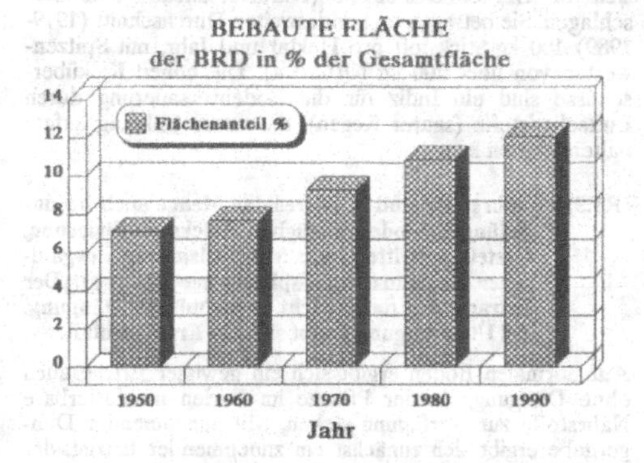

R3. Moderne Landwirtschaft

Historische nachhaltige Agrar-Ökosysteme orientierten sich an der Nährstoffrückführung natürlicher Ökosysteme (China, Mittelamerika, Dreifelderwirtschaft). Nährstoffentzüge wurden durch weitgehende Rückführung der Pflanzenrückstände und des organischen Düngers, sowie durch Fixierung und Verwitterung ausgeglichen. Die moderne Landwirtschaft hat die Erträge durch Zufuhr mineralischer Dünger, durch Schädlings- und Unkrautbekämpfung stark gesteigert, dabei aber den Nährstoffkreislauf aufgebrochen und den Energieeinsatz pro erzeugter Nahrungsenergieeinheit stark erhöht. Die Entwicklung ist in vieler Hinsicht problematisch, u.a. weil eine langfristige Nachhaltigkeit der Landwirtschaft nicht mehr gewährleistet ist.

Von der globalen landwirtschaftlichen Fläche und ihrer möglichen Produktivität her betrachtet, könnte eine ausreichende Nahrungsmittelversorgung auch bei zunächst noch zunehmender Weltbevölkerung gewährleistet sein. Die Nahrungsversorgung könnte noch wesentlich verbessert werden, wenn die futterintensive Tierhaltung der Industrienationen reduziert würde. Regionale Unterversorgung und Hunger existieren heute, weil zum Teil die ökologische Tragfähigkeit den pro-Kopf-Bedarf unterschreitet und durch Übernutzung diese Tragfähigkeit noch weiter verringert wird.

(R3.1) Die Dreifelderwirtschaft (Getreide, Hackfrucht, Brache; etwa bis 1930) orientierte sich weitgehend an den Kreisläufen natürlicher Ökosysteme: Der Nährstoffkreislauf war weitgehend geschlossen.

Bei der Dreifelderwirtschaft wurden Nährstoffe weitgehend mit organischem Dünger zurückgeführt. Verluste wurden z.T. durch Wald- und Heidestreu (dort Nährstoffverarmung!) und Brache ausgeglichen. Schädlingsbefall wurde durch Fruchtwechsel erschwert. Das Ertragsniveau lag um oder unter 2000 kg Getreide/ha (20 dt/ha).

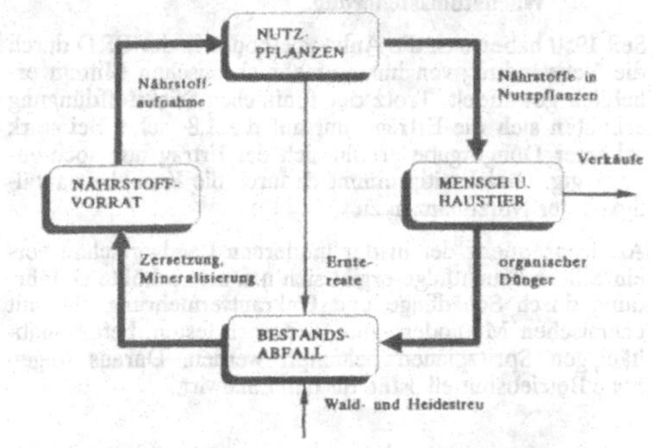

NÄHRSTOFFKREISLAUF IN DER TRADITIONELLEN LANDWIRTSCHAFT

(R3.2) In der modernen intensiven Landwirtschaft wurde der Nährstoffkreislauf aufgebrochen: Verwendung von Industriedünger, keine Rückführung von Nährstoffen in organischen Abfällen.

Beim intensiven Getreideanbau wurde der Nährstoffkreislauf aufgebrochen, da Mist und Gülle in Mastbetrieben an anderer Stelle anfallen und nicht wieder zurückgeführt werden. Die Nährstoffe müssen zum größten Teil als Handelsdünger zugeführt werden, der (wie Phosphat) aus erschöpfbaren Rohstoffvorräten stammt. Um das System unter Kontrolle zu halten, müssen Pestizide aller Art zugeführt werden.

Die Spezialisierung der Landwirtschaft hat zu reiner Pflanzenproduktion (ohne Tierhaltung) auf der einen Seite und Mastbetrieben auf der anderen Seite geführt. Der Ersatz der mit der Frucht exportierten Nährstoffe ist bei reiner Pflanzenproduktion nur durch mineralische Düngung möglich. Bei den (nun flächenunabhängigen) Mastbetrieben kommt es zu einem hohen Viehbesatz pro Hektar (über 5 Großvieheinheiten pro Hektar), der bei Gülledüngung zur Grundwasserverseuchung führt. Ausgewogener Viehbesatz (ökologischer Landbau) erlaubt nicht mehr als 1 Großvieheinheit pro Hektar.

(1 GVE = 1 Rind oder 5 Schweine oder 60 Hühner).

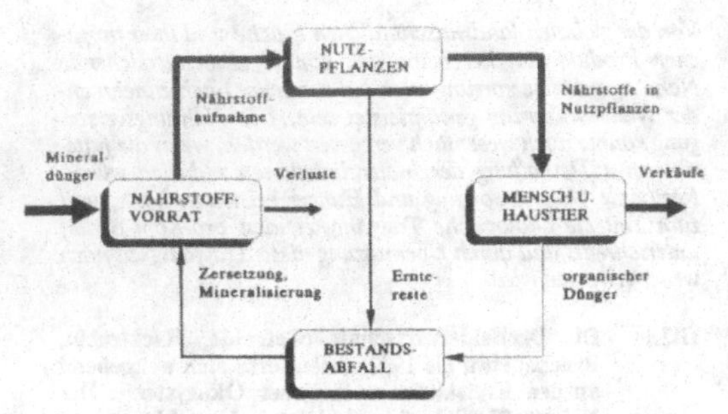

NÄHRSTOFFDURCHLAUF BEI DER MODERNEN LANDWIRTSCHAFT

(R3.3) Moderne Anbauverfahren verlangen hohe Düngergaben und die Verwendung chemischer Mittel zur Schädlings- und Unkrautbekämpfung und Wachstumssteuerung.

Seit 1950 haben sich die Anbaumethoden in der BRD durch die Verwendung von immer mehr chemischen Mitteln erheblich gewandelt. Trotz der fünffachen Stickstoffdüngung erhöhten sich die Erträge nur auf das 1.8-fache. Bei stark erhöhter Düngergabe erhöht sich der Ertrag nur noch geringfügig. Gleichzeitig nimmt dadurch die Krankheitsanfälligkeit der Nutzpflanzen zu.

Als Konsequenz der in der modernen Landwirtschaft vereinfachten Fruchtfolge ergibt sich u.a. eine erhöhte Gefährdung durch Schädlinge und Unkrautvermehrung, die mit chemischen Methoden, zum Teil nach festen, befallsunabhängigen Spritzplänen bekämpft werden. Daraus folgen hohe Betriebsmittelkosten für den Landwirt.

WEIZENANBAU-SYSTEM
'moderne' Landwirtschaft, BRD

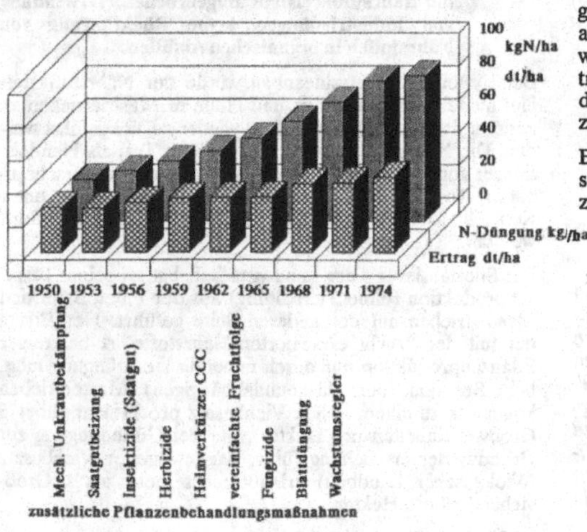

(R3.4) Der mittlere Düngereinsatz (Handelsdünger und Hofdünger) hat heute Werte erreicht, die weit über dem Nährstoffentzug guter Ernten liegen. Die Nährstoffüberschüsse belasten die Umwelt (Grundwasser, Atmosphäre)

Nährstoffentzug und mittlerer Düngereinsatz

		Nährstoffentzug von Weizen[1] (kg/ha)	Düngereinsatz[2] (kg/ha)		
			Handels-dünger	Stall-dünger	Summe
Stickstoff	N	150	132	70	202
Phosphat	P_2O_5	60	55	35	90
Kali	K_2O	110	80	95	175
Kalk	CaO	30	123	70	193
Magnesium	MgO	15			

[1]Gesamtpflanze, bei Körnerertrag von 5 t/ha
[2]Durchschnitt je ha landwirtschaftlicher Nutzfläche

Diese statistischen Durchschnittszahlen der Düngerausbringung beziehen sich auf den Hektar landwirtschaftlicher Nutzfläche (einschließlich Weideland und Brache!), so daß sich beim Feldanbau weit höhere Überschüsse ergeben, die sich in Umweltbelastungen (Nitratverseuchung) niederschlagen. Sie betragen im bundesweiten Durchschnitt (1979-1989) 100 kg Stickstoff pro Hektar und Jahr, mit Spitzenwerten von über 200 kg N/(ha · a). Die hohen Kalküberschüsse sind ein Indiz für die Bodenversauerung durch Luftschadstoffe (saurer Regen), die durch Kalkung aufgehalten werden kann.

(R3.5) Nährstoffe sind in begrenzter Menge auch im ungedüngten Boden verfügbar (Stickstoff-Fixierung, Gesteinsverwitterung, Mineralisierung organischer Substanz, atmosphärischer Eintrag). Der Ertrag steigt daher nicht linear mit der Düngung. Bei Überdüngung ergibt sich ein Ertragsabfall.

Auf normalen Böden ergibt sich ein gewisser Ertrag auch ohne Düngung, da der Pflanze im Boden mobilisierbare Nährstoffe zur Verfügung stehen. Mit zunehmender Düngergabe ergibt sich zunächst ein zunehmender Ertrag, der aber schließlich durch weitere Düngergaben nicht gesteigert werden kann. Bei zu hohen Düngergaben ergibt sich Ertragsminderung. Bei Stickstoff erfordert die Verdopplung des Ertrags (von 2500 kg/ha auf 5000 kg/ha) etwa den zehnfachen Düngemitteleinsatz (rd. 200 statt 20 kg/ha).

Eine geringfügige Ertragsverbesserung muß außer durch stark erhöhte Düngergaben noch durch zusätzliche Pestizide gegen Unkräuter und Schädlinge erkauft werden.

ERTRAG
als Funktion der Nährstoffmenge kgN/ha

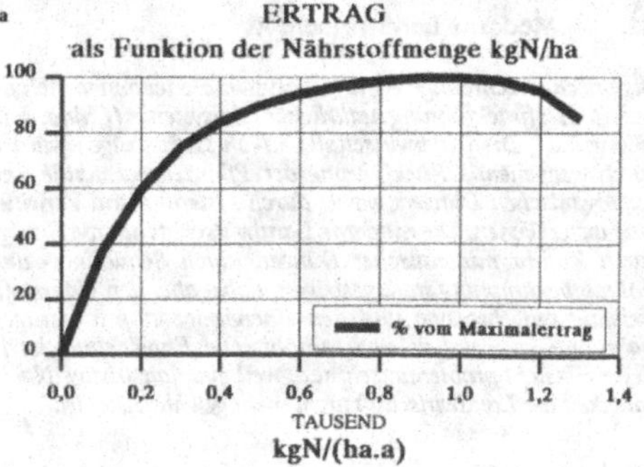

(R3.6) Herbizide (Unkrautbekämpfungsmittel) und Fungizide (Pilzbekämpfungsmittel) haben den größten Anteil an den in der Landwirtschaft eingesetzten Bioziden. In der BRD ergibt sich eine mittlere Belastung mit 2.3 kg Biozidwirkstoffen pro Hektar landwirtschaftlicher Nutzfläche pro Jahr.

In der BRD wird eine (seit 1980 etwa gleiche) Menge von Pflanzenbehandlungsmitteln mit 32000 t Wirkstoff pro Jahr eingesetzt. Auf die landwirtschaftliche Nutzfläche von 13.5 Mio ha bezogen, entspricht dies einer durchschnittlichen Ausbringung von 2.4 kg Wirkstoff pro ha und Jahr (bezogen auf die Ackerfläche von 7.6 Mio ha sind es 4.2 kg/(ha · a)). (Produziert und exportiert werden in der BRD fast 150000 t (Wirkstoff) an Pflanzenbehandlungsmitteln pro Jahr.) Es gibt etwa 1900 zugelassene Mittel. Den mengenmäßig größten Anteil am Biozideinsatz haben Fungizide (28%) und Herbizide (59%).

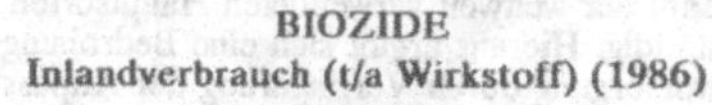

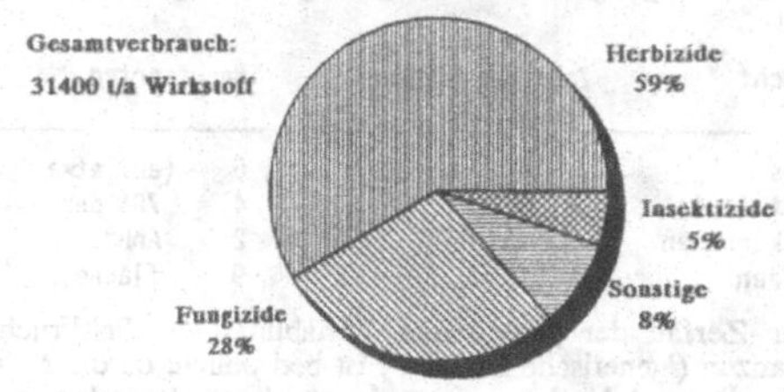

(R3.7) Chemische Biozide führen nach wenigen Generationen zur Resistenzbildung, die die Entwicklung neuer Mittel erfordert. Das Problem verschärft sich ständig: Trotz (wegen) chemischer Bekämpfung haben sich die Verluste durch Schädlinge in der Landwirtschaft ständig erhöht.

Weil sich mit jedem neuen Mittel auch resistente Schädlingsstämme bilden, wird das Schädlingsproblem durch die chemische Schädlingsbekämpfung noch weiter verschärft.

Trotz des gewaltigen Einsatzes an Bioziden in der Landwirtschaft haben sich die Ertragsverluste durch Schädlinge und Unkräuter nicht verringert: Sie werden in USA z.B. auf etwa 10-30% geschätzt - der Wert hat sich seit Beginn des 'chemischen Zeitalters' nicht verändert.

Insgesamt erweist sich die chemische Schädlingsbekämpfung als ökologisches Desaster: Zunächst wurden oft natürliche Abwehrstoffe aus den Sorten herausgezüchtet (Geschmacksstoffe!). Die Pflanzung in engen dichten Monokulturen führt zu konzentriertem Schädlingsbefall und erfordert dann den Einsatz synthetischer Pestizide. Dadurch kommt es auch zur Vernichtung anderer Insektenpopulationen. Dabei werden auch natürliche Feinde (Räuber und Parasiten) vernichtet. Die Schädlinge haben jetzt keine natürlichen Feinde mehr.

Bei den Schädlingen mit ihrer raschen Generationsfolge kommt es gleichzeitig zur Resistenzbildung. Inzwischen sind rund 500 wichtige Schadinsekten und 50 Unkrautarten resistent gegen Biozide geworden. Diese Resistenzbildung erfordert andere Gifte, höhere Dosen und häufigeres Spritzen (bis zu 20 Anwendungen pro Wachstumsperiode).

Wegen der rascheren Generationsfolge in den Tropen können sich dort Schädlinge schneller an neue Bekämpfungmittel oder neue Sorten adaptieren. Die biologischen Probleme sind daher in den Tropen größer: Dort gibt es mehr Schädlingsgenerationen/Jahr, die eine etwaige Sortenresistenz schneller überwinden (oder eine Resistenz gegen Pestizide schneller entwickeln). Es ist hier noch schwieriger, das koevolutionäre Rennen gegen Schädlinge durch laufende Züchtungserfolge zu gewinnen.

(R3.8) Eine moderne Nahrungsmittelversorgung arbeitet mit einem Gesamtwirkungsgrad von etwa 3.1% : Um die erforderlichen 3.6 GigaJoule Nahrungsenergie für die Jahresversorgung eines Menschen zu erzeugen, müssen 80 GJ an Biomasse unter Einsatz von 35.5 GJ fossiler Energie erzeugt und verarbeitet werden. Der Aufwand an fossiler Energie ist zehnmal so hoch wie die Energie in der Nahrung!

Beispiel USA (GJ/a): Der Energieinhalt der erzeugten Biomasse = 80 GJ, davon gelangen nur 3.1 als pflanzliche Nahrung direkt in die menschliche Ernährung. Etwa 90% der Erntemenge dient der Erzeugung tierischer Produkte in Höhe von 1.9 GJ.

```
Energieinput         = 80 + 7 + 15 + 13.5 = 115.5
Energieoutput        = 1.9 + 3.1 = 5
Ernährungsenergie: 10 MJ * 365 = 3.6
Wirkungsgrad der Umwandlung = 3.6/115.5 = 3.1%.

Aufgewendete fossile Energie: 7 + 15 + 13.5 = 35.5
Verhältnis fossiler Energieaufwand zu Nahrungsenergie =
35.5/3.6 = 10
```

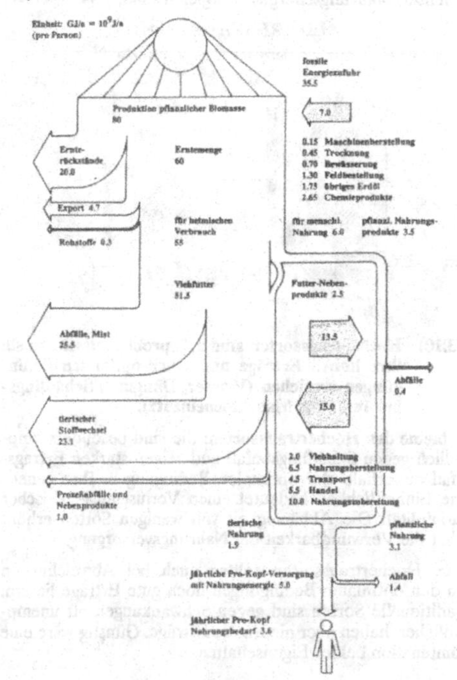

Die intensive Landwirtschaft und industrielle Verarbeitung erfordern etwa zehnmal mehr fossile Energie, als (als Nahrungsenergie) in der gelieferten Nahrung steckt (ähnliche Verhältnisse für Westeuropa).

(R3.9) Traditionelle landwirtschaftliche Verfahren sind wesentlich energieeffizienter, allerdings bei geringeren Hektarerträgen.

Traditionelle landwirtschaftliche Methoden erfordern einen wesentlich geringeren Einsatz an kommerziellen (vor allem fossilen) Energien. Ähnliches gilt auch für extensive Viehhaltung. Die unrationelle Energienutzung in der modernen Landwirtschaft läßt sich nur durch höhere Hektarerträge rechtfertigen.

Beispiel: Beim Reisanbau nach traditionellen Methoden werden für einen kommerziellen Energieeinsatz von 1 Einheit 107 Einheiten gewonnen; bei modernen Reisanbaumethoden ist das Verhältnis nur noch 1.34.

Energieinhalt von Reis: 15 MJ/kg

Traditioneller Reisanbau (Philippinen):
Energieaufwand für Maschinen und Geräte): 0.173 GJ/ha
Ernteertrag: 1250 kg/ha
Energieinhalt des Ertrags: 1250 * 15 = 18.75 GJ/ha
Verhältnis Nahrungsenergie/Energieaufwand: 108
Moderner Reisanbau (USA):
Energieaufwand für Maschinen, Geräte, Treibstoff, Dünger, Bewässerung, Biozide, Trocknung, Transport u.a.: 64.9 GJ/ha
Ernteertrag: 5800 kg/ha
Energieinhalt des Ernteertrags: 5800 * 15 = 87 GJ/ha
Verhältnis Nahrungsenergie/Energieaufwand: 1.34

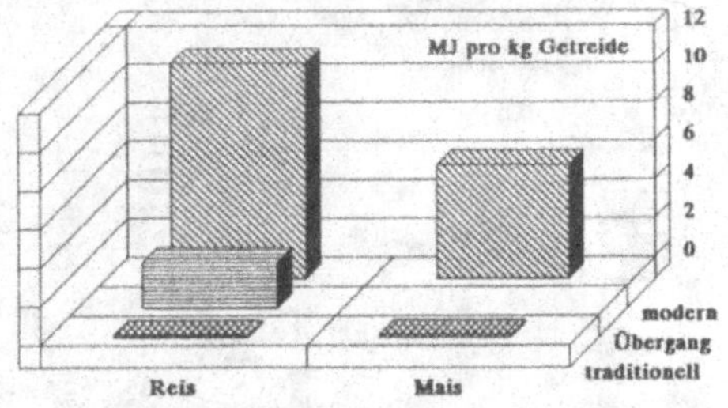

(R3.10) Hochertragssorten sind z.T. problematisch, da sie ihre hohen Erträge nur unter optimalen Bedingungen erreichen (Wasser, Düngung, Schädlingsbekämpfung, Maschineneinsatz).

Probleme der Hochertragssorten: Sie sind besonders empfindlich gegen Schädlingsbefall und zeigen starken Ertragsabfall außerhalb der optimalen Bedingungen. Ihre genetische Einheitlichkeit bedeutet einen Verlust an genetischer Variabilität. Die Abhängigkeit von wenigen Sorten erhöht daher die Verwundbarkeit der Nahrungsversorgung.

Neue Hochertragssorten sollten auch bei Abweichungen von den optimalen Bedingungen noch gute Erträge liefern. Traditionelle Sorten sind gegen Schwankungen oft unempfindlicher, haben aber niedrigere Erträge. Günstig wäre eine Kombination beider Eigenschaften.

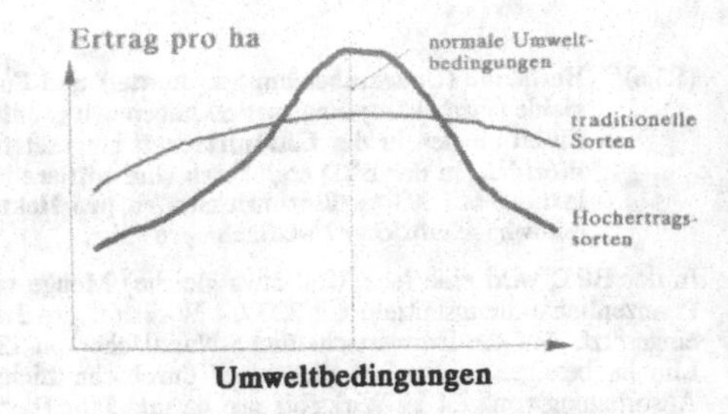

Umweltbedingungen

(R3.11) Durch den weitverbreiteten Anbau von immer weniger Hauptsorten droht die genetische Vielfalt verloren zu gehen, die zur Anpassung an Umweltveränderungen und zur weiteren Züchtung erforderlich ist.

Die Zahl der weltweit verwendeten Hauptsorten verringert sich ständig. Hieraus ergibt sich eine Bedrohung der Nahrungsversorgung durch Verringerung der Anpassungsfähigkeit.

Frucht	Zahl der Sorten	Hauptsorten	
Mais	197	6	(auf etwa
Kartoffeln	82	4	70% der
Zuckerrüben	16	2	Anbau-
Weizen	269	9	fläche)

Der Zerfall der genetischen Variabilität der Feldfruchtpflanzen ('genetische Erosion') ist bedrohlich, da die Möglichkeit der Adaption an unvorhergesehene Veränderungen (z.B. Klima) schwindet.

(R3.12) Die auf Hochertragssorten basierende 'Grüne Revolution' hat z.T. soziale Probleme auf dem Lande verschärft, da sie finanzstärkere Bauern begünstigt.

Unter optimalen Anbaubedingungen kann die 'Grüne Revolution' die Erträge erhöhen. Die erforderlichen Mittel stehen aber oft nicht zur Verfügung. Die sozialen Probleme werden daher oft verschärft.

Die 'Grüne Revolution' basiert auf

1. verstärktem Einsatz neuentwickelter Sorten mit höheren Erträgen
2. verstärktem Einsatz von Dünger, Bewässerung, Pestiziden, Maschinen.

Die Erträge der 'Wunder'sorten sind nur dann wesentlich größer, wenn sie richtig behandelt werden (Dünger, Wasser, Schädlingsbekämpfung). Für deren Beschaffung sind finanzielle Mittel erforderlich.

Es ist daher in vielen Ländern zu einer Verschärfung sozialer Probleme durch die 'Grüne Revolution' gekommen: Fehlende Kreditwürdigkeit der Bauern am Existenzminimum führt dazu, daß neue Sorten nur von den wohlhabenderen Bauern eingeführt werden können. Deren Vorteil verstärkt sich mit dem Anbauerfolg. Sie können mehr Land, mehr Dünger usw. kaufen. Die Einkommensschere zwischen reichen und armen Bauern vergrößert sich damit: Eine Zweiklassengesellschaft entsteht. Die Großbauern mechanisieren, Arbeitsplätze gehen verloren und eine Flut landloser Landarbeiter sucht Arbeit in den Städten.

Die steigende Produktion löst nicht das Ernährungsproblem: Bei höherer Getreideproduktion sinken die Preise. Damit wird der Anreiz für die Bauern reduziert; ärmere verdienen nicht genug: Es wird weniger für den Markt produziert. Zur Stützung der Produktion sind Subventionen erforderlich, die vor allem wieder den Reichen zugute kommen.

Die 'Grüne Revolution' ist ein Beispiel dafür, daß technische und soziale Veränderungen aufeinander abgestimmt sein und sich ergänzen müssen.

(R3.13) Die Ertragsmaximierung der modernen Landwirtschaft geht auf Kosten der Stabilität des landwirtschaftlichen Ökosystems, die mit hohem Mitteleinsatz künstlich aufrechterhalten werden muß. Nachhaltigkeit ist auf Dauer nicht gegeben (u.a. Grundwasserverseuchung, Verbrauch fossiler Ressourcen, Verlust der Bodenfruchtbarkeit, Resistenzbildung bei Schädlingen).

Die moderne Landwirtschaft hat einen enormen Anstieg der Erträge erreicht durch Vereinfachung der Fruchtfolge, Spezialisierung auf ertragreiche, aber oft schädlingsanfällige Sorten, den prophylaktischen Einsatz von Schädlingsbekämpfungsmitteln, die erntemaximierende Düngung und eine arbeitsextensive Betriebsstruktur mit Unkrautbekämpfung durch Herbizide und der Trennung von Viehhaltung und Pflanzenproduktion bei insgesamt hohem Energieeinsatz: 'Landwirtschaft ist per Saldo ein Umweltverschmutzer' (Umweltgutachten 1978).

Als Folge ist eine ökologisch bedrohliche, nicht nachhaltig durchhaltbare Produktionsform entstanden, die ohne geschlossene Nährstoffkreisläufe mit unrationell hohem Rohstoff- und (fossilem) Energieeinsatz auf Kosten sich rasch erschöpfender Ressourcen (Phosphat, Energie) wirtschaftet und gleichzeitig weltweit enorme soziale Probleme geschaffen hat (Bauernsterben, Verarmung, Abwanderung und Elend in den Städten).

R4. Nachhaltige Landwirtschaft

Die zunehmenden Probleme der modernen 'industriellen' Landwirtschaft, vor allem ihre fehlende Nachhaltigkeit, führen verstärkt zur Suche nach Verfahren, die sich an ökologischen Kreisläufen orientieren und über lange Zeiträume aufrechterhalten werden können. Seit den zwanziger Jahren dieses Jahrhunderts sind verschiedene Landbaurichtungen entstanden (biologisch-dynamisch, organisch-biologisch, ökologisch, organisch, regenerativ usw.), die sich zwar in einzelnen Aspekten unterscheiden, aber im großen und ganzen einer einheitlichen Richtung folgen. Es geht hierbei vor allem um die Erhaltung und Förderung des Bodenlebens, die Vermeidung (wasserlöslicher) mineralischer Dünger und chemischer Biozide und um die Rückführung von Nährstoffen. Die Verfahren verzichten darauf, durch hohen Mitteleinsatz hohe Erträge zu erzwingen, sondern versuchen statt dessen, hohe Erträge durch geschickte Ausnützung natürlicher Vorgänge selbst zu erreichen. Dies setzt ein Denken in biologischen Systemzusammenhängen voraus. Damit wird die regenerative Landwirtschaft wesentlich wissensintensiver und auch wissenschaftlich anspruchsvoller als konventionelle Landwirtschaft.

Eine Mittelstellung zwischen konventionellen und regenerativen Methoden nehmen die 'integrierten' Verfahren ein, die auf mineralische und chemische Inputs nur dann zurückgreifen, wenn sie durch anderen Möglichkeiten nicht so leicht ersetzt werden können.

Mit der allmählichen Erschöpfung nicht-erneuerbarer Rohstoffe wird man vermehrt auf die erneuerbaren, durch Photoproduktion als Biomasse erzeugten Rohstoffe aus nachhaltiger Landbewirtschaftung zurückgreifen müssen. Biomasse läßt sich in einer Vielfalt von Anwendungen nützen, die heute nur in sehr geringem Maße erschlossen sind.

(R4.1) Alternative Landbaumethoden versuchen vor allem, den Nährstoffkreislauf wieder zu schließen und auf Handelsstickstoffdünger und Biozide zu verzichten.

Alternative Landbaumethoden orientieren sich an der Aufgabe, mit nachhaltigen Produktionsverfahren qualitativ hochwertige Nahrungsmittel zu erzeugen. Ziele sind daher u.a.: weitgehende Schließung des Nährstoffkreislaufs, Förderung des Bodenlebens und der Bodenfruchtbarkeit, Verzicht auf Industriedünger, Verzicht auf Biozide.

Eine Vielzahl von Verfahren finden Anwendung:

- Stickstoffbindung durch Bodenorganismen (Leguminosen, Gründüngung)
- Rückführung der Nährstoffe (Stalldünger, Kompost)
- Betonung der Bedeutung der Bodenökologie
- Stärkung der natürlichen Abwehrkräfte der Pflanze
- Förderung schädlingsvertilgender Organismen
- Fruchtwechsel
- Gesteinsmehl zur Versorgung mit P, K, Mg, Ca
- Verzicht auf schädlingsanfällige Hochleistungssorten
- mechanische Unkrautbekämpfung
- Verzicht auf übliche Handelsqualitätsanforderungen (äußere Merkmale)
- Abkehr von präventiven Pflanzenschutzmitteleinsätzen
- Pestizideinsatz nur bei Erreichen der wirtschaftlichen Schadensschwelle (integrierter Pflanzenschutz)
- Züchtung resistenter Sorten

Landbau kann mit geschlossenen Nährstoffkreisläufen auch in intensiver Nutzung ohne Bodenerschöpfung betrieben werden. Die Erschöpfung der Nährstoffe und des Humus ist keine notwendige Folge. So sind die Reisfelder Asiens noch nach tausenden von Jahren fruchtbar. Dies wird erreicht durch ständige Rückführung menschlicher und tierischer Abfälle sowie durch Stickstoff-Fixierung durch Blaualgen und durch konsequente Pflege des Bodenhumus.

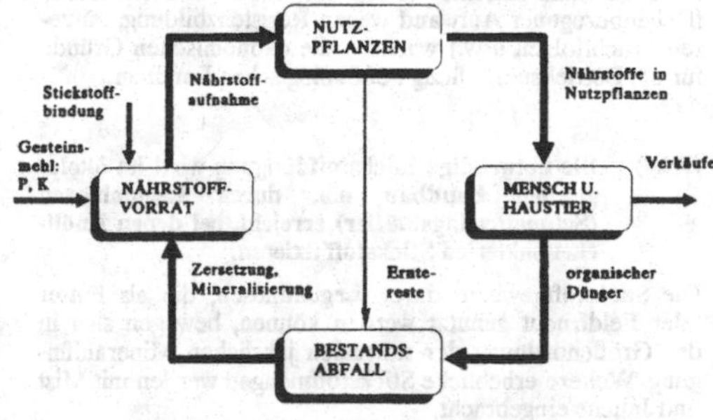

NÄHRSTOFFKREISLAUF IM ÖKOLOGISCHEN LANDBAU

(R4.2) Gut geführte ökologisch wirtschaftende Betriebe erreichen ähnliche Hektarerträge wie gute konventionelle Betriebe.

Langjährige Versuchsergebnisse aus Europa und USA zeigen, daß vergleichbare Betriebe vergleichbare Erträge aufweisen, wobei die ökologischen Betriebe im allgemeinen leicht unter den konventionellen Betrieben liegen.

Während konventionelle Betriebe die Fruchtfolge sehr vereinfacht haben (z.B. Raps, Weizen, Gerste) oder sogar Monokultur betreiben, verwendet der ökologische Landbau vielgliedrige Fruchtfolgen (z.B. Kleegras, Kleegras, Kartoffeln, Winterweizen + Leguminosen, Ackerbohnen + Hafer, Winterweizen/Wintergerste), in denen (zur Stickstoffanreicherung) Leguminosen eine wichtige Rolle spielen. Der auf die gesamte Fruchtfolgefläche bezogene Durchschnittsertrag liegt niedriger als der Ernteertrag einer bestimmten Frucht.

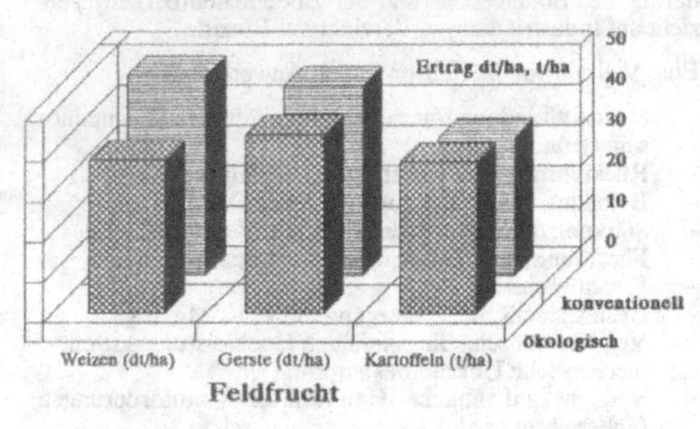

(R4.3) Der Betriebsaufwand ökologisch wirtschaftender Betriebe ist wegen geringerer Aufwendungen für Handelsdünger und Chemikalien geringer, so daß sich auch bei geringeren Erträgen höhere Deckungsbeiträge ergeben (wirtschaftlicher Grund für die Betriebsumstellung).

Bei einigen Feldfrüchten ist der Arbeitsaufwand im ökologischen Betrieb höher. Rechnet man den Deckungsbeitrag auf den Arbeitskraftbedarf um , so ergeben sich trotzdem meist günstigere Zahlen für den ökologischen Betrieb.

Mit der Zunahme der Betriebsmittelkosten in der konventionellen Landwirtschaft (steigende Preise und steigender flächenbezogener Aufwand wegen Resistenzbildung, kürzeren Fruchtfolgen usw.) wachsen die ökonomischen Gründe für die Betriebsumstellung auf ökologischen Landbau.

(R4.4) Die notwendige Stickstoffdüngung wird im ökologischen Landbau u.a. durch Leguminosen (Schmetterlingsblütler) erreicht, bei denen Knöllchenbakterien Stickstoff fixieren.

Die Stickstoffgewinne durch Leguminosen, die als Futter oder Feldfrucht genutzt werden können, bewegen sich in der Größenordnung der normalen jährlichen Mineraldüngung. Weitere erhebliche Stickstoffmengen werden mit Mist und Jauche eingebracht.

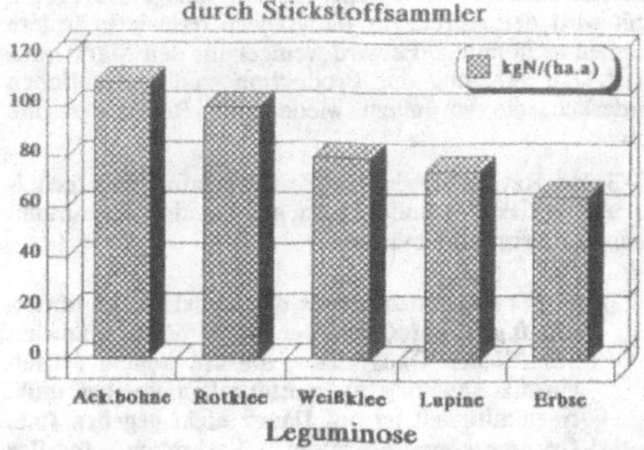

(R4.5) Der Fruchtwechsel verändert immer wieder die Umweltbedingungen für Schädlinge und Unkräuter und verhindert deren Ausbreitung. Weitere biotechnische, kulturtechnische und physikalische Verfahren erlauben oft den Verzicht auf chemische Pflanzenbehandlungsmittel.

Der Fruchtwechsel ist das wichtigste und erfolgreichste Mittel zur Vermeidung von Schädlingsbefall und zur Unkrautbekämpfung. Diese Organismen finden dann von Jahr zu Jahr (z.T. mehrfach im Jahr) andere Umweltbedingungen vor - ihre Ausbreitung wird damit massiv gestört und weitgehend verhindert.

In Ergänzung gibt es heute eine Vielzahl von biologischen und kulturtechnischen Verfahren zum Erntepflanzenschutz.

- **Kulturverfahren** zur Stärkung der Widerstandskräfte der Nutzpflanzen gegen Schädlinge (Bodenpflege, Düngung, Sortenwahl)
- **Physikalische Verfahren** (mechanische Vernichtung von Schädlingen und Brutstätten, Abflammen von Unkräutern, usw.).
- **Biotechnische Verfahren** (biologische Unkrautbekämpfung, mikrobiologische Bekämpfung durch krankheitserregende Bakterien (Bacillus thuringiensis) und Viren, Einbringen von Nützlingen und deren Förderung (natürliche Räuber und Parasiten (Schlupfwespen), sterile Männchen, usw.)

Die biologischen Verfahren des Pflanzenschutzes fördern vor allem die natürlichen Regelkomponenten in landwirtschaftlichen Ökosystemen (Parasiten, Räuber, Mikroorganismen). Sie setzen gute Kenntnis des Gesamtsystems voraus und sind daher forschungsintensiv. Bisher sind über 300 biologische Schädlingsbekämpfungsverfahren weltweit erfolgreich im Einsatz - mit dauerhaftem Erfolg (insgesamt gibt es etwa 5000 Schädlinge).

Beim **integrierten Pflanzenschutz** wird möglichst mit biologischen und kulturtechnischen Verfahren gearbeitet. Er verwendet verschiedene, aufeinander abgestimmte Maßnahmen, um unter Berücksichtigung der Umweltbedingungen und der Populationsschwankungen der Schaderreger Schäden unter der volkswirtschaftlichen Schadensschwelle zu halten. Die chemische Schädlingsbekämpfung richtet sich dabei nach dem tatsächlichen Befall und seinen wahrscheinlichen wirtschaftlichen Folgen.

Dies setzt eine laufende Überwachung des Organismenbestands, die Möglichkeit der Prognose der Schadenswahrscheinlichkeit (Computersimulation), die Kenntnis der wirtschaftlichen Schadensschwelle, entsprechende Ausbildung der Landwirte und Berater und intensive Forschung voraus.

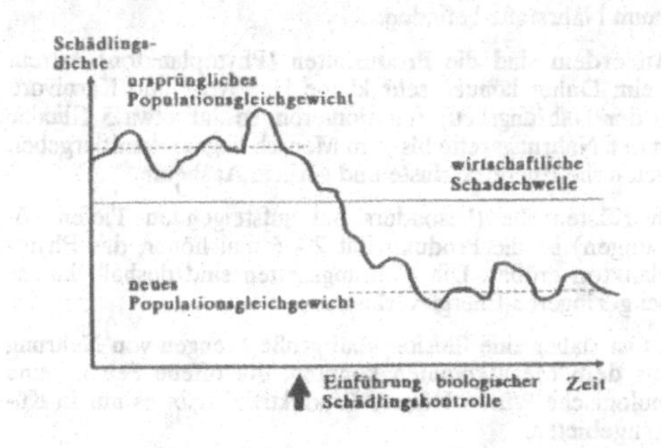

(R4.6) Durch Einbeziehung künstlicher Teiche in die Landwirtschaft (Teichlandwirtschaft in Südostasien) lassen sich die Nährstoffkreisläufe weitgehend schließen: Abfälle von Mensch und Tier werden im Teich zersetzt und liefern Nährstoffe für Wasserpflanzen, die als Fisch- und Tierfutter dienen. Der nährstoffreiche Schlamm wird als Dünger auf die Felder verteilt.

Die Schweine- und Geflügelhaltung erfolgt hier z.T. über dem Teich, so daß Abfälle (auch aus Toiletten) direkt ins Wasser gelangen können. Die Tiere werden weitgehend mit Abfällen von Haus und Feld, mit Wasserpflanzen (z.B. Wasserhyazinthen) und Pflanzen an Weg- und Feldrändern gefüttert. Abfälle von Mensch und Tier werden im Teich zersetzt. Die freigesetzten Nährstoffe fördern das Wachstum von Algen und Wasserpflanzen, von denen sich Fische ernähren, die dem Menschen eiweißreiche Nahrung bieten. Der nährstoffreiche Schlamm wird periodisch zur Felddüngung entnommen, während das nährstoffreiche Wasser zur Bewässerung verwendet wird. Blaualgen in den Reisfeldern sorgen für Stickstoff-Fixierung.

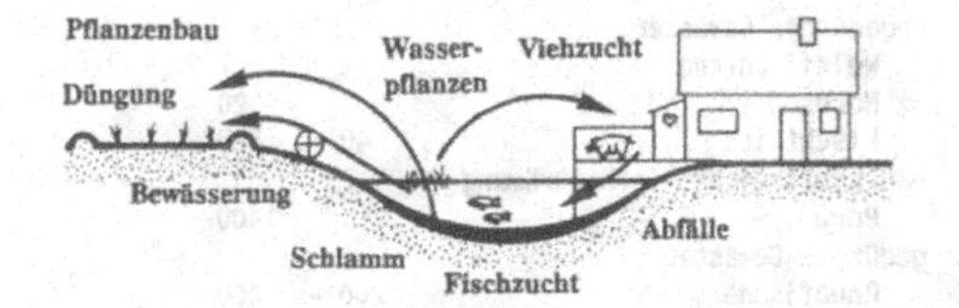

(R4.7) Waldlandwirtschaft (Agroforestry) ist für tropische Gebiete besonders geeignet, da sie den dortigen natürliche Ökosystemen nachempfunden ist und die Lichteinstrahlung in mehreren Vegetationsschichten nutzt.

Einbeziehung von Bäumen und Sträuchern, u.U. verbunden mit Terrassierung, bringt wesentliche Vorteile: Schatten, Erosionsschutz, bessere Wasserhaltung, Stickstoff-Fixierung durch Leguminosenbäume, Bäume als Nährstoffpumpe (aus tieferen Schichten), Vermehrung der organischen Substanz im Boden, Laub als Tierfutter, Brennholz.

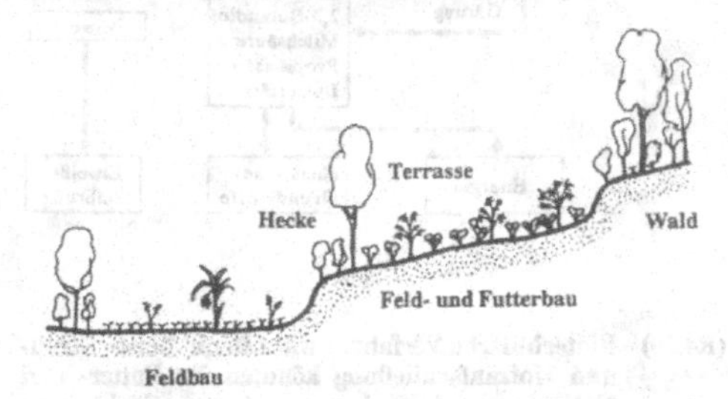

(R4.8) Brandrodung in ausgedehnten Waldgebieten ist nur bei ausreichenden zeitlichen und räumlichen Abständen ökologisch verträglich.

Brandrodung (Milpakultur) ist eine traditionelle Form der Landbewirtschaftung in tropischen Gebieten. Bei großem zeitlichen und räumlichen Abstand der Rodungen ist die ökologische Belastung gering. Das Verfahren:

Eine Lichtung wird geschlagen, die gefällten Bäume werden verbrannt. Ihre Asche bringt Nährstoffe in den Boden, das Feuer vernichtet Schädlinge und Unkraut. Danach erfolgen die Aussaat, mechanische Unkrautbekämpfung und Ernte. Ernterückstände werden verbrannt. Aussaat und Ernte werden in dieser Weise für wenige Jahre wiederholt, bis sich die Erträge nicht mehr lohnen. Danach wird die Lichtung aufgegeben. Sie wächst wieder zu und kann in einigen Jahrzehnten wieder gerodet werden. Der Vorgang entspricht der ökologischen Sekundärsukzession mit neuerlicher Nährstoffakkumulation.

Wegen des wachsenden Bevölkerungsdrucks wird heute in den tropischen Waldgebieten Brandrodung in zu dichtem zeitlichen und räumlichen Abstand betrieben, so daß es zur ökologischen Degradierung und Zerstörung kommt.

(R4.9) Außer zu Nahrungs- und Futterzwecken kann Biomasse als Rohstoff und Energieträger über verschiedene Verfahren der Gärung, Verbrennung und Verschwelung (Pyrolyse) genutzt werden, unter Rückgewinnung der Nährstoffe.

Von den vielen möglichen Verfahren zur Nutzung von Biomasse werden bisher nur wenige in größerem Maße verwendet. In der Zukunft könnte Biomasse zu einem wichtigen Rohstoff und Energieträger werden. Hier ist noch biotechnische Entwicklungsarbeit zu leisten.

Nachhaltige Anbauverfahren (Feldanbau, Plantagen, Gehölze, Stockwald, Mischwald usw.) müssen z.T. erst noch entwickelt werden.

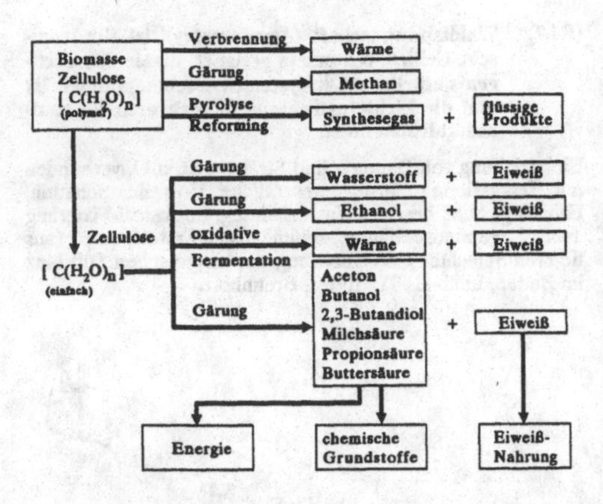

(R4.10) Biotechnische Verfahren wie z.B. die Blatt-, Stroh- und Holzaufschließung könnten für Futter- und Nahrungszwecke Bedeutung erlangen. Züchtungen und Weidewirtschaft könnten zur besseren Landnutzung führen.

Mit **biotechnischen Verfahren** könnten u.U. weitere Nahrungs- und Futterquellen erschlossen werden, z.B. durch Stroh- und Holzaufschließung (als Viehfutter), Blattproteinkonzentrate (Luzerne erzeugt 3000 kg Protein/(ha · a)), Einzellerprotein (aus Erdöl-Nebenprodukten, Klärschlamm, Algen, Bierhefe, landwirtschaftlichen Abfällen).

Züchtungen zielen auf bessere Photosynthese, stickstoff-fixierende Pflanzen (z.B. Stickstoffbakterien an Getreidewurzeln), anspruchslose, widerstandsfähige und ertragreiche Sorten hoher Nahrungsqualität (z.B. Triticale = Weizen + Roggen).

Weidewirtschaft mit Wildtieren oder anspruchslosen Weiderassen ermöglicht eine Fleisch- und Faserproduktion, die nicht in Konkurrenz mit der menschlichen Ernährung um Ackerflächen steht.

R5. Nahrung aus Gewässern

Aquatische Nahrungsketten werden seit alters her für die Nahrungserzeugung genutzt (Fischfang in Meer und Binnengewässern). Dieser Art der Nahrungsproduktion sind allerdings Grenzen gesetzt, die zumindestens im Meer nicht wesentlich über den heutigen Erträgen liegen. Die Nahrungsproduktion in Binnengewässern dagegen kann noch erheblich ausgeweitet werden. Aquakultur in Verbindung mit Landwirtschaft (Teichlandwirtschaft) könnte helfen, den Nährstoffkreislauf weitgehend zu schließen.

(R5.1) Wegen Nährstoffmangel, geringer Reichweite der Sonneneinstrahlung und langer Nahrungsketten ist das offene Meer eine 'biologische Wüste'.

Die Produktivität des Meeres ist bereits auf der 1. Trophieebene (Primärproduzenten) sehr gering, da sich in der oberen Wasserschicht, in der die Photosynthese stattfindet, kaum Nährstoffe befinden.

Außerdem sind die Produzenten (Phytoplankton) extrem klein: Daher können sehr kleine Herbivore und Karnivore in der Nahrungskette funktionieren, so daß etwa 5 Glieder in der Nahrungskette bis zum Mensch liegen: damit ergeben sich hohe Energieverluste und geringe Ausbeute.

In Küstennähe (besonders bei aufsteigenden Tiefenströmungen) ist die Produktivität 2 - 6 mal höher, das Phytoplankton größer. Die Nahrungsketten sind deshalb kürzer bei geringeren Energieverlusten.

Es ist daher eine Illusion, daß große Mengen von Nahrung aus dem Meer kommen könnten: die offene See ist eine biologische Wüste. Höhere Produktivität gibt es nur in Küstengebieten.

Mittlere jährliche Nettoprimärproduktion

	% d.Fläche	kJ/(m^2 · a)	troph.Ebenen
offenes Meer	92.0	2300	5
kontentinales Schelf	7.3	6500	(3)
aufsteigende Tiefenström.	0.1	9000	1.5
Algenbetten u. Riffe	0.2	36000	
Estuarien (Mündungsgeb.)	0.4	32500	

(R5.2) Die Ernährung aus Fischzucht (oder Viehzucht) stützt sich auf Energie auf einer höheren trophischen Ebene und erfordert daher mindestens etwa zehn mal mehr Fläche als pflanzliche Ernährung.

Bei einem jährlichen Energiebedarf eines Menschen von 3.2 * 10^6 kJ/a und der Produktivität intensiver (ungefütterter Fischzucht) von 1000 kJ/(m^2 · a) wären 3200 m^2 Fischteichfläche (0.32 ha) für die Ernährung eines Menschen notwendig. Bei Ernährung mit Produkten von Land-Pflanzenfressern ergibt sich der gleiche Flächenbedarf. Bei reiner Pflanzenernährung könnten von der gleichen Fläche zehn Menschen ernährt werden, da die Produktivität der Pflanzenproduktion etwa 10000 kJ/(m^2 · a) (bzw. 0.5 kg_{OTS}/(m^2 · a) beträgt.

Produktivität der Fischzucht	(kJ/m^2 · a)
ungedüngte Gewässer:	
Weltfischfang	1.2
Nordsee	20
Fischteich	40 - 320
nährstoffreiche Tiefenströmung	
Peru	1400
gedüngte Gewässer	
Raubfische	200 - 400
pflanzenfr. Fische	800 - 1400
gedüngte Gewässer + Fütterung	*)
Raubfische	1800
pflanzenfr. Fische	800 - 12000

*) (hier die Landfläche für die Futtererzeugung noch dazurechnen!)

(R5.3) Selbst bei sorgfältiger nachhaltiger Bewirtschaftung der Weltmeere könnte der Ertrag kaum über 100 Mio. Tonnen Fisch im Jahr gesteigert werden.

Aus den bisherigen Fangbeobachtungen ergibt sich, daß der maximaler Ertrag der Seefischerei ohne nachhaltige Gefährdung der Fischbestände auf Dauer etwa 100 Mio. t betragen könnte. (Maximum bisher (1971): 70 mio t). Um aus dem Meer mehr zu ernten, müßte man auf die niederen Glieder der Nahrungskette gehen: Beim Krill scheint ein jährlicher Fang von etwa 25 - 30 mio t möglich zu sein.

Einige Bestände wurden bereits zu stark reduziert, so daß eine Erholung nicht mehr möglich erscheint (Wale). Die Ausbeutung der Meere ist ein Beispiel für die 'Tragödie der Allmende': "Wenn wir's nicht tun, tut's ein anderer". Der Schutz der Ökosysteme und Organismen der Meere erfordert wirksame internationale Abmachungen.

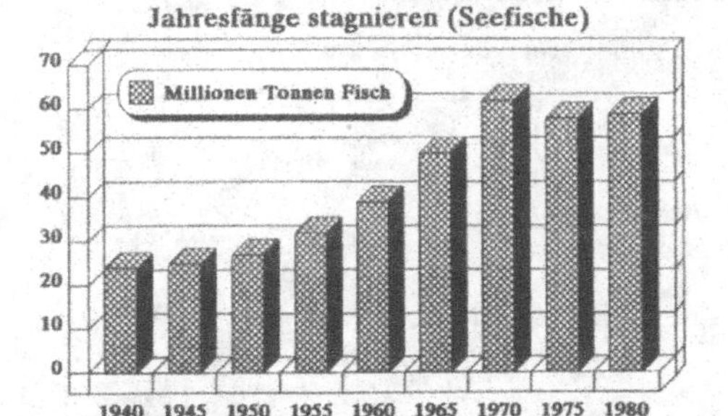

(R5.4) Fischzucht kann mit Abwasserklärung, Algenanbau, Biogasproduktion und Landwirtschaft verkoppelt werden, wobei eine Rückführung der Nährstoffe erreicht wird.

In Aquakulturen werden durch Düngung und Fütterung hohe Flächenerträge erreicht (vgl. R5.2). Als Dünger und Futter können wiederum Haus- und Feldabfälle verwendet werden (s. R.4.6). Im Binnenland und in Küstengewässern werden weltweit in Aquakulturen große und zunehmende Mengen von Fisch und Schalentieren erzeugt (50 mio t in 2000?). Aquakulturen können mit Landwirtschaft, Abwasserklärung, Dünger- und Energieerzeugung kombiniert werden.

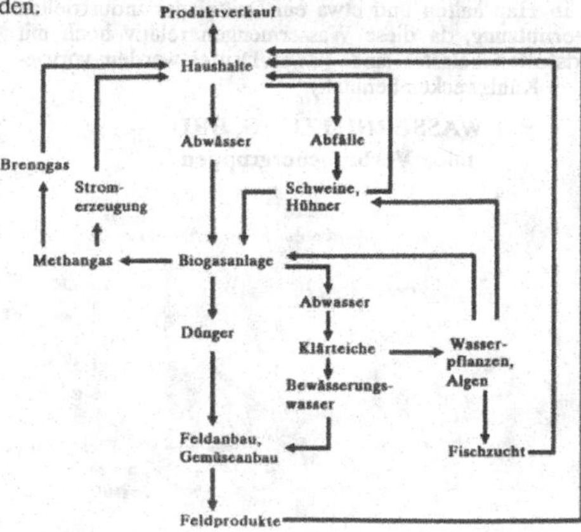

R6. Wassernutzung

Selbst in hochindustrialisierten Regionen ist die Wassernutzung gemessen an den Niederschlagswerten vergleichsweise gering. Problematisch ist jedoch, daß diese Nutzung in sehr starkem Maße auf Grundwasser zurückgreift und daß mit dem genutzten Wasser große Mengen von Schadstoffen in die Ökosysteme gelangen.

Wasserbauliche Maßnahmen wie Flußbegradigungen, Bachkorrekturen, Stauhaltungen wie auch das Offenlegen von Grundwasserkörpern (Kiesabbau, Bergbau) oder die Versiegelung von Oberflächen durch Straßen und Bauten belasten die Gewässer, weil sie u.a. die Ablaufverhältnisse unstetiger machen, Schadstoffeinträge erleichtern, die Selbstreinigungskraft der Gewässer verändern oder Ökosysteme in ihrer natürlichen Funktion beeinträchtigen.

(R6.1) Die Wassernutzung eines Wassereinzugsgebiets muß an seinem Jahresniederschlag orientiert sein und darf diesen auf Dauer nicht überschreiten.

In vielen Gebieten übersteigen insbesondere die zur Bewässerung geförderten Wassermengen bei weitem den Eintrag durch Niederschläge. Die Förderung (z.T. fossilen) Wassers führt zu ständigen Grundwassersenkungen von z.T. 1 bis 2 m pro Jahr (Ogallala Aquifer, USA; Nordchinesische Ebene um Beijing und Tianjin; Tamil Nadu in Indien; Aral-See in der Sowjetunion). Nachhaltigkeit kann es nur geben, wenn sich der Wasserverbrauch am Wassereintrag orientiert. In vielen Gebieten sind daher große Bewässerungsprojekte auf Dauer nicht durchführbar.

Pflanzenverbrauch (Evapotranspiration, vgl. E2.2): rund 500 - 1000 mm pro Jahr. Niederschläge in den genannten Gebieten: unter 400 mm pro Jahr.

Die Grundwassernutzung darf den Eintrag durch Niederschläge nicht überschreiten

(R6.2) Klimaverhältnisse und industrieller Entwicklungsstand spiegeln sich in der Wasserbilanz eines Landes wider. Die wichtigsten Nutzergruppe sind Haushalte, Industrie, Landwirtschaft.

In warmen und trockenen Gebieten dominiert der Bewässerungsbedarf, in Industrieländern der Industriebedarf, in Entwicklungsregionen der Haushaltsbedarf. Geht man davon aus, daß in Industrieregionen der Haushaltsbedarf über dem der Entwicklungsländer liegt, so wird klar, daß der Pro-Kopf-Wasserbedarf der Industrieregionen insgesamt wesentlich über dem der Entwicklungsregionen liegt. Vor allem ein vernünftigerer industrieller Umgang mit Wasser könnte in den Industrieregionen erhebliche Einsparungen bringen (unter der Voraussetzung, daß die Schadstoffeinleitung ebenfalls erheblich reduziert würde).

AUFTEILUNG DER WASSERNUTZUNG
Industrie, Landwirtschaft, Haushalte

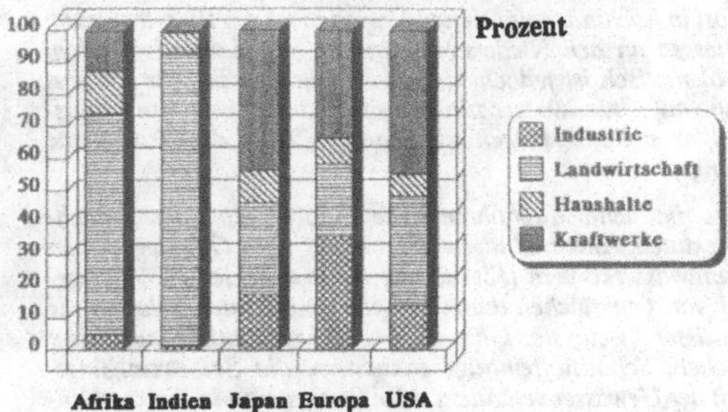

Region

(R6.3) Die Wasserversorgung stammt aus (1) Niederschlägen, (2) Grundwasser und (3) Oberflächenwasser. Die Sicherheit der Versorgung hängt u.a. von der Gleichmäßigkeit der Niederschläge und vorhandenen Wasserspeichern ab.

Informationen aus der Wassermengenbilanz einer Industrienation (BRD) (vgl. K6.6):

- Der weitaus größte Teil des Niederschlags wird am Boden bzw. von den Pflanzen verdunstet.
- Etwa die Hälfte des verbleibenden Eintrags geht ins Grundwasser, die andere Hälfte in Oberflächenwässer.
- Der weitaus größte Teil der Wassernutzung (und damit auch der Abwässer) entfällt auf die Industrie.
- Falls bewässert wird, kann der Wasserverbrauch der Landwirtschaft erheblich sein.

Selbst bei hohen Jahresniederschlägen kann die Versorgung gefährdet sein, wenn ihre Stetigkeit nicht gewährleistet ist. In den Monsunregionen (von Indien z.B.) fallen während der Trockenzeit von bis zu 9 Monaten überhaupt keine Niederschläge. Die Monsunregen dagegen bringen kurzfristig außerordentlich hohe Niederschläge, die zu hohen Erosionsraten und (vor allem in und flußabwärts von entwaldeten Gebieten) zu Überschwemmungen führen. Aufforstung, Erosions- und Bodenschutz sowie kleine und große Wasserspeicher können zur Verstetigung dieses saisonalen Wasserangebots beitragen.

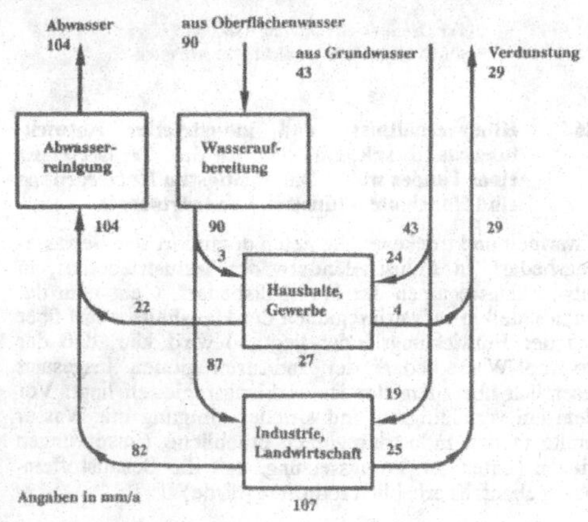

1 mm/a = 248 Mio. m^3/a (BR Deutschland)

(R6.4) Bei Wassernutzungen muß zwischen Verschmutzung (Haushalte, Industrie), Verbrauch (Landwirtschaft, Industrie) und Erwärmung (Kraftwerke, Industrie) unterschieden werden.

Diese Wassernutzungen der Verschmutzung, des Verbrauchs und der Erwärmung haben sehr unterschiedliche Umweltbelastungen zur Folge: Die Verschmutzung belastet Ökosysteme und Trinkwassergewinnung, der Verbrauch führt zu Verdunstung und damit Verringerung der Wassermenge, und die Erwärmung bringt eine Reduzierung des Sauerstoffgehalts und damit eine Belastung der Flußökosysteme.

Beispiel USA: Enormer Wasserbedarf für die Bewässerung sowie für die Kraftwerkskühlung. Wichtiger Nutzungsunterschied: nur eine geringe Menge des Kühlwassers wird 'verbraucht' (verdunstet). Der größte Teil des Bewässerungswassers wird dagegen durch Verdunstung, Transpiration und Versickerung verbraucht.

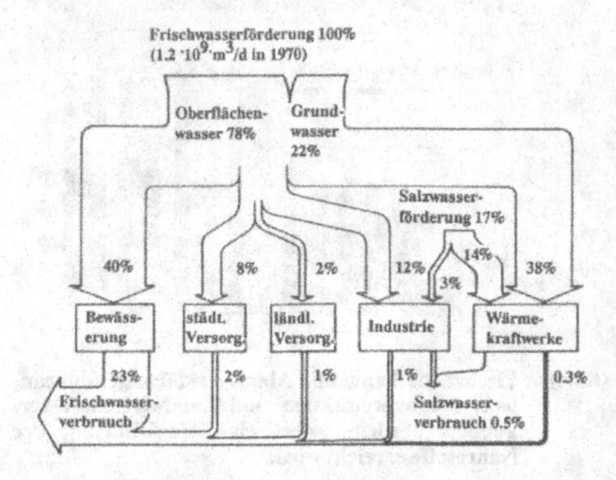

(R6.5) Abgesehen von der Elektrizitätswirtschaft ist die Industrie der größte Wassernutzer vor den Haushalten und Kleinverbrauchern.

Weitaus größter Wassernutzer ist die Elektrizitätswirtschaft, doch ist diese Nutzung vergleichsweise weniger problematisch (Kühlzwecke).

Für Ökosysteme brisant ist im wesentlichen die Wassernutzung in Haushalten und etwa ein Drittel der industriellen Wassernutzung, da diese Wassermengen relativ hoch mit Schadstoffen belastet sind. (Zwei Drittel werden vorwiegend zu Kühlzwecken benutzt.)

WASSERNUTZUNG, BRD
nach Verbrauchergruppen

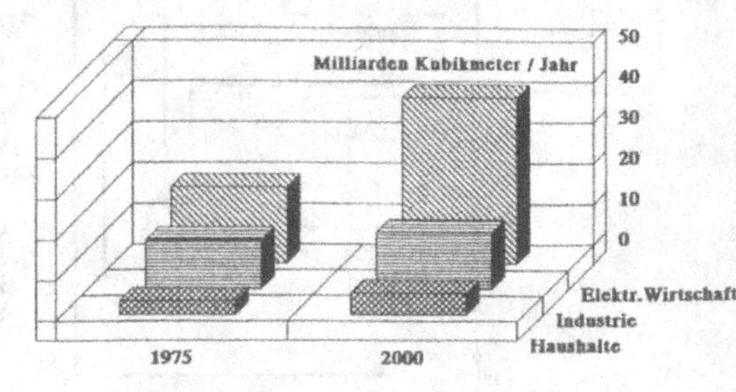

(R6.6) Der größere Teil des Wasserbezugs der Industrie stammt aus Oberflächenwasser und wird vor allem als Kühlwasser genutzt.

Bei der industriellen Nutzung muß man die Kühlwassernutzung von der Prozeßnutzung unterscheiden: Kühlwasser ist meist nicht mit Schadstoffen und nur mit Abwärme belastet. Kühlwasser wird meist aus Oberflächenwasser entnommen. Das restliche Industriewasser kommt aus Grundwasser und Quellen.

Da nur ein geringer Teil der Industrieprozesse diese hohe Wasserqualität verlangt, können rationellere Wasseranwendungen diesen Bedarfsanteil senken.

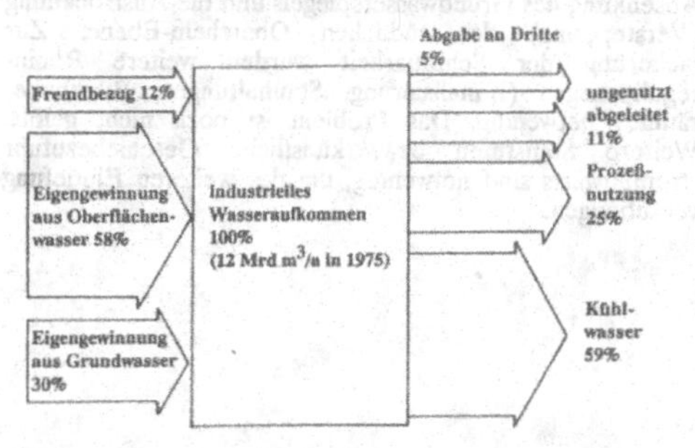

(R6.7) Die Industrie entnimmt aus Grundwasser und Quellen etwa die gleiche Menge wie die öffentliche Wasserversorgung.

Etwa 3/4 der öffentlichen Wasserversorgung der BRD stammen aus Grundwasser und Quellen. Der Rest muß direkt oder indirekt (Uferfiltrat) dem Oberflächenwasser entnommen werden. Im Gegensatz dazu stammen etwa 2/3 des Industriewassers aus Oberflächenwasser. Die Restmenge aus dem Grundwasser entspricht der Grundwasserentnahme der öffentlichen Wasserversorgung und ist damit in direkter Konkurrenz zur Haushaltsversorgung.

Die Gesamtmenge der öffentlichen Wassergewinnung beträgt etwa 5 Mrd m^3/a, davon wird etwa 75% (3.8 Mrd m^3/a) an Haushalte und Kleingewerbe geliefert. Die Gewinnung in der Industrie liegt bei 11 Mrd m^3/a. Wärmekraftwerke beanspruchen etwa 26 Mrd m^3/a (Kühlwasser). (Gesamtmenge: 42 Mrd m^3/a). Durch Kreislaufführung (Industrie) wird Wasser u.U. mehrfach genutzt. Die Wassernutzung der Industrie entspricht dem Fünffachen (55 Mrd m^3/a) der Wassergewinnung.

WASSERGEWINNUNG, BRD

öffentliche und industrielle Versorgung

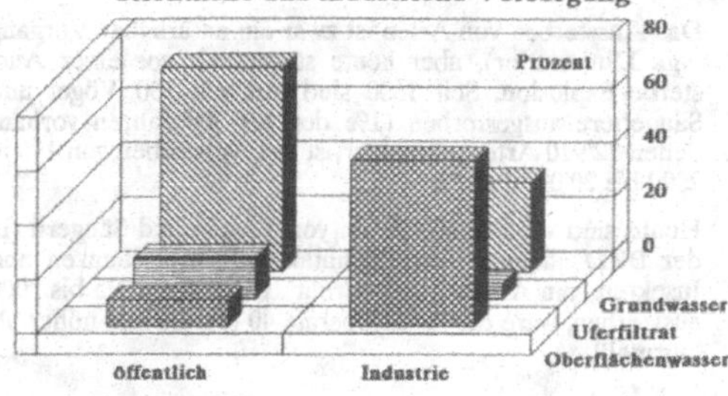

(R6.8) In den Haushalten der BRD werden heute um 150 Liter Trinkwasser pro Person und Tag verbraucht. Nur für etwa 5 Liter wäre Trinkwasserqualität erforderlich.

Der weitaus größte Teil des Trinkwassers wird für Zwecke verwendet, die auch mit Wasser geringerer Qualität erfüllt werden könnten. Außerdem ist Wassereinsparung möglich ohne Komfortverluste (WC).

Durch Regenwasser- und Grauwassernutzung ließe sich der Trinkwasserbedarf der Haushalte auf weniger als die Hälfte des heutigen Werts senken.

Bei der Dachfläche von 10 m * 10 m eines Einfamilienhauses mit 5 Personen entfallen auf jeden Bewohner im Jahresmittel fast 40 l Regenwasser pro Tag. Regenwasser z.B. für Waschmaschine verwenden; Grauwasser aus Waschmaschine und Dusche/Bad zur Klospülung. Trinkwasser nur für Nahrungs- und Reinigungszwecke.

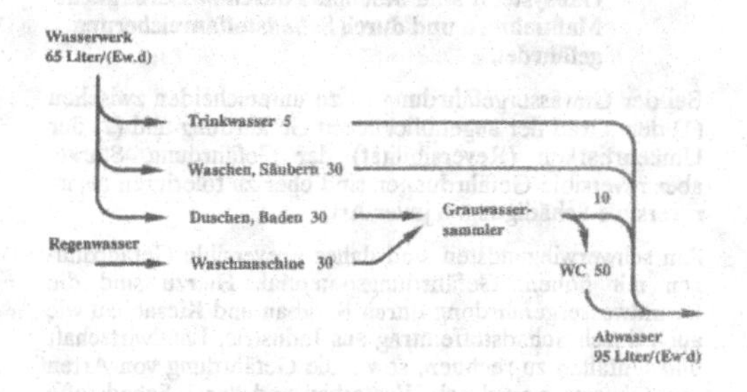

(R6.9) Der tägliche Gesamtverbrauch von Wasser (Haushalte und Industrie) liegt in der BRD heute bei rund 2000 Liter pro Person und Tag, davon 62 % (1250 Liter) für Kraftwerkskühlung, 30 % (600 Liter) für die industrielle Produktion und 8% (150 Liter) für Haushaltsgebrauch.

Der 'sichtbare Teil' des Wasserverbrauchs in den Haushalten stellt nur etwa 8% des Gesamtverbrauchs dar. Verschmutzt und mit Schadstoffen belastet werden zusammen etwa 750 Liter pro Person und Tag. Dies belastet nicht nur die natürlichen Ökosysteme, sondern indirekt auch teilweise die Trinkwassergewinnung.

WASSERVERBRAUCH PRO KOPF, BRD

pro-Kopf-Verbrauch, Liter/Tag

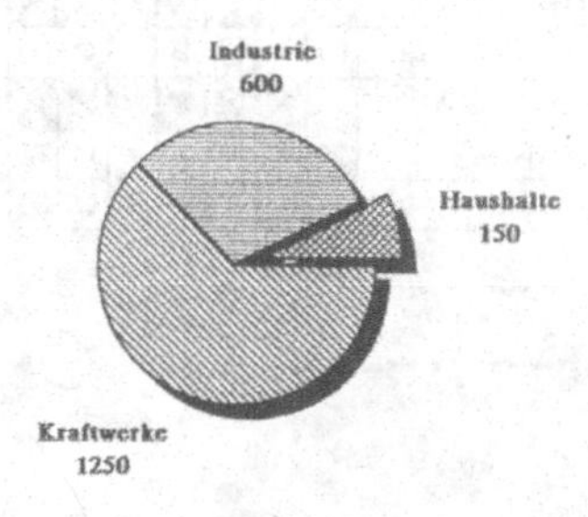

(R6.10) Der Frischwasserverbrauch der Industrie kann durch wassersparende Prozesse und Kreislaufnutzung erheblich gesenkt werden. Der Kühlwasserverbrauch wird durch Trockenkühltürme (Luftkühlung) gesenkt.

Durch Kreislaufführung bei Industrieprozessen wird heute bereits jeder Liter Wasser etwa fünfmal genutzt, bevor er ins Abwasser gerät. Trockenkühltürme bei Kraftwerken erfordern zwar riesige Bauwerke, benötigen aber kein Kühlwasser. Naßkühltürme, die kleinere Bauwerke erfordern, verdunsten Wasser mit der Abwärme und reduzieren den Wasserverbrauch bereits beträchtlich gegenüber der direkten Flußwasserkühlung.

(R6.11) Irreversible, bedrohliche Gefährdungen des Grundwasservorrats entstehen besonders durch Bergbau und Kiesabbau sowie durch Industrie, Landwirtschaft und Unfälle.

Ökosysteme sind besonders durch wasserbauliche Maßnahmen und durch Schadstoffanreicherung gefährdet.

Bei der Gewässergefährdung ist zu unterscheiden zwischen (1) dem Grad der augenblicklichen Gefährdung und (2) der Umkehrbarkeit (Reversibilität) der Gefährdung. Starke, aber reversible Gefährdungen sind eher zu tolerieren als irreversible Schädigungen jeder Art.

Am schwerwiegendsten sind daher irreversible Gefährdungen mit hohem Gefährdungspotential. Hierzu sind die Grundwassergefährdung durch Bergbau und Kiesabbau wie auch durch Schadstoffeintrag aus Industrie, Landwirtschaft und Unfällen zu rechnen, sowie die Gefährdung von Arten und Ökosystemen durch Wasserbau und durch Schadstoffe aus Industrie und Landwirtschaft.

	betroffene Systeme: → / Verursacher: ↓	Wasserversorgung				Ökosysteme			Landschaft			
		Oberflächenwasser	Grundwasservorrat	Trinkwasseraufbereitung	Abwasserreinigung	Funktion v. Ökosystemen	Arten. einschl. Fischerei	Schadstoffanreicherung	Hochwasserschutz	land- u. forstw. Nutzung	Erholung	Landschaftscharakter
hydrologische Eingriffe	Wasserbau	⊗	⊗	⊗	⊗	⊗	⊗	⊗	⊗	⊗	⊗	⊗
	Bergbau u. Kiesabbau	⊗	⊗	⊗	⊗	⊗	⊗	⊗	⊗	⊗	⊗	⊗
	Siedlung u. Verkehr	⊗	⊗	⊗	⊗	⊗	⊗	⊗	⊗	⊗	⊗	⊗
	Grundwasserentnahme	⊗	⊗	⊗	⊗	⊗	⊗	⊗	⊗	⊗	⊗	⊗
Schadstoffbelastungen	Industrie	⊗	⊗	⊗	⊗	⊗	⊗	⊗	⊗	⊗	⊗	⊗
	Elektrizitätswirtsch.	⊗	⊗	⊗	⊗	⊗	⊗	⊗	⊗	⊗	⊗	⊗
	Landwirtschaft	⊗	⊗	⊗	⊗	⊗	⊗	⊗	⊗	⊗	⊗	⊗
	Haushalte	⊗	⊗	⊗	⊗	⊗	⊗	⊗	⊗	⊗	⊗	⊗
	Unfälle	⊗	⊗	⊗	⊗	⊗	⊗	⊗	⊗	⊗	⊗	⊗

× fast reversibel
X mittelfr. reversibel
X praktisch irreversibel

○ geringe Gefährdung
○ Gefährdung
○ bedrohliche Gefährdung

(R6.12) Die Folgen wasserbaulicher Maßnahmen können möglicherweise ständig weitere Korrekturmaßnahmen erfordern.

Wasserbauliche Maßnahmen können in einen Teufelskreis führen, da ihre Folgen möglicherweise ständig neue Korrekturmaßnahmen erfordern.

Beispiel Rhein: Rheinkorrektur durch Tulla 1817 - 1875. Die Verkürzung des Flußlaufs zwischen Basel und Worms um 23% brachte höheres Gefälle, höhere Fließgeschwindigkeit, höhere Transportkraft und damit Eintiefung des Flußbettes zwischen Basel und Breisach um rund 7 cm pro Jahr (heute 7 m tiefer). Folge war die Absenkung des Grundwasserspiegels und die Austrocknung (Versteppung) der südlichen Oberrhein-Ebene. Zur Sicherung der Schiffbarkeit wurden weitere Rheinregulierungen (Kanalisierung, Stauhaltungen, Rückhalteräume) notwendig. Das Problem ist noch nicht gelöst. Weitere Staustufen bzw. künstliche Geschiebezufuhr stromabwärts sind notwendig, um der weiteren Eintiefung vorzubeugen.

R7. Aussterben von Arten

Zwar ist das Aussterben von Arten ein natürlicher Vorgang, doch überwiegt gegenwärtig der Artenverlust bei weitem die Neuentstehung von Arten. Dieser Artenverlust ist auf anthropogene Einflüsse zurückzuführen und ist aus vielen Gründen bedenklich, u.a. wegen des Verlustes genetischer Vielfalt. Darüber hinaus stellt sich hier dem Menschen auch ein ethisches Problem.

(R7.1) Durch menschliche Eingriffe sterben heute weit mehr Arten aus, als durch den evolutionären Prozeß ersetzt werden.

Das Aussterben von Arten ist zwar ein natürlicher Vorgang (vgl. Dinosaurier), aber heute stehen wir vor einer Aussterbe-Explosion. Seit 1600 sind weltweit 130 Vögel und Säugetiere ausgestorben (1% der vor 300 Jahren vorhandenen 12'910 Arten). 'Normal' ist das Aussterben von 1% in 2000 bis 20'000 Jahren.

Heute sind weitere 300 Arten von Vögeln und Säugern (in der BRD allein 53) und Zehntausende von Pflanzen und Insekten vom Aussterben bedroht . Falls davon 1/5 bis 2000 aussterben, wäre die Aussterberate 40 bis 400 mal höher als 'normal'!

(R7.2) Das Aussterben von Arten ist bedrohlich weil (1) genetische Vielfalt verloren geht, (2) potentiell nützliche genetische Information verloren geht, (3) Ökosysteme durch den Verlust von Schlüsselorganismen gefährdet sind.

Die heutigen Aussterberaten sind viel zu rasch; evolutionäre Prozesse können die ausfallenden Arten nicht ersetzen. Ein wichtiger Grund für das Aussterben ist die Zerstörung der Lebensräume (Landwirtschaft, Waldzerstörung). Die Aussterberate für alle Arten beträgt heute 10'000 pro Jahrhundert (insgesamt gibt es etwa 10 Millionen Arten).

Mit diesem Artenverlust ergibt sich ein Verlust genetischer Vielfalt. Dabei handelt es sich auch um Verluste u.U. für den Menschen wichtiger genetischer Information (Ernährung, Medizin, ...). Besondere Bedeutung hat der Verlust von Arten, die eine Schlüsselstellung im ökologischen System haben. Mit ihrem Verschwinden ist auch das Gesamtsystem gefährdet.

(R7.3) Es ist möglich, daß (besonders wegen der Waldvernichtung) bis zum Jahr 2000 etwa 8% der Arten, in manchen Gebieten bis zu 50% der Arten aussterben.

Der Artenverlust ist nicht so sehr durch direkte Vernichtung bedingt, sondern geht vor allem auf den Verlust von Lebensräumen zurück, auf die die verschiedenen Arten angewiesen sind.

Der weitaus größte Artenverlust wird durch die fortschreitende Zerstörung der tropischen Wälder erwartet, da hier die Artenvielfalt (Artenzahl pro Flächeneinheit) weitaus höher ist als in anderen Regionen.

(R7.4) Viele Populationen, u.a. Großsäuger (wie Wale, Elephanten, Rhinozeros) sind von der Ausrottung bedroht, wenn ihr Bestand unter eine kritische Größe sinkt.

Tierpopulationen, insbesondere die auf relativ große Lebensräume angewiesenen Großsäuger, können zusammenbrechen und aussterben, wenn ihr Bestand unter einen kritischen Wert gesunken ist und die Reproduktion nicht mehr gesichert ist. Dies ist wahrscheinlich bei einigen Walarten der Fall. Eine Erholung der Bestände ist inzwischen trotz erheblicher Einschränkung des Walfangs unwahrscheinlich geworden.

WALBESTÄNDE
Bedrohung durch Walfang

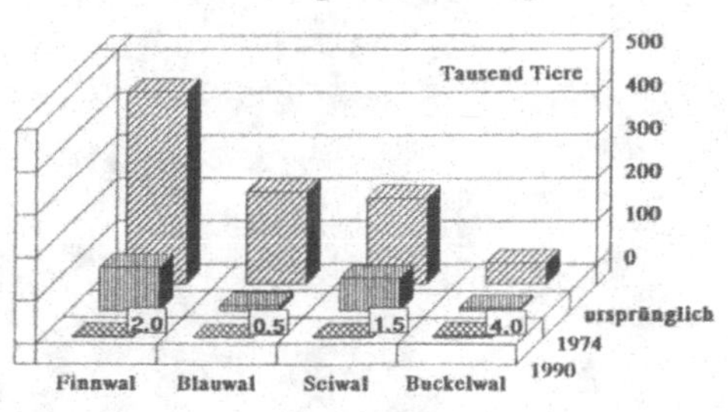

(R7.5) Das Überleben von mehr als der Hälfte der Wirbeltierarten in Deutschland ist bedroht. Etwa drei Viertel der Arten in Feuchtbiotopen sind bedroht.

Etwa die Hälfte der Wirbeltierarten in Deutschland ist gefährdet, vom Aussterben bedroht oder ausgestorben. Etwa 3/4 der Arten in Feuchtbiotopen sind bedroht.

Die Gefährdung der Tierarten wird in der 'roten Liste' für die Bundesrepublik festgehalten. Nur etwa die Hälfte der 600 Wirbeltierarten in Deutschland ist noch ungefährdet.

(R7.6) Von den Farn- und Blütenpflanzen in Deutschland sind etwa ein Drittel vom Aussterben bedroht.

Von rund 2700 Farn- und Blütenpflanzen in Deutschland sind etwa 32% gefährdet, vom Aussterben bedroht oder ausgestorben.

Da jede Pflanze ihr eigenes spezifisches Verbreitungsgebiet hat, variiert die Gefährdungssituation vieler Arten lokal und regional.

R7.7) Das Verschwinden von Organismen kann zur Beurteilung des Umweltzustands verwendet werden. Flechten sind z.B. zuverlässige Bioindikatoren für Luftverschmutzung.

Die baumrinden-bewohnenden Flechten reagieren sehr empfindlich (durch Verschwinden) auf Luftverunreinigungen. Sie eignen sich besonders gut zur Anzeige der biologisch wirksamen Gesamtbelastung. Dominierender Schadfaktor ist dabei das Schwefeldioxid, aber auch Stäube, Fluoride und Chloride. Hohe Belastungen findet man in allen Städten und Ballungsräumen.

(R7.8) In Deutschland ist die Landwirtschaft mit weitem Abstand der Hauptverursacher für den Artenrückgang bei Pflanzen wie auch bei Tieren.

Um den Artenrückgang bei Tier- und Pflanzenarten aufzuhalten, müßten vor allem die landwirtschaftlichen Bewirtschaftungsverfahren geändert werden (Feldraine, Feldgehölze, Vernetzung der ländlichen Ökosysteme usw.).

Der Artenrückgang bei Pflanzen wird in 72% der Fälle in erster Linie auf die Landwirtschaft zurückgeführt. Einen weiteren sehr hohen Anteil hat die Forstwirtschaft. Andere Ursachen haben weit geringere Bedeutung. Für den Artenrückgang bei Tieren gilt eine fast identische Ursachenverteilung.

URSACHEN DES ARTENRÜCKGANGS
Landwirtschaft als Hauptverursacher

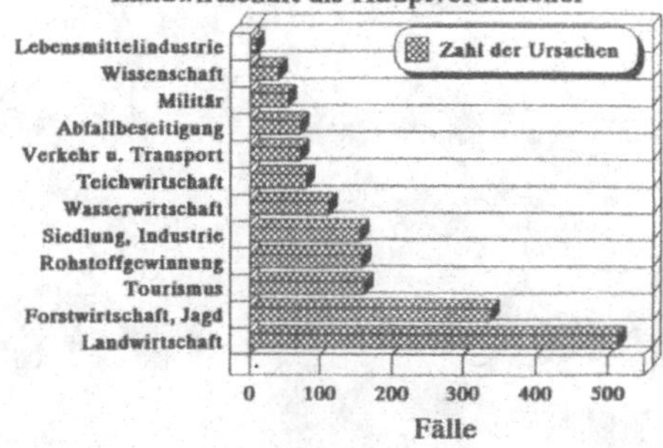

R8. Wichtige Gesetze und Verordnungen im Umweltbereich

Die Verschärfung der Umweltsituation hat besonders in den 70'er Jahren in vielen Industrienationen zu Gesetzen und Verordnungen geführt, mit denen Schäden durch Umweltbelastungen eingedämmt werden sollen. Viele dieser Regelungen sind im Laufe der Zeit verschärft worden; dringende Regelungen (z.B. vollständiges weltweites Verbot der FCKW; CO_2-Reduktion durch Energieverbrauchshöchstwerte) usw. stehen noch aus.

(R8.1) Überblick über Gesetze und Verordnungen im Umweltbereich (BR Deutschland)

Die Jahreszahl entspricht dem ersten Inkrafttreten. Einige Regelungen sind inzwischen z.T. mehrfach novelliert worden.

Atomgesetz (1959, 1985)
Raumordnungsgesetz (1965)
Pflanzenschutzgesetz (1968)
DDT-Gesetz (1971)
Fluglärmgesetz (1971)
Benzin-Bleigesetz (1971)
Abfallbeseitigungsgesetz (1972)
Bundesimmissionsschutzgesetz (1974)
Arzneimittelgesetz (1974)
Schallschutzverordnung (1974)
Waschmittelgesetz (1975)
Abfallwirtschaftsprogramm (1975)
Futtermittelgesetz (1975)
Bundeswaldgesetz (1976)
Strahlenschutzverordnung (1976)
Technische Anleitung zur Reinhaltung der Luft (1976)
Bundesnaturschutzgesetz (1976)
Wasserhaushaltsgesetz (1976)
Flurbereinigungsgesetz (1976)
Bundesbaugesetz (1976)
Abwasserabgabengesetz (1976)
Düngemittelgesetz (1977)
Feuerungsanlagenverordnung (1979)
Chemikaliengesetz (1980)
Klärschlammverordnung (1982)
Großfeuerungsanlagenverordnung (1983)
Abfallgesetz (1986)
Pflanzenschutzgesetz (1986)
Bundesartenschutzverordnung (1986)
Pflanzenschutzmittelverordnung (1987)
Störfallverordnung (1988)

VERBRAUCH NICHT-ERNEUERBARER RESSOURCEN

Übersicht

Die heutige Technologie der Industriegesellschaften ist angewiesen auf den ständigen Abbau und Verbrauch nicht erneuerbarer fossiler und mineralischer Rohstoffe. Bei gleichbleibender Technologie ist aus zwei Gründen sogar noch mit einer weiteren Steigung des Jahresverbrauchs bei vielen Rohstoffen zu rechnen: (1) die zunehmende Industrialisierung bisher nicht industrialisierter Regionen erhöht auch dort den Pro-Kopf-Verbrauch nicht erneuerbarer Rohstoffe, und (2) das Bevölkerungswachstum führt selbst bei gleichbleibendem weltweiten Pro-Kopf-Verbrauch noch zu einer Verbrauchssteigerung.

Nun gehen Rohstoffe durch ihre Nutzung zwar nicht verloren (von Energieträgern abgesehen), aber sie werden durch Verarbeitung, Verbrauch, Verschleiß und Verschrottung so weit verdünnt und in der Umwelt verstreut, daß selbst bei großen Anstrengungen eine 100%ige Rezyklierung unmöglich ist. Zwar sind in der Erdkruste und in den Ozeanen praktisch alle Rohstoffe in sehr großen Mengen vorhanden, doch stößt ihre Gewinnung prinzipiell an energetische Grenzen: Unterschreitet die Konzentration eine gewisse Grenze, so verbietet sich wegen des enormen Energieaufwands eine weitere Gewinnung. Bei fossilen Brennstoffen ist diese Grenze eindeutig zu definieren: Die Förderung wird sinnlos, wenn der Energieaufwand der Förderung den Energiegewinn überschreitet.

Die Erschöpfung der meisten abbauwürdigen Vorräte ist inzwischen abzusehen; bei vielen Rohstoffen wird sie noch in den nächsten Jahrzehnten zu Problemen führen. Es läßt sich leicht zeigen, daß bei steigendem Verbrauch selbst eine Verdopplung oder Verzehnfachung der Vorräte keinen wesentlichen Einfluß auf die Streckung der Lebensdauer hat. Um auch in Zukunft einer noch wachsenden Menschheit ein Minimum an materiellem Wohlstand zu bieten, ist es zwingend notwendig, durch Änderung bisheriger Technologien den Rohstoffeinsatz pro Materialdienstleistung wesentlich zu reduzieren. Ansätze hierzu bieten sich über die Rückführung von Materialien (Rezyklierung), den materialsparenden Entwurf, den Ersatz knapper Werkstoffe durch weniger knappe oder besser: erneuerbare Rohstoffe, lange Lebensdauer der Güter, Entwurf für leichte Reparatur, Austausch und Überholung von Teilen usw. Hier bestehen noch viele bisher weitgehend ungenutzte Möglichkeiten.

Der gegenwärtig hohe und zum Teil noch steigende Energiebedarf besonders der Industrienationen ist aus zwei Gründen bedenklich: (1) Er ist mit der allmählichen Erschöpfung nicht erneuerbarer fossiler Rohstoffe verbunden und (2) der Verbrauch jeder Art von Energieträgern in Industrie, Kraftwerken, Verkehr und Haushalten stellt insgesamt die weitaus größte Quelle von Umweltbelastungen dar (Klimaveränderung, Bodenversauerung, Waldsterben, Atemluft usw.). Falls sich die Technologien nicht grundlegend in Richtung auf eine weit bessere Energienutzung und die Verwendung erneuerbarer Energieträger wandeln, ist wegen des Bevölkerungswachstums und der noch zunehmenden Industrialisierung weltweit mit einem weiteren Anstieg des Energieverbrauchs und damit mit sich beschleunigender Rohstofferschöpfung und stark wachsender Umweltverschmutzung zu rechnen.

Erst in jüngster Zeit ist vielen deutlich geworden, daß Wohlstand und Wirtschaftswachstum nicht durch hohen oder gar ständig steigenden Energieverbrauch garantiert werden können, sondern daß dieser eher die ökologische und ökonomische Basis so stark gefährden kann, daß es zu ökologischen und ökonomischen Zusammenbrüchen kommen kann (Klimaveränderung, Waldsterben, Auslandsverschuldung). Es kommt nicht auf die Höhe des Energieverbrauchs an, sondern darauf, welche Energiedienstleistungen mit dieser Energiemenge erstellt werden können. Eine ökologisch und ökonomisch verträgliche zukünftige Energieversorgung wird daher versuchen, aus einer gegebenen Energiemenge eine möglichst hohe Energiedienstleistung (warme Räume, Antrieb, Transportleistung usw.) herauszuholen bzw. die für eine bestimmte Energiedienstleistung erforderliche Energiemenge auf ein Minimum zu reduzieren. Dies allein reduziert bereits den Energieverbrauch ohne Einschränkungen in Wohlstand und Wirtschaftsentwicklung, und es verringert damit auch die Umweltbelastungen und den Ressourcenverbrauch. Darüber hinaus ist es aber auch möglich, den Einsatz der (direkt oder indirekt) auf der Sonnenenergie basierenden umweltfreundlichen und erneuerbaren Energieträger erheblich auszuweiten. Wegen ihrer Erneuerbarkeit sind sie für die fernere Zukunft unumgänglich. Viele gute Gründe sprechen daher für verstärkte Forschungs- und Entwicklungsarbeit auf diesem Gebiet.

Inhalt

M1. Verbrauch von Material- und Energieressourcen: Rohstoffnutzung: jährliche Vebrauchsmengen. Pro-Kopf-Verbrauch in Industrieländern und Entwicklungsländern. Rohstoffverschwendung: Hausmüll als Beispiel. Energieverbrauch: Global, verschiedene Länder, pro Kopf, Zusammenhang mit Wirtschaftsentwicklung.

M2. Energie- und Rohstoffvorräte: Reserven und Ressourcen. Geologische Verteilung. Statische und dynamische Lebensdauer der Vorräte. Abbaudynamik: die Hubbert-Kurve. Einfluß der Vorratsvergrößerung auf die Abbaukurve. Einfluß der Rezyklierung auf die Streckung von Vorräten. Energievorräte: Vorratsschätzung weltweit. Verteilung der Vorräte auf die Weltregionen. Erschöpfungskurven bei den fossilen Energieträgern.

M3. Energieversorgungssystem: B.R. Deutschland als Beispiel: Historischer Verlauf. Anteile. Importanteile. Umwandlungspfade und Umwandlungsverluste. Energieflußdiagramm.

M4. Material- und Energiedienstleistung: Konzept der EDL und MDL. Unterschiedliche Energieverbräuche bei gleicher Energiedienstleistung: Raumwärme als Beispiel. Der Einfluß des Konzepts der EDL auf die Energiebedarfsprognosen. Möglichkeiten der Absenkung des Energieverbrauchs bei gleicher Energiedienstleistung.

M5. Materialrückführung, bessere Nutzung: Streckung der Vorräte durch bessere Nutzung. Rohstoffrückführung. Substitution. Nutzung armer Vorkommen.

M6. Alternativen der Energieversorgung: Bessere Energieausnutzung als Voraussetzung. Erneuerbare Energiequellen: Sonne, Biomasse, Wasser, Wind; Atomenergie und Kernfusion.

M1. Verbrauch von Material- und Energieressourcen

In den Industrienationen werden pro Einwohner jährlich enorme Rohstoffmengen verbraucht, die meist unwiederbringlich früher oder später mit dem Abfall verlorengehen. In Entwicklungsländern liegt dagegen der Pro-Kopf-Verbrauch nur bei 1/50 des Wertes der Industrienationen. In Industrieländern wird heute zum Teil pro Kopf bis zu 100 mal mehr technische Energie verbraucht als zur Lebenserhaltung als Nahrung aufgenommen wird. Dieser Betrag ist das bis zu 300-fache dessen, was in den ärmsten Ländern an Energie zur Verfügung steht.

Die Wirtschaftsaktivität eines Landes korreliert eng mit seinem Energieverbrauch. Daraus wird immer wieder der falsche Schluß gezogen, daß ein relativ hoher Energieverbrauch notwendig ist, um einen hohen Lebensstandard zu erreichen. Da aber in allen Ländern heute ähnliche Techniken eingesetzt werden, besagt die Korrelation nichts anderes, als daß etwa bei doppelter Produktion doppelt so viele Maschinen mit einem doppelt so hohen Energiebedarf laufen müssen. Interessante Hinweise ergeben erst die Abweichungen von dieser Korrelation: Einige Länder haben ein sehr hohes Bruttosozialprodukt pro Kopf trotz geringen Energieverbrauchs, was zum Teil auf bessere Energienutzung, zum Teil auf fehlende energieintensive Industrie (Grundstoffindustrie) deutet. Damit ergibt sich auch der Hinweis, daß es nicht auf hohen Energieverbrauch ankommt, sondern darauf, aus einer gegebenen Energiemenge eine möglichst hohe Energiedienstleistung zu ziehen. Prognosen, die daher die wahrscheinliche Technologieentwicklung hin zu rationellerer Energienutzung nicht berücksichtigen, liefern daher zwangsläufig falsche (zu hohe) Ergebnisse.

(M1.1) Bei der Nutzung als Werkstoffe gehen nicht-erneuerbare Rohstoffe prinzipiell nicht verloren, aber sie werden durch Verarbeitung, Verbrauch, Verschleiß und Verschrottung so weit verdünnt und in der Umwelt verstreut, daß aus technischen und energetischen Gründen eine hundertprozentige Rückführung unmöglich ist. Ein ständiger 'Verbrauch' dieser Stoffe ist also unausweichlich.

Auch bei großen Anstrengungen in der Materialrückführung von Werkstoffen (Metalle, Glas, Kunststoffe) lassen sich Verluste prinzipiell nicht vermeiden. Verluste bei der Verarbeitung (etwa zu Konsumgütern), durch Verschleiß und bei der Verschrottung und eventuellen Wiederaufarbeitung treten immer auf. Rezyklierung kann die Abbauraten von Rohstoffen (erheblich) reduzieren und damit die Vorräte effektiv strecken, sie kann aber einen ständigen, wenn auch geringen Verbrauch nicht verhindern. Langfristig werden daher die erneuerbaren Rohstoffe (auf Biomasse-Basis) erheblich an Bedeutung gewinnen. Rezyklierung hat eine hohe Bedeutung u.a. auch deshalb, weil durch Verringerung der Abbauraten sich alle damit verbundenen Umwelt- und Ressourcenbelastungen entsprechend reduzieren (z.B. Energieverbrauch bei der Erzschmelze).

(M1.2) Bei der Nutzung nicht-erneuerbarer Rohstoffe zur Energiebereitstellung wird chemische oder nukleare Bindungsenergie freigesetzt, wobei der ursprüngliche Rohstoff (Kohle, Erdgas, Erdöl, Uran U-235 usw.) zerstört wird.

Anders als bei der Nutzung als Werkstoff (etwa von Metallen) wird bei der energetischen Nutzung nicht-erneuerbarer Rohstoffe der Energieträger zerstört: eine 'Rezyklierung' gibt es hier prinzipiell nicht. Die Verbrennungs- und Abfallprodukte (CO_2, Asche, radioaktive Zerfallsprodukte) sind unerwünschte Umweltbelastungen, deren Entsorgung z.T. große Schwierigkeiten bereitet.

(M1.3) Für den Verbrauch nicht-erneuerbarer Rohstoffe maßgebend ist die der Umwelt pro Zeiteinheit entnommene Ressourcenmenge. Diese läßt sich - bei gleichem Materialdurchsatz bei Produktion und Konsum - durch Rezyklierung verringern.

Für den Nutzer eines technischen Systems (Gerät, Maschine, Anlage) entscheidend ist die gelieferte Dienstleistung (z.B. Nahrung in einem sauberen Behälter). Werden Behälter oder Werkstoff (Glas, Aluminium) rezykliert, so ändert sich nichts an der Dienstleistung oder am Behälter- und Werkstoffdurchsatz, wohl aber beim Abbau und der Aufarbeitung des Rohstoffs und der damit verbundenen Umweltbelastung: diese Durchsätze werden (wesentlich) verringert.

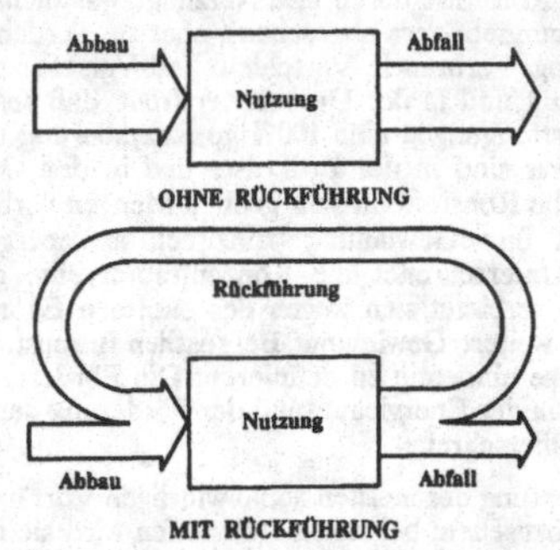

(M1.4) Von den Bewohnern der Industrieländer werden enorme Stoffmengen aus der Umwelt entnommen und in der Umwelt verteilt: etwa 60 kg pro Person und Tag, bzw. rund 5 kg pro Jahr auf jeden Quadratmeter der BRD. Hiervon ist der Hausmüllanteil weniger als 2 Prozent.

Das Ausmaß der Umwelt- und Ressourcenbelastung durch die Industrienationen wird durch die anteiligen jährlichen Pro-Kopf-Durchsätze eines Bürgers der BRD deutlich (1989).

Hausmüll	365 kg/(EW · a)
Industrieabfälle ohne Bauschutt	1'300 "
Bauschutt + Bodenaushub	2'000 "
fossile Energieträger	6'000 "
CO_2-Freisetzung	11'700 "
Chemieprodukte:	
anorg.u.organ.Grundstoffe, Agrarchemikalien, Kunststoffe, Farben + Lacke usw.	503 "
Pestizide (Produktion)	3.7 "
(Anwendung)	0.53 "
Autowracks (davon 75% Metalle)	32 "
Industriedünger (N,P,K,Ca)	85 "
Wasch- u.Reinigungsmittel	28.3 "
Phosphoreinträge in Gewässer	1.14 "
FCKW (Produktion)	1.9 "
Wasserverbrauch (ohne Kühlwasser)	300'000 "

(unvollständige Aufzählung, es fehlen u.a. Metalle, Holz)

Insgesamt werden etwa 20 Tonnen Material für jeden Einwohner eines Industrielandes gefördert, bewegt, verarbeitet und 'entsorgt': etwa 55 kg pro Kopf und Tag. Auf die Fläche der BR Deutschland bezogen, sind es 5 kg/($m^2 \cdot a$): 5 kg auf jeden m^2 pro Jahr.

(M1.5) Die Industrieländer verbrauchen rund 5/6 der (kommerziellen) Energie für nur 1/4 der Weltbevölkerung. In Industrieländern ist der Pro-Kopf-Verbrauch an Energie und Rohstoffen etwa 30 bis 50 mal größer als in Entwicklungsländern.

Neben den kommerziellen Energien, die in Statistiken erfaßt werden, werden besonders in Entwicklungsländern noch große Mengen nicht-kommerzieller Energien (Dung, Pflanzenreste, eingesammeltes Feuerholz usw.) verbraucht.

Bei einem Weltenergieeverbrauch (1990) von etwa 11 Mrd tSKE entfallen etwa 80% (8.8 Mrd tSKE) auf die Industrieländer (OECD-Länder) mit 25% der Weltbevölkerung und 20% (2.2 Mrd tSKE) auf die Entwicklungsländer mit 75% der Weltbevölkerung. (Dort wurden zusätzlich noch etwa 1 Mrd tSKE nicht-kommerzielle Energie verbraucht.)

Umrechnungen:
1 kg SKE = 8140 Wh = 29310 kJ
1 TW = 31536 PJ/a ≈ 1 Mrd t SKE/a
1 PJ = 10^{15} J, 1 EJ = 10^{18} J

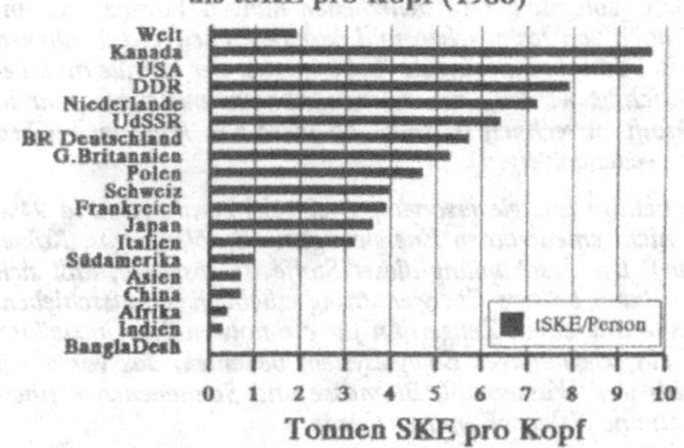

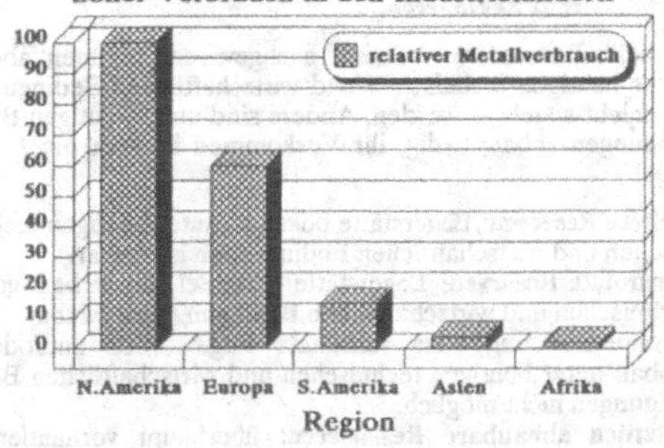

Auf den Einwohner bezogen, werden die Unterschiede zwischen den Regionen noch offensichtlicher: Der jährliche Pro-Kopf-Energieverbrauch eines Amerikaners beträgt etwa 10000 kg SKE, der eines Europäers 5000, der eines Afrikaners rund 50 kg SKE/(Ew · a). Die Metallverbräuche zeigen ähnliche Unterschiede.

Die Umweltbelastungen und Ressourcenerschöpfung pro Einwohner stehen im gleichen Verhältnis: Sie sind pro Einwohner eines Industrielandes 30 bis 50 mal höher als pro Einwohner eines Entwicklungslandes.

Konsequenz: Das heutige hohe Verbrauchsniveau der Industrieländer kann auf Dauer nicht durchgehalten werden und ist erst recht nicht als weltweites Ziel anzustreben, da die Rohstoffvorräte dann sehr schnell erschöpft und die Umwelt katastrophal belastet würde. Es bleibt nur die Alternative, mit Rohstoffen und Energie wesentlich sparsamer (effizienter) umzugehen und den hohen Pro-Kopf-Verbrauch der Industrieländer zügig und und sehr stark abzusenken. Ziel muß sein, mit besserer und effizienterer Nutzungstechnik die gleichen Energie- und Materialdienstleistungen bei wesentlich verringertem Rohstoff- und Energiebedarf zu erzeugen.

(M1.6) Der heutige technische Energieverbrauch ist etwa 1/15'000 der Sonneneinstrahlung in die obere Atmosphäre, aber er erreicht bereits etwa ein Zehntel der gesamten Nettoprimärproduktion durch Pflanzen auf der Erde (Photosynthese).

Sonneneinstrahlung in die obere Atmosphäre: 178 000 TW (vgl. K2.6)
Nettoprimärproduktion durch Photosynthese: 100 TW (vgl. E6.10)
(Technischer) Weltenergiedurchsatz: 11 TW
(zu 90% fossile Brennstoffe)

Hieraus ergeben sich drei wichtige Schlüsse:

1) Es gibt ein sehr hohes Angebot an Sonnenenergie, das genutzt werden könnte.
2) Biomasse allein ist (ohne starke Reduzierung des Energieverbrauchs) zur erneuerbaren Energieerzeugung ohne schwerwiegende ökologische Eingriffe wahrscheinlich nicht einsetzbar.
3) Die technische Energieverwendung kommt in die Größenordnung natürlicher Energieumsetzung: dies ist ökologisch bedenklich.

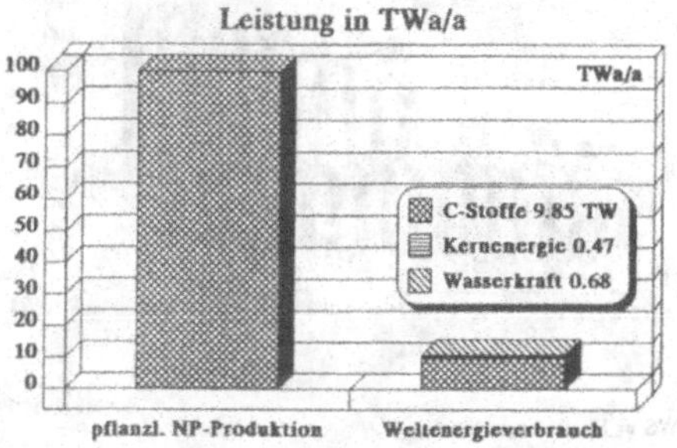

(M1.7) Der Verbrauch fossiler Brennstoffe verdoppelt sich (noch) weltweit alle 35 Jahre.

Der weltweite Energieverbrauch hat sich zwischen 1950 und 1990 vervierfacht. Inzwischen hat sich die jährliche Zuwachsrate des Energieverbrauchs auf etwas unter 2% verringert. Dies bedeutet eine Verdopplungszeit von 35 Jahren. Der weitaus größte Teil (90%) des Energieverbrauchs wird durch fossile Energieträger gedeckt, 6% durch Wasserkraft und 4% durch Kernenergie.

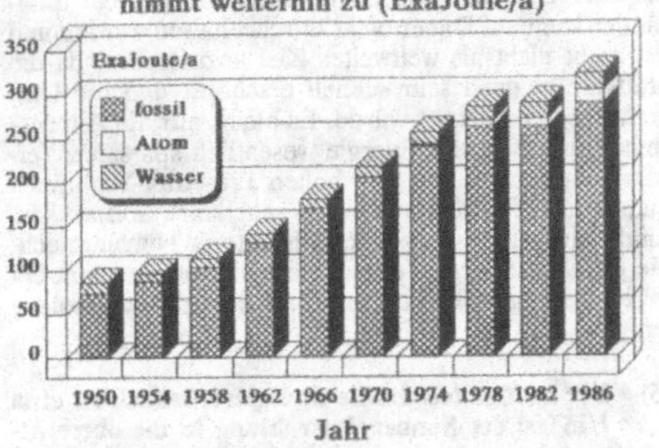

(M1.8) Falls keine wesentlichen Nutzungsverbesserungen eingeführt werden, steigt der Energieverbrauch eines Landes in etwa proportional zum Bruttosozialprodukt.

Dieser Zusammenhang sagt im Grunde nichts weiter aus, als daß (bei gleichbleibender Technik) bei höherer Produktion und größerem materiellen Wohlstand auch mehr Energie verbraucht wird. Die Aussage wird aber oft verwendet, um Wohlstand als Konsequenz von hohem Energieverbrauch zu 'beweisen'. Seit den Ölkrisen 1973 und 1979 besteht in vielen Ländern kein Zusammenhang mehr, da ein allmählicher Übergang auf rationellere Energienutzung stattfindet, die gleichen Wohlstand bei geringerem Energieeinsatz gewährleisten kann.

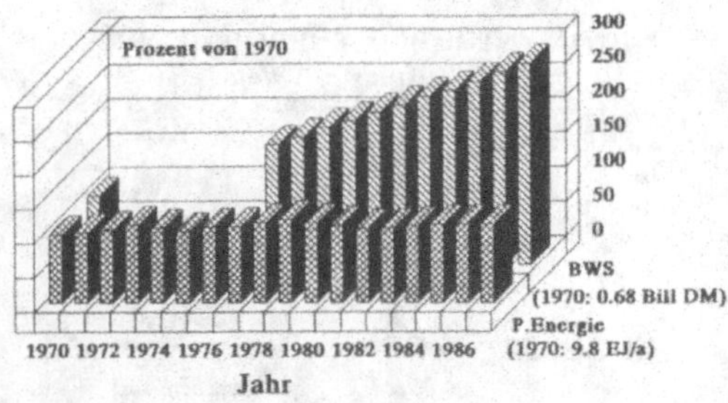

BWS = Bruttowertschöpfung
P.Energie = Primärenergie

B.R. Deutschland

(M1.9) Der spezifische Energieverbrauch je Einheit Bruttosozialprodukt ist in verschiedenen Ländern sehr unterschiedlich und spiegelt u.a. Wirtschaftsstruktur und Nutzungseffizienz wider.

Zwischen Energieverbrauch und Bruttosozialprodukt (als Maß für materiellen Wohlstand) besteht kein eindeutiger Zusammenhang. Manche Länder nutzen Energie besser aus, andere haben besonders wenig Grundstoffindustrie (Schweiz).

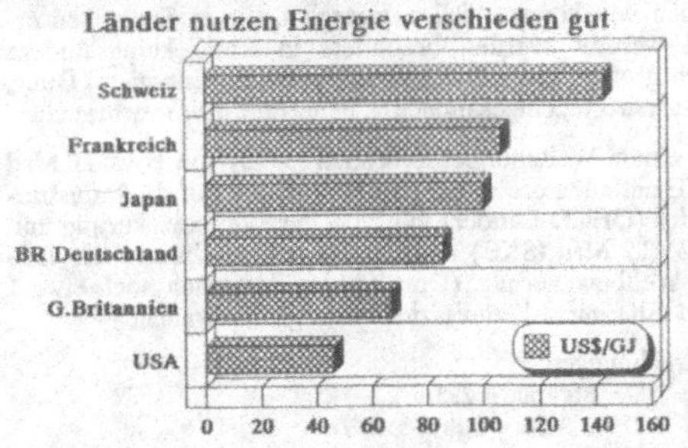

M2. Energie- und Rohstoffvorräte

Neben geologischen Unsicherheiten hängen Vorratsschätzungen auch von technischen und ökonomischen Gegebenheiten ab. Bei der Abschätzung der Lebensdauer der Vorräte muß berücksichtigt werden, mit welchen Abbaumengen pro Jahr in Zukunft zu rechnen ist (d.h., ob diese z.B. konstant bleiben oder weiter ansteigen).

Die heutige Energieversorgung (weltweit) beruht zu rund 94% auf nicht erneuerbaren Energieträgern (Erdöl, Erdgas, Kohle, Uran). Die Erschöpfung dieser Stoffe ist absehbar, läßt sich aber durch bessere Energienutzung erheblich hinausschieben. Dies würde einen Zeitgewinn für die notwendige Umstellung auf ein regeneratives Energiesystem bedeuten, das vor allem Wind- und Wasserkraft, Biomasse und Sonnenenergie (thermisch und elektrisch) nutzen würde.

(M2.1) Bei Angaben über Rohstoffvorräte müssen die Schätzbedingungen beachtet werden: Unterscheidung zwischen (sicheren) Reserven und (unsicheren) Ressourcen.

Manche Rohstoffvorräte sind nachgewiesen, können aber unter heutigen technischen und wirtschaftlichen Bedingungen nicht abgebaut werden. Andere sind unter heutigen Bedingungen abbauwürdig, ihr Vorkommen ist aber nicht sicher.

Sichere Reserven: Lagerstätte bekannt, unter heutigen technischen und wirtschaftlichen Bedingungen abbaubar.
Vermutete Reserven: Lagerstätte vermutet, unter heutigen technischen und wirtschaftlichen Bedingungen abbaubar.
Ressourcen: ungewisse vermutete Lagerstätten und/oder Abbau unter heutigen technischen und wirtschaftlichen Bedingungen nicht möglich.
Letztlich abbaubare Ressourcen: überhaupt vorhandene und jemals abbaubare Vorräte.

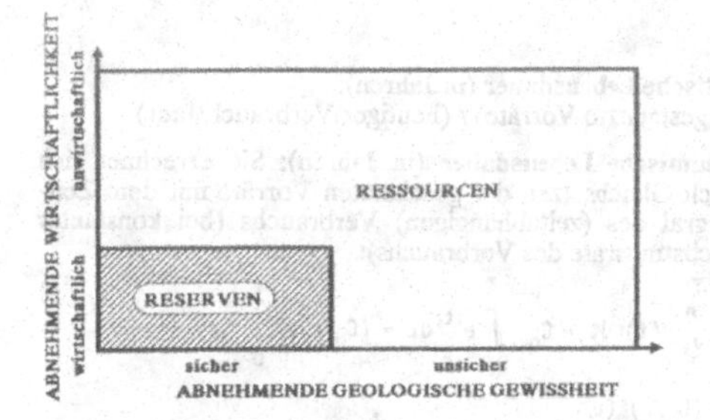

Reserven, Ressourcen, Potentiale einiger Rohstoffe

	Reserven (Mio t)	weitere Ressourcen (Mio t)	erschließbares Potential (Mio t)
Aluminium	5 200	2 800	3 519 000
Blei	123	1 250	550
Chrom	780	6 000	3 260
Eisenerz	93 100	143 000	2 035 000
Erdgas [1]	100 000	--	310 000
Erdöl [1]	140 000	--	420 000
Fluor	72	270	20 000
Kali	9 960	103 000	--
Kohle [1]	550 000	--	1 800 000
Kupfer	456	1 770	2 120
Mangan	2 200	1 100	42 000
Nickel	54	103	2 590
Phosphor	3 400	12 000	51 000
Platingruppe	0.02	0.05	1.2
Quecksilber	0.2	0.4	3.4
Schwefel	1 700	3 800	--
Silber	0.2	0.5	2.8
Wolfram	1.8	3.4	51
Zink	159	4 000	3 400
Zinn	10	27	68

[1] in Mio t SKE (Tonnen Steinkohleneinheiten)
(nach Global 2000 (1980) und Bach (1982)

(M2.2) Die meisten Rohstoffe sind entweder in einer Lagerstätte vorhanden oder nicht. Einen fließenden Übergang zu geringeren Konzentrationen gibt es nur bei wenigen Rohstoffen.

Die geologische Verteilung der Rohstoffe ist sehr ungleich. Nur bei manchen Erzen (Cu, Fe, Al) finden sich allmähliche Übergänge der Konzentration. Bei den meisten anderen sind es scharfe Übergänge der Konzentration - entweder ist der Stoff da oder nicht (Pb, Zn, Sn, Ni, W, Hg, Mn, Co, Edelmetalle, Mo ...). Deshalb ist die Behauptung unhaltbar, daß die Verfügbarkeit eines Stoffes nur von den wirtschaftlichen Kosten des Abbaus bestimmt wird.

Zur Abschätzung der Reserven: Diese sind oft deshalb niedrig (nur wenige Jahrzehnte), weil es nicht sinnvoll ist, nach neuen Reserven zu suchen, solange die bekannten noch einige Jahrzehnte reichen. Trotzdem gibt es zunehmende Verknappungserscheinungen bei vielen Rohstoffen, trotz eifriger Prospektion. Die Verknappung beschleunigt sich, wenn der Bedarf allgemein noch steigt.

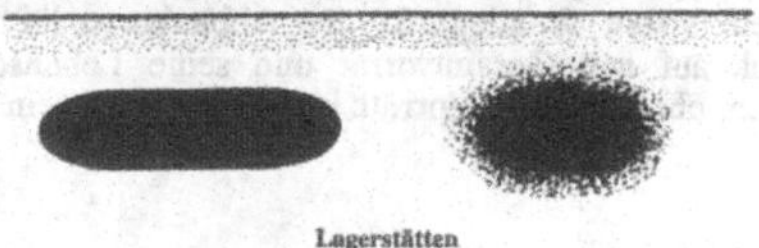

Lagerstätten

(M2.3) Bei vielen Rohstoffen ist bereits ein erheblicher Teil der ursprünglich vorhandenen Vorräte abgebaut worden.

Die weitaus größten Erdölreserven befinden sich noch im Mittleren Osten. In Nordamerika sind von den vorhandenen Reserven bereits etwa 40% verbraucht; im Mittleren Osten erst knapp 20%. Bei einigen Edelmetallen (Silber, Gold) ist wahrscheinlich der größte Teil der Reserven bereits abgebaut.

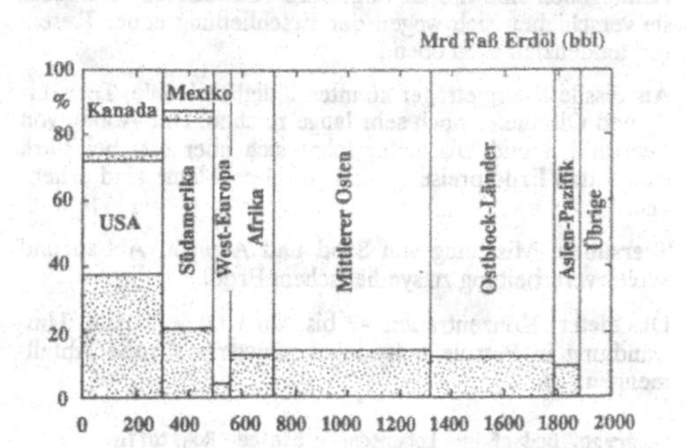

Verteilung der förderbaren Erdölvorkommen und Abbau bis 1977

(M2.4) Die Lebensdauer vorhandener Reserven läßt sich aus dem Gesamtvorrat sowie dem jährlichen Verbrauch und dem Verbrauchswachstum abschätzen.

Die Reserven einiger wichtiger Stoffe werden voraussichtlich in wenigen Jahrzehnten fast erschöpft sein. Das folgt aus den Vorratsschätzungen und der Entwicklung der Verbrauchsrate.

Statische Lebensdauer: Verhältnis von Vorrat zu heutigem Jahresverbrauch, d.h. Lebensdauer der Vorräte bei gleichbleibendem Verbrauch.

Dynamische Lebensdauer: setzt eine weitere Verbrauchssteigerung mit der heutigen Steigerungsrate bis zum Erschöpfungszeitpunkt voraus (siehe M2.6). Die Annahme ist langfristig unrealistisch, da der Jahresverbrauch bei Annäherung an die Erschöpfungsgrenze wieder sinken muß (siehe M2.7).

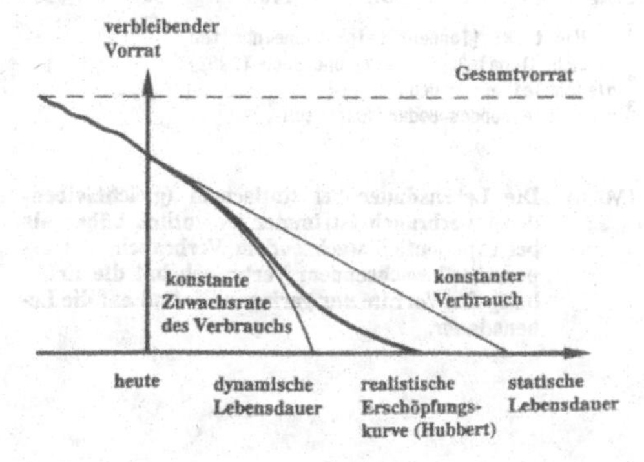

(M2.5) Die Reserven einiger wichtiger Stoffe werden voraussichtlich in wenigen Jahrzehnten fast erschöpft sein.

Aus der statischen bzw. dynamischen Lebensdauer der Vorräte ergeben sich Anhaltspunkte für bevorstehende Knappheiten. Baldige Verknappung in den nächsten Jahrzehnten ist zu befürchten bei: Erdöl, Erdgas, Blei, Fluor, Gold, Kupfer, Quecksilber, Silber, Wolfram, Zink, Zinn. (Die Zeitangaben sind nur als ungefähre Hinweise zu verstehen; sie verschieben sich wegen der Erschließung neuer Reserven tendenziell nach oben.)

Als fossile Energieträger könnten lediglich Kohle, Teersände und Ölschiefer noch sehr lange reichen. Der Abbau von Teersänden und Ölschiefer lohnt sich aber erst bei stark steigenden Erdölpreisen. Die Umweltprobleme sind erheblich.

Teersände: Mischung von Sand und Asphalt. Abbau und Weiterverarbeitung zu synthetischem Erdöl.

Ölschiefer: Konzentration 40 bis 400 l Öl je Tonne. Umwandlung in Petroleumprodukte schwierig. Große Abfallmengen.

Reserven, Bedarf und Lebensdauer einiger Rohstoffe

	Reserven (Mio t)	Bedarf (Mio t/a)	Zuwachsrate (%/a)	Lebensdauer (a) statisch[2]	dynam.[3]
Aluminium	5 200	17	4.3	306	62
Blei	123	4	3.1	31	22
Chrom	780	3	3.3	260	68
Eisenerz	93 100	495	3.0	188	63
Erdgas[1]	100 000	1 500	3.0	67	37
Erdöl[1]	140 000	3 600	3.0	39	26
Fluor	72	2	4.6	36	21
Kali	9 960	22	3.3	453	86
Kohle[1]	550 000	2 300	3.0	239	70
Kupfer	456	8	3.0	57	33
Mangan	2 200	10	3.4	220	63
Nickel	54	0.7	3.0	77	40
Phosphor	3 400	14	5.2	243	50
Platingruppe	0.02	0.0002	3.8	100	41
Quecksilber	0.2	0.008	0.5	25	24
Schwefel	1 700	52	3.2	33	22
Silber	0.2	0.01	2.3	20	16
Wolfram	1.8	0.04	3.3	45	28
Zink	159	6	3.0	27	20
Zinn	10	0.2	2.0	50	35

[1] in Mio t SKE (Tonnen Steinkohleneinheiten)
(nach Global 2000 (1980) und Bach (1982))
[2] gleichbleibender Bedarf
[3] gleichbleibendes Bedarfswachstum

(M2.6) Die Lebensdauer bei statischem (gleichbleibendem) Verbrauch ist immer wesentlich höher als bei exponentiell wachsendem Verbrauch. Bei exponentiell wachsendem Verbrauch hat die Erhöhung der Vorräte nur geringen Einfluß auf die Lebensdauer.

Statische Lebensdauer (in Jahren):
= (geschätzte Vorräte) / (heutiger Verbrauch/Jahr)

Dynamische Lebensdauer (in Jahren): Sie errechnet sich durch Gleichsetzen der geschätzten Vorräte mit dem Zeitintegral des (zeitabhängigen) Verbrauchs (bei konstanter Wachstumsrate des Verbrauchs):

$$R = \int_0^T c(t)\,dt = C_0 \int_0^T e^{rt}\,dt = (C_0/r)e^{rt}\Big|_0^T$$

$$= (C_0/r)\,(e^{rT} - 1)$$

hieraus:

$$T = (1/r)\,\ln\,((R*r/C_0) + 1)$$

wobei: r = jährliche Wachstumsrate des Verbrauchs
C_0 = anfänglicher jährlicher Verbrauch
$c(t)$ = zeitabhängiger Verbrauch
R = Vorratsschätzung
T = Lebensdauer der Vorräte
ln = natürlicher Logarithmus

LEBENSDAUER VON ROHSTOFFVORRÄTEN
Verdopplung erhöht Lebensdauer nur wenig

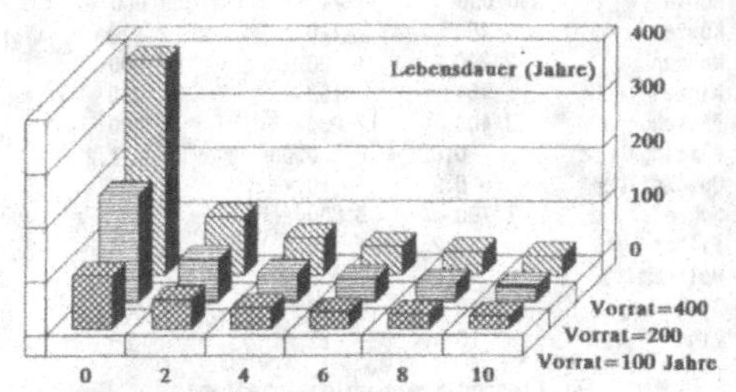

Steigerungsrate des Verbrauchs (%/a)

(M2.7) Die Abbaudynamik eines Rohstoffs ergibt sich aus dem Zusammenspiel zwischen Bedarf und noch vorhandenen Reserven: Zunächst steigt der Abbau exponentiell. Von einem gewissen Punkt an werden weniger Vorräte entdeckt als verbraucht: Mit den knapper werdenden Vorräten geht dann auch der Abbau zurück (Hubbert-Kurve).

Im Anfang des Abbauzyklus sind die vorhandenen Vorräte und deren Entdeckungsrate im Verhältnis zur Abbaurate sehr groß. Der Abbau kann sich daher exponentiell beschleunigen. Allmählich wird die Erfolgsrate der Exploration jedoch geringer. Die (momentan bekannten) Reserven werden durch Abbau und verlangsamten Explorationserfolg geringer, die Wachstumsrate der Abbaurate wird negativ (Wendepunkt). Die Abbaurate erreicht danach allmählich ein Maximum und sinkt danach mit der (exponentiellen) Erschöpfung der Lagerstätten auf Null ab.

Aus dem ersten Wendepunkt der Abbaukurve läßt sich demnach auf den Gesamtvorrat und seine Lebensdauer schließen, ohne daß alle Vorräte bereits entdeckt sein müssen.

Anwendung der Hubbert-Kurve auf die Welt-Erdölproduktion:

Bei zunächst noch wachsendem Erdölverbrauch wird das Fördermaximum etwa im Jahr 2000 erreicht sein. 80% der Vorräte sind dann bis zum Jahre 2025 verbraucht. Der Erdölverbrauch wird vermutlich nach dem Jahr 2000 wieder stark absinken, weil kaum noch neue Vorräte gefunden werden und der größere Teil der vorhandenen Reserven bereits gefördert worden ist.

Welt-Erdölproduktion nach der Hubbert-Kurve bei zwei verschiedenen Vorratsschätzungen: Trotz doppelter Vorratsmenge kann das Ende der Ölzeit nur um wenige Jahre hinausgeschoben werden. Ein doppelter Vorrat verdoppelt die Fläche unter der Kurve, führt aber auch zu höherem Verbrauchsanstieg und damit ähnlich rascher Erschöpfung.

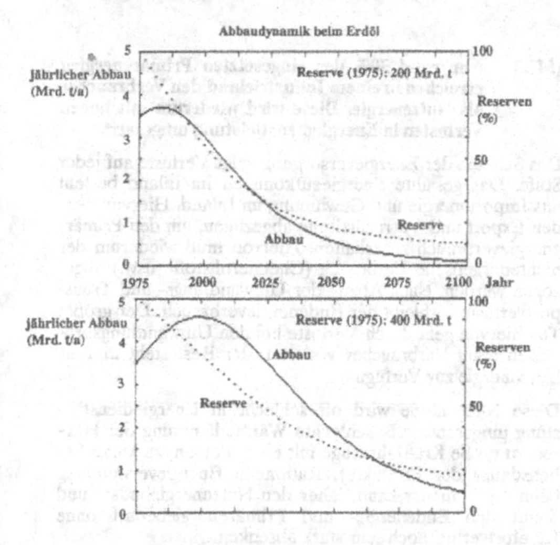

(M2.8) Bei den knappen Stoffen würde auch eine stark verbesserte Rückführung die nahe Erschöpfung nicht wesentlich aufschieben können.

Beispiel Silber: Würde die Rückführung von heute 30% auf später 90% gesteigert werden, so würde dies den Zeitpunkt der Erschöpfung nur geringfügig hinausschieben können. Grund: Rezyklierung täuscht ein größeres Rohstoffangebot vor - ohne Preisanstieg ergibt sich kein ökonomischer Druck zur Einsparung.

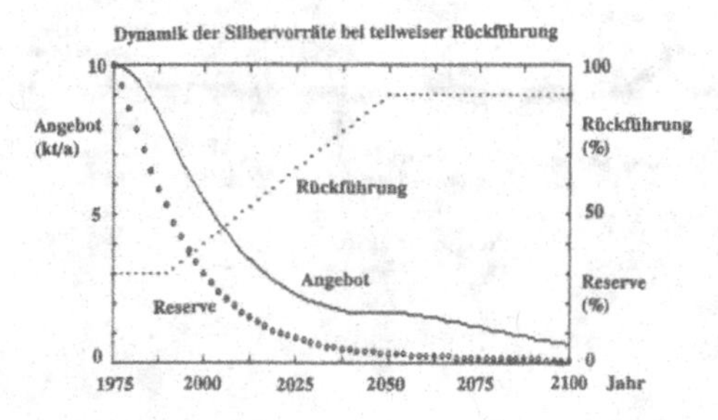

M3. Energieversorgungssystem: BR Deutschland

Der Verbrauch an Energieträgern (Primärenergie) ist in der BR Deutschland nach dem 2. Weltkrieg im Zuge der Wirtschaftsentwicklung stark angestiegen bis etwa zum Jahre 1970. Seit diesem Zeitpunkt bleibt der Energieverbrauch - von etwa 10%igen Schwankungen abgesehen - bemerkenswert konstant. Wissenschaftliche Prognosen sehen bis zum Jahr 2000 und darüber hinaus keinen weiteren Anstieg des Primärenergiebedarfs, sondern eher ein weiteres Absinken.

Diese Entwicklung hängt zum Teil mit der allmählichen Einführung energiesparender Technologien in allen Verbrauchssektoren zusammen, zu einem anderen Teil ist sie auch durch den Strukturwandel hin zu weniger energieintensiven Produktionsweisen in der Wirtschaft bedingt (informationsintensive Industrie).

Obwohl der Ölanteil in der Energieversorgung weiter ständig abnimmt, bleibt die Energieversorgung doch in ihrem überwiegenden Teil importabhängig.

Die Verluste in der Energieversorgung sind einmal abhängig von den Wirkungsgraden der technischen Umwandlungssysteme (Kraftwerke, Raffinerien, Heizanlagen, Kühlschränke usw.), zum anderen aber auch von gewissen, oft verbrauchsfördernden Eigenheiten des Nutzungssystems (Heizen bei offenem Fenster, für die Transportdienstleistung überdimensionierte Kraftfahrzeuge usw.). Während die Verbesserung der Wirkungsgrade bereits an technische und physikalische Grenzen stößt, sind immer noch enorme Verbesserungen der Nutzungssysteme möglich. So würde z.B. die Verdreifachung der Lebensdauer von Konsumgütern und Kraftfahrzeugen den Energieverbrauch ihrer Produktion etwa dritteln.

Während der Bedarf nach Energiedienstleistung (pro Kopf) bestenfalls noch geringfügig steigen wird, sind die Einsparungsmöglichkeiten durch bessere Nutzung beim Verbraucher noch längst nicht ausgeschöpft. Die technische Grenze des Endenergiebedarfs für die Bundesrepublik scheint bei gleicher Energiedienstleistung etwa bei 1/6 des heutigen Endenergiebedarfs zu liegen.

(M3.1) Vom Energierohstoff bis zur Energienutzung beim Verbraucher geht in mehreren Umwandlungs- und Transportprozessen ein großer Teil der Energie verloren. Besonders große Verluste entstehen heute noch durch verschwenderische Umwandlung von Nutzenergie in Energiedienstleistung (dies ist vor allem ein nicht-technisches Problem!).

Bei der Diskussion der Energieversorgung müssen die verschiedenen Energiebegriffe genau unterschieden werden.

Primärenergie = Energie vor der Umwandlung in Kraftwerken, Raffinerien, Heizwerken usw.
Sekundärenergie = Energie nach der Umwandlung.
Endenergie = Energie, die die Endverbraucher erreicht.
Nutzenergie = Energie, die der Verbraucher in der gewünschten Form aus seinem Gerät bezieht (Antrieb, Wärme, Licht usw.).
Energiedienstleistung = Dienstleistung, die der Verbraucher durch Verwendung der Nutzenergie bezieht (warmer Raum, Transport, Herstellung eines Produkts usw.).

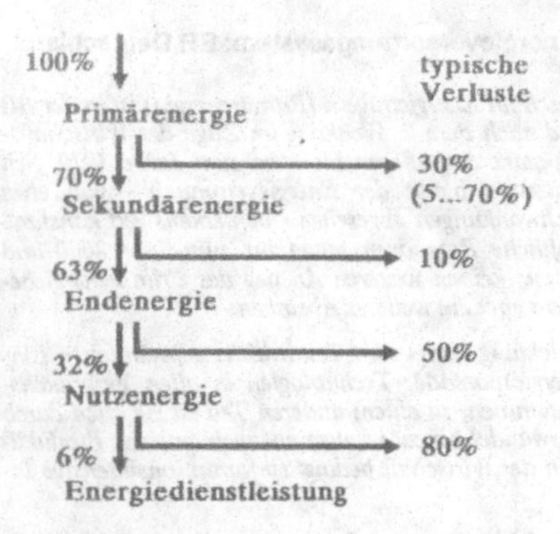

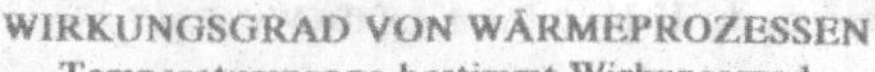

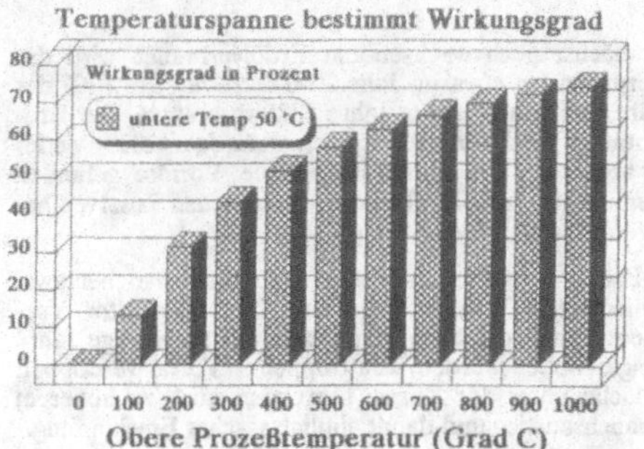

Die Energiestatistiken weisen nur die Energiemengen von der Primärenergie zur Nutzenergie auf. Entscheidend ist jedoch, wie diese in Energiedienstleistung umgesetzt wird; diese allein ist für den Verbraucher von Interesse. Bei der Umsetzung von Nutzenergie in Energiedienstleistung liegen die größten technischen und organisatorischen Möglichkeiten zur Energieeinsparung.

Beispiel: Ein technisch vorzügliches Auto, nur mit einer Person besetzt, erbringt (bei gleicher Fahrstrecke und Fahrzeit) eine wesentlich schlechtere Energiedienstleistung als ein kleineres leichteres Auto, in dem z.B. 4 Personen sitzen.

(M3.2) Die Wirkungsgrade der Umwandlungs- und Transportprozesse sind durch physikalische Gesetze begrenzt; heutige technische Prozesse sind meist nahe dieser Grenzen und kaum noch verbesserbar.

Die Wirkungsgrade von Energieprozessen können nie über 100% betragen (2. Hauptsatz) ; tatsächlich beschränken physikalische Gesetze die Wirkungsgrade technisch und wirtschaftlich wichtiger Prozesse z.T. auf Werte weit unter 100%.

Erzielbare maximale Wirkungsgrade von Einzelprozessen:

Wärmeerzeugung durch Verbrennung	95%
Elektrolyse	80%
Brennstoffzellen (Stromerzeugung)	65%
Gas- und Dampfturbinen	45%
Dieselmotor	35%
Atomkraftwerk	35%
Solarzelle (photovoltaische Stromerzeugung)	30%
Leuchtstoffröhre	25%
Ottomotor	20%
Glühbirne	5%
Biomasse aus Sonnenenergie (NPP)	5%

Die Wirkungsgrade von Wärmeprozessen sind durch den Carnot'schen Wirkungsgrad begrenzt, der sich aus der oberen und der unteren Prozeßtemperatur ergibt (s. K1.4). Werden mehrere Prozesse hintereinander gekoppelt, so müssen die Wirkungsgrade der Einzelprozesse miteinander multipliziert (bzw. ihre Verluste addiert) werden, um den Gesamtwirkungsgrad zu erhalten.

Durch Berücksichtigung aller Energieverluste im Kraftfahrzeug sinkt z.B. sein Wirkungsgrad auf etwa 10%.

(M3.3) Nur rund 30% der eingesetzten Primärenergien erreichen in einem Industrieland den Verbraucher als Nutzenergie. Diese wird wiederum mit hohen Verlusten in Energiedienstleistung umgesetzt.

Das Schema der Energieversorgung zeigt Verluste auf jeder Stufe. Das gesamte Energieaufkommen im Inland besteht aus Importenergie und Gewinnung im Inland. Hiervon werden Export und Vorratshaltung abgezogen, um den Primärenergieverbrauch zu erhalten. Hiervon muß wiederum der nichtenergetische Verbrauch (Chemierohstoffe usw.) abgezogen werden. Nach Abzug der Umwandlungs- und Transportverluste verbleibt der Endenergieverbrauch. Der größte Teil hiervon geht durch Verluste bei den Umwandlungsprozessen beim Verbraucher verloren, der Rest steht ihm als Nutzenergie zur Verfügung.

Diese Nutzenergie wird oft schlecht in Energiedienstleistung umgesetzt (z.B. schlechte Wärmedämmung der Häuser, zu große Kraftfahrzeuge mit einer Person, zu kurze Lebensdauer der Produkte). Rationelle Energieverwendung beim Verbraucher kann daher den Nutzenergiebedarf und damit den Endenergie- und Primärenergiebedarf ohne Komfortverlust noch sehr stark absenken.

Der Zahlenwert der Energiedienstleistung läßt sich bestimmen als der Nutzenergiebedarf, der bei Verwendung der besten heute verfügbaren Prozesse für die gleiche Energiedienstleistung entstehen würde.

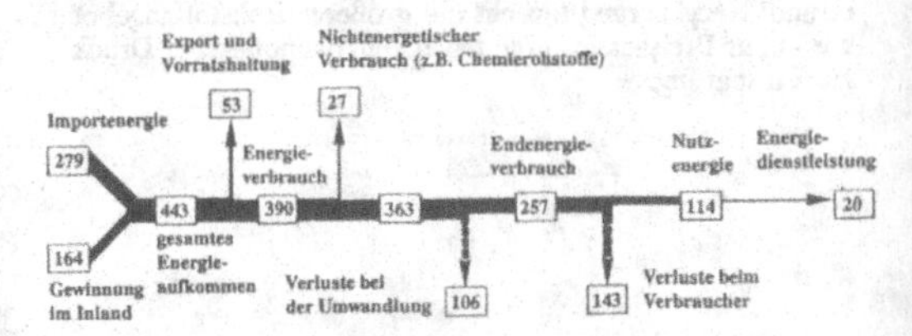

Energiebilanz BR Deutschland (1980)
(in Millionen Tonnen Steinkohleeinheiten)

(M3.4) Die technisch-ökonomischen Systeme der Industrieländer verlangen etwa 85 Prozent der Endenergie als Brennstoffe, für die heute fast nur fossile Energieträger zur Verfügung stehen.

Der Verkehrssektor ist fast vollständig abhängig von fossilen Brennstoffen. Auch zur Erzeugung von Raum- und Prozeßwärme werden vor allem fossile Brennstoffe verwendet.

Das Energieflußdiagramm zeigt die Energieflüsse der verschiedenen Energieträger sowie die Verlustenergien bei ihrer Umwandlung. Die Verluste sind besonders hoch bei der Stromerzeugung (69%). Daher ist dort die Kraftwärmekopplung anzustreben (gekoppelte Strom- und Wärmeerzeugung).

Die verfügbare Endenergiemenge beträgt noch etwa 70% der Primärenergiemenge vor der Umwandlung. Etwa 29% der Endenergie fließen in Haushalte, 16% in den Kleinverbrauch, 29% in die Industrie, 21% in den Straßenverkehr und 5% in den übrigen Verkehr.

Der Sektor 'Kleinverbrauch' umfaßt rund 60% der BSP-Erzeugung (u.a. Kleinbetriebe, Landwirtschaft, Militär, Hochschulen, Krankenhäuser, Verwaltung usw.).

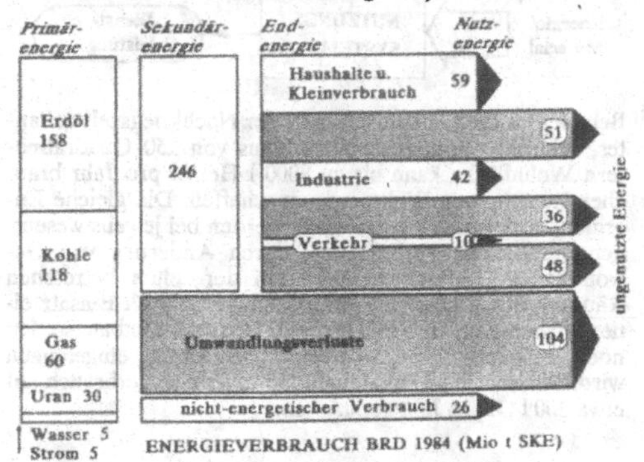

ENERGIEVERBRAUCH BRD 1984 (Mio t SKE)

(M3.5) Fossile Brennstoffe lassen sich nur bei der Stromerzeugung (teilweise) durch Atomenergie ersetzen: voller Ausbau dieser Energie bringt daher kaum Entlastung beim CO_2-Problem.

Der Primärenergieverbrauch (1986) der BRD (11500 PJ/a) teilt sich auf wie folgt: Steinkohle (20%), Braunkohle (8%), Erdöl (43%), Erdgas (15%), Wasserkraft (2%), Kernenergie (10%), Sonstige (2%).

Der Endenergieverbrauch (1986) betrug 7600 PJ/a. Strom hat einen Anteil von 16% am Endenergieverbrauch. Der Anteil der nur durch Strom abdeckbaren Endenergie (Antriebe, Elektronik usw.) liegt dagegen nur bei etwa 10% - Strom wird daher auch oft für Zwecke eingesetzt (z.B. Wärmeerzeugung), für die andere Energien effizienter eingesetzt werden können. Da nur Grundlastbedarf mit Atomkraftwerken abgedeckt werden kann (etwa 50%), können also maximal etwa 8% der Endenergie über Kernenergie bereitgestellt werden (heute sind es 6%). Dies bringt eine maximale Entlastung des CO_2-Ausstoßes der gesamten Energieversorgung der BRD von etwa 7%. Ein weit größerer Effekt ist wesentlich einfacher, schneller und kostengünstiger durch rationellere Nutzung der fossilen Energieträger zu erreichen!

(M3.6) Seit dem 'Ölschock' von 1973 ist der Energieverbrauch der Industrieländer trotz Wirtschaftswachstum wegen besserer Energieausnutzung etwa gleich geblieben. In der BR Deutschland stagniert der Primärenergieverbrauch bei etwa 11000 PJ/a.

Bis 1973 gab es einen enormen Anstieg des Ölverbrauchs, danach erfolgten wegen des Preissprungs und der Lieferunsicherheit starke Einsparungen und ein ständiger Rückgang des Ölverbrauchs. Seit 1970 liegt der Primärenergieverbrauch der BR Deutschland bei 11000 PJ/a ± 10%.

`Umrechnung: 1 Mio tSKE = 29.31 PJ ≈ 30 PJ`

PRIMÄRENERGIE-VERBRAUCH BRD
Aufteilung nach Energieträger (1986)

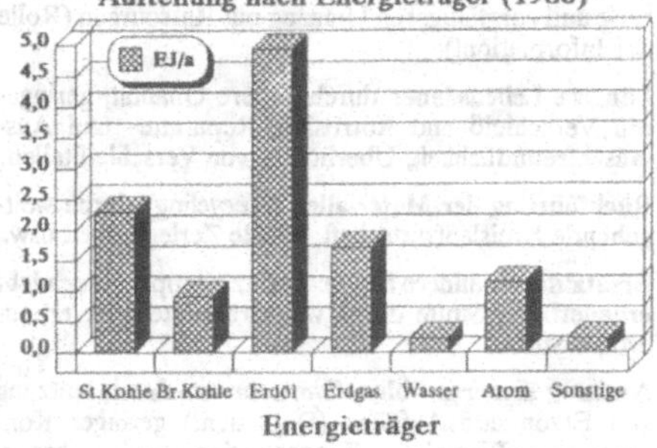

M4. Material- und Energiedienstleistung; Möglichkeiten sparsameren Umgangs mit Ressourcen

Um der Erschöpfung der nicht erneuerbaren Rohstoffvorräte entgegenzuwirken, muß rechtzeitig ein Bündel von Maßnahmen getroffen werden. Es verlangt andere technologische Ansätze (wie Erhöhung der Lebensdauer der Güter, Materialrückführung, leichte Austausch- und Reparaturfähigkeit), denen die heutigen ökonomischen Bedingungen noch weitgehend entgegenstehen. Insgesamt bedeutet dies, den Energie- und Materialdurchsatz für gleiche Dienstleistungen drastisch zu verringern.

Es wurde lange Zeit vorausgesetzt, daß ein gewisser materieller Wohlstand prinzipiell mit hohem Energieverbrauch verbunden ist und daß sich bei weiteren Wohlstandssteigerungen ein entsprechend steigender Energieverbrauch ergibt. Inzwischen ist klargeworden, daß der spezifische Energieverbrauch in erster Linie von der verwendeten Nutzungstechnologie abhängt, daß die gleiche Energiedienstleistung bei geschickter Nutzung also oft nur mit sehr geringen Energieeinsätzen gewonnen werden kann. Die Entwicklung von Technologien zur besseren Energienutzung hat Konsequenzen für den künftigen weltweiten Energieverbrauch, für den Ausbau der Energieanlagen (Kapitalbedarf!), für Umweltbelastung und Ressourcenverbrauch und für die Erreichung eines gewissen materiellen Wohlstands weltweit. Technik und Wirtschaft müssen sich daher an den erforderlichen Energiedienstleistungen orientieren, nicht an einem aus veralteten Technologien abgeleiteten Energieverbrauch.

(M4.1) Die vorhandenen Vorräte an nicht-erneuerbaren Ressourcen lassen sich strecken durch

(1) bessere Nutzung von Werkstoffen und Energie,
(2) längere Lebensdauer und Wiederverwendung,
(3) Rohstoffrückführung,
(4) Substitution knapper Rohstoffe
(5) Nutzung ärmerer Rohstoffvorkommen.
(6) Substitution durch Information

Für die Streckung der Vorräte nicht-erneuerbarer Ressourcen gibt es eine Vielzahl von Möglichkeiten:

(1) **Bessere (effizientere) Nutzung** durch energie- und materialsparenden Entwurf von Produkten und Anlagen, durch energie- und materialsparende anstatt rohstoffverschleißender Prozesse, durch Verhaltensänderung und sorgfältigeren Umgang mit Ressourcen (Rolle der Information!).

(2) **Längere Lebensdauer** durch höhere Qualität, geringeren Verschleiß und Korrosion, Reparatur- und Austauschfreundlichkeit, Überholung von Verschleißteilen.

(3) **Rückführung der Materialien** (Recycling) durch weitgehende Kreislaufwirtschaft, leichte Zerlegbarkeit usw.

(4) **Ersatz durch andere Stoffe**: Ersatz knapper oder nicht erneuerbarer Stoffe durch weitverbreitete oder erneuerbare Stoffe.

(5) **Nutzung ärmerer Rohstoffvorkommen** durch Nutzung von Erzen und Abfällen (Deponien!) geringer Konzentration (Biotechnik: Konzentration durch Mikroorganismen?).

(6) **Substitution von Rohstoffen und Energie durch Information** in Form 'intelligenterer' Lösungen, adaptiver Prozesse, elektronischer Kommunikation statt materiellem Transport usw.

(M4.2) Durch effizientere Nutzung lassen sich die Rohstoff- und Energieeinsätze für notwendige Material- und Energiedienstleistungen oft erheblich reduzieren.

Rohstoffe und Energie sollen dem Menschen gewisse Dienstleistungen liefern. Durch geschickte Nutzung lassen sich die Rohstoff- und Energieeinsätze hierfür oft erheblich reduzieren.

Bessere Energie- (oder Rohstoff-)Nutzung bedeutet, gleiche Dienstleistungen mit geringerem Energie- (oder Rohstoff-)-Durchfluß zu erreichen. Dies setzt die 'intelligentere' Nutzung voraus und damit den Einsatz vor allem von Information, aber auch Kapital, Arbeit, Material und Produktionsenergie beim Umbau oder Ersatz alter Anlagen. Man kann davon sprechen, daß diese Faktoren 'Energie ersetzen'.

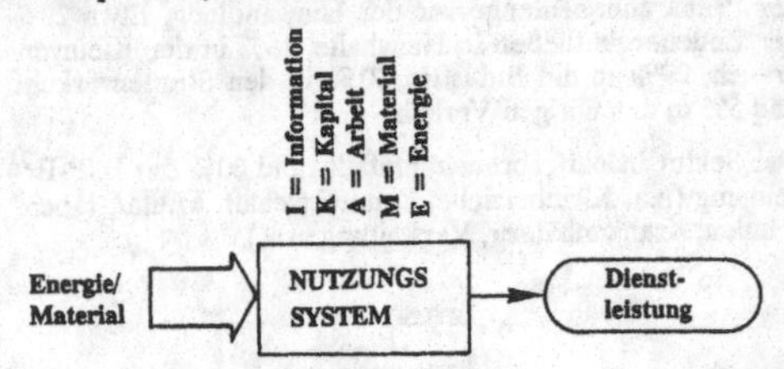

Beispiel Einfamilienhaus: Ein in der Nachkriegszeit gebautes, schlecht wärmegedämmtes Haus von 150 Quadratmetern Wohnfläche kann bis zu 8000 l Heizöl pro Jahr brauchen, um warmen Wohnraum zu schaffen. Die gleiche Energiedienstleistung kann erreicht werden bei jeweils wesentlich niedrigeren Verbräuchen, durch Änderung von Gewohnheiten (Lüftung, kein Heizen der selten betretenen Räume), durch bessere Wärmedämmung, durch Einsatz einer effizienteren Heizanlage und u.U. durch Umbau, so daß noch möglichst viel Solarstrahlungsenergie eingefangen wird. Mit solchen Maßnahmen läßt sich der Verbrauch auf etwa 300 l Öl pro Jahr reduzieren.

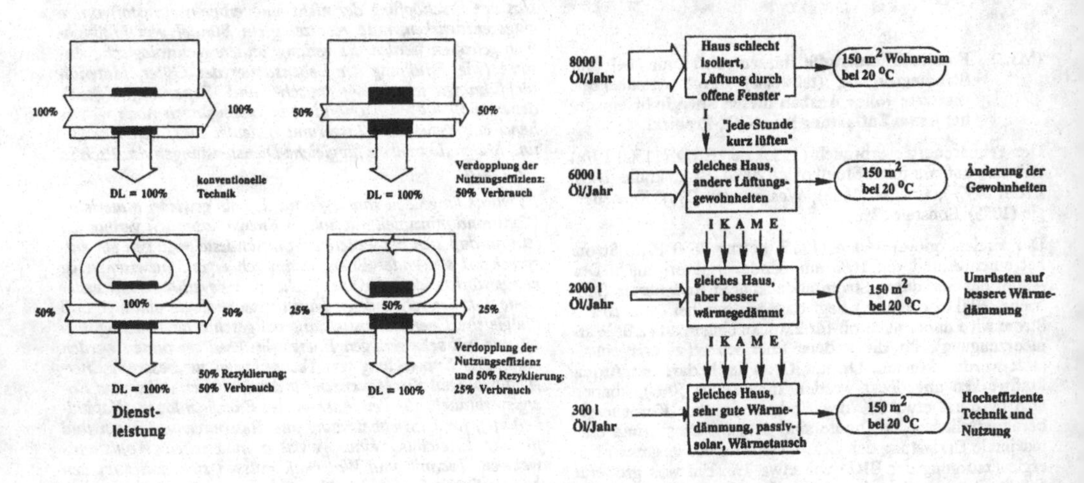

Beispiel Kraftfahrzeug: Durch einen auf Langlebigkeit orientierten intelligenteren Entwurf (Materialauswahl, Korrosionsschutz, Reparaturfreundlichkeit, Austauschbarkeit von Teilen usw.) ließe sich die gleiche Dienstleistung mit einem insgesamt weit niedrigeren Jahresdurchsatz von Energie und Rohstoffen erreichen (einschließlich Produktionsaufwand).

Das gleiche Denkschema gilt sinngemäß auch für andere Energiedienstleistungen und Materialdienstleistungen.

(M4.3) Die Energiedienstleistung 'warmer Raum' kann mit einem Zwanzigstel der heute üblichen Heizleistung erbracht werden.

Bei gleicher Energiedienstleistung ist der Primärenergieverbrauch zur Heizung wesentlich abhängig (a) von der Wärmedämmung, (b) vom Heizsystem.

Die Elektrospeicherheizung verbraucht dreimal soviel (Primär-)Energie wie ein normales ölbeheiztes Haus. Dieses wiederum verbraucht mehr als zwanzigmal soviel, als bei guter Wärmedämmung und gutem Entwurf (passivsolare Heizung) nötig wäre.

Verbesserungen der Wärmedämmung und der Heizanlage und andere Maßnahmen können zu einem insgesamt sehr niedrigen Heizölverbrauch führen. Bei gut wärmegedämmten Häusern wird der Heizbeitrag von Sonneneinstrahlung, Personen und Geräten relativ groß.

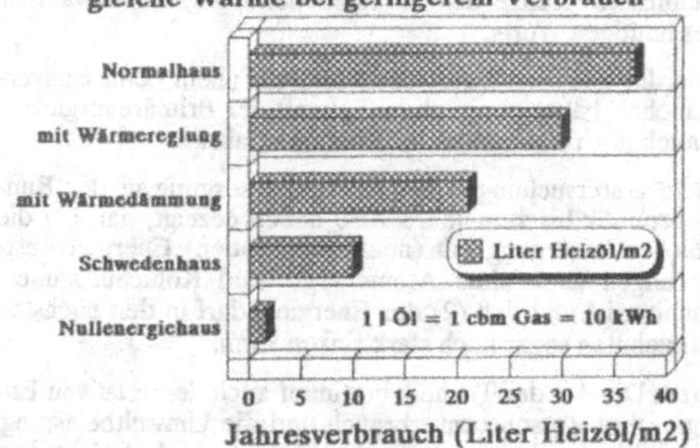

(M4.4) Die Energiedienstleistung 'schneller Individualtransport' kann mit weniger als einem Zehntel des bei heutigen Personenwagen üblichen Energieverbrauchs erreicht werden.

Heutige Mittelklassewagen benötigen etwa 10 l Benzin auf 100 km. Dies entspricht bei Fahrt mit einer Person einer Energiemenge von 100 kWh/100 Pkm = 1 kWh/Pkm (3600 kJ/Pkm). (Pkm = Personenkilometer). Hocheffiziente für Solarbetrieb geeignete Elektrofahrzeuge benötigen etwa 6 kWh/100 Pkm (Solei (Kassel), Mini El (Dänemark)) bzw. 1.5 kWh/100 Pkm (Rennsolarmobil "Dyname" (Kassel)).

Spezifischer Energieeinsatz verschiedener Fahrzeuge im Vergleich

	kWh/100 Pkm	kJ/Pkm
Mittelklassewagen, einsitzig	100	3600
PKW (mit Auslastungsgrad >1)	64	2300
Eisenbahn, Dieselantrieb	44	1570
Eisenbahn, Elektroantrieb	48	1730
Luftverkehr	138	5000
Linien- und Reisebusse	21	740
Stadt- u. Straßenbahn	28	1000
Elektrisches Stadtauto	6	216
Rennsolarmobil	1.5	54

+ ohne Verluste bei der Stromerzeugung

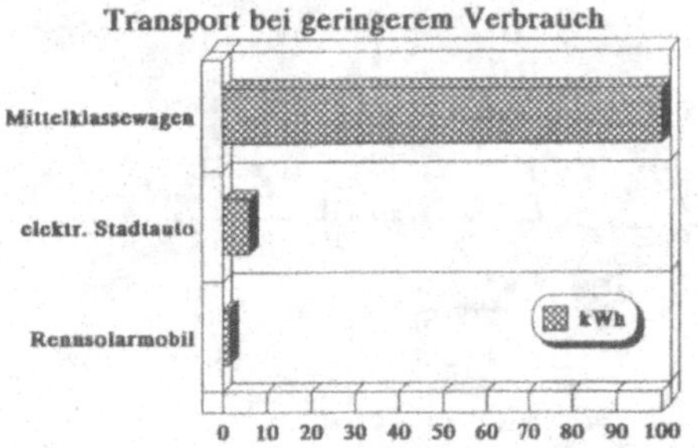

(M4.5) Die Energiedienstleistung der besten elektrischen Geräte ist bis zu fünfmal besser als die älterer Geräte.

Durch bessere Wärmedämmung (Kühlschränke, Gefriertruhen), Warmwasseranschluß (Wasch- und Spülmaschinen), Sparlampen (Leuchtröhren), neuere verlustarme Elektronik (Fernseher), elektronische Leistungsanpassung (Elektromotoren) lassen sich die Jahresstromverbräuche elektrischer Geräte erheblich senken. Insgesamt gesehen, können so der Kraftwerksbedarf und der Stromverbrauch im Laufe der Zeit erheblich reduziert werden.

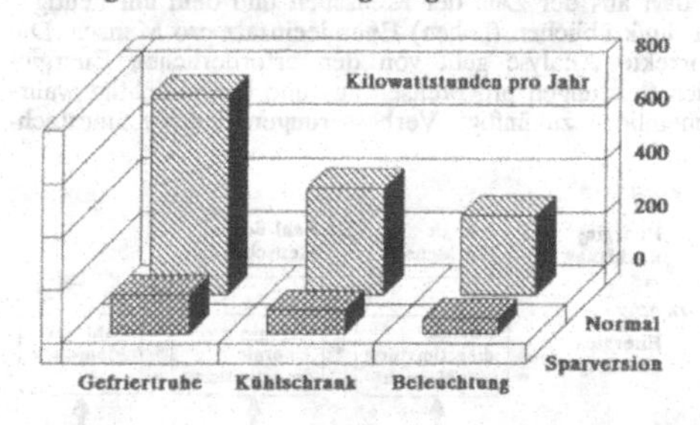

(M4.6) Durch Kraftwärmekopplung kann die bei Wärmekraftprozessen unvermeidliche Abwärme für Heizung und Prozeßwärme genutzt werden: Der Energienutzungsgrad verbessert sich von 30 auf 85%.

Um eine Region mit 1000 MW elektrischer Energie und 1800 MW Heizenergie zu versorgen, müssen bei Versorgung ohne Kraftwärmekopplung (Kraftwerk + Einzelheizungen) insgesamt 3300 + 2250 = 5550 MW aufgewendet werden. Bei Kraftwärmekopplung reduziert sich der Bedarf auf 3300 MW. Oder: bei gleicher Stromerzeugung von 1000 MW produziert die Kraftwärmekopplung bei gleichem Energieinput noch zusätzlich 1800 MW Nutzwärme.

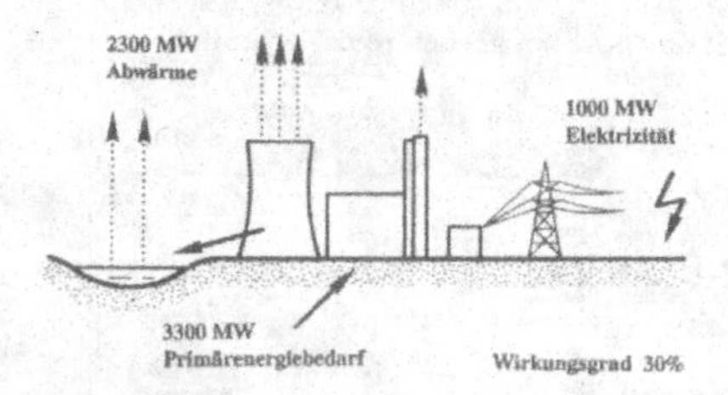

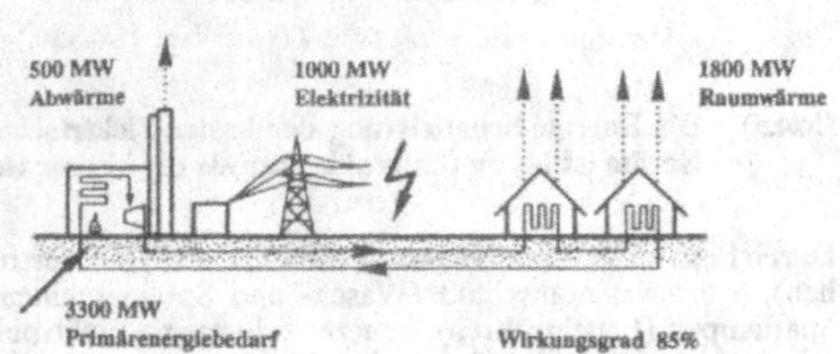

(M4.7) Energieprognosen und Energieversorgungs-Planungen müssen die technischen Entwicklungsmöglichkeiten bei der effizienteren Energienutzung berücksichtigen.

Bisherige Prognosen berechneten den zukünftigen Energiebedarf aus der Zahl der Menschen und dem mit heutiger Technik üblichen (hohen) Energieeinsatz pro Mensch. Die korrekte Analyse geht von den erforderlichen Energiedienstleistungen pro Mensch aus und berücksichtigt wahrscheinliche zukünftige Verbesserungen der Nutzungstechnik.

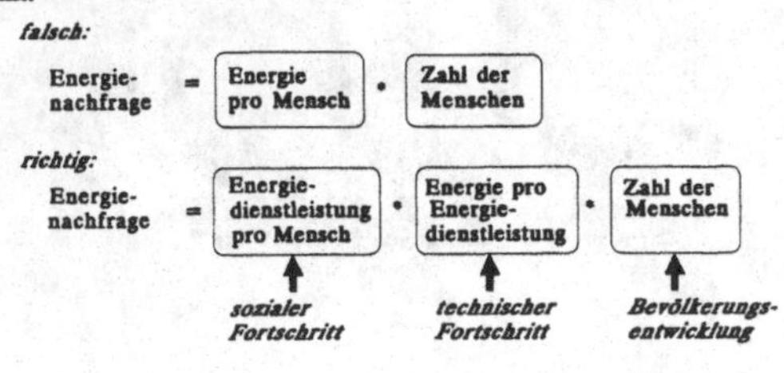

Beim ersten Ansatz errechnet sich automatisch (wegen des Bevölkerungswachstums) ein steigender Energieverbrauch; beim zweiten Ansatz kann sich auch bei steigender Energiedienstleistung pro Kopf ein insgesamt sinkender Energieverbrauch ergeben.

Dies hat für die globale Entwicklung bedeutende Konsequenzen: Es zeigt, daß auch trotz vorläufig noch weiterem Bevölkerungswachstum die Möglichkeit besteht, die notwendigen Energiedienstleistungen auch bei (zunächst noch) sinkendem Energiebedarf bereitzustellen. Erst ein niedriger Energiebedarf ermöglicht aber den Aufbau eines regenerativen Energiesystems.

(M4.8) Durchgehende Anwendung heutiger technischer und wirtschaftlicher Möglichkeiten würde den Pro-Kopf-Energieeinsatz in der BRD bei gleicher Energiedienstleistung auf etwa 40 Prozent des heutigen spezifischen Endenergieeinsatzes senken. Die technische Grenze liegt bei etwa 16%.

Beispiele für Einzelmaßnahmen:

- Pkw mit 4 statt 10 Liter pro 100 km
- schwedischer Wärmedämmstandard (10 Liter Heizöl/ $(m^2 \cdot a)$)
- konsequente Abwärmenutzung in der Industrie
- elektronische Antriebsanpassung.

Mit diesen und ähnlichen Maßnahmen ergibt sich eine Reduzierung des Pro-Kopf-Endenergie-Einsatzes von heute 4 tSKE/(Ew · a) auf später 1.65 tSKE/(Ew · a) bei gleicher Energiedienstleistung pro Kopf (eine Verringerung des Endenergiebedarfs pro Kopf auf etwa 40 Prozent). Die technische Grenze des Energiebedarfs liegt bei etwa 16% des heutigen Werts.

Von der besseren Energienutzung, vor allem beim Endverbraucher, hängt es ab, ob in Zukunft der Primärenergieverbrauch noch stark anwächst oder ob er absinkt.

Viele Untersuchungen der Energieversorgung in der Bundesrepublik bis zum Jahre 2030 haben gezeigt, daß (1) die gleiche Versorgung mit (noch wachsenden) Energiedienstleistungen auch ohne Atomenergie und Kohleausbau erreichbar ist und daß (2) der Energiebedarf in den nächsten Jahrzehnten sogar noch stark sinken kann.

Fazit: Die Art der Technik bestimmt auch den relativen Energie- und Ressourcenverbrauch und die Umweltbelastung. Die Technikwahl ist daher entscheidend: sie darf nicht dem Zufall oder den Interessengruppen überlassen werden!

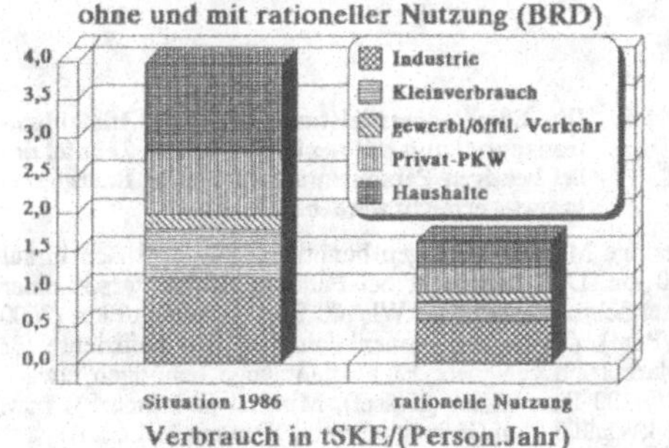

M5. Materialrückführung, bessere Nutzung, Substitution

Hohe Stoffumsätze schlagen sich positiv im Bruttosozialprodukt nieder, aber sie sind vor allem ein Maß der Rohstoffverschwendung und haben mit dem materiellen Wohlstand wenig zu tun. Dieser hängt vor allem vom Bestand ab (Gebäude, Anlagen, Geräte usw.). Bessere Bestandserhaltung und längere Lebensdauer reduzieren daher die Materialdurchsätze erheblich. Materialrückführung verringert die Durchsätze weiter. Für die rationellere Rohstoffnutzung sind viele neue und verbesserte technische Lösungen möglich. Effizientere Rohstoffnutzung kann den Durchsatz insgesamt erheblich reduzieren und damit auch die mit Förderung, Verarbeitung, Produktion, Nutzung und Verschrottung verbundenen Umwelt- und Ressourcenbelastungen erheblich mindern.

(M5.1) Bei Werkstoffen ist der Bestand (z.B. Stahl in Maschinen und Anlagen) ein besserer Indikator für den materiellen Wohlstand als der jährliche Durchsatz (z.B. Stahlproduktion).

Bei der Rohstoffversorgung muß zwischen Beständen (Stahl in Brücken, Fahrzeugen, Geräten usw.) und Durchsätzen (Jahresproduktion, jährlicher Schrottanfall usw.) unterschieden werden. Die Bestände sind ein Maß für den materiellen Wohlstand, nicht die Durchsätze. Eine ökologische Wirtschaft würde ihren Reichtum am materiellen Bestand, nicht am materiellen Durchsatz (Bruttosozialprodukt!) messen.

Stahlproduktion und Stahlinventar der USA (pro Kopf)

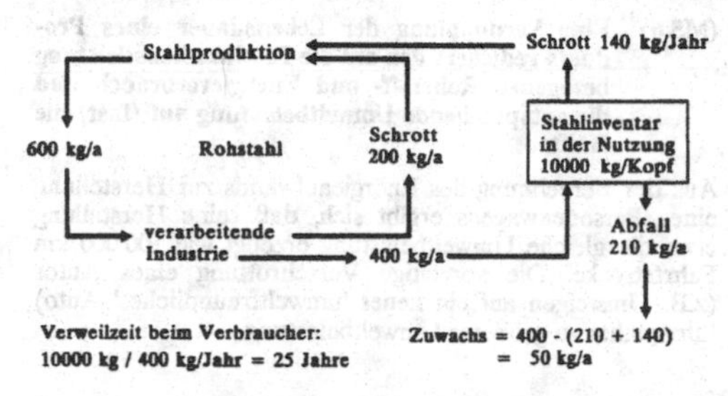

(M5.2) Je mehr Rohstoffe rezykliert werden, umso weniger neue Rohstoffe werden gebraucht.

Das Bild zeigt, an welchen Stellen Rohstoffe bei Produktion und Konsum gespart werden können:

1. Verringerung des Durchflusses durch besseren Entwurf und Erhöhung der Lebensdauer usw.
2. Verringerung des Abfalls und Verschleißes.
3. Erhöhung des rückgeführten Anteils.

Hiermit verringert sich auch der mit Produktion und Konsum verbundene Energieverbrauch:

1. Durch Verringerung des Energieverbrauchs zur Herstellung neuer Materialien.
2. Durch wesentlich geringeren Energieverbrauch bei rezyklierten Materialien.
3. Durch geringeren Energieverbrauch bei der Nutzung.

Eine 50%ige Rezyklierung vermindert den Durchsatz an neuen Rohstoffen um 50%. Wird die Lebensdauer verdoppelt, verringert sich der Durchsatz neuer Rohstoffe noch einmal um 50% (auf 25%). Wird schließlich noch der Entwurf der Anlage (des Geräts) verbessert, so daß sich seine Dienstleistung bei gleichem Durchsatz verdoppelt, so reduziert sich der Durchsatz neuer Rohstoffe schließlich auf ein Achtel des ursprünglichen Werts. (Keine dieser Annahmen ist utopisch!)

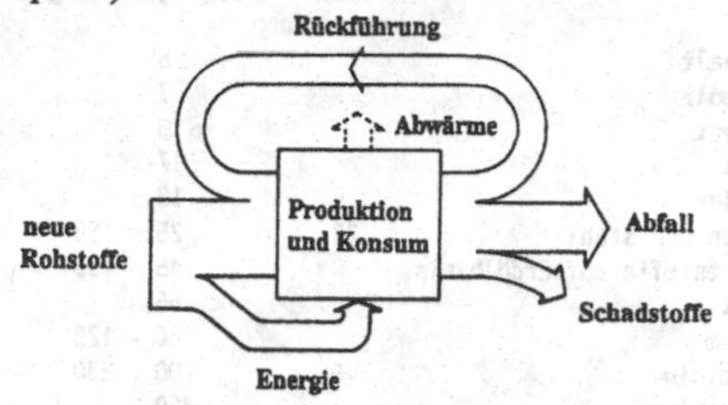

(M5.3) Materialrückführung kann durch entsprechenden Produktentwurf erheblich erleichtert werden.

Die Materialrückführung aus Abfällen bringt im Prinzip eine starke Senkung des Verbrauchs von neuem Material. Aber:
Die unwiederbringliche Streuung von Stoffen ist teilweise unvermeidlich. Falls der Gesamtbestand an Material wächst, muß der Zuwachs sowieso von neuem Material kommen. Oft entstehen hohe Kosten, um das Material mit der erforderlichen Reinheit aus Altmaterial zu gewinnen (Produktentwurf!). Die Rückgewinnung aus Legierungen usw. ist kaum möglich. Institutionelle Hindernisse (Verordnungen, technische Normen, Gewohnheiten, vorhandener Maschinenpark) behindern oft eine effiziente Materialrückführung.

Besser als die Aufbereitung von Abfällen gemischter Zusammensetzung ist es, die Materialrückführung bereits im Produktentwurf zu berücksichtigen. Daher müssen Gesichtspunkte wie: Reparaturfreundlichkeit, leichte Austauschbarkeit und Zerlegbarkeit, einfacher Wechsel von Verschleißteilen usw. beachtet werden.

(M5.4) Bei der Materialrückführung können erhebliche Energiemengen eingespart werden, besonders wenn energieintensive Hüttenprozesse vermieden werden können (Aluminium!).

Manche Rohstoffe benötigen einen sehr viel höheren Energieaufwand zu ihrer Bereitstellung als andere: für die gleiche Menge Aluminium ist 30 mal mehr Energie erforderlich als für Holz, bis zu 8 mal mehr als für Stahl.

Materialverschwendung bedeutet daher nicht nur Rohstoff-, sondern auch Energieverschwendung. Der materialspezifische Energiebedarf sollte beim Entwurf von Geräten, Anlagen, Gebäuden berücksichtigt werden. Hoher Energieverbrauch bedeutet gleichzeitig auch immer eine hohe Umweltbelastung.

Bei der Materialrückführung werden (besonders bei Aluminium) erhebliche Mengen an Energie eingespart. Der Energieaufwand bei der Wiederverwendung ist beim Aluminium nur 2-3%, beim Stahl 50%, beim Papier 30% des Energieeinsatzes für die Rohstofferzeugung.

Altpapiereinsatz ist auch aus Umweltschutzgründen (Energieverbrauch, Gewässerbelastung) zu begrüßen. Der mögliche Einsatzanteil ist begrenzt (Kurzfaserigkeit). Bei nachhaltiger Forstwirtschaft ist der Holzverbrauch für die Papierherstellung nicht kritisch: Holz ist ein nachwachsender Rohstoff.

Energieintensität verschiedener Stoffe (MJ/kg)

	Wiederverwendung	Neugewinnung
Asphalt		6
Bauholz		7
Zement		8
Glas		17
Papier	5	18
Eisen und Stahl	20	25 - 50
Kunststoffe auf Erdölbasis		45 - 135
Zink		65
Chrom		60 - 125
Aluminium	5	200 - 230
Magnesium		350
Titan		400

täglicher Nahrungsbedarf eines Menschen 10 MJ/d
(1 KWh = 3600 KJ)

ENERGIE-INTENSITÄT
der Rohstoffgewinnung und Rezyklierung

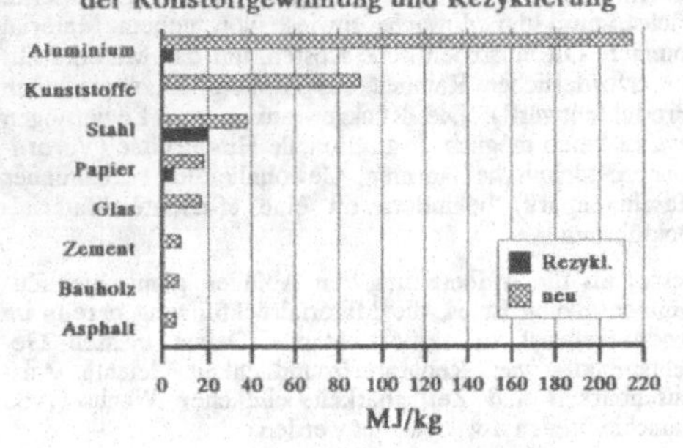

(M5.5) Hausmüllanfall in der BR Deutschland: Etwa 1 kg pro Einwohner und Tag. Hoher Verpackungsanteil, hoher Anteil an wiederverwendbaren Stoffen.

Hausmüll in seiner heutigen Menge und Zusammensetzung ist größtenteils durch industrialisierte Nahrungsmittelversorgung und Wegwerfkonsum bestimmt. Er führt zum Verlust von Materialien, die entweder selbst rar sind (Metalle), oder zu deren Gewinnung große Mengen an (fossiler) Energie aufgewendet werden mußten (Aluminium, Glas, Papier, Plastik). Der Energieinhalt von Hausmüll entspricht in etwa dem von Braunkohle. Weitgehende Rückführung von Stoffen durch Getrenntsammlung oder spätere Trennung ist möglich. Ein besserer Ansatz ist die Verringerung der Menge durch andere Verpackungsstrategien und die Erhöhung der Lebensdauer der Güter.

Hausmüllzusammensetzung in Gewichtsprozent (BRD 1985)

Vegetabile Reste	30
Fein- und Mittelmüll (bis 40 mm)	26
Papier und Pappe	16
Glas	9.2
Kunststoffe	5.4
Metalle	3.2
Material- und Verpackungsverbund	3.0
Wegwerfwindeln	2.8
Textilien	2.0
Mineralien	2.0
Problemabfälle	0.4
	100 %

HAUSMÜLLANTEILE
Zusammensetzung in Gewichts-%, BRD 1985

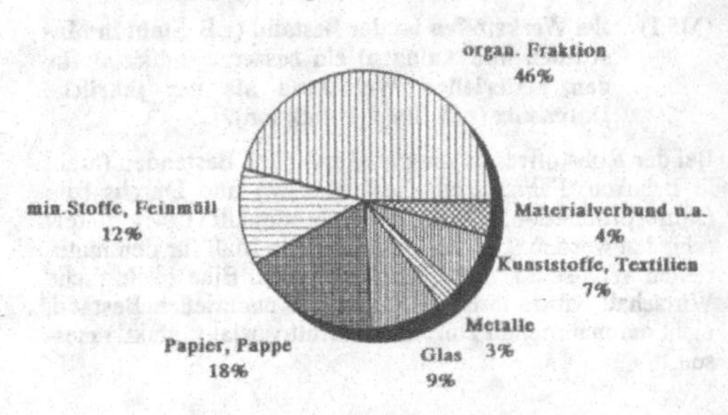

(M5.6) Eine Verdopplung der Lebensdauer eines Produkts reduziert den auf die Produktdienstleistung bezogenen Rohstoff- und Energieverbrauch und die entsprechende Umweltbelastung auf (fast) die Hälfte.

Aus der Berechnung des Energieaufwands zur Herstellung eines Personenwagens ergibt sich, daß seine Herstellung etwa die gleiche Umweltbelastung erzeugt wie 100'000 km Fahrtstrecke. Die vorzeitige Verschrottung eines Autos (z.B. Umsteigen auf ein neues 'umweltfreundliches' Auto) führt daher zu größerer Umweltbelastung.

GESAMT-ENERGIEVERBRAUCH BEIM PKW
für Herstellung und Nutzung, 200000 km

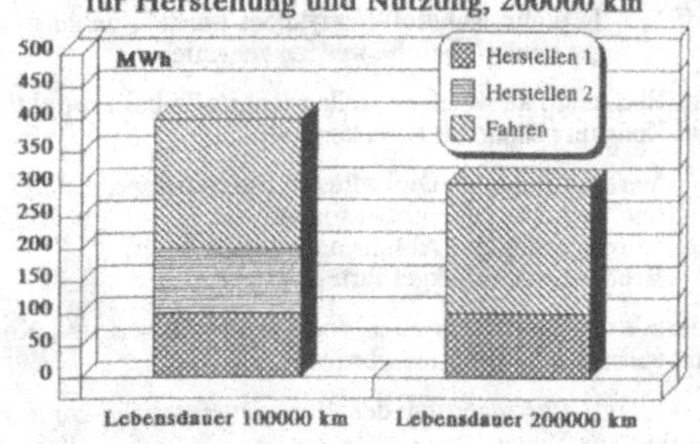

(M5.7) Wiederverwendung und Reparatur spart Energie und Rohstoffe.

Die Wiederverwendung von Behältern und Verpackungen kann den Energie- und Rohstoffverbrauch in diesem Bereich wesentlich senken. Auf das Füllvolumen umgerechnet, liegt der Energieverbrauch bei Einwegverpackungen etwa 11 mal über dem der Mehrwegverpackungen. Die Abfallmenge ist bei der Einwegverpackung rund 13 mal so hoch, das Abfallvolumen rund 30 mal so hoch wie bei der Mehrwegverpackung. (Die Aussagen sind auf die gleiche 'Verpackungsdienstleistung' im Laufe der Lebensdauer des Behälters bezogen.)

Die meisten Geräte, Fahrzeuge und Anlagen haben nur bestimmte Verschleißteile. Bei regelmäßiger Wartung und Reparatur müssen nur diese ersetzt werden. Der Energie- und Rohstoffverbrauch reduziert sich dann erheblich (verglichen mit dem Ersatz des kompletten Systems).

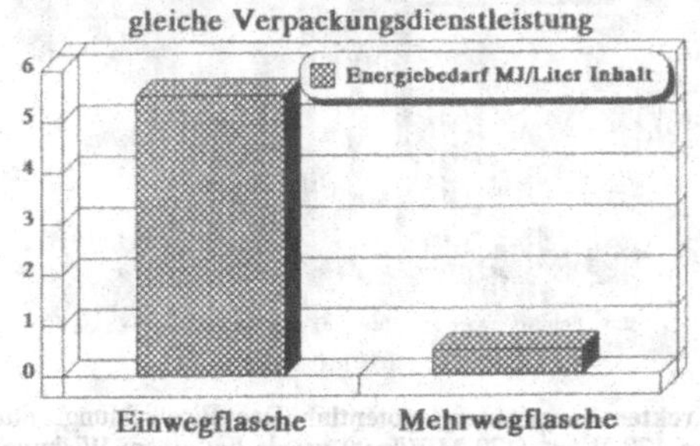

(M5.8) Das im Laufe der Zeit notwendige Ausweichen auf ärmere Rohstoff-Lagerstätten erhöht den Abbau- und Energieaufwand.

Der Zusammenhang zwischen Erzkonzentration und Energieaufwand ist nicht linear: Bei armen Erzen steigt der Energieverbrauch für die Erzgewinnung überproportional mit der Verringerung der Konzentration. Damit ergibt sich eine Grenze der Abbauwürdigkeit durch den nicht mehr tragbaren Energieaufwand.

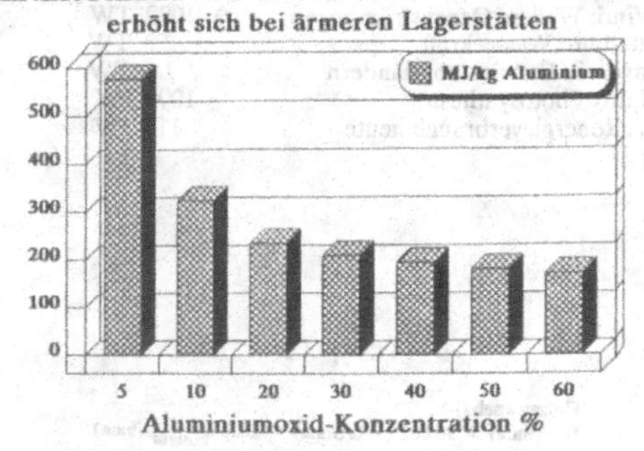

(M5.9) Die Substitution knapper Rohstoffe ist nicht immer möglich, da es oft keine Ersatzstoffe mit den erforderlichen Eigenschaften gibt.

Gewisse Stoffe lassen sich nicht substituieren:
- hoher Schmelzpunkt von Wolfram
- Katalyseeigenschaften von Platin
- Gold für elektrische Kontakte
- Chrom für rostfreien Stahl.

Viele Ersatzstoffe sind selbst nicht im Überfluß vorhanden (z.B. Ersatz von Hg durch Cd und Ag; Ersatz von W durch Mo, usw.).

Neue Techniken können einen hohen Bedarf an besonders seltenen Rohstoffen haben (Fusionstechnik z.B. braucht Beryllium, Niobium, Chrom, Blei; Solarzellen u.U.: Gallium). Die beschränkte Rohstoffverfügbarkeit würde hier die Ausbreitung der Technik begrenzen.

Phosphor ist weder häufig vorhanden, noch ersetzbar (Phosphatdünger). Wenn Phosphatdünger fehlt, kann die Erde u.U. keine 2 Mia. Menschen ernähren. Die Vorräte an Phosphaten sind bei weiterem Verbrauchsanstieg in einem Jahrhundert erschöpft. Eine effizientere Nutzung ist daher erforderlich, aber schwierig.

Die Rückkehr zu photosynthetischen Rohstoffen (Biomasse) z.B. als Grundlage für Produktion von Kunststoffen ist u.U. wirtschaftlich und ökologisch sinnvoll. Mittelfristig kann Kohle als Rohstoff für Kohlenwasserstoffe dienen.

Generell gilt für Energie und Rohstoffe: **durch bessere Nutzung mehr Energie- oder Materialdienstleistungen** aus der vorhandenen Menge ziehen!

Möglichkeiten: Rezyklierung, Materialeinsparung, Erhöhung der Lebensdauer, andere Prozesse, die die gleichen Ziele bei niedrigerem Material- und Energieverbrauch erfüllen, Energieintensität von Materialien beachten, Potential erneuerbarer Rohstoffe besser untersuchen, Verbrauchsgewohnheiten ändern, Aufbau eines bescheidenen Wohlstands in den Entwicklungsländern ermöglichen.

M6. Alternativen der Energieversorgung

Die Versorgung der Gesellschaft mit notwendigen oder erwünschten Dienstleistungen ist ohne Energiedurchsatz nicht möglich. Die Höhe des Energiebedarfs hängt aber entscheidend von der Technik ab, mit der die (Energie-)Dienstleistungen erbracht werden. Mit der heutigen Technik besteht keine Chance, die noch unterprivilegierten Dreiviertel der Menschheit mit den Dienstleistungen zu versorgen, an die sich ein Viertel der Menschheit gewöhnt hat, ohne daß es zum ökologischen Kollaps kommen muß. An die zukünftige Energieversorgungs- und Nutzungstechnik werden daher zwei grundsätzliche Anforderungen gestellt, deren Erfüllung Voraussetzung für eine nachhaltige Energieversorgung ist:

(1) Der Energieeinsatz pro Energiedienstleistung muß wesentlich verringert werden.

(2) Die Energieversorgung muß auf nachhaltig nutzbare, erneuerbare Energieträger umgestellt werden.

Eine nachhaltige Energieversorgung basiert daher im wesentlichen auf dem effizienten Einsatz von Energien, die direkt oder indirekt aus dem ständig sich erneuernden Strom der Sonnenenergie stammen.

(M6.1) Eine nachhaltige und umweltneutrale Energieversorgung ist prinzipiell nur auf Basis erneuerbarer Energiequellen möglich, d.h. mit direkter (Biomasse, Photovoltaik, Solarkollektoren) oder indirekter Sonnenenergienutzung (Wind, Wasserkraft, Temperaturgradienten im Meer).

'Nachhaltigkeit' setzt ein Fließgleichgewicht voraus: Den in den Weltraum als Abwärme abgestrahlten Energieverlusten muß ein gleichhoher Eintrag gegenüberstehen. Falls auf den technischen Einsatz von nuklearen (Fissions- oder Fusions-) Energien verzichtet wird (oder werden muß), kann dieser Eintrag nur aus der Sonneneinstrahlung kommen. Die technische Nutzung wird auch auf absehbare Zeit global weniger als ein Zehntausendstel der Sonneneinstrahlung betragen, so daß die Nutzung dieser Energiequelle weder praktisch begrenzt ist, noch die ökologischen Abläufe durchgreifend gefährden kann. Bei Biomassenutzung wird die Kohlenstoffbilanz der Erdatmosphäre nicht verändert.

(M6.2) Die Minimierung des technischen und ökonomischen Aufwands und der ökologischen Beeinträchtigungen setzt die möglichst effiziente Nutzung der gewonnenen Energiemengen voraus.

Eine globale Versorgung auf Basis erneuerbarer Energien ist mit der heutigen verschwenderischen Nutzungstechnik und insbesondere bei wachsender Bevölkerungszahl nicht möglich. Oberste Priorität muß daher die Entwicklung und Einführung energiesparender Nutzungstechniken haben.

Hierzu zählen einmal die Entwicklung und Einführung effizienterer Einzelprozesse (z.B. Wärmedämmung, Sparleuchten, Regelung), zum anderen aber auch die Entwicklung und Einführung abgestimmter und verkoppelter Versorgungssysteme, die den Gesamtenergieaufwand minimieren (Abwärmenutzung, Kraftwärmekopplung, passiv-solare Bauweise, andere Verkehrssysteme, Kommunikation statt Transport, usw.).

(M6.3) Die Sonnenenergie liefert (auch in Mitteleuropa mit rund 1000 kWh/m² pro Jahr) respektable Energiemengen zur Wärmeerzeugung (Sonnenkollektoren) und zur Stromerzeugung (photovoltaische Zellen). Für die meisten Anwendungen ist allerdings Energiespeicherung erforderlich (z.B. Latentwärmespeicher, Batterien, Wasserstoff aus Elektrolyse).

Jahresmittel der Solareinstrahlung: global 170 W/m², BRD 100 W/m².

Sonnenenergie kann direkt oder indirekt genutzt werden:

- Direkt: thermische Kollektoren, photovoltaische Solarzellen.
- Indirekt: Wind, Wasserkraft, Biomasse, Wellen, Wärmegradient des Meeres.

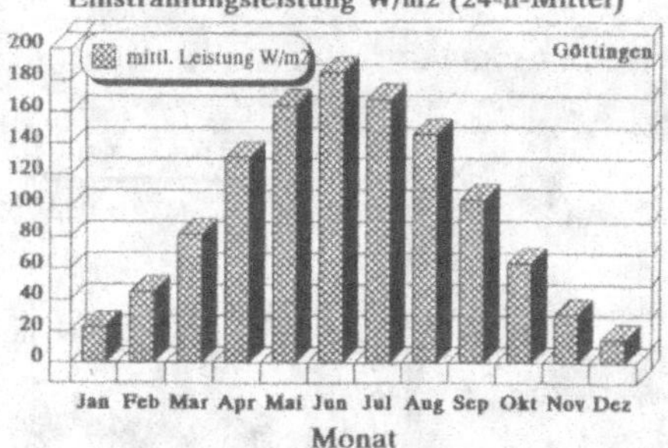

Direktes Sonnenenergiepotential: Das Einstrahlungsmittel von 170 W/m² (170 MW/km²) würde bei einem Wirkungsgrad von 20% zu einer (elektrischen) Leistung von 34 MW/km² führen. Um den gesamten heutigen Weltenergiebedarf (11 TW) zu decken, würden 324'000 km² (1.3 mal Fläche der BRD) ausreichen (Wüstengebiete!).

Bei ausreichender Speicherungsmöglichkeit und einem Wirkungsgrad von 20% würde 0.8% der Fläche der BRD ausreichen, um die heutige Jahresarbeit der Stromerzeugung der BRD von etwa 400 TWh zu erzeugen.

Vergleich:	Stromleitungsfreiflächen BRD:	0.8%
	Brachlandfläche	1.3%
	Straßenfläche	5%

Indirektes Solarenergiepotential, weltweit:

- Wasserkreislauf	40000	TW
- Wind, Wellen, Ozeanströmungen	1000	TW
- nutzbare Wasserkraft	2.2	TW
davon in Entwicklungsländern	1.6	TW
- Netto-Photosynthese	100	TW
- Weltenergieverbrauch heute	11	TW

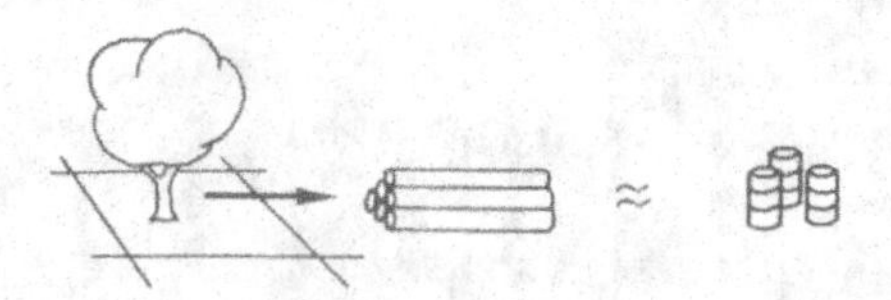

Holzzuwachs
10 t/(ha.a) = 50'000 kWh/(ha.a) = 5000 $l_{Heizöl}$/(ha.a)

(M6.4) Biomasseerzeugung in Forst- und Landwirtschaft (Holz, Stroh, Biogas, Alkohol) kann einen Energieertrag entsprechend bis zu 5'000 Liter Heizöl pro Hektar jährlich ohne großen technischen Aufwand in leicht speicherbarer Form liefern. Die Brennholzkrise der Entwicklungsländer ist nur durch zusätzliche Biomasseerzeugung (Aufforstungen) zu meistern.

Bei nachhaltiger Bewirtschaftung von Feldern, Wäldern oder 'Energieforsten' kann nur auf den jährlichen Zuwachs zurückgegriffen werden. Dieser beträgt bei einjährigen wie bei mehrjährigen Pflanzen unter günstigen Bedingungen etwa 10 $t_{OTS}/(ha \cdot a)$ bzw. einer Energiemenge entsprechend etwa 50'000 kWh/(ha · a) bzw. 18'000 kJ/(m^2 · a) oder 5000 Liter Heizöl/(ha · a). Biomassenutzung hat (bei Wirkungsgraden um 1%) den Vorteil, speicherbare Energieträger (Fest-, Flüssig- und Gas-Brennstoffe) mit geringen Kosten und einfacher Technik zu liefern. Biomassenutzung (Aufforstung) ist das einzige Mittel, um der Brennholzkrise der Entwicklungsländer zu begegnen.

(M6.5) Wasserkraft liefert in vielen Ländern den größten Teil der Stromerzeugung; der weltweite Anteil ist 6%.

Der Anteil der Wasserkraft läßt sich in vielen Ländern noch ausbauen (wobei ökologische und soziale Belange beachtet werden müssen). Talsperren und Pumpspeicherwerke speichern Energie und stellen sie bei Bedarf zur Verfügung. Wasserkraft hat den Vorteil der einfachen Speicherbarkeit und der sofortigen Verfügbarkeit etwa zur Deckung von Stromspitzen. Der Wirkungsgrad der Stromerzeugung aus Wasserturbinen ist mit etwa 90% weit größer als bei Atomkraftwerken (30%) und fossilen Wärmekraftwerken (40%).

Wasserkraft verwendet die potentielle Energie von Höhendifferenzen (Gefällhöhe) des Wassers. Sie ist daher an geographische und klimatische Bedingungen (Niederschlag) gebunden und in vielen Ländern kaum (noch) ausbaubar. Das weltweite Potential von etwa 2.2 TW könnte knapp 20% des heutigen Energiebedarfs decken.

Zählt man in der weltweiten Energiestatistik die 'nichtkommerzielle' Nutzung von Biomasse (Holz, Pflanzenreste, Stroh usw.) hinzu, so kommt man bereits heute auf einen Anteil der erneuerbaren Energieträger am gesamten Energieverbrauch von 21%.

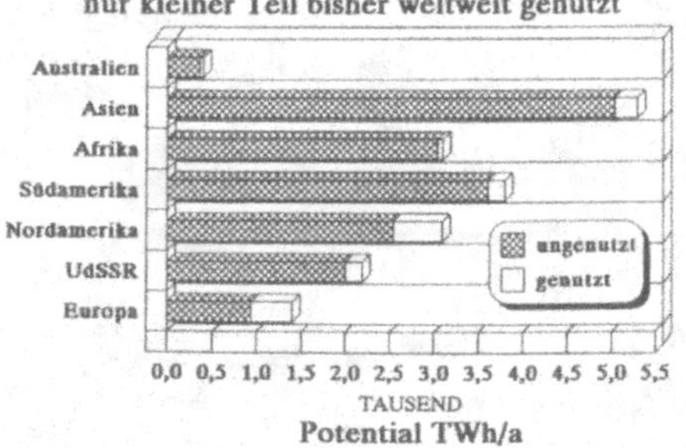

(M6.6) Windkraftanlagen können in Regionen mit hoher Windhäufigkeit und mittleren bis hohen Windgeschwindigkeiten (Küsten, Inseln, Pässe, Bergkuppen) die Stromerzeugung teilweise übernehmen, müssen aber meist durch andere Stromerzeuger ergänzt werden, um Leistungsschwankungen auszugleichen.

Die kinetische Energie einer bewegten Luftmenge errechnet sich als $E = 1/2\ m\ V^2$. Für einen Kubikmeter Luft folgt bei einer Masse von 1.29 kg (0°C, 1 bar) = 1.29 (N/(m/s^2)) bei 5 m/sec Windgeschwindigkeit eine kinetische Energie von (0.5 * 1.29 * 25) = 16.125 Nm, bei 10 m/sec: 64.5 Nm. Bei 5 m/sec zieht diese Energie in 1/5 sec vorbei, die Leistung ist daher 16.125 Nm/(0.2 sec) = 80.625 Nm/s = 80.1 W. (Bei 10 m/s ergibt sich (64.5/0.1) = 645 W.)

Von dieser Leistung lassen sich aus physikalischen Gründen maximal 16/27 ≈ 60% nutzen. Hiermit ergeben sich die im Bild gezeigten maximalen Leistungen von Windturbinen. Sie nehmen mit der dritten Potenz der Windgeschwindigkeit zu. Eine Windkraftturbine mit einem Rotordurchmesser von 10 m leistet daher bei 10 m/sec maximal 29 kW. Bei einem Rotordurchmesser von 30 m ergibt sich (wegen der 9 * größeren Rotorfläche) eine maximale Leistung von 261 kW (bei 10 m/s).

Windkraftanlagen machen daher nur Sinn in Gebieten mit häufigen Winden relativ hoher Windgeschwindigkeit (Küstenregionen).

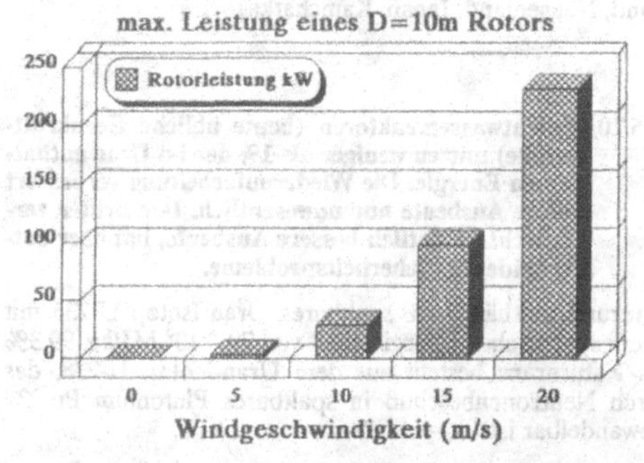

(M6.7) Wasserstoff hat als Energieträger für erneuerbare Energieversorgungssysteme besondere Bedeutung, da er sich vielseitig erzeugen (Photovoltaik, Wind- und Wasserkraft), speichern und verwenden läßt (Verbrennung, Brennstoffzelle) und kaum Umweltprobleme erwarten läßt.

Wasserstoff hat einen sehr hohen Energieinhalt von 39 kWh pro kg H_2 (das Vierfache von Erdöl oder Erdgas). Er verbrennt sauber ohne Umweltbelastung und ist u.a. in Verbrennungsmotoren und Gasturbinen einsetzbar. Er kann aber auch zur direkten Stromerzeugung aus Brennstoffzellen (Wirkungsgrad etwa 65%) verwendet werden. Wasserstoff kann u.a. durch Elektrolyse mit einem Wirkungsgrad von etwa 80% erzeugt werden. Wird hierzu Solarstrom aus Sonnenzellen (Photovoltaik; Wirkungsgrad etwa 20%) verwendet, so ergibt sich eine interessante Möglichkeit zur Erzeugung eines speicherfähigen, umweltfreundlichen Energieträgers.

(M6.8) Gezeitenenergie ist nur an einigen Stellen der Erde sinnvoll nutzbar.

Wie andere Wasserkraftwerke auch, setzt die Nutzung der Gezeitenenergie eine Höhendifferenz voraus. Sie läßt sich daher wirtschaftlich nur nutzen, wo (1) der Tidenhub groß ist und (2) die Möglichkeit besteht, große Wassermengen in Buchten zeitweise zurückzuhalten (französische Kanalküste, Nordost-Canada). Die Leistung der Gezeitenenergie wird insgesamt auf 1.1 TW geschätzt; davon sind heute 0.013 TW nutzbar; etwa ein Hundertstel davon wird heute zur Stromerzeugung genutzt.

(M6.9) Für die Nutzung der geothermischen Energie gibt es nur an einigen Stellen der Erde besonders günstige Bedingungen. Der mittlere Wärmestrom ist mit 0.6 kW/ha sehr klein.

Das Problem der Nutzung geothermischer Energie ist der Wärmeübergang. Relativ kleine Temperaturdifferenzen erfordern große unterirdische Übergangsflächen. Der Wärmestrom ist auf Dauer sehr gering: Er beträgt 0.063 W/m^2 = 0.63 kW/ha = 63 kW/km^2. (Der Energiestrom der Sonneneinstrahlung ist im Jahresmittel in der BRD etwa 100 W/m^2!).

Nur an wenigen Stellen der Erde gibt es abnorm hohe Wärmeströme, die z.T. bereits seit langem für die Stromerzeugung genutzt werden (Geysirs/Calif., Larderello/Italien, Island, Neuseeland, Japan, Kamchatka).

(M6.10) Leichtwasserreaktoren (heute übliche Kernkraftwerke) nutzen weniger als 1% der im Uran enthaltenen Energie. Die Wiederaufarbeitung verbessert diese Ausbeute nur unwesentlich. Der Brüter verspricht wesentlich bessere Ausbeute, hat aber entscheidende Sicherheitsprobleme.

Natururan enthält 0.7% spaltbares Uran-Isotop U-235 mit einem spezifischen Energieinhalt von 79 * 10^6 MJ/kg. 99.3% des Natururans besteht aus dem Uran-Isotop U-238, das durch Neutronenbeschuß in spaltbares Plutonium Pu-239 umwandelbar ist.

Heutige Leichtwasserreaktoren verwenden in ihren Brennstäben auf 3% U-235 angereichertes Uran als Primärbrennstoff.

Brennstoffnutzung

Leichtwasserreaktor ohne Pu-Rezyklierung	0.7%
Leichtwasserreaktor mit Wiederaufbereitung	1 %
Hochtemperaturgasreaktor	2 %
Brüterreaktor bei Th-232/U-233 Konversion	40 %
" " U-238/Pu-239 "	60-70%

Der Brüter bietet daher prinzipiell eine bessere Ausnutzung des Brennstoffpotentials.

Da der Strompreis bei der Kernenergie vom Brennstoffpreis relativ unabhängig ist, können auch sehr teure Uran- und Thoriumquellen benutzt werden. Die Kernenergie ist deshalb wahrscheinlich nicht von der Vorratsseite her limitiert, sondern eher durch wirtschaftliche, ökologische und gesellschaftliche Aspekte.

(M6.11) Die Kernfusion würde - falls sie je genutzt werden kann - große Mengen Energie bereitstellen können. Sie hat aber auch erhebliche Radioaktivitätsprobleme (durch intensiven Neutronenfluß).

Bei der Kernfusion (sie läuft unter extrem hohen Drücken und Temperaturen ständig auf der Sonne ab) verschmelzen leichtere Atomkerne unter Neutronen- und Energieabgabe zu schwereren. Die Wasserstoffisotope Deuterium ($_1H^2$=D) und Tritium ($_1H^3$=T) sind hierfür besonders geeignet.

Benötigte Brennstoffe: Deuterium oder Tritium

Deuterium: nicht radioaktiv. In Seewasser 1 D pro 6700 H Atome. Der Energieinhalt von 1 l Seewasser entspricht 300 l Benzin.

Tritium: radioaktiv, Halbwertszeit 12.3 Jahre, existiert praktisch nicht in der Natur. Wird durch Beschuß von Lithium mit Neutronen erzeugt. Energieinhalt von 1 g Lithium entspricht 45000 - 90000 MJ (etwa 2 t SKE). Lithium in Seewasser: 0.17 g/m^3 = 0.34 t SKE/m^3.

Der intensive Neutronenfluß von Fusionsreaktoren bringt enorme Abschirmungsprobleme mit sich. Eine kontrollierte Kernfusion kann bisher im Labor nicht erzeugt werden.

UMWELTBELASTUNG DURCH SCHADSTOFFE

Übersicht

Der Mensch gefährdet Ökosysteme und damit seine eigene Lebensbasis nicht nur durch Übernutzung und Zerstörung, er belastet sie außerdem noch mit einer Vielzahl von Schadstoffen aus Produktion und Konsum, die zum Teil verheerende Wirkungen auf Organismen haben. Im Wirkungsgefüge der Ökosysteme bleiben diese Schadwirkungen meist nicht auf Einzelorganismen beschränkt. Rückwirkungen auf ganze Ökosysteme und auf die Versorgung und Gesundheit des Menschen sind häufig die Folge.

Umweltschadstoffe lassen sich zwei prinzipiell verschiedenen Kategorien zurechnen:

(1) Viele Stoffe sind als natürliche Stoffe immer in Ökosystemen vorhanden gewesen und werden heute nur deshalb zu Schadstoffen, weil sie durch menschliche Aktivitäten lokal in einer Konzentration auftreten, denen die natürlichen Aufarbeitungsprozesse der Ökosysteme nicht gewachsen sind. (Beispiele: Nitrat und Phosphat, SO_2, NO_x, CO_2).

(2) Andere Stoffe sind Neuschöpfungen des Menschen, denen Organismen in ihrer langen Evolutionsgeschichte bisher nie begegnet sind und für die keine Abwehr- oder Aufarbeitungsprozesse bestehen. (Beispiele: chlorierte Kohlenwasserstoffe, polychlorierte Biphenyle, Dioxine usw.).

Umweltschadstoffe verteilen sich ihren physikalischen und chemischen Eigenschaften entsprechend über eine Vielzahl von Pfaden in der Atmosphäre, im Wasserkreislauf, im Boden und in Nahrungsketten. Hierbei kann es bei vielen Stoffen zu Anreicherungen in Sedimenten und Körperorganen, und zur Konzentration durch Filter und selektive Verbrennungsprozesse in den Organismen kommen. Insgesamt können sich so anfänglich völlig 'harmlose' Konzentrationen um das Millionenfache erhöhen und so Organismen und schließlich ganze Ökosysteme gefährden. Die Problematik wird bei vielen Stoffen noch dadurch verschärft, daß sie keinen natürlichen Abbauprozessen unterliegen, ja, daß in manchen Fällen sogar der metabolische Abbau in Organismen zu noch potenteren Schadstoffen führt.

Die direkten und indirekten Schadwirkungen der Stoffe sind vielfältig, da sie - je nach Wirkstoff - Auswirkungen auf alle Lebensprozesse im Organismus haben können und da die Beeinträchtigung eines Organismus wiederum vielfältige Rückwirkungen auf das mit ihm verbundene Ökosystem haben kann. Für den Menschen wichtige Unterscheidungen sind: (1) akute Giftigkeit (akute Toxizität), (2) chronische Toxizität (Langzeitwirkung kleiner Dosen), (3) krebserzeugende Wirkung (Karzinogenese, somatische Mutation), (4) Erbschäden (genetische Mutation), (5) Schwangerschaftsschäden (teratogene Wirkung). Darüber hinaus entfalten viele Stoffe ihre Schadwirkungen erst im Zusammenwirken mit anderen Stoffen; diese kombinatorischen (synergistischen) Wirkungen zu untersuchen, wäre bei der Vielzahl der regelmäßig in die Umwelt verbrachten Schadstoffe von hoher Bedeutung, ist aber allein wegen der astronomischen Vielzahl der möglichen Kombinationen prinzipiell unmöglich.

Neben den chemischen Schadstoffen gelangen durch vielfältige technische Prozesse auch immer mehr radioaktive Stoffe in die Umwelt. Ihre Wirkung beruht auf ihrer ionisierenden Strahlung, die u.a. die Informationsträger der Zellteilungsinformationen verändern kann, so daß sich Erbschäden und/oder Krebs ergeben. Einige vom Menschen in die Umwelt verbrachten radioaktiven Stoffe (z.B. Plutonium) haben Gefährdungspotentiale und Zerfallszeiten, die weit über den Verantwortungsbereich des heutigen Menschen hinausreichen.

Inhalt

C1. Pfade der Umweltschadstoffe: Verteilungspfade. Anreicherung von Schadstoffen im Organismus, in Nahrungsketten, beim Mensch. Abbaudynamik.

C2. Schadwirkungen (allgemein): Arten der Toxizität. Genetische und somatische Mutuation. Dosis-Wirkungsbeziehungen. Schädigung von Organismen und Ökosystemen. Bioindikatoren.

C3. Luftbelastungen: Schadstoffemissionen aus Industrie, Kraftwerken, Haushalt und Verkehr. Emissionen und Immissionen. Saurer Regen und seine Folgen für Ökosysteme und Wald. Photooxidantien. Schwermetalle. Anstieg des Kohlendioxids in der Atmosphäre. Treibgase und Ozonschicht.

C4. Gewässerbelastungen: Schadstoffe: leicht abbaubare, schwer abbaubare, Salze, Metalle, radioaktive Stoffe, Abwärme. Biologischer und chemischer Sauerstoffbedarf. Grenzwerte und Meßwerte für den Rhein. Schwermetalle im Sediment. Eutrophierung. Wasseraufbereitung: Trinkwasser. Klärwerk.

C5. Bodenbelastungen: Säure- und Schwermetalldeposition. Radioaktiver Niederschlag. Nitrat- und Biozidbelastung. Belastung durch Deponien.

C6. Belastungen von Wohn- und Arbeitsumwelt und Nahrung: Schadwirkungen beim Menschen. Stoffe in der Nahrung. Krebserzeugende Stoffe. Grenzwerte. Einzelne Schadstoffe als Beispiele. Chlororganische Verbindungen.

C7. Radioaktivität: Arten, Maßeinheiten, Meßwerte, Grenzwerte. Strahlungsintensität und Zerfall. Verhalten in der Umwelt. Wirkungen auf Organismen und Mensch.

C1. Pfade der Umweltschadstoffe

Wegen der Vielfalt der Stoffe und ihrer Eigenschaften sind ihre Pfade in der Umwelt ebenso vielfältig wie ihre Wirkungen auf die verschiedenen Organismen und auf die ganzen Ökosysteme. Manche Schadstoffe beruhen lediglich auf der 'unnatürlich' hohen Konzentration von normalerweise auch in der Natur vorhandenen Schadstoffen; andere wiederum werden durch vom Menschen gemachte 'naturfremde' Stoffe hervorgerufen, auf die die Natur evolutionär nicht vorbereitet ist.

Viele Schadstoffe reichern sich durch physikalische oder biologische Prozesse in Organismen und Ökosystemen an. Sehr geringe Ausgangskonzentrationen können auf das Millionenfache verstärkt werden. Der Grad der Abbaubarkeit bestimmt wesentlich die Umweltproblematik eines Stoffes.

(C1.1) Schadwirkungen bei Organismen oder ganzen Ökosystemen gehen zurück auf entweder

(1) Überkonzentrationen natürlicher Stoffe
(2) Einbringen naturfremder Stoffe.

Es lassen sich zwei Arten von Umweltbelastung durch Schadstoffe unterscheiden:

Quantitative Belastung: Der Mensch erhöht die örtliche Konzentration natürlich vorhandener (Schad)Stoffe.

Qualitative Belastung: Der Mensch führt neue, in der Natur vorher nicht vorhandene Schadstoffe ein.

Die Folgen quantitativer Belastung sind meist Störungen natürlicher Kreisläufe, wie die Überlastung eines Kreislaufteils oder die Destabilisierung eines fein eingestellten Gleichgewichts. Es kann aber auch zur Überwältigung des gesamten Kreislaufs und damit zum Kippen des Ökosystems kommen. Oft trifft die Überlastung einen besonders empfindlichen Punkt des Ökosystems (z.B. sauberes Trinkwasser). Schließlich kann es sich um die Einleitung eines zwar natürlichen, aber gefährlichen Stoffes handeln.

Bei der qualitativen Belastung durch synthetische Schadstoffe ergibt sich als besonderes Problem, daß Organismen hiermit keine evolutionäre Erfahrung haben, sie nicht abbauen oder neutralisieren können und daher ihrer Wirkung (oft in kleinsten Konzentrationen) schutzlos ausgeliefert sind.

(C1.2) Umweltschadstoffe verteilen sich über die Atmosphäre, den Wasserkreislauf und die Vorgänge im Boden und in Ökosystemen.

Die Verteilungspfade entsprechen den physikalischen und chemischen Eigenschaften der jeweiligen Stoffe, wie auch den chemischen Veränderungen, die sie in Organismen oder in der Umwelt erfahren. Manche Stoffe (wie DDT) kodestillieren mit Wasser und gelangen daher in den atmosphärischen Wasserkreislauf. Einmal im Wasserkreislauf oder in der Atmosphäre, ist damit zu rechnen, daß sie sich über die gesamte Erde verteilen: Auch menschenferne Gebiete (Arktis/Antarktis, Wüsten, Urwälder) sind heute von den Umweltschadstoffen aus den Industrieländern betroffen ('ubiquitäre' Stoffe).

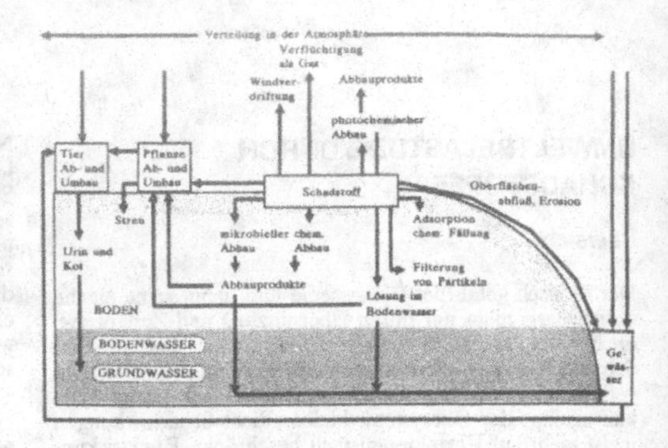

(C1.3) Entsprechend ihren physikalischen und chemischen Eigenschaften können sich Stoffe in Organismen und in der Umwelt erheblich (millionen- bis milliardenfach) anreichern.

Verschiedene Mechanismen sorgen dafür, daß sich Schadstoffe je nach ihren physikalischen und chemischen Eigenschaften in Organismen und in Ökosystemen anreichern können. Zu diesen Akkumulationsprozessen zählen vor allem:

(1) Anreicherung durch Ablagerung (Sedimentation) in Gewässern;
(2) Anreicherung durch Konzentration und Verdunstung (z.B. Blatt, Rinde, Stammablauf);
(3) Anreicherung durch Filtrierer (Muscheln und andere Wassertiere);
(4) Anreicherung im Körper durch fehlende Verbrennung oder Ausscheidung;
(5) Anreicherung durch Weitergabe in der Nahrungskette.

Diese Effekte können, in Kombination, zu Anreicherungsfaktoren von mehreren hundert Millionen führen, so daß eine ursprünglich völlig harmlose und kaum meßbare Schadstoffkonzentration schließlich zu Belastungen der Organismen führt, die zum Beispiel die Fortpflanzung bedrohen und damit die Art zum Aussterben bringen.

(C1.4) Bei aquatischen Ökosystemen spielt die anfängliche Anreicherung im Sediment (durch chemische Fällung oder Ablagerung) eine große Rolle.

Ablagerungen entweder direkt aus dem Wasser, durch chemische Fällung oder durch Sedimentierung organischen Bestandsabfalls können zu hohen Konzentrationen im Sediment führen. Von dort aufgenommen und in der Nahrungskette weitergegeben wird die Anfangskonzentration mit jedem Schritt in der Nahrungskette weiter erhöht.

PCB in der Nahrungskette (Nordsee, Mittelwerte)

	ppm (mg/kg) PCB
Meerwasser	0.000002
Sediment	0.01
Phytoplankton	8.4
Zooplankton	10.3
Wirbellose Tiere	7.8
Fische	19
Meeressäuger	160
Seevögel	110

Konzentrationsfaktoren:
Sediment/Meerwasser = 0.01/0.000002 = 5000
Meeressäuger/Meerwasser = 160/(0.000002) = $80 \cdot 10^6 \approx 10^8$

(C1.5) Bei terrestrischen Ökosystemen kann es - je nach chemischen und physikalischen Stoffeigenschaften - zur Konzentration an Oberflächen (Verdunstung) und durch chemische Bindungs- und Austauschvorgänge (Boden) kommen.

Wasserverdunstung an Oberflächen erhöht die Konzentration (nicht-verdunstender) Schadstoffe, die etwa mit dem Niederschlag ins Ökosystem kommen. In den oberen Schichten des Bodens oder poröser Oberflächen (Rinde) werden viele Schadstoffe gefiltert - was eine Konzentration in dieser Schicht bedeutet. Chemische Bindungen und Austauschvorgänge an Ton- und Humusteilchen im Boden binden ebenfalls - je nach chemischen Eigenschaften - Schadstoffe im Boden. In allen Fällen kommt es zu einer Erhöhung der ursprünglichen Konzentration.

(C1.6) Durch selektive Aufnahme können Filtrierer (wie Muscheln) die Schadstoffkonzentration erheblich erhöhen.

Aquatische Organismen, die Nahrung durch Filtern aus dem Wasser oder aus Sedimenten entnehmen (Schwämme, Muscheln, Fische, Würmer) verursachen damit auch eine Anreicherung der im Wasser oder Sedimenten vorhandenen, der Nahrung anhaftenden Schadstoffe.

(C1.7) Schadstoffe können sich im Körper anreichern, wenn es keine körpereigenen Mechanismen zur Ausscheidung oder metabolischen Verbrennung gibt, oder wenn sie vom Körper mit notwendigen Aufbaustoffen 'verwechselt' werden.

Zur Anreicherung (Bioakkumulation) von Schadstoffen in Organismen kommt es, wenn ein Ungleichgewicht zwischen der Aufnahme und der Ausscheidung besteht, weil die Stoffe weder metabolisch verbrannt, noch wieder ausgeschieden werden. Zur Akkumulation kommt es vor allem auch bei Stoffen, für die Organismen keine Stoffwechselverfahren entwickelt haben, weil sie bisher in der Umwelt nicht zu finden waren (z.B. Chlorkohlenwasserstoffe).

Schadstoffe akkumulieren zunächst vorwiegend in den stoffwechselaktiven Organen (Leber, Nieren, Milz) und werden dann - je nach Schadstoff - bevorzugt in bestimmten Körperorganen eingelagert. Wegen ihrer Fettlöslichkeit werden Chlorkohlenwasserstoffe und organische Schwermetallverbindungen bevorzugt in Fettgeweben und im Gehirn angereichert. Blei und Fluor akkumulieren in Knochen und Zähnen oder in den Haaren (Blei). Andere Stoffe finden sich im Muskelgewebe wieder.

Die Folge der Schadstoffanreicherung ist bei höheren Tieren generell eine negative Beeinflussung des allgemeinen Gesundheits- und Leistungszustands, wie auch Störungen der Fortpflanzung und des Verhaltens. Ursache sind hier nicht akute Vergiftungen, sondern Defekte im hormonalen und enzymatischen System, die wichtige Regelfunktionen im Körper verändern.

Bei Mikroorganismen ergeben sich ebenfalls verminderte Vermehrungsraten und Störungen im Stoffwechsel. Besonders hohe Anreicherungseffekte finden sich bei Pilzen.

(C1.8) Durch Anreicherung in Organismen und Weitergabe in der Nahrungskette können auch bei niedrigster Umweltkonzentration bei den obersten Gliedern der Nahrungskette gefährliche Schadstoffkonzentrationen erreicht werden.

Die Anreicherung entspricht dem (fehlenden) Ausscheidungsvermögen des aufnehmenden Organismus. Da der größte Teil (rund 90%) der aufgenommenen Nahrungsenergie bei Atmung und Stoffwechsel verbraucht wird und nur etwa 10% im Körper verbleibt, verteilen sich die (nicht ausgeschiedenen) Schadstoffe nun auf diesen Teil. Dies entspricht einer Konzentration auf das Zehnfache. Auf jeder trophischen Ebene wiederholt sich der Vorgang. In einer fünfstufigen Nahrungskette ergibt sich so z.B. ein Anreicherungsfaktor von 10^5.

Besonders DDT, PCB und andere (fettlösliche) Schadstoffe werden in verschiedenen Nahrungsketten ganz erheblich angereichert.

Im Organismus kann auf diese Weise eine toxische Schadschwelle auch dann erreicht werden, wenn in Boden, Wasser oder Luft nur sehr geringe Konzentrationen vorhanden sind. Die oberen Positionen der Nahrungskette sind besonders gefährdet; außerdem reagieren sie meist auch empfindlicher.

So sind von den Anreicherungen in aquatischen Nahrungsketten die 'Spitzenräuber' = Seevögel besonders betroffen. Die Schadstoffkonzentrationen führen dort z.B. zu Enzymveränderungen und Eischalenverdünnung (DDT). Die Aufzucht von Jungvögeln ist dann nicht mehr möglich (Seevögel, Greifvögel). Nach dem Verbot örtlicher DDT-Einleitungen konnte z.B. vor der kalifornischen Küste bei Los Angeles ein 'Pelikansterben' gestoppt werden.

Die Anreicherung fettlöslicher, aber nicht metabolisierbarer Stoffe im Fettgewebe betrifft insbesondere auch die Muttermilch. Hier übersteigt die Schadstoffkonzentration in Mitteleuropa bei weitem die zulässige Höchstmenge für Nahrungsmittel. In Abwägung der Vor- und Nachteile des Stillens hat die DFG empfohlen, nicht länger als 4 Monate zu stillen (s. I1.7).

Wegen der Persistenz dieser Schadstoffe und ihrer Ubiquität (überall vorhanden) ändert sich (trotz DDT-Verbot 1972) diese Belastung seit 2 Jahrzehnten nicht.

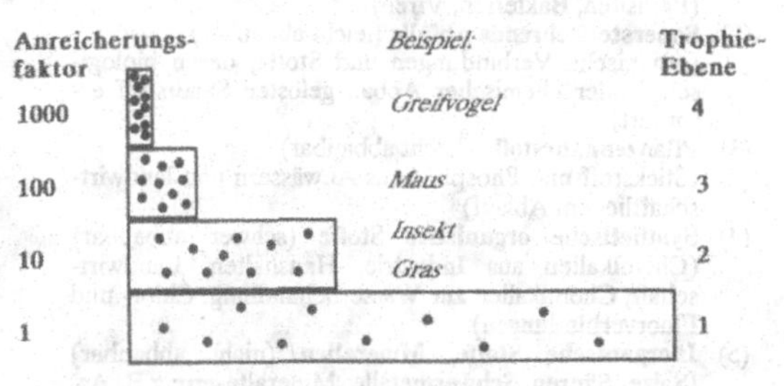

Anreicherung von Schadstoffen in der Nahrungskette

(C1.9) Manche Stoffe werden in der Umwelt nicht abgebaut oder werden sogar in noch gefährlichere Stoffe (Metaboliten) umgewandelt. Auch bei sofortigem Verzicht wären die Ökosysteme noch jahrzehntelang belastet.

'Persistente' Schadstoffe werden in der Umwelt und in Organismen kaum oder gar nicht abgebaut. Hierzu gehört DDT. Bei manchen Stoffen werden durch den Stoffwechsel Metaboliten erzeugt, die eine noch höhere Gefährlichkeit und Persistenz haben (etwa die Metaboliten DDD und DDE von DDT).

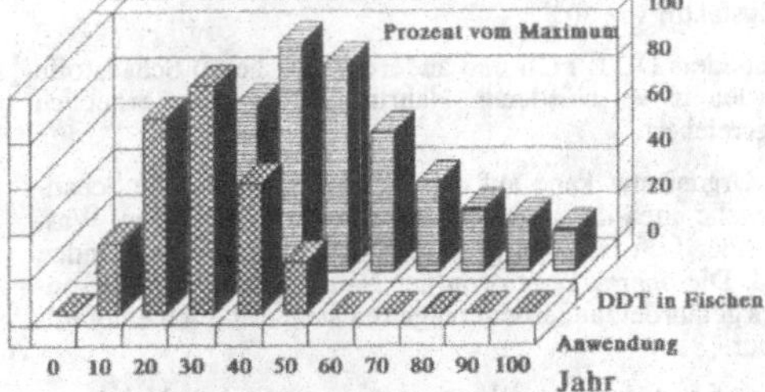

(C1.10) Der Grad der Abbaubarkeit hat bei der Beurteilung eines Umweltschadstoffs erhebliche Bedeutung.

Bei Schadstoffen muß unterschieden werden zwischen (a) leicht abbaubaren, (b) schwer abbaubaren, (c) nicht abbaubaren Stoffen. Vom Grad der Abbaubarkeit hängen die Schwere und das Ausmaß langfristiger Bedrohung ab.

Nicht abbaubare Stoffe (wie Schwermetallverbindungen) reichern sich auch bei kleinsten Abgaberaten in der Umwelt an. Bei schwer abbaubaren Stoffen kommt es zu zunehmender Konzentration, wenn die Immissionsrate die Abbaurate überwiegt (z.B. DDT). Leicht abbaubare Stoffe sind meist in der Natur vorkommende Stoffe, mit denen die Organismen umgehen können. Um Persistenzprobleme zu umgehen, werden heute in zunehmendem Maße rascher abbaubare Biozide (z.B. Organo-Phosphate) verwendet.

Schadstoffklassen:

(1) **Krankheitserreger**
(Parasiten, Bakterien, Viren)
(2) **Sauerstoffzehrende Abfälle** (leicht abbaubar)
(organische Verbindungen und Stoffe, deren biologischer oder chemischer Abbau gelösten Sauerstoff erfordert)
(3) **Pflanzennährstoffe** (leicht abbaubar)
(Stickstoff und Phosphor aus Abwässern und landwirtschaftlichem Ablauf)
(4) **Synthetische organische Stoffe** (schwer abbaubar)
(Chemikalien aus Industrie, Haushalten, Landwirtschaft; Chemikalien zur Wasserbehandlung: Chlor- und Fluorverbindungen)
(5) **Inorganische Stoffe, Mineralien** (nicht abbaubar)
(Salze, Säuren, Schwermetalle, Mineralfasern: z.B. Asbest)
(6) **Radioaktive Substanzen** (Halbwertszeit!)
(industrielle und militärische Anwendungen der Nukleartechnik)

(C1.11) Schadstoffkonzentrationen werden oft in ppm (parts per million) oder ppb (parts per billion = Milliarde) angegeben.

Diese Angaben beziehen sich auf Raumanteile (bei Gasen oder Flüssigkeiten) oder Gewichtsanteile (bei Trockensubstanz).

1 ppm = $1 : 10^6$ = 1 cm^3/m^3 (oder 1 g/t)
1 ppb = $1 : 10^9$ = 1 mm^3/m^3 (oder 1 mg/t)

Umrechnung von ppm in mg/m^3:
Konzentration (ppm) = (24/M) * Konzentration (mg/m^3)
wobei M = Molekulargewicht des Stoffes in g, 24 = ungefähres Molvolumen bei 20°C.

Beispiel: Die maximale zulässige Immissionskonzentration von Azeton (M = 58) ist 120 mg/m^3. Dies entspricht (120 * 24/M) = 50 ppm.

C2. Schadwirkungen (allgemein)

Umweltschadstoffe können wegen ihrer ganz verschiedenen physikalischen und chemischen Eigenschaften nicht über einen Kamm geschoren werden. Schadwirkungen reichen von der leichten Beeinträchtigung von Verhaltensweisen bis zum Tod des Organismus. Besonders heimtückisch sind Schäden, die die Zellteilungsinformation verändern (Krebs) und u.U. sogar vererbbar machen (Erbschäden). Sie werden durch einzelne Molekülveränderungen durch Schadstoffe oder Strahlung hervorgerufen. Daher gibt es hier keinen Grenzwert für eine unschädliche Belastung.

Eine gewisse Einteilung der Schadstoffe aufgrund ihrer Wirkungen und Umweltpfade ist möglich: z.B. Schwermetalle, chlorierte Kohlenwasserstoffe, Nitrosamine, Katalysatoren beim Ozonzerfall.

Die oft komplexen Schadwirkungen auf Organismen und Ökosysteme lassen sich ausnutzen, um auf relativ einfache Weise mit 'Bioindikatoren' Schadstoffe nachzuweisen, deren chemisch-analytischer Nachweis sonst kostspielig oder technisch unmöglich wäre.

(C2.1) Umweltschadstoffe sind selten akut gefährdend für Organismen und Ökosysteme. Problematisch sind vor allem die chronischen (Langzeit-) Wirkungen auch kleinster Mengen durch

1) Veränderung der Lebensbedingungen für Organismen (Strahlungsbilanz der Atmosphäre, Säurewert des Bodens usw.);
(2) Schädigung der Enzymsysteme der Organismen, die die Lebensabläufe steuern (Hormone und Enzyme);
(3) Veränderung der Keimzellen (genetische Mutation);
(4) Veränderung von Körperzellen (somatische Mutation, Krebsbildung);
(5) Schädigung ungeborenen Lebens (Embryo und Fötus; teratogene Wirkung);
(6) Kombinationswirkungen mit anderen Stoffen (Synergismen);
(7) Schädigung, Veränderung oder Zerstörung zentraler oder regelnder Komponenten in Ökosystemen (z.B. Blütenbestäuber, Bodenorganismen).

Akute Toxizität: Schadwirkungen kurze Zeit nach Aufnahme des Stoffes. Maß ist die mittlere tödliche Dosis (dosis lethalis) DL 50: 50% sterben.

Subchronische Toxizität: Schadwirkungen bis 90 Tage. Kumulative Wirkungen sind durch Schadstoffanreicherung möglich (Stoffakkumulation, Bioakkumulation) oder durch Summierung oder Synergismus (Wirkungskumulation).

Chronische Toxizität: Wirkung nach wiederholter Aufnahme kleiner oder kleinster Mengen über längere Zeit. Dies ist die Regel bei Umweltschadstoffen.

Genetische Mutation: Veränderung einer Keimzelle. Diese wird mit der veränderten genetischen Information auf alle Körperzellen der Nachkommen übertragen.

Somatische Mutation: Veränderung von Körperzellen, die auf alle aus dieser Zelle hervorgehenden Zellen übertragen wird; sie wird nicht vererbt: Krebszellenbildung.

Mutationsauslösung kann durch chemische oder physikalische Noxen erfolgen (Chemiestoffe oder ionisierende Strahlung). Sie kann durch kleinste Mengen bewirkt werden; es gibt keinen unteren sicheren Schwellwert.

Karzigonese: Gewisse Stoffe können Krebs erzeugen. Die Häufigkeit bestimmter Krebse korreliert mit der Dosis krebserzeugender Stoffe. Krebs entsteht nie akut; er hat eine Latenzzeit von Jahren oder Jahrzehnten. Seine Ursache ist daher meist nur statistisch belegbar.

Genetische Defekte: Viele Krankheiten sind z.T. genetisch bedingt, so etwa Mongolismus, Bluter, Zucker, Magengeschwüre, Kurzsichtigkeit usw.

Teratogene Wirkungen: Dies sind schädigende Wirkungen auf den Embryo. Sie können entstehen durch Virusinfektionen der Mutter, ionisierende Strahlen oder Schadstoffe.

Embryo-toxische Wirkungen haben z.B. Organo-Quecksilber-Verbindungen, Bleiverbindungen, Pestizide, Entlaubungsmittel (Dioxin!)

(C2.2) Es sind zwei Typen von Wirkungsbeziehungen grundsätzlich zu unterscheiden:

(1) Schädigung erst ab einer gewissen Mindestkonzentration (Schwellenwert)
(2) Schädigung beginnt bereits bei kleinster Dosis (lineare Dosis-Wirkungsbeziehung).

Schadstoffe lassen sich prinzipiell in zwei Klassen unterteilen, die strikt unterschieden werden müssen. Im einen Fall lassen sich sichere untere Grenzwerte angeben, im anderen Fall ist auch bei geringsten Konzentrationen mit Schädigungen zu rechnen.

(1) **Schwellenwertbeziehung:** Hier tritt eine Schädigung erst ab einer gewissen Mindestkonzentration, dem Schwellenwert ein. Mit Gesundheitsschäden ist nicht zu rechnen, falls die Belastung unter diesem Schwellenwert bleibt. Dies gilt z.B. für Stoffe, die mit einer gewissen Rate vom Organismus abgebaut werden können (z.B. Alkohol).

(2) **Lineare Dosis-Wirkungsbeziehung:** Hier ist eine Schädigung auch bei allerkleinster Dosis möglich. Sie gilt für gewisse Stoffe oder Strahlenbelastungen, bei denen Einzelmoleküle oder Strahlungsteilchen kritische Zellinformationen verändern oder Steuerenzyme abändern können (ionisierende Strahlung, karzinogene und mutagene Stoffe).

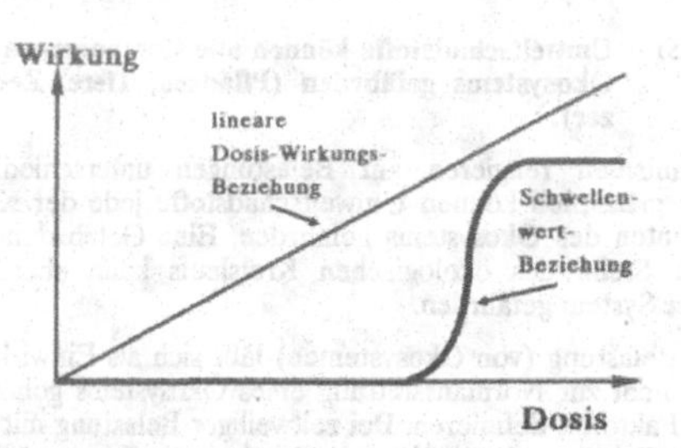

(C2.3) Kombinationswirkungen zwischen den Stoffen, wie auch zwischen Stoff und Organismus können die Schadwirkung verändern (abschwächen oder verstärken).

Es gibt unterschiedliche Kombinationseffekte. Die **additive Wirkung** entspricht der Summe der Einzelwirkungen. Beim **Synergismus** wirkt die Stoffkombination stärker als die Summe der Einzelwirkungen. Beim **Antagonismus** ist die Wirkung schwächer als die Summe der Einzelwirkungen.

Eine Voraussage von Kombinationseffekten ist unmöglich. Wegen der Vielzahl möglicher Kombinationen von Stoffen in Umwelt und Nahrung, die allein aus kombinatorischen Gründen nur auszugsweise untersucht werden können, bleibt hier prinzipiell ein Unsicherheitsfaktor bestehen.

Wirkung im Organismus:

1. Einflüsse des Stoffes auf den Organismus
2. Einflüsse des Organismus auf den Stoff: metabolischer Abbau und Umbau, 'Entgiftung' oder 'Aufgiftung'.

(C2.4) Auch nah verwandte Organismen reagieren z.T. sehr verschieden auf den gleichen Schadstoff. Die Aussagekraft z.B. von Tierversuchen ist daher oft beschränkt.

Selbst bei relativ nah verwandten Säugetierarten zeigen sich oft große Unterschiede: Sie reagieren oft sehr verschieden auf den gleichen Schadstoff. Die Schädigung durch einen Schadstoff kann beim Menschen gleich, geringer oder größer sein als beim Versuchstier. Die Aussagekraft von Tierversuchen ist daher oft beschränkt.

Beispiel: Bei der Einführung des Contergan (Wirkstoff Thalidomid) verließ man sich auf die Ergebnisse von Versuchen mit Kleintieren, die die Unschädlichkeit zu beweisen schienen.

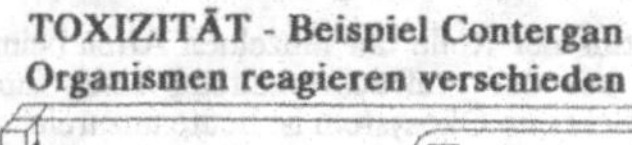

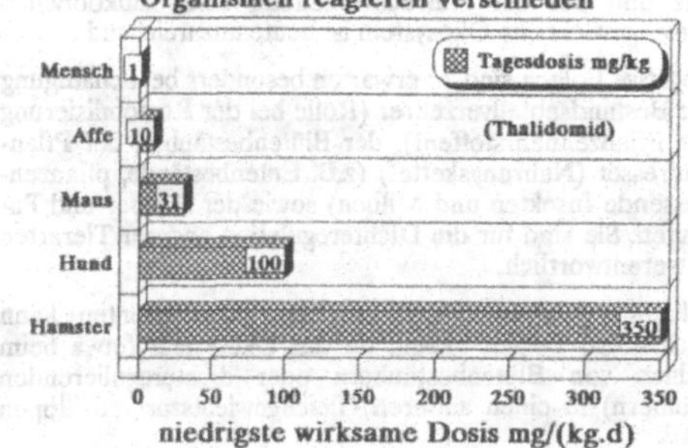

(C2.5) Umweltschadstoffe können alle Komponenten des Ökosystems gefährden (Pflanzen, Tiere, Zersetzer).

Organismen reagieren auf Belastungen unterschiedlich, aber prinzipiell können Umweltschadstoffe jede der Komponenten des Ökosystems gefährden. Eine Gefährdung an einer Stelle des ökologischen Kreislaufs kann aber das ganze System gefährden.

Die Belastung (von Ökosystemen) läßt sich als Einwirkung von nicht zur Normausstattung eines Ökosystems gehörenden Faktoren definieren. Bei zeitweiliger Belastung mit solchen Faktoren ist (oft) eine Wiederherstellung möglich. Dauerbelastung läßt dagegen keine Regeneration zu. Problematisch ist, daß Ökosysteme meist durch mehrere Schadstoffe und Eingriffe gleichzeitig belastet werden, deren Wechselwirkungen unbekannt sind.

Eingriffsmöglichkeiten für Schadstoffe: (vgl. Bild)

(1) Pflanzen	(6) Räuber für (7)
(2) Pflanzenfresser	(7) tier. Bestandsabfallverzehrer
(3) Räuber 1	(8) Räuber für (9)
(4) Räuber 2	(9) Bakterienfresser
(5) Räuber 3	(10) Bakterien, Pilze, Destruenten
	(11) Nitrifizierer

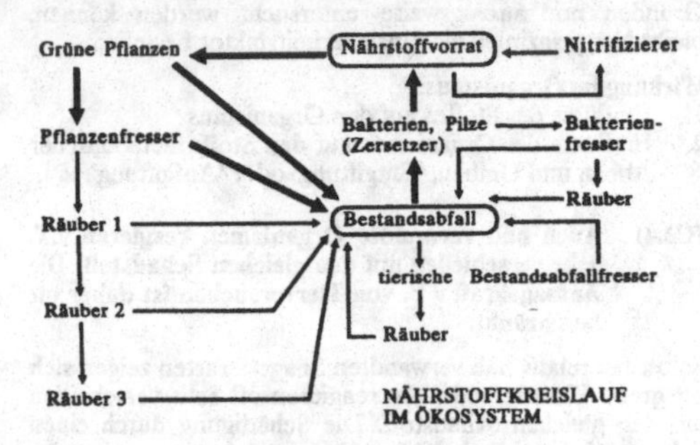

(C2.6) Manche Organismen haben eine besonders wichtige Rolle im Ökosystem (Bestäuber, Samenverteiler, Räuber und Parasiten, Bestandsabfallverzehrer). Ihre Gefährdung kann den ganzen ökologischen Kreislauf gefährden.

Die Kenntnis der Rolle der einzelnen Arten beim Stoffumsatz und bei der Aufrechterhaltung eines funktionellen Gleichgewichts im Ökosystem ist heute unzureichend.

Negative Folgen sind zu erwarten besonders bei Schädigung der Bestandsabfallverzehrer (Rolle bei der Remobilisierung von Pflanzennährstoffen!), der Blütenbestäuber, der Pflanzenfresser (Nahrungskette!) (z.B. Entenbestände, pflanzenfressende Insekten und Milben) sowie der Räuber und Parasiten. Sie sind für die Dichteregulation anderer Tierarten mitverantwortlich.

Schädigung einer dieser kritischen Komponenten kann nachhaltige Folgen haben, da das Ökosystem (etwa beim Fehlen von Blütenbestäubern oder dichteregulierenden Räubern) in einen anderen Gleichgewichtszustand kippen wird.

Gerade bei der Schädlingsbekämpfung, die ja einen Eingriff in das Gesamtökosystem darstellt, ist zu beachten, daß Räuber grundsätzlich seltener sind als ihre Beute (Energiepyramide!). Räuber (z.B. Parasiten der Schadinsekten) werden daher durch die Schädlingsbekämpfung stärker geschädigt als die (bekämpfte) Beute (Schadinsekten). Bei den individuenreicheren Beständen der Beute bestehen daher größere Chance zur Bildung resistenter Stämme. Die mögliche Folge der Schädlingsbekämpfung ist also oft, daß natürliche Feinde verschwinden, während der Schädling resistent wird: das Problem wird dadurch verschärft.

(C2.7) Pflanzen können Schadstoffe (auch ohne eigene Schäden) einlagern und an Konsumenten weitergeben.

Die Schadstoffwirkungen auf Pflanzen reichen von kurzzeitiger, reversibler Reaktion mit leichter Ertragseinbuße bis zu irreversiblen Schäden, Absterben und Aussterben.Dabei muß beachtet werden, daß Pflanzen Fremdstoffe an- oder einlagern können. Damit wird die Weitergabe über die Nahrungskette möglich. Hiermit kommt es wiederum zu Anreicherungen in den höheren Gliedern der Nahrungskette.

(C2.8) Akute Schädigung bei Pflanzen (kurzfristig hohe Schadstoffkonzentration) kann zu vorübergehendem Blattverlust oder Absterben führen. Chronische Schädigung (langanhaltende niedrige Konzentration) beeinträchtigt u.U. nur die Funktionsfähigkeit und den Zuwachs.

Niedrige, über lange Zeitspannen einwirkende Immissionen (vor allem von Luftschadstoffen) können bei Pflanzen zu chronischen Schädigungen führen. Sie äußern sich z.B. durch vorzeitiges Absterben der ältesten Nadeljahrgänge, durch Blattverfärbungen und/oder durch verminderte Wuchsleistung.

In der Pflanze finden sich Schadstoffanreicherungen (z.B. in den Blättern und Wurzeln), die verminderte Photosynthese und Wurzelaktivität zur Folge haben können. Insgesamt verringert sich der Zuwachs. Bei weitergehender Schädigung können Laub- und Wurzelmasse nicht mehr vollständig ersetzt werden, was die Produktion weiter verringert und schließlich zu schnellem Absterben führen kann.

Anreicherung von Schadstoffen in der Pflanze kann zur Weitergabe in der Nahrungskette und zu Schadwirkungen bei Konsumenten, u.U. durch Schwächung wichtiger Komponenten auch zur Ökosystemveränderung führen.

(C2.9) Manche Umweltschadstoffe können zu kritischer Schädigung des mikrobiellen Bodenlebens führen.

Die Schädigung oder Vernichtung von Zersetzer-Mikroorganismen (Bakterien, Pilze) hat einschneidende Folgen für ein Ökosystem, da diese essentielle Bestandteile eines funktionierenden Ökosystems sind. Der Schutz des Bodens vor Schadstoffeinwirkungen (Biozide, Schwermetalle, saure Niederschläge usw.) ist daher wichtig.

Die absichtliche Nitrifikations- und Denitrifikationshemmung durch Agrarchemikalien, um die Bildung auswaschungsfähigen Nitrats und die Ausgasung von Stickoxiden zu verzögern und Düngerverluste zu mindern, ist z.B. ein prinzipiell zweifelhaftes Unterfangen, da durch die nicht selektiven Mittel das ganze Bodenleben geschädigt, verändert und u.U. zerstört wird.

(C2.10) Pflanzliche oder tierische Organismen können als 'Indikatororganismen' für gewisse Umweltschadstoffe verwendet werden, da sie entweder Schadstoffe auf meßbare Beträge anreichern oder direkte Schadwirkungen zeigen (Bioindikatoren).

Gewisse tierische und pflanzliche Organismen (Bioindikatoren) können eingesetzt werden zur Erfassung von Schadstoffen, zur Feststellung von Schadwirkungen und zur Kennzeichnung von Belastungszonen.
Hierbei ist zu unterscheiden zwischen

(1) **Akkumulationsindikatoren**, die Schadstoffe soweit anreichern, daß sie meßbar werden und
(2) **Wirkungsindikatoren**, die Schadwirkungen direkt (durch Veränderungen) anzeigen.

Testorganismen reagieren empfindlich und deutlich auf geringe Schadstoffmengen, während **Monitororganismen** zur Erfassung von Schadstoffen durch Anreicherung und gut feststellbare Schadwirkung geeignet sind.

Indikatorarten/Indikatorgesellschaften haben spezielle Lebensansprüche und sind daher Anzeiger für bestimmte ökologische Bedingungen.

Bioindikatoren werden eingesetzt zur Aufdeckung von Ökosystemschäden, zur Erfassung von Typ und Menge des Schadstoffs, zur Immissionsüberwachung und zur Kennzeichnung von Belastungszonen; zur Aufstellung von Wirkungskatastern und zur Entwicklung von Planungsgrundlagen.

Bewertungskriterien für pflanzliche Bioindikatoren sind Entwicklungsstörungen, Zell- und Gewebeschäden, Absterben von Pflanzenteilen, Veränderungen in Artenzahl und Häufigkeit des Vorkommens, Veränderungen des Stoffhaushalts, Veränderungen enzymatischer Prozesse und Akkumulation von Schadstoffen (hiermit erhöht sich die Nachweisbarkeit).

Für die Gewässerüberwachung (Belastung durch leicht abbaubare Stoffe) hat sich das Saprobiensystem bewährt: eine Liste von Indikatororganismen, die den Zustand der Verschmutzung und biologischen Selbstreinigung anzeigen.

(C2.11) Ohne direkt schädlich auf Organismen zu wirken, können Umweltschadstoffe auch die Lebensbedingungen so verändern, daß Organismen gefährdet und Ökosysteme verändert und gefährdet werden (Treibhausgase, Bodenversauerung, Eutrophierung).

Viele natürlich vorkommenden und lebensnotwendigen Stoffe (Kohlendioxid, Nitrat, Phosphat usw.) werden dann zur Bedrohung von Organismen und Ökosystemen, wenn ihr Eintrag groß genug ist, um eingespielte Fließgleichgewichte zu verändern. Damit können bestehende Lebensbedingungen allmählich (Bodenversauerung, Klimaveränderung) oder auch plötzlich (Umkippen von Gewässern) verändert werden, mit ensprechenden Konsequenzen für Organismen und Ökosysteme.

C3. Luftbelastungen

Die gravierendsten Umweltbelastungen heute (Waldsterben, Bodenversauerung, Gesundheitsbeeinträchtigungen) lassen sich alle auf Verbrennungsprozesse in Industrie, Kraftwerken, Haushalten, Kleinverbrauch und Verkehr zurückführen. Die Emissionen aus diesen Bereichen lassen sich prinzipiell auf zwei verschiedene Arten reduzieren, wobei der größte Effekt selbstverständlich bei einer Kombination erreicht wird: (1) Einbau von Filteranlagen, Katalysatoren usw. zur ***Rückhaltung von Schadstoffen****; (2)* ***Verbrauchsreduzierung*** *durch bessere Energienutzung, Geschwindigkeitsbeschränkung, längere Lebensdauer der Produkte usw.*

Beim Kohlendioxid, dessen Anstieg durch die fossile Verbrennung gegenwärtig die Eigenschaften der Atmosphäre verändert, besteht keine praktikable Rückhaltemöglichkeit. Hier ist der einzig mögliche Weg eine Reduzierung des fossilen Energieverbrauchs. Die Verbrennung nachwachsender Biomasse ist in dieser Hinsicht problemlos, da das freiwerdende Kohlendioxid vorher der Erdatmosphäre entnommen wurde und nicht (wie bei fossilen Energien) zusätzlich in diese verbracht wird.

(C3.1) Quelle der Luftbelastungen sind in erster Linie die Verbrennungsprozesse in Verkehr, Haushalten und Kleinverbrauch, Industrie, Kraftwerken und Müllverbrennung.

Die wichtigsten Luftbelastungen (Schwefeldioxid (SO_2), Stickoxide (NO_x), Kohlenwasserstoffe (C_mH_n), Schwermetalle (Cd, Pb, Hg), Staub, Kohlenmonoxid (CO) und Kohlendioxid (CO_2)) sind fast ausschließlich auf die Verbrennung fossiler Brennstoffe in Industrie, Kraftwerken, Haushalten und Kleinverbrauch, Verkehr und Müllverbrennung zurückzuführen. Weitere Luftbelastungen entstehen u.a. durch Methan (aus Viehhaltung und Reisanbau), Treibgase (Sprühdosen, Schaumstoffe, Kühlmittel) und Radioaktivität (genehmigte Emissionen und Unfälle von Kernkraftwerken).

Entsprechend ihrem jeweiligen Energieverbrauch, den eingesetzten Kraftstoffen, Verbrennungsprozessen und Rückhalteeinrichtungen entstehen in den verschiedenen Verbrauchssektoren unterschiedliche Mengen an Luftschadstoffen.

Die Hauptquellen für **Schwefeldioxid** sind die Industrie und Kraftwerke. Der Grund für den hohen Schwefeldioxidausstoß bei Industrie, Kraft- und Heizwerken ist der Schwefelgehalt der Kohle.

Die Hauptquelle für **Stickoxide** ist der Verkehr. Der Grund für die Stickoxidbelastung im Verkehr sind die hohen Verbrennungstemperaturen.

Kohlenwasserstoffe kommen vorwiegend aus Industrie, Haushalten und Kleinverbrauch und Verkehr. Bei jeder Verbrennung entsteht eine Vielzahl von Kohlenwasserstoffen. Darunter sind etliche problematische Verbindungen (z.T. kanzerogene). Die Erzeugung dieser Stoffe hängt von der Brenntemperatur ab. Schwelendes Holz z.B. erzeugt besonders viele dieser Stoffe.

Während die meisten der genannten Schadstoffe sich durch technische Maßnahmen zurückhalten lassen, gibt es keine praktikablen Rückhaltemaßnahmen für CO_2 und Methan aus Reisanbau und Viehhaltung. Hier kann nur eine Verbrauchsreduzierung greifen.

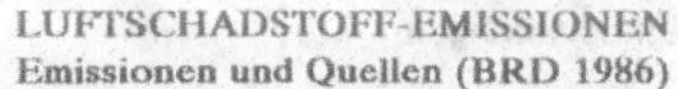

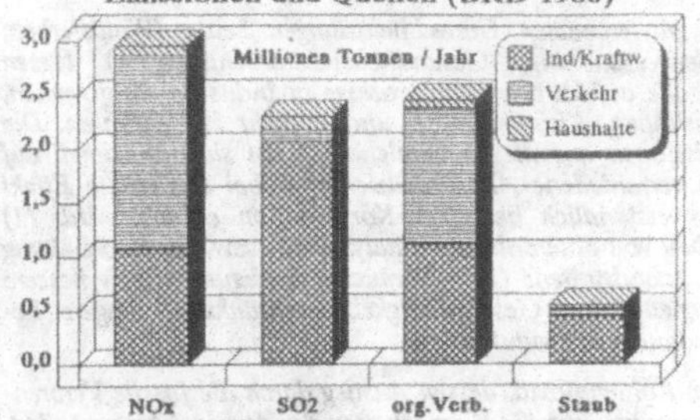

(C3.2) Zur Reduzierung der Luftbelastungen gibt es vier grundsätzlich verschiedene Ansätze:

(1) Filterung der Schadstoffe aus den Abgasen;
(2) Verwendung schadstoffarmer Brennstoffe;
(3) Reduzierung des Brennstoffbedarfs durch effizientere Energienutzung;
(4) Verwendung regenerativer Brennstoffe (Stoffrezyklierung).

Der heutige Ansatz zur Schadstoffverringerung geht über die Verwendung schwefelarmer Brennstoffe und den Einsatz technischer Maßnahmen zur Schadstoffrückhaltung (Staubfilter, Rauchgasentschwefelung, Stickoxid-Katalysatoren) nicht hinaus. Durch Verringerung des Energieverbrauchs durch effizientere Nutzung (bei gleicher Energiedienstleistung) lassen sich Schadstoffausstöße zusätzlich senken, und durch Verwendung regenerativer Energieträger (Solarenergie, solarer Wasserstoff, Wind- und Wasserkraft, Biomasse) in der Bilanz völlig vermeiden.

Beim Vergleich der Umweltbelastungen müssen die gesamten Prozeßketten (von der Primärenergie bis zur Energiedienstleistung) vollständig betrachtet werden. So gibt es z.B. große Unterschiede beim Energieverbrauch und den Schadstoffemissionen verschiedener Heizverfahren: die Elektrospeicherheizung ist insgesamt am ungünstigsten.

Um Heizsysteme zu vergleichen, müssen die Energieverbräuche und Schadstoffemissionen der gesamten Versorgungskette anteilig eingerechnet werden. Hierbei zeigt sich z.B., daß die Elektrospeicherheizung etwa den 2.5-fachen Brennstoffverbrauch, die 70-fache Staubemission, die 5-fache Schwefeldioxidemission, die 4.5-fache Stickstoffemission, etwa gleiche Kohlenmonoxidemission und die 1.5-fache Kohlenwasserstoffemission hat als die Ölheizung. Fernheizung ist vor allem im Energieverbrauch günstiger als die Ölheizung, aber sie hat hohe Schwefeldioxid- und Stickoxidemissionen.

UMWELTBELASTUNG DURCH HEIZSYSTEME
Emissionen hängen vom Anlagentyp ab

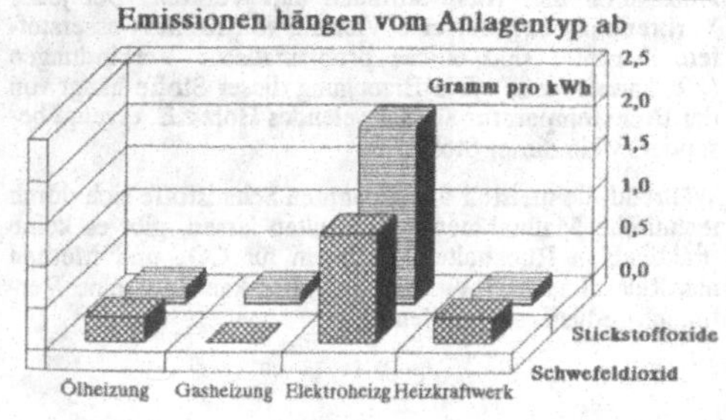

(C3.3) Emissionsgrenzwerte beschränken die Abgabe von Schadstoffen am Entstehungsort. Immissionsgrenzwerte schreiben die Mindestwerte für die Luftqualität an anderen Orten vor.

Emissionsgrenzwerte regeln die zulässigen Höchstwerte der Schadstoffemissionen aus Anlagen, meist als Konzentration in der Abluft. (Es ist also z.B. möglich, durch Zumischen schadstoffarmer Abluft aus 'sauberen' Verbrennungsprozessen die Grenzwerte auch bei 'Dreckschleudern' einzuhalten.) Vernünftiger ist es, die zulässige Abgabemenge pro Zeiteinheit zu begrenzen.

Immissionsgrenzwerte schreiben Mindeststandards der Luftqualität (Jahresmittel und Kurzzeitwerte) vor. Immissionskonzentrationen hängen ab von den Emissionen in der näheren und weiteren Umgebung, vom Ferntransport und von Schadstoffverteilungsfaktoren und -mechanismen (Schornsteinhöhe, Wetter, Orographie, photochemische Reaktionen, usw.)

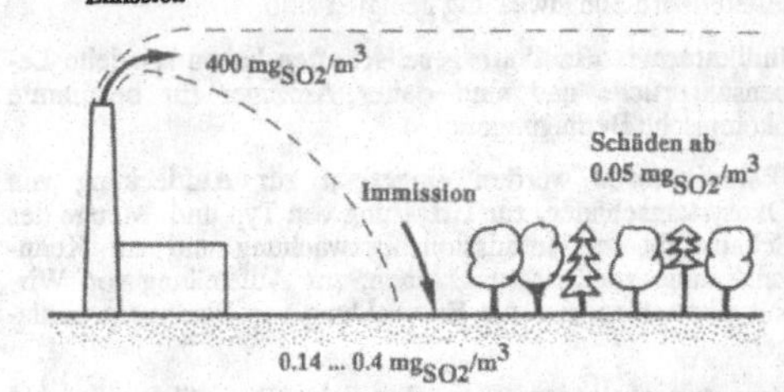

(C3.4) Die Schadstoffemissionen aus Verbrennungsprozessen und die Schadstoffkonzentrationen in der Umgebungsluft werden in der BRD durch das Bundes-Immissionsschutzgesetz, die Technische Anleitung Luft und verschiedene Verordnungen, u.a. die Großfeuerungsanlagenverordnung gesetzlich geregelt.

In der Technischen Anleitung zur Reinhaltung der Luft (TA Luft) sind die Immissionsgrenzwerte für eine Vielzahl von Luftschadstoffen festgelegt. Mit ihnen werden die höchstzulässigen Schadstoffkonzentrationen der Umgebungsluft festgelegt, wobei zwischen einem (niedrigeren) Langzeitmittel (IW_1) und einem höheren) Kurzzeitwert (IW_2) unterschieden wird. Die TA Luft ist vor allem an der menschlichen Gesundheit orientiert. Andere Organismen (z.B. Pflanzen) reagieren oft wesentlich empfindlicher. Die TA-Luftwerte liegen für Wälder zu hoch.

Die Großfeuerungsanlagenverordnung schreibt u.a. den Emissionsgrenzwert von Anlagen über 300 MW als Konzentration vor (z.B. 400 mg SO_2/m^3 Abgas).

Immissionsgrenzwerte der TA Luft (1986)

Konzentrationen in mg/m^3

	Geruchs-schwelle	Langzeit-wert	Kurzzeit-wert	MAK-Wert
Staub		0.15	0.30	
Chlor	0.14	0.10	0.30	1.5
Chlorwasserstoff	7.6	0.10	0.20	7.0
Fluorwasserstoff		0.001	0.002	0.2/2.5
Kohlenmonoxid		10.0	30.0	
Schwefeldioxid	≈ 1.0	0.14	0.40	5.0
Schwefelwasserstoff	≈ 0.001	0.005	0.01	15.0
Stickstoffdioxid		0.08	0.20	9.0

MAK = Maximale Arbeitsplatzkonzentration

(C3.5) Die Schwefelzufuhr aus Verbrennungsprozessen liegt in vielen Ländern weit über der von Ökosystemen absorbierbaren Menge.

Die Schwefelemissionen der BRD sind in jüngster Zeit ständig reduziert worden und liegen jetzt unter 1.1 Mio t S/a (1986) und werden 1995 unter 0.5 Mio t S/a betragen. Bei anderen europäischen Ländern ist ebenfalls mit Verringerungen zu rechnen.

Da jedes Land mit den Luftströmungen einen Teil seiner Emissionen in andere Länder exportiert und ein Teil seiner Immissionen aus dem Ausland stammt, ergeben sich die Schadstoffdepositionen im Inland aus einer entsprechenden Bilanzierung. Die Schwefelbilanz der BRD ist in etwa ausgeglichen. Der Schwefeleintrag beträgt im Mittel etwa 50 kg/(ha · a), wobei einige Regionen besonders stark belastet sind (Ruhrgebiet, Grenzgebiet zu DDR und CSSR). Der mittlere Eintrag liegt etwa zehnfach über dem Bedarf der Ökosysteme.

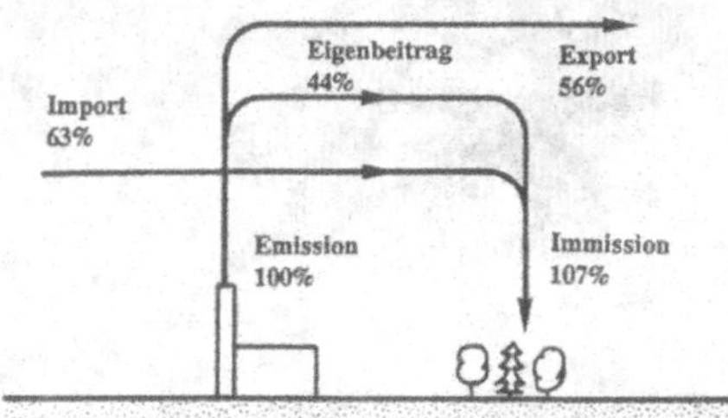

SCHWEFEL-EMISSIONEN UND IMMISSIONEN, BR DEUTSCHLAND

(C3.6) Die Immissionsgrenzwerte für Schwefeldioxid sind am Menschen orientiert und liegen wesentlich über der Toleranzgrenze von Pflanzen, Wäldern und Ökosystemen.

Der zulässige Kurzzeitwert der SO_2-Belastung (Smogalarm!) liegt wesentlich über dem, was von Menschen, insbesondere von Kindern, Kranken und Alten auf Dauer toleriert werden kann. Bereits bei Werten um 0.12 mg SO_2/m^3 ergibt sich höhere Sterblichkeit. Pflanzen reagieren wesentlich empfindlicher als Tiere und Menschen und sind z.T. bei 0.05 mg SO_2/m^3 auf Dauer gefährdet. (Dies entspricht etwa dem Durchschnittswert der SO_2-Belastung in der BRD.) Die mittlere Belastung im Ostteil der BRD liegt über diesem Wert.

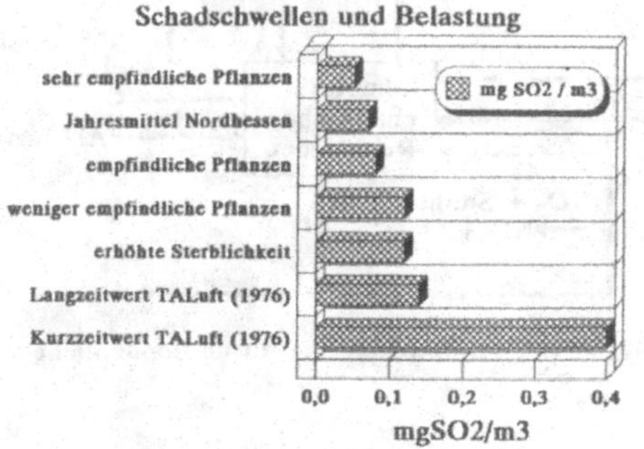

(C3.7) Auch weit entfernte Ökosysteme (Wälder, Böden, Seen) sind durch saure Niederschläge (Naß- und Trockendeposition von Schwefelsäure und Salpetersäure) aus Industrie und Kraftwerken (SO_2, NO_x) gefährdet.

Quelle der Schwefeldioxideinträge aus dem atmosphärischen Ferntransport sind ausschließlich Industrie, Kraftwerke und Fernheizwerke. Aus diesem Grund lassen sich großräumige Schwefeldioxidbelastungen auf relativ einfache Weise vermeiden, da nur an großen Anlagen Entschwefelungsanlagen angeschlossen werden müssen.

Durch saure Niederschläge (Schwefelsäure, Salpetersäure) aus dem Ferntransport von Abgasen aus Industrie und Kraftwerken (SO_2 , NO_x) werden oft weit entfernte Ökosysteme stark gefährdet.

Beispiele: Ferntransport von Westeuropa nach Skandinavien, von Mittel- und Ost-USA nach Kanada, von Japan nach Alaska.

So kommt es zur Zerstörung des Waldes leewärts von Eisensinterwerken oder großen fossilen Kraftwerken (Erzgebirge) bei stark schwefelhaltigen Brennstoffen ohne Rückhaltung. Auch weiträumiges Waldsterben ist u.a. durch SO_2 und NO_x verursacht. SO_2 und NO_x verwandeln sich in der Atmosphäre in starke Säuren H_2SO_3 und HNO_3. Die Gebiete sauren Niederschlags korrelieren mit Industriegebieten.

Die Säuredeposition führt u.a. zur fortschreitenden Versauerung von Boden und Gewässern. Als Folge ergeben sich stärkere Nährstoffauswaschung bis hin zur Freisetzung pflanzengiftiger Aluminium-Ionen, die Veränderung und teilweise Zerstörung der Populationen von Boden-Mikroorganismen, das Verschwinden von Fischpopulationen ('tote Seen'), Zuwachsverluste der Wälder und schließlich großräumiges Waldsterben.

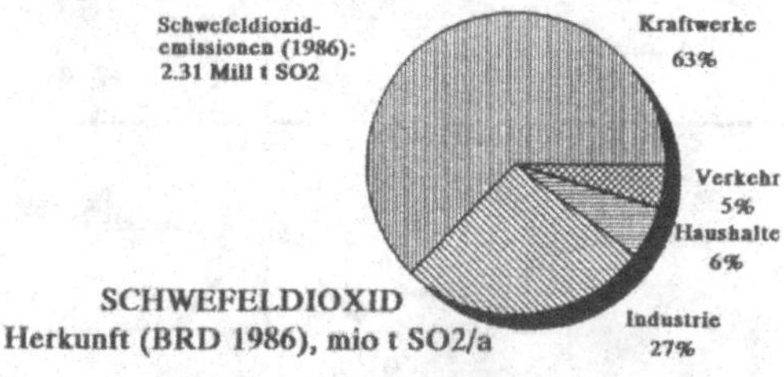

(C3.8) Saure Niederschläge führen zu einem erhöhten Eintrag von Protonen (Wasserstoff-Ionen H^+) und damit zur Bodenversauerung (Absenkung des pH-Werts des Bodens).

Saure Niederschläge als Folge der Luftverschmutzung mit Schwefeldioxid und Stickoxiden bedeuten einen zusätzlichen Protoneneintrag im Ökosystem. Damit kann sich der Anteil freier Wasserstoff-Ionen, mit dem der Säuregrad bestimmt wird, um Zehnerpotenzen erhöhen. (Neutralwert: pH = 7, entspricht 1 g H^+ auf 10^7 Liter Wasser.)

In nicht schadstoffbelasteten Gegenden ist Regen leicht sauer (pH 5.5 ... 6.5) als Folge der Bildung von Kohlensäure in der Atmosphäre ($H_2O + CO_2 \rightarrow H_2CO_3$ (Kohlensäure)). Durch Emissionen (SO_2, NO_x) wird Regen z.T. stark sauer (pH = 2.1 ... 3.5), d.h. 1000 mal saurer als natürlicher Regen (je 1 pH: 10 mal saurer).

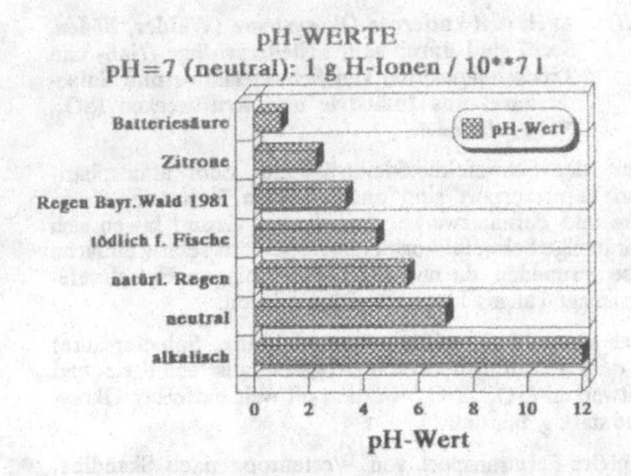

(C3.9) Böden reagieren je nach ihrem pH-Wert unterschiedlich auf Säureeintrag. Je nach pH-Wert wird der Säureeintrag mit anderen Ionengruppen abgepuffert; diese gelangen in die Bodenlösung und werden z.T. ausgewaschen

Karbonat/Silikat-Pufferbereich: pH zwischen 8.6 und 5 (Normalbereich)
Austauscher-Pufferbereich: pH zwischen 5.8 und 4.2. (Nährstoffauswaschung!)
Aluminium-Pufferbereich: pH zwischen 4.2 und 2.8 (pflanzengiftige Al-Ionen!)
Eisen-Pufferbereich: pH unter 3.0

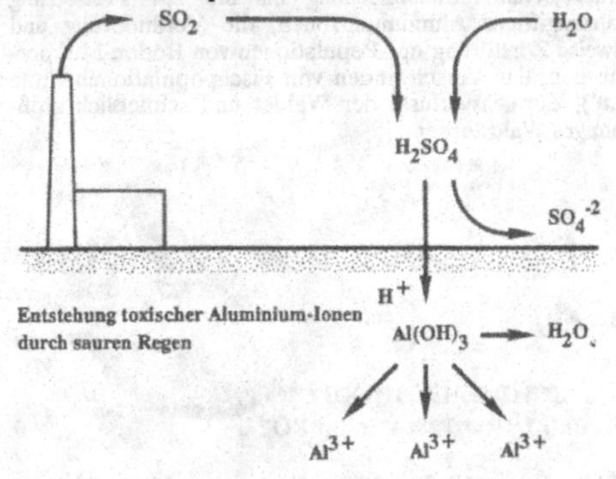

(C3.10) Stickoxide entstehen - unabhängig vom Brennstoff - bei hohen Temperaturen aus Luftstickstoff und Luftsauerstoff.

Stickstoffmonoxid NO ist ein farbloses Gas; Stickstoffdioxid NO_2 ein orange-braunes Gas. NO_2 reagiert mit Wasser zu Salpetersäure HNO_3. Beide Gase werden oft als Stickoxide NO_x zusammengefaßt. Stickoxide bilden sich bei hohen Verbrennungstemperaturen aus Luftsauerstoff und Luftstickstoff, aber auch aus Stickstoffverunreinigungen der Brennstoffe.

Unter Einwirkung von Sonnenlicht bilden sich aus Stickoxid in der Luft aggressive Photooxidantien, die u.a. die Photosynthese schädigen (Waldsterben) und die Atemorgane reizen.

Stickoxidemissionen aus Kraftfahrzeugen steigen mit höherer Fahrgeschwindigkeit überproportional an. Sie lassen sich durch Einbau eines Katalysators oder niedrigere Verbrennungstemperaturen weitgehend vermeiden. Eine Karte der Stickoxidemissionen in der BRD korreliert eindeutig mit dem Autobahnnetz.

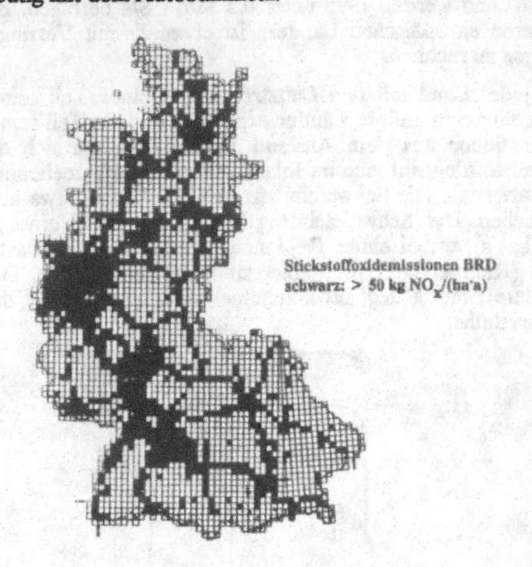

(C3.11) Unter Einwirkung von Sonnenlicht entstehen aus Stickoxiden in Verbindung mit Kohlenwasserstoffen aggressive Photooxidantien (Ozon, PAN), die u.a. die Photosynthesefähigkeit von Pflanzen, die Atemorgane von Mensch und Tier und Werkstoffe schädigen.

Durch Verbindungen von Kohlenwasserstoffen und Stickoxiden unter Einwirkung von Sonnenlicht (z.B. in der Sperrschicht einer Inversion) entsteht photochemischer Smog. Die Hauptbestandteile des Smog: Ozon, PAN (Peroxyazetylnitrat) schädigen u.a. die Photosynthesefähigkeit der Pflanzen. Sie sind mit Sicherheit auch am Waldsterben stark beteiligt, da besonders hohe Waldschäden in Mittel- und Hochgebirgen in der Höhe der Sperrschicht (Inversion) (rund 600 m) festgestellt werden.

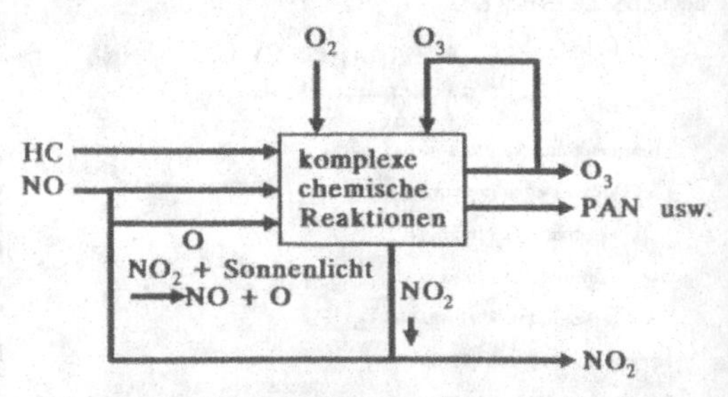

Bildung von Photooxidantien durch Sonnenlicht

(C3.12) Schwermetalle (vor allem Kadmium, Blei und Quecksilber) aus Kraftwerken, Industrie, Hüttenanlagen, Müllverbrennungsanlagen, Straßenverkehr und Mineraldünger belasten Ökosysteme und Ackerböden.

Die Schwermetallbelastungen der Ackerböden sind in Süddeutschland generell etwas höher als in Norddeutschland.

Hauptquellen der Schwermetallbelastung sind Emissionen aus der Kohleverbrennung in Industrie und Kraftwerken, aus Hüttenanlagen, aus Müllverbrennungsanlagen, aus Mineraldünger (Cadmium) und aus dem Straßenverkehr (Blei).

Bodenbelastungen in Hessen

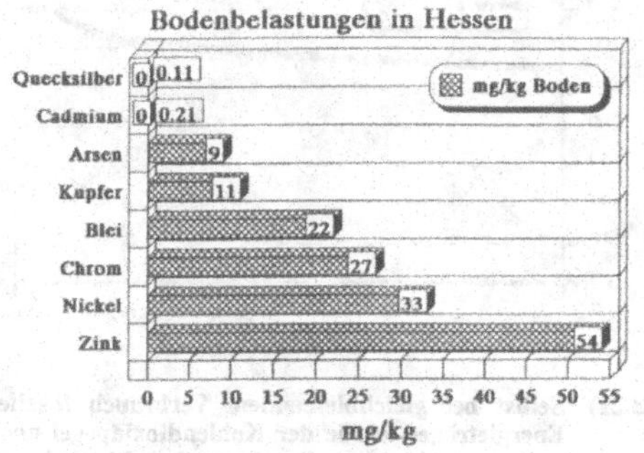

(C3.13) Kadmium verursacht Nierenschäden und Knochenversprödung.

Chronische Kadmiumbelastung mit kleinen Mengen verursacht Nierenschäden, Knochendemineralisierung und -versprödung (Itai-Itai-Krankheit bei hohen Dosen), Lungenschäden. Kadmium ist teratogen und karzinogen.

Pflanzen nehmen Kadmium aus dem Boden auf (wohin es u.a. aus Phosphatdüngern und Luftverschmutzung kommen kann). Da sie keinen Ausscheidungsmechanismus für Cd haben, reichert es sich in Pflanzen an und wird dann in höherer Konzentration an Tiere weitergegeben (z.B. mit dem Kraftfutter). Auch Pilze und Mikroorganismen der oberen Bodenschicht können Cd stark anreichern.

CADMIUM-BELASTUNG VON LEBENSMITTELN
knapp unter Richtwerten

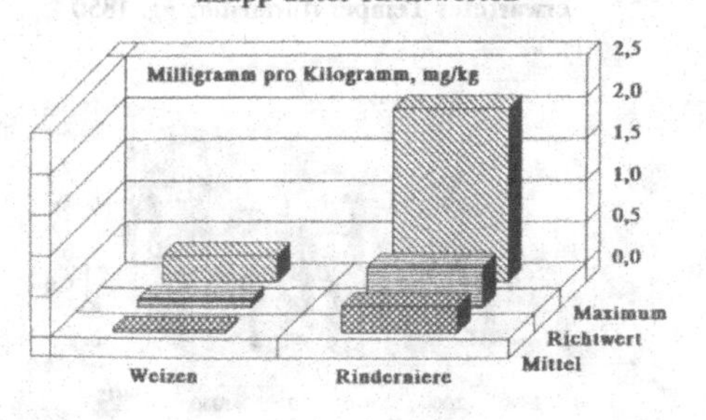

(C3.14) Die Kadmiumbelastung in Lebensmitteln ist nur knapp unter der zulässigen Grenze.

Nierenschäden durch Kadmium treten bereits bei einer Aufnahme von mehr als 0.06 mg Cd täglich auf; die durchschnittliche tägliche Aufnahme mit Lebensmitteln beträgt in der BRD etwa 0.05 mg Cd/d. Weizen enthält etwa 0.05 mg/kg Cd, Nieren und Leber von Rindern um 1 mg/kg, Rindfleisch dagegen weniger als 0.005 mg/kg. Wegen der hohen Belastung wird vor dem Verzehr von Nieren und Leber gewarnt.

(C3.15) Blei beeinträchtigt den Enzymhaushalt und das Nervensystem und verursacht u.a. Lernbeeinträchtigungen.

Chronische Bleibelastung mit kleinen Mengen (aus Nahrung oder Atemluft) führt bei einem Blutspiegel von 0.1 - 0.2 ppm Blei zur Beeinträchtigung der Erzeugung und Funktion von Enzymen und zu Lernbeeinträchtigungen. Eine chronische Bleivergiftung ergibt sich bei Werten über 0.7 ppm (Kinder 0.4 ppm). Sie äußert sich in Müdigkeit, Kopfschmerzen, Nervosität, Appetitlosigkeit und Verstopfung. Blei wird vor allem in Knochen gespeichert. Blei reichert sich im Boden (wegen fehlender Austräge), in Sedimenten und Pflanzen an. Der Bleigehalt von Roggen beträgt etwa 0.06 mg Pb/kg. Besonders hohe Gehalte und Schadwirkungen finden sich bei Zersetzern. Die Bleibelastung der Atmosphäre und der Böden korreliert mit der Industrialisierung und vor allem mit der Motorisierung (verbleites Benzin!).

(C3.16) Hohe Bleikonzentrationen finden sich neben Straßen und im Schlamm der Flüsse.

Die Umweltkonzentration von Blei ist besonders seit Beginn der Motorisierung stark angestiegen (Ursache: verbleites Benzin als Antiklopfmittel). Belege hierfür sind die Deposition von Bleiverbindungen im Grönlandeis sowie hohe Bleikonzentrationen in der Nähe von Fernstraßen und Autobahnen. Auch im Schlamm der Flüsse und Seen finden sich hohe Bleibelastungen.

Wegen der hohen Bodenbelastungen ist die Nahrungsproduktion in unmittelbarer Nähe von Autobahnen problematisch. In der Nähe von Hüttenwerken mußte sie z.T. untersagt werden. Eine 'Selbstreinigung' der Böden kann nicht stattfinden, da die Schwermetallverbindungen nicht ausgewaschen werden können.

BLEIBELASTUNG
Gemüse-Bleibelastung in Straßennähe

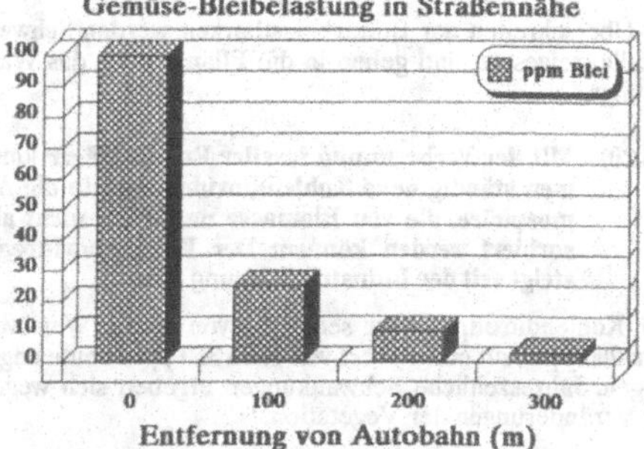

(C3.17) Die Werte der Blutbleikonzentration in der Bevölkerung liegen in einem Bereich, in dem biochemische Auswirkungen erwartet werden müssen.

Blutbleikonzentrationen der Bevölkerung liegen um 0.1 bis 0.2 ppm und lassen daher biochemische Wirkungen erwarten. Die Belastungen sind in Städten und in der Nähe dichtbefahrener Verkehrswege besonders hoch (Stadtluft enthält 10 bis 15 mal mehr Blei als Landluft). Von der Belastung sind Kinder besonders betroffen. Es ist zu erwarten, daß sich die Situation mit der zunehmenden Verwendung bleifreien Benzins verbessern wird, wenn dies auch nicht zu geringeren Bleipegeln der Böden führen kann.

(C3.18) Quecksilber-Emissionen werden im Ökosystem zum weit gefährlicheren Methylquecksilber umgeformt, das sich in Nahrungsketten anreichert. Es reduziert die Photosynthese bereits in kleinen Konzentrationen und wirkt auf Enzymsysteme und das zentrale Nervensystem.

Anorganische Quecksilberverbindungen schädigen Nieren und das Zentralnervensystem. Organische Quecksilberverbindungen, vor allem das hoch toxische Methylquecksilber, entstehen in der Umwelt (durch Pilze und Bakterien) aus anorganischen Quecksilberverbindungen. Sie schädigen Gehirn und Zentralnervensystem irreversibel und sind mutagen und teratogen. Methylquecksilber reduziert bereits in kleinen Konzentrationen die Photosynthese, es reichert sich in Nahrungsketten an; hohe Konzentrationen finden sich in Fischen (bis 1 ppm) und Seevögeln. Vergiftungserscheinungen treten ab 0.2 ppm im Blut auf.

Quecksilber gelangt mit Emissionen aus der Kohleverbrennung, Müllverbrennung und industriellen Anlagen, mit Industrieabwässern, Schädlingsbekämpfungsmitteln, Klärschlamm und Müllkompost in die Umwelt. Wegen der Flüchtigkeit von Quecksilber verbreitet es sich überall in der Atmosphäre.

(C3.19) 'Schwere' (tonige, Süddeutschland) Ackerböden adsorbieren mehr Schwermetalle als 'leichte' (sandige, Norddeutschland).

Böden sind durch Schwermetalle verschieden stark belastbar.

Gering belastbare Böden sind leichte Böden mit niedrigem pH-Wert (z.B. schwach puffernde Sandböden in Norddeutschland).

Hoch belastbare Böden sind schwere Böden mit hohem pH-Wert (z.B. stark puffernde Tonböden in Süddeutschland).

Bei Überschreiten der Bodenbelastbarkeit werden Schwermetalle freigesetzt und gehen in die Pflanze oder das Wasser über.

(C3.20) Mit der Verbrennung fossiler Energieträger kommen ständig neue Kohlendioxidmengen in die Atmosphäre, die von Biomasse und Meer nicht absorbiert werden können: Der Kohlendioxidpegel steigt seit der Industrialisierung ständig.

Der Kohlendioxidpegel ist seit 1860 von einem Wert von etwa 280 ppm auf einen Wert von etwa 350 ppm heute angestiegen. Jahreszeitliche Schwankungen ergeben sich wegen der Veränderungen der Vegetation.

Dieser Anstieg korreliert mit der Abholzung von Wäldern und intensiver Landwirtschaft (Humusoxidation) sowie der zunehmenden Verbrennung fossiler Energieträger. Mit dem CO_2-Anstieg ist wegen der Veränderung der wärmedämmenden Eigenschaft der Atmosphäre ein Temperaturanstieg verbunden, der bisher etwa 1 Grad C ausmacht und zu einem Anstieg des Meeresspiegels um 14 ± 5 cm geführt hat. Bei weiterem Anstieg des CO_2-Spiegels ist in 50 - 100 Jahren mit einer Erhöhung der globalen Mitteltemperatur von 1.5 - 4.5 K und einem Anstieg des Meeresspiegels um 25 - 165 cm zu rechnen.

CO2 IN DER ATMOSPHÄRE
Anstieg mit der Industrialisierung

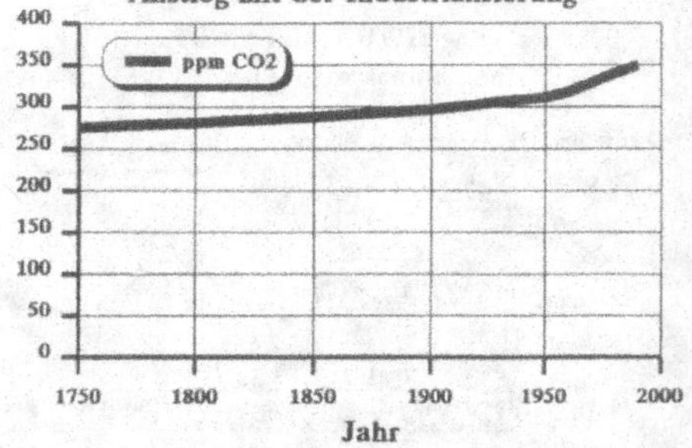

(C3.21) Selbst bei gleichbleibendem Verbrauch fossiler Energieträger würde der Kohlendioxidpegel noch weiter ansteigen, da die Absorptionsfähigkeit von Meer und Pflanzen bei weitem überschritten ist. Bei weiterem Anstieg sind Klimaveränderungen sicher.

Selbst bei gleichbleibendem Verbrauch fossiler Energieträger würde der Kohlendioxidpegel noch weiter ansteigen, da die heutigen CO_2-Einträge sehr weit vom Fließgleichgewicht entfernt sind. Bei etwa 600 ppm sind starke Klimaveränderungen zu befürchten.

Der heutige Verbrauch an fossilen Brennstoffen sowie Entwaldungen und intensive Landwirtschaft führen zu ständigem Zuwachs an CO_2. Notwendig sind eine Verringerung des fossilen Energieverbrauchs (bessere Energienutzung), nachhaltige Forstwirtschaft und Landwirtschaft.

Der mögliche Beitrag der Atomenergie zur Entschärfung des Problems ist auch unter optimalen Bedingungen nur gering (vgl. M3.5).

TREIBHAUSEFFEKT
erwarteter Temperaturanstieg gg. 1850

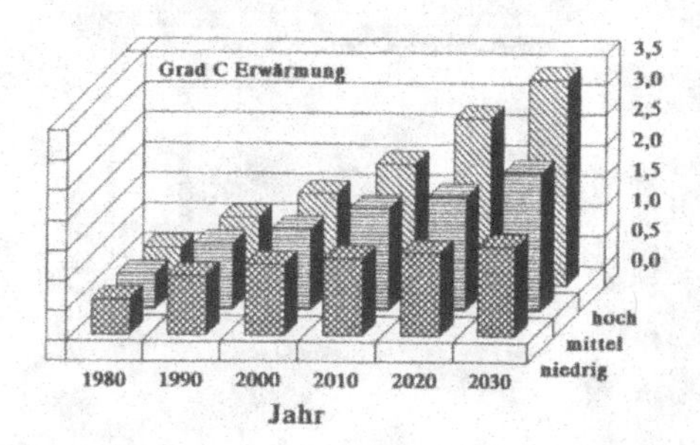

(C3.22) Die die lebensgefährdende ultraviolette Strahlung absorbierende Ozonschicht der oberen Atmosphäre wird u.a. durch Fluor-Chlor-Kohlenwasserstoffe, Bromverbindungen und Stickoxide teilweise zerstört.

Die Ozonschicht in etwa 15 - 50 km Höhe (Stratosphäre) ist der einzige Schutz der Organismen gegen die schädliche UV-Strahlung. Dort herrschte bis vor kurzem ein Fließgleichgewicht zwischen Produktion und Zerfall von O_3.

Beim Ozonzerfall spielen Katalysatoren wie HO, NO, Cl und Br eine große Rolle. In der Stratosphäre waren diese bisher kaum vorhanden. Jetzt werden mit Fluorchlorkohlenwasserstoffen (FCKW), Bromverbindungen und Distickstoffoxid große Mengen dieser Katalysatoren in die Ozonschicht verbracht, wo z.B. ein einziges Chlor-Atom 1000 bis 100'000 mal die Zerlegung von Ozon-Molekülen bewirken kann, bevor es selbst wieder gebunden wird.

Fluorchlorkohlenwasserstoffe FCKW sind reaktionsträge chemische Verbindungen, die u.a. als Treibgase (Sprühdosen, Schaumstoffe) und Kühlmittel verwendet werden und erst in der UV-Strahlung der Stratosphäre zerlegt werden. Dabei wird das ozon-zerlegende Chlor-Atom freigesetzt. Den zunehmenden Ozonabbau kann nur ein rascher und völliger Verzicht auf FCKW verhindern; die 50%ige Verringerung des Montreal-Protokolls von 1987 reicht bei weitem nicht aus.

Bromverbindungen wie Halone, die in großen Mengen als Feuerschutzmittel, aber auch in Benzinzusätzen und Agrarchemikalien verwendet werden, haben etwa das zehnfache Ozonschädigungspotential verglichen mit FCKW.

Distickstoffoxid N_2O wird von denitrifizierenden Bakterien aus Nitriten und Nitraten im Boden produziert (intensive Landwirtschaft!) und in der oberen Atmosphäre zum O_3-Katalysator NO oxidiert.

Tetrachlorkohlenstoff CCl_4 ist eine weitere wirksame Quelle für Cl als O_3-Katalysator.

OZONABBAU
hängt von Maßnahmen ab

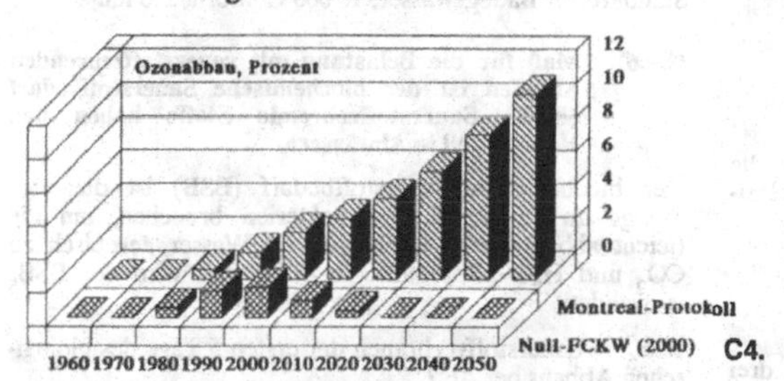

Jahr

(C3.23) Die erhöhte ultraviolette Strahlung führt zur Beeinträchtigung des Pflanzenwachstums und der Ernten und zu erhöhter Gefährdung durch Hautkrebs.

Bereits bei einprozentiger Reduktion der Ozonkonzentration der Stratosphäre ist mit einer zweiprozentigen Erhöhung der biologisch effektiven UV-B-Strahlung zu rechnen (Ozonverminderung 1990: 1.5%). Als Auswirkungen müssen u.a. erwartet werden: Anstieg von Hautkrebs und schweren Augenerkrankungen (Katarakte), Störungen des Immunsystems und der Abwehrfähigkeiten, starke Störungen der Photosynthese (und damit Minderungen der Wuchsleistung und Erträge) von Pflanzen, Schädigung der für die Stickstoffversorgung der Pflanzen bedeutenden Blaualgen.

Dramatische Auswirkungen drohen auch für das marine Phytoplankton durch Beeinträchtigung der Photosynthese, des Stickstoffmetabolismus und der Photoorientierung. Dies wiederum hat Konsequenzen für die marinen Nahrungsketten und für die Funktion der Ozeane als CO_2-Senke: damit könnte sich der Treibhauseffekt verstärken. Auch sind Veränderungen der Artenzusammensetzung und Destabilisierung des marinen Ökosystems zu erwarten.

Selbst wenn es zu weitreichenden Produktionseinschränkungen bei FCKW, Halonen und anderen problematischen Stoffen kommen sollte, so ist doch mit noch weiter zunehmendem Ozonabbau zu rechnen, da diese Gase nur sehr langsam - über Jahrzehnte - in die Stratosphäre diffundieren. (Der heutige Abbau beruht erst auf den Sünden der 60'er und 70'er Jahre!)

(C3.24) Radioaktive Belastungen der Atmosphäre stammen aus kerntechnischen Anlagen, Atombombenversuchen und Reaktorunfällen.

Die Kernkraftwerke der BR Deutschland leiten pro Jahr (1987) genehmigt etwa 190 * 10^{12} Bq an radioaktiven Edelgasen, etwa 500 * 10^6 Bq an langlebigen Aerosolen (außer Jod 131), etwa 800 * 10^6 Bq an Jod 131, etwa 150 * 10^9 Bq radioaktives CO_2, etwa 7900 * 10^9 Bq Tritium mit der Abluft in die Atmosphäre ab.

Die Caesium-137 Belastung (Halbwertszeit 30 Jahre) nahm seit Beendigung der atmosphärischen Kernwaffenversuche allmählich ab, stieg aber mit dem Tschernobyl-Unfall wieder um das Millionenfache an (heute noch: Zehnfaches). Während der Pegel des relativ kurzlebigen Xenon-133 (Halbwertszeit 5.3 Tage) etwa gleich bleibt, steigt der Pegel des langlebigen Krypton-85 (Halbwertszeit 10.8 Jahre) (besonders aus den Wiederaufarbeitungsanlagen in La Hague und Sellafield) ständig an (Verdopplung in 10 Jahren).

C4. Gewässerbelastungen

Gewässer werden mit einer Vielzahl von Schadstoffen aus Haushalten und Industrie belastet, die zu einem Teil rasch abgebaut werden, zu einem anderen Teil aber sehr lange in der Umwelt verbleiben. Sie erfordern verschiedene Reinigungsverfahren und Maßnahmen zur Beseitigung.

Die gravierendsten Gewässerbelastungen stammen eindeutig aus der Industrie; sie bedrohen vor allem die Wasserversorgung und menschliche Gesundheit. Auch die Wärmebelastung der Gewässer hat negative ökologische Folgen.

(C4.1) Es gibt eine Vielzahl von Gewässerbelastungen, die sich nach Art, Herkunft und Auswirkung erheblich unterscheiden:

(1) Krankheitserreger
(2) sauerstoffzehrende Abfälle
(3) Pflanzennährstoffe
(4) synthetische organische Stoffe (meist schwer abbaubar)
(5) Salze
(6) Metalle und Mineralien
(7) radioaktive Stoffe
(8) Sedimente aus Erosion
(9) Abwärme

Der größte Teil aller Gewässerbelastungen (besonders der schwer und nicht abbaubaren) stammt aus der Industrie. Aus den Haushalten stammen große Mengen leichter abbaubare Verbindungen. Von den Schadstoffbelastungen ist die Wasserversorgung besonders betroffen.

Klärwerke entfernen im allgemeinen (über biologische Prozesse) nur die leicht abbaubaren Verbindungen. Schwer und nicht abbaubare Stoffe werden meist nicht zurückgehalten und (u.U. in verdünnter Konzentration) in die Gewässer geleitet (die Einleitungsgenehmigungen schreiben meist Konzentrationen, nicht aber Mengen vor). Die Gewässerbelastungen gefährden das Oberflächenwasser und anliegende Wasserwerke (Rhein) sowie das Grundwasser.

Herkunft der Gewässerbelastungen

	leicht abbaubar		schwer abbaubar			
Herkunft	Schmutzfracht BSB_5	Nährstoffe N,P	Rest-CSB	krit. Schadstoffe	Salze	Metalle
Haushalte	+++	+++	++	0	++	I
Industrie	+++	++	+++	+++	+++	+++
Landwirtschaft	++	++	+	+	+	0

+++ : Über 25% der Gesamtmenge
++ : 5 - 25% " "
+ : 1 - 5% " "
I : 0.2 - 1% " "

(C4.2) Um Gewässerbelastungen zu vermeiden, bzw. die Trinkwasserversorgung zu sichern, gibt es prinzipiell drei Möglichkeiten:

(1) Vermeidung der Entstehung.
(2) Abwasserbehandlung
(3) (Trink)wasseraufbereitung

Schadstoffe können aus dem Wasser prinzipiell an drei Stellen entfernt werden:

(1) Eine Einleitung ins Wasser wird überhaupt vermieden: Rückhaltung beim Prozeß, bei dem der Schadstoff entsteht.

(2) Das Abwasser wird in der Kläranlage von Schadstoffen gereinigt.

(3) Schadstoffe werden bei der Gewinnung des Trinkwassers entfernt.

Methode (1) ist anzustreben, doch wird noch nicht einmal Methode (2) überall angewandt (z.B. nicht bei schwer abbaubaren Stoffen), so daß für die Wassergewinnung meist nur die Methode (3) verbleibt, bei der die Entfernung der wichtigsten Schadstoffe nur unter hohen Kosten erreicht werden kann.

(C4.3) Gewässerbelastungen werden in der BR Deutschland durch das Wasserhaushaltsgesetz, das Abwasserabgabengesetz und die Allgemeinen Verwaltungsvorschriften über Mindestanforderungen an das Einleiten von Abwasser in Gewässer geregelt.

Für die Abwassereinleitung von Wirtschaft und Kommunen werden Genehmigungen und Auflagen erteilt. Für Schadstoffeinleitungen werden nach dem Abwasserabgabegesetz Abgaben erhoben (DM 40,-- pro Schadeinheit). Die Abgaben sind nicht hoch genug, um Einleiter zur Vermeidung von Einleitungen zu veranlassen (der ursprüngliche Zweck). Abgaben werden nur auf genehmigte Einleitungen erhoben.

(C4.4) Die Trinkwasserversorgung wird in der BR Deutschland durch die Trinkwasserverordnung gesetzlich geregelt. Grundwassernutzungen und -beeinträchtigungen werden durch das Wasserhaushaltsgesetz gesetzlich geregelt.

Im Wasserhaushaltsgesetz gibt es nur eine relative Priorität für die Trinkwasserversorgung. Die Wasserbehörden stehen im Konflikt, zwischen konkurrierenden Nutzungen entscheiden zu müssen. Insbesondere die Sicherung künftiger Trinkwasserfördergebiete ist unzureichend.

(C4.5) Coliform-Bakterien im Wasser deuten auf die Anwesenheit von Krankheitskeimen hin.

Die Zahl der Coliform-Bakterien pro 100 ml Wasser wird als Indikator für ein Infektionsrisiko verwendet. Coliform-(z.B. Escherichia)Bakterien sind selbst relativ harmlos. Sie treten im menschlichen (und tierischen) Darm auf. Ihre Anwesenheit im Trinkwasser zeigt daher die mögliche Anwesenheit von gefährlichen Keimen an.

Trinkwasserstandard: 1 Coliform/100 ml
Standard für Badegewässer: 10'000 Coliform/100 ml.

(C4.6) Maß für die Belastung mit sauerstoffzehrenden Abfällen ist der biochemische Sauerstoffbedarf (BSB). Sauerstoffzehrende Stoffe haben den Hauptanteil in Abwässern.

Der biochemische Sauerstoffbedarf (BSB) ist diejenige Menge an Sauerstoff, die Bakterien brauchen, um die (leicht abbaubaren) Abfallstoffe im Wasser aerobisch zu CO_2 und H_2O abzubauen. In der Praxis wird der BSB_5 verwendet:

BSB_5 = Sauerstoffverbrauch der ersten 5 Tage des biologischen Abbaus bei 20 °C.

Haushaltsabwässer haben einen BSB_5 von etwa 200 mg O_2/Liter. Industrieabwässer können einen BSB_5 von mehreren Tausend mg O_2/Liter erreichen. (Achtung: ein niedriger BSB_5 kann bei Industrieabwässern relative 'Reinheit' vortäuschen, da damit schwer abbaubare Stoffe nicht erfaßt werden!).

Als Maß für die Abwasserbelastung wird der 'Einwohnergleichwert' verwendet. Er entspricht einem BSB_5 von 77 g/d.

(C4.7) Wärmeres Wasser kann weniger Sauerstoff halten als kälteres.

Die Löslichkeit von Sauerstoff in Wasser verringert sich mit steigender Temperatur. Sie beträt bei 35 °C etwa die Hälfte des Wertes bei 0 °C. Da die metabolische Rate aller Organismen mit der Temperatur stark ansteigt, so verschlechtern sich (auch ohne Gewässerverschmutzung) die Lebensbedingungen mit steigender Wassertemperatur. Bei Belastung mit leicht abbaubaren Stoffen verschärft sich die O_2-Verknappung!

Da beim Abbau organischer Substanz (Abfallstoffe bzw. Algenreste bei Eutrophierung) ein Sauerstoffbedarf entsteht, kann wärmeres Wasser weniger Belastung 'verkraften' als kälteres. Daher kommt es zum Umkippen von Gewässern besonders im Sommer. Gelegentlich ist künstliche Belüftung mit Luft oder Sauerstoff notwendig (besonders in Kühlwasserfahnen von Kraftwerken).

(C4.8) Pflanzennährstoffe im Wasser (Nitrat, Phosphat) fördern Plankton-, Algen- und Pflanzenwachstum, Eutrophierung und 'Umkippen' der Gewässer. Diese Stoffe kommen aus Klärwerken und Landwirtschaft.

Stickstoff und Phosphor sind Pflanzennährstoffe. Da sie in Ökosystemen oft nur knapp vorhanden sind, haben sie dort als begrenzende Faktoren hohe Bedeutung. In Gewässern ist meist Phosphat der begrenzende Faktor.

Bei Überdüngung (Eutrophierung) durch Nährstoffe in Gewässern kommt es zu schnellem Algenwachstum. Damit dringt weniger Sonnenlicht in tiefere Schichten vor. Dort kommt es jetzt zu geringerer Photosynthese und damit einer verminderten Sauerstoffproduktion. Aus den oberen Schichten sinken tote Algen in tiefere Schichten und werden dort unter Sauerstoffzehrung abgebaut. Der Sauerstoffgehalt des Gewässers sinkt stark ab und reicht z.B. für höhere Tiere nicht mehr aus: es kommt zum Fischsterben.

Wenn nicht genügend Sauerstoff vorhanden ist, findet statt der aeroben Zersetzung (mit Sauerstoffzufuhr) die anaerobe Zersetzung (ohne Sauerstoffzufuhr) statt. Es bildet sich dann u.a. Schwefelwasserstoff (H_2S) und Methan (CH_4). Das Gewässer stinkt.

Anthropogene Einträge von Stickstoff und Phosphor in Gewässer kommen aus landwirtschaftlichem Dünger, den Abwässern und Abfällen von Viehhaltungen, den Nitraten aus Kfz-Motoren (Regen) und den Phosphaten aus Waschmitteln (Detergentien).

Es wäre wichtig, die offenen Stickstoff- und Phosphorkreisläufe der modernen industriellen Landwirtschaft zu schließen durch Zurückführen der organischen Abfälle (Nährstoffrückführung, Humusbildung).

Auch in Biogasanlagen ist eine Rezyklierung von Nährstoffen unter Energiegewinn möglich. Aus der Rezyklierung (z.B. Klärschlamm, Kompost) müssen problematische Stoffe (Schwermetalle, chlororganische Verbindungen) sorgfältig ferngehalten werden, da sich ihre Konzentration sonst bei jedem Kreislauf erhöht.

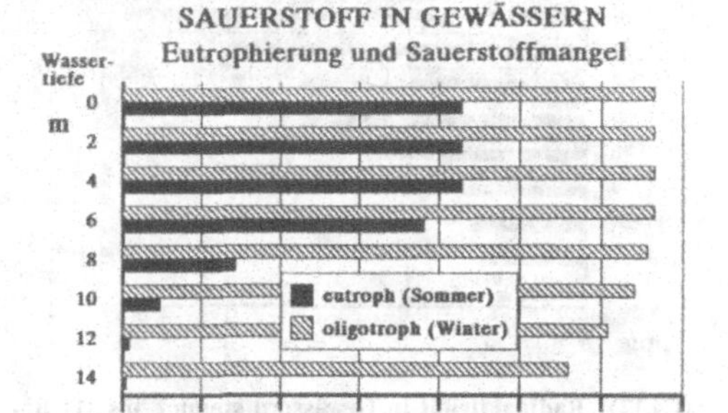

(C4.9) Die Belastung mit schwer abbaubaren synthetischen organischen Stoffen kann durch den chemischen Sauerstoffbedarf (CSB) oder den im Wasser enthaltenen organisch gebundenen Kohlenstoff (DOC) ausgedrückt werden. Diese Stoffe kommen vor allem mit Abwässern der Industrie in die Gewässer.

Belastung mit schwer abbaubaren Stoffen zeigt sich nicht im BSB. Diese Belastung muß daher auf andere Weise erfaßt werden.

Für schwer abbaubare Stoffe (besonders synthetische organische Stoffe) wird als Maß der chemische Sauerstoffbedarf (CSB) verwendet. Er erfaßt die Gesamtheit der oxidierbaren Inhaltsstoffe, d.h. leicht und schwer abbaubare Verbindungen. Abwässer sollten daher generell nach CSB und nicht nach BSB bewertet werden (wie heute noch üblich).

Ein noch besseres Maß für die organische Verschmutzung bietet der im Wasser enthaltene organisch gebundene Kohlenstoff DOC = Dissolved Organic Carbon.

(C4.10) Einige Flüsse (Werra/Weser, Rhein, Lippe) werden durch große Salzmengen aus dem Kalibergbau und dem Steinkohlebergbau belastet.

Diese Belastungen lassen sich (z.B. in den Gewässergütekarten der BR Deutschland) an hohen Werten der spezifischen elektrischen Leitfähigkeit und des Chloridgehaltes ablesen. Der Zustand von Werra und Weser wird durch Ableitungen aus dem Kalibergbau geprägt, die zu 90% aus der DDR stammen. Der Rhein wird u.a. durch elsässische Kaliabwässer belastet. Die Lippe ist sehr hoch mit Chlorid aus Sümpfungsabwässern des Steinkohlebergbaus belastet.

(C4.11) Gewässerbelastungen durch Schwermetallverbindungen entstammen fast ausnahmslos der Industrie. Sie reichern sich in den Gewässersedimenten an.

Aus der Ablagerung von Schwermetallverbindungen in den Fluß- und See-Sedimenten läßt sich ablesen, daß mit der Industrialisierung auch der Eintrag an Schwermetallen in das aquatische Ökosystem gewachsen ist.

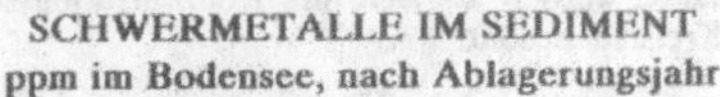

SCHWERMETALLE IM SEDIMENT
ppm im Bodensee, nach Ablagerungsjahr

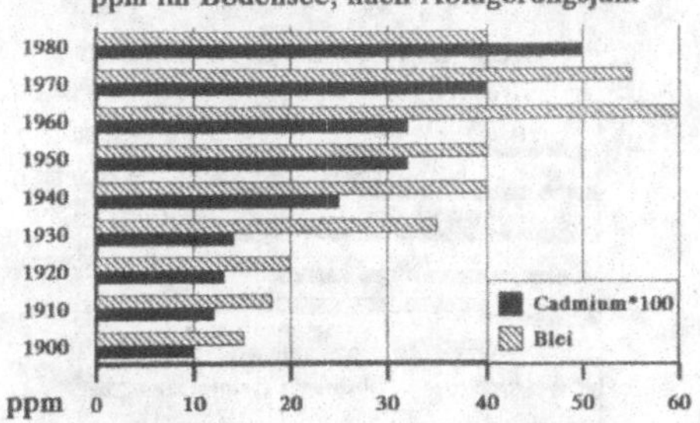

(C4.12) Radioaktivität in Gewässern stammt aus (1) Bodenausschwemmungen und (2) Einleitungen aus kerntechnischen Anlagen. Die Radionuklide werden überwiegend im Sediment abgelagert.

Die Einträge aus Bodenausschwemmungen stammen vorwiegend aus den früheren atmosphärischen Einträgen der Kernwaffenversuche und dem Kernreaktorunfall in Tschernobyl (1986) (besonders Ruthen-106, Silber-110m, Antimon-125, Cäsium-134, Cäsium-137, Cerium-144). Vorwiegend aus (genehmigten) Einleitungen der kerntechnischen Anlagen stammen die Radionuklide Kobalt-58, Kobalt-60, Silber-110m, Cäsium-134, Cäsium-137, Jod-131, Tritium. Diese Stoffe werden im Sediment gebunden und reichern sich dort an.

Die Kernkraftwerke der BRD leiten pro Jahr (1987) etwa $145 * 10^{12}$ Bq an Tritium, $9.6 * 10^{9}$ Bq an anderen Spalt- und Aktivierungsprodukten und $9.4 * 10^{6}$ Bq an Alpha-Strahlern (genehmigt) in Gewässer ein. (1 Bq = 1 Zerfall pro Sekunde).

(C4.13) Sedimentbelastungen von Gewässern deuten nicht nur auf schwerwiegende Erosionsprobleme hin, sie führen auch zur Verlandung von Stauseen und Veränderung von Mündungsgebieten.

Der weltweite Ackerbodenverlust durch Erosion wird auf 25 Mrd Tonnen Boden pro Jahr geschätzt. Dies entspricht einer 7 cm dicken Schicht auf der Fläche der BR Deutschland. Im Einzugsgebiet des Huang He (Gelber Fluß) in China beträgt die jährliche Erosionsrate etwa 65 t Boden/(ha · a). In Bayern liegt die mittlere Erosionsrate bei 2.2 t/(ha · a) (vielerorts über 10 t/ha · a, mit Spitzenwerten in Mais- und Zuckerrübenanbaugebieten um 150 t/(ha · a).

Das Erosionsrisiko läßt sich mit der Universal Soil Loss Equation (USLE) abschätzen. Hierbei werden sowohl standortabhängige (Regen- und Oberflächenabfluß, Erodierbarkeit des Bodens, Hangneigung) als auch nutzungsbedingte Faktoren berücksichtigt (Hanglänge, Bedeckung und Bewirtschaftung, Schutzmaßnahmen).

(C4.14) Wärmebelastungen von Gewässern (durch Kühlwasser) verändern die Organismenwelt, reduzieren den Sauerstoffanteil und können zum Umkippen von Gewässern führen.

Abwärme wird aus Kraftwerken und Industrie an Gewässer abgegeben. Am größten ist die Wärmeabgabe bei der Flußwasserkühlung, geringer beim Naßkühlturm: dort geht die Abwärme zum großen Teil als Verdunstungswärme an die Atmosphäre. Es entstehen Verdunstungsverluste beim Wasser. Beim Trockenkühlturm wird keine Abwärme an Gewässer abgegeben.

Bei einer Temperaturerhöhung ergeben sich in Gewässern nachteilige Wirkungen: Der Gehalt an gelöstem Sauerstoff fällt mit steigender Temperatur, die Eutrophierungsgefahr wird größer. Gleichzeitig erhöht sich die metabolische Rate der Organismen bei höheren Temperaturen. Damit steigt ihr Sauerstoffverbrauch. Ein rascher größerer Temperaturanstieg kann einige Organismen sofort töten. Bei Kraftwerken muß mit häufigen Temperaturschwankungen gerechnet werden (Leistungsänderungen, Reparaturen, usw.). Viele Organismen können sich nicht entsprechend anpassen. Wärmetolerante Tiere und Pflanzen sind dagegen oft unerwünscht.

Eine Änderung der Wärmeschichtung bringt höhere Verdunstung. Bei höherer Wassertemperatur gedeihen bevorzugt blaugrüne Algen. Diese entwickeln neben Giftstoffen (Toxinen) auch Fäulnisgeruch und -geschmack und können damit die Trinkwasserqualität beeinträchtigen.

(C4.15) Die Schadstoffbelastungen der Oberflächengewässer überschreiten oft die für die Rohwassergewinnung festgelegten Grenzwerte.

Die Trinkwassergewinnung entlang des Rheins (und anderer Flüsse) ist auf Flußwasser oder Uferfiltrat angewiesen. Die vom Deutschen Verein des Gas- und Wasserfachs (DVGW) festgelegten Grenzwerte für Wasserverunreinigungen wurden in der Vergangenheit vom Rheinwasser zum Teil erheblich überschritten. Inzwischen hat sich die Wasserqualität verbessert.

Besonders bedenklich sind Überschreitungen bei Schwermetallen und organischen Verbindungen.

		DVGW-Empfehlung	Maximalwert 1976	Maximalwert 1987*
Sauerstoffdefizit	(%)	20	62	20
elektr.Leitfähigkeit	(mS/cm)	0.50	1.47	0.815
Chlorid	(mg/l)	100	354	141
Blei, ges.	(mg/l)	0.01	0.17	0.012
Chrom, ges.	(mg/l)	0.03	0.085	0.009
Cadmium, ges.	(mg/l)	0.005	0.007	0.0002
gelöster org. Kohlenstoff	(mg/l)	4	9.3	4.0
CSB	(mg/l)	10	29	26

* Rhein bei Koblenz

(C4.16) Ein großer Teil der Gewässerbelastungen wird nicht, oder kann prinzipiell nicht durch Klärwerke aufgehalten werden.

Erhebliche Mengen von Wasserverschmutzungen laufen nicht durch Klärwerke oder können prinzipiell nicht geklärt werden: Für viele Industrieabwässer, insbesondere schwer und nicht abbaubare Stoffe, gibt es prinzipiell keine (wirtschaftliche) Klärmöglichkeit. Der Ablauf von landwirtschaftlichen Böden nimmt Dünger und Schädlingsbekämpfungsmittel mit. Regenwasserablauf bringt Kohlenwasserstoffe und Schwermetalle (besonders Blei) sowie Asbest (Bremsabrieb) u.a. von den Straßen in die Gewässer. Schadstoffe aus der Luft (Nitrate, Sulfate) werden mit Niederschlägen eingetragen. Auslaugung von festem Müll, Abraumhalden, Industrieschlämmen, Mülldeponien führt zur Grundwasserverseuchung oder der Belastung von Oberflächengewässern. Säureabwässer aus dem Kohlenbergbau sowie Kalilaugen (Werra, Rhein) werden direkt in die Flüsse geleitet.

(C4.17) Klärwerke können bis zu drei Aufbereitungsstufen haben: 1. mechanische Stufe, 2. biologische Stufe, 3. chemische Stufe.

Bei Klärwerken gibt es drei Aufbereitungsstufen: mechanische Stufe, biologische Stufe, chemische Stufe (heute noch selten). Die heute üblichen Klärwerke reduzieren die schwer abbaubaren Stoffe und die zur Eutrophierung führenden Nährstoffe (Nitrate, Phosphate) kaum.

Die **mechanische Stufe** besteht aus Rechen, Sandfang und Vorklärbecken. Dort werden 50 - 65% der Schwebstoffe und 25 - 40% des BSB_5 entfernt. Die mechanische Stufe ist allein nicht ausreichend.

Die **biologische Stufe** besteht aus dem Belebungsbecken und dem Nachklärbecken. Dort wird der suspendierte und gelöste Schmutz durch Bakterien und Kleinlebewesen in absetzbaren Schlamm umgewandelt. Dabei wird (z.B. durch Rühren) künstlich Luft eingebracht, um den Vorgang zu verstärken. Der Schlamm wird anschließend in Faultürmen anaerob ausgefault. Dabei kommt es zur Bildung von Methangas, das zur Energieversorgung verwendbar ist. Der Schlamm wird entwässert und getrocknet und u.U. mit Hausmüll weiterverarbeitet (Kompostierung). Die Reinigungsleistung der biologischen Stufe beträgt bis 90% (BSB_5 und Feststoffe). Es kommt aber kaum zur Reduzierung der Nährstoffe (entfernt werden etwa 50% des N, 30% des P). Eine Folge kann u.U. die Eutrophierung des Gewässers sein, in das die Klärwässer eingeleitet werden.

Die **chemische Stufe** hat eine Reinigungsleistung von 97 - 99% des BSB_5 und 90% des P. Weiter sollen Stickstoff und soviel organische Stoffe wie möglich ausgefällt werden. Außer chemischen Verfahren stehen Verfahren der Destillation, umgekehrten Osmose, Elektrodialyse, Ionenaustausch und Kohleadsorption zur Verfügung.

Andere Ansätze zur Abwasserklärung: Zur weiteren Aufbereitung im Boden wird biologisch vorgeklärtes Abwasser z.T. in Rieselfeldern oder Wäldern verrieselt, zur Bewässerung von Feldern verwendet oder mit Schluckbrunnen in tiefere Bodenschichten verbracht. Bei der Bodenpassage werden schwer abbaubare Stoffe teilweise zurückgehalten.

Bei der 'Wurzelraumentsorgung' (meist in künstlich angelegten Schilfgebieten) erfolgt der Abbau durch Bodenorganismen im Wurzelraum der Pflanzen (Rhizosphäre). In Algenteichen können die Nährstoffe des Abwassers zum Aufbau von Biomasse verwendet werden, die als Viehfutter oder zur Energieerzeugung (Biogas) verwendet werden kann, wobei auch wiederum Dünger erzeugt werden kann.

(C4.18) Bei der (anaeroben) Schlammfaulung kann Methangas gewonnen werden. Der Klärschlamm enthält Pflanzennährstoffe. Er kann durch Schwermetalle und organische Verbindungen verseucht sein.

In der Kläranlage entstehen pro Tag und Einwohner etwa 20 Liter Klärgas. Dieses wird heute oft zur Stromerzeugung verwendet. Der Heizwert von einem Kubikmeter Klärgas entspricht etwa einem Liter Heizöl. Daher beläuft sich die mögliche 'Energieproduktion' jedes Einwohners im Klärwerk auf etwa 7 Liter Heizöl pro Jahr.

Die Biogasproduktion aus Stallmist oder Gülle bringt etwa 1 Kubikmeter Biogas pro Tag pro Großvieheinheit (= 1 l Heizöl/GVE). Sie stellt daher bei größeren Viehbetrieben eine beträchtliche Energiequelle dar. Nebenprodukt der Biogasgewinnung ist ein hochwertiger Dünger.

Besonders in industriellen Ballungszentren sind Klärschlämme wegen hoher Schadstoffbelastungen nicht mehr in der Landwirtschaft verwertbar (Klärschlammverordnung) und müssen deponiert oder verbrannt werden.

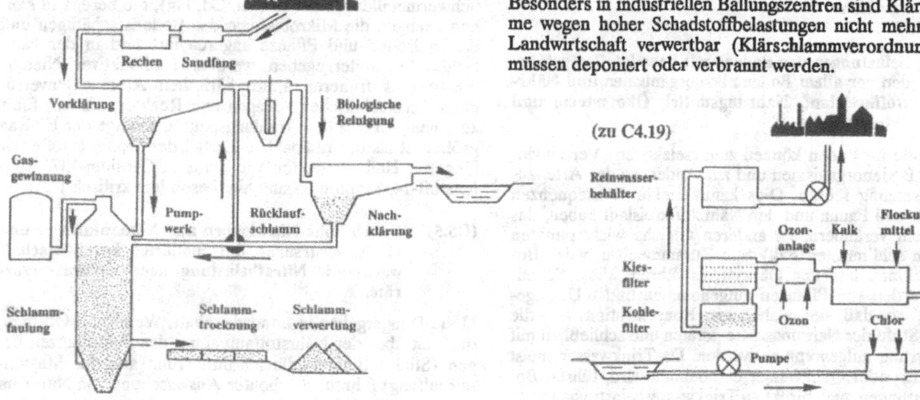

(C4.19) Der Aufwand zur Trinkwassersicherung und Trinkwasseraufbereitung steigt mit zunehmender Gewässerverschmutzung stark an.

Die Trinkwasseraufbereitung geschieht in mehreren Schritten: durch Zugabe von Kalk und Flockungsmitteln zum Rohwasser werden Stoffe ausgefällt und setzen sich ab. Das Wasser wird dann in Filtern (Kies, Sand, Aktivkohle) weiter gereinigt und danach durchlüftet, um Geschmacks- und Geruchstoffe zu entfernen. Durch Chlorung oder Ozonierung wird das Wasser entkeimt.

Chlor ist in der Trinkwasser- und Rohwasserchlorung problematisch, da es mit anderen Chemikalien im Wasser mutagene und karzinogene Stoffe bildet: Es besteht eine Korrelation zwischen Trinkwasserchlorung und Krebs.

Die Nitratverschmutzung des Trinkwassers durch Überdüngung in der Landwirtschaft ist bedrohlich: Im Darm wird Nitrat durch Darmbakterien zu gefährlichen (karzinogenen) Nitriten umgewandelt (besonders gefährlich für Vieh und Kleinkinder). Im Blut führt es zur Bildung von Methämoglobin, das den Sauerstofftransport unterbindet. Kleinkinder sind hierdurch besonders gefährdet: Blausucht.

C5. Bodenbelastungen

Als Nährstoff- und Wasserspeicher für das Pflanzenwachstum wie auch als 'Klärwerk' zur Rezyklierung pflanzlicher und tierischer toter organischer Substanz hat der Boden eine zentrale Funktion in Ökosystemen. Die lebenswichtigen Bodenfunktionen werden meist von Mikroorganismen geleistet. Schadstoffe aus atmosphärischer Luftverschmutzung und der Landwirtschaft (Dünger, Biozide) gefährden zum einen das Bodenleben und die Bodenprozesse direkt, zum anderen gelangen sie über die Nahrungskette und das Wasser in die Nahrung des Menschen und der Tiere.

(C5.1) Belastungen des Bodens mit Schadstoffen gefährden vor allem Bodenmikroorganismen und Nährstoffkreislauf, Nahrungsmittel, Ökosysteme und Trinkwasser.

Schadstoffe im Boden können zum (selektiven) Verschwinden von Bodenorganismen und zur Änderung der Artenzusammensetzung führen. Dies kann direkte Konsequenzen für Flora und Fauna und den Nährstoffkreislauf haben, das Ökosystem verändern, zu anderen Gleichgewichtspunkten oder (im schlimmsten Fall) zum Zusammenbruch der Bodenfunktionen und des Ökosystems führen. Viele Schadstoffe werden von Pflanzen aufgenommen und u.U. angereichert, so daß sie in höherer Konzentration auf die nächste Stufe der Nahrungskette geraten und schließlich mit der Nahrung aufgenommen werden. Da Trinkwasser meist als Grund- oder Quellwasser entnommen wird, führen Bodenbelastungen auch direkt zu Trinkwasserbelastungen.

(C5.2) Belastungen des Bodens mit Schadstoffen stammen vor allem aus atmosphärischem Niederschlag, aus der Landwirtschaft und aus Abfall-'entsorgung'.

Aus trockenem oder nassem atmosphärischen Niederschlag, der vor allem mit Energieprozessen korreliert, stammt eine breite Palette von Bodenschadstoffen: Schwermetalle, Kohlenwasserstoffe, Stickstoffverbindungen, Schwefel(säure), radioaktive Stoffe. Eine weitere Gruppe von Schadstoffen stammt aus der Landwirtschaft: Nitrat aus Industriedünger und Gülle, Biozide. Schließlich gelangen aus Altdeponien, wilden Müllkippen und 'lecken' Deponien weitere Stoffe in den Boden, die aus dem ganzen Spektrum der 70-80'000 heute im Handel befindlichen Chemiestoffe stammen können (wobei über die Gefährlichkeit von 80% dieser Stoffe so gut wie nichts bekannt ist).

(C5.3) Auf Bodenbelastungen haben in der BR Deutschland u.a. das Abfallbeseitigungsgesetz, die Klärschlammverordnung, die Gülleverordnung und die die Luftbelastungen regelnden Gesetze und Verordnungen einen gewissen Einfluß.

Der Bodenschutz ist bisher (in allen Ländern) unbefriedigend gesetzlich geregelt, was u.a. mit der Komplexität der Materie zusammenhängt: Das bodenökologische System ist unzureichend erforscht, ist stark standort- und klimaabhängig und wird durch eine unübersehbare Zahl von Stoffen bedroht, die aus einer Vielzahl von Produkten und Prozessen der Industriegesellschaft stammen und über viele physikalische, chemische und biologische Pfade in den Boden gelangen können.

(C5.4) Bei der atmosphärischen Schadstoffdeposition sind besonders problematisch die Säuredeposition mit ihren Folgen für Boden und Grundwasser, die Schwermetalldeposition mit den Konsequenzen für Ökosysteme und Ernährung und der radioaktive Niederschlag aus kerntechnischen Unfällen mit seinen Dauerfolgen.

Trockene oder nasse Säuredepositionen (H_2SO_3 und H_2SO_4 aus Schwefeldioxid, HNO_3 aus NO_x; beides aus Verbrennungsprozessen) führen in den Leegebieten der Industrienationen zur fortschreitenden Bodenversauerung. Ebenfalls (meist) aus Verbrennungsprozessen stammen Schwermetalldepositionen (Pb, Cd, Hg), die bereits in kleinen Mengen die Mikrobiologie des Bodens schädigen und die in Boden und Pflanze angereichert und in der Nahrungskette weitergegeben werden. Radioaktiver Niederschlag (aus früheren atmosphärischen Atomwaffenversuchen, kerntechnischen Anlagen und Reaktorunfällen) führt zu einem Anstieg des Strahlungspegels, solange der Eintrag größer ist als der radioaktive Zerfall der Stoffe. (Stoffe mit längeren Halbwertszeiten wie Tritium, Caesium-137, Kohlenstoff-14, Krypton-85 sind hier besonders kritisch.)

(C5.5) Durch hohe Nitratgaben aus Mineraldünger und Gülle verursacht die moderne Landwirtschaft wachsende Nitratbelastung der Trinkwasservorräte.

Hohe Düngergaben in Landwirtschaft, Wein- und Obstbau, die weit über der Nährstoffaufnahme der Feldpflanzen liegen (Stickstoffmineraldünger und Gülle aus der Massentierhaltung) führen zu erhöhter Auswaschung von Nitrat im

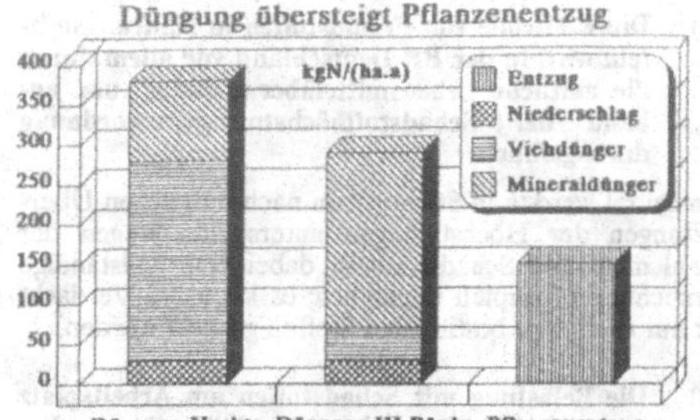

Boden und in die Grundwasserleiter. Nitrat verhindert u.a. die Sauerstoffbindung im Blut und führt zu Blausucht und Ersticken bei Kleinkindern: in nitratbelasteten Gebieten ist daher nur nitratarmes Mineralwasser für Kindernahrung zulässig. Eine mögliche Verbindung (über Nitrosamine) besteht auch zur Krebsbildung.

Die Überschüsse an Dünger-Nitrat, die von den Pflanzen nicht aufgenommen werden können, werden zu einem kleineren Teil denitrifiziert (als N_2O in die Atmosphäre) und gelangen zum größeren Teil als Nitrat ins Grundwasser. Der Stickstoffüberschuß beträgt derzeit im Durchschnitt 100 kg N/(ha · a) LF (landwirtschaftlich genutzte Fläche), mit über 200 kg N/(ha · a) in Gebieten intensiver Tierhaltung.

(C5.6) Fast die gesamte landwirtschaftliche Fläche der BR Deutschland wird heute - meist mehrmals jährlich - mit Bioziden gegen Unkräuter (Herbizide), Schadinsekten (Insektizide), Pilzbefall (Fungizide) und weitere Schadorganismen (Nematizide, Akarizide usw.) behandelt.

Der Flächenanteil der mit Bioziden behandelten Fläche beträgt bei den Nahrungsmitteln Obst, Wein, Getreide, Kartoffeln und Zuckerrüben über 99%, bei Mais und Futterrüben 95%, bei Futterpflanzen 63% und bei Wiesen, Weiden, Klee und Luzernen um 5%. Bei Getreide dominieren Herbizide mit etwa 2.8 kg/(ha · a), bei Kartoffeln Fungizide mit 7.5 kg/(ha · a). Eine besonders hohe Biozidbelastung ergibt sich im Obst- und Weinbau. Die heutige intensive Landwirtschaft ist von Bioziden abhängig, da es keine wirksame Befallsverhinderung durch längere Fruchtfolgen und kleinere Felder mehr gibt.

Im Trinkwasser darf der Gehalt an Pflanzenbehandlungsmitteln je Einzelwirkstoff höchstens 0.1 μg/l betragen; der Summengrenzwert beträgt 0.5 μg/l. Diese Werte können in ländlichen Gebieten z.T. nicht eingehalten werden.

C5.7) Die Wirkung von Bioziden bleibt prinzipiell nicht auf die Zielorganismen begrenzt.

Um Wirkung zu haben, müssen Biozide lebensnotwendige Prozesse zerstören (Photosynthese und Wachstum bei Pflanzen; Zentralnervensystem, Reizleitung und Cholinesterase bei Tieren). Da diese bei großen Organismengruppen identisch sind, haben die meisten Biozide eine (meist auch erwünschte) Breitbandwirkung. Sie müssen über längere Zeit (mehrere Tage) wirksam bleiben, sollen aber nach einiger Zeit zerfallen, um die Anreicherung einiger persistenter Schadstoffe (DDT!) zu vermeiden. Biozide gefährden damit immer auch andere Komponenten des Ökosystems. Die unvermeidliche Resistenzbildung führt zu weiteren Veränderungen von Organismen und Ökosystem.

(C5.8) Herbizide (Unkrautbekämpfungsmittel) stören entweder die hormonelle Steuerung des Pflanzenwachstums (die Pflanze wächst sich tot) oder die Photosynthese (die Pflanze verhungert). Gefährdung von Tier und Mensch u. a. durch Dioxin-Verunreinigungen.

Eine große Gruppe von Herbiziden (wie 2,4-D, 2,4,5-T, Picloram u.a.) ähnelt dem wachstumsregulierenden Pflanzenhormon und verursacht Wachstumsstörungen: Die Pflanze wächst sich tot. Diese Herbizide können als Verunreinigung kleine Mengen von Dioxin enthalten.

Eine andere Gruppe von Herbiziden (wie Atrazin, Simazin, Tenuron, Diuron, Monuron) blockiert die Photosynthese: Die Pflanze verhungert. Die Mittel haben keine direkten Wirkungen auf Tiere, stehen aber z.T. im Verdacht der Karzinogenität.

(C5.9) Insektizide wirken als Fraß-, Atem- und Berührungsgifte (auch auf andere Tiere). Die drei Gruppen von Insektiziden (chlorierte Kohlenwasserstoffe, Organophosphate, Karbamate) unterscheiden sich vor allem durch ihre Verweildauer (Persistenz).

Insektizide sind fettlöslich und töten meist durch Unterbrechen der Nervenimpulse.

Chlorierte Kohlenwasserstoffe (DDT, DDD, DDE; Aldrin, Dieldrin, Endrin, Heptachlor, Chlordan, Lindan u.a.) wirken auf das Zentralnervensystem. Sie sind in der Umwelt persistent und reichern sich an.

Organophosphate (Phosphorsäureester) (Parathion, Malathion, Diazinon u.a.) blockieren die Synapsen durch Enzymstörung. Sie zerfallen relativ rasch, sind daher nicht persistent und reichern sich nicht an.

Carbamate (Carbaryl, Zectran u.a.) stören das vegetative Nervensystem (Cholinesterase). Sie zerfallen ebenfalls relativ rasch, sind daher weniger persistent als CKW.

Pyrethroide sind ebenfalls wirksame Insektizide. Sie sind dem biologischen Wirkstoff der Ringelblume Pyrethrum ähnlich.

Als biologische Alternative finden neuerdings **Bacillus thuringiensis** gegen Raupen und **Trichogramma** (Schlupfwespe) gegen Maiszünsler Anwendung.

Pestizide stellen eine erhebliche Gesundheitsbedrohung besonders der Landbevölkerung in Drittweltländern dar. Man schätzt weltweit jährlich 400'000 bis 2 Millionen Pestizidvergiftungen, hiervon 10'000 bis 40'000 mit tödlichem Ausgang.

(C5.10) Abfalldeponien müssen gegen das Austreten von Schadstoffen in den Boden und in das Grundwasser gesichert sein. Altlasten aus ungesicherten Deponien und industrieller Produktion gefährden fast überall die Grundwasservorräte.

Der weitaus größte Teil der Abfälle (etwa 90%) wird in der BR Deutschland deponiert. Diese Deponien müssen gegen Kontakt mit dem Grundwasser und dem Austritt von Schadstoffen auf Dauer gesichert sein. Im allgemeinen besteht dieser Schutz heute nur aus Plastikplanen und Tonschichten. Das heute mancherorts noch gestattete Verpressen von Industrie- und Bergbauabwässern im Untergrund kann unvorhersehbare Auswirkungen haben.

C6. Belastungen der Lebens- und Arbeitsumwelt und der Nahrung

Über den Stoffaustausch mit unserer Umgebung können Schadstoffe in den Körper gelangen, besonders mit Nahrung und Atemluft. Viele, meist synthetisch erzeugte Stoffe der Industriegesellschaft (wie chlorierte Kohlenwasserstoffe) sind inzwischen durch ihre atmosphärische Verteilung überall auf der Welt anzutreffen und gefährden durch ihre biologische Aktivität auch den Menschen. Besonders brisant sind Stoffe, die (wie radioaktive Strahlung auch) einzelne wichtige Moleküle in Zellen verändern können und damit zu Geburts- und Erbfehlern und Krebs führen können.

(C6.1) Über die Nahrung, das Trinkwasser, die Atemluft und den direkten Kontakt können Schadstoffe in den Körper gelangen und zu akuten und chronischen Schäden führen.

Mit der für den Metabolismus notwendigen Stoffaufnahme über Nahrung, Wasser und Atemluft, aber auch über die gesamten äußeren (Haut, Schleimhäute) und inneren (Magen, Darm, Lunge) Oberflächen kann der Körper Schadstoffe und Strahlung aufnehmen. Übergang und Aufnahme hängen von den Stoff- bzw. Strahlungseigenschaften ab. Die akuten und chronischen Wirkungen sind höchst unterschiedlich. Am brisantesten sind Stoffe, die zu Molekülveränderungen in der Zelle führen, die bei der Zellteilung weitergegeben werden (Krebs, Erbdefekte).

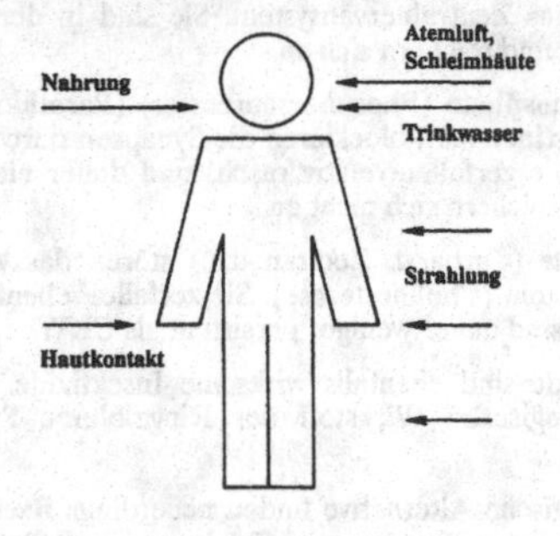

(C6.2) Schädliche Fremdstoffe gelangen als Zusatzstoffe der Nahrungsmittelverarbeitung, als Rückstände aus der landwirtschaftlichen Produktion und als Verunreinigungen (Anstriche, Reinigungsmittel usw.) in Lebensmittel.

Beispiele für **Zusatzstoffe**: Konservierungsstoffe, Anti-Oxidantien, Bleichmittel, Farbstoffe, Geschmacksstoffe, Aromastoffe, technische Hilfsstoffe.

Beispiele für **Rückstände**: Bindestoffe, Pestizide, Futtermittelzusätze zur Masthilfe, Therapeutika, Vorratsschutzmittel.

Beispiele für **Verunreinigungen**: Düngestoffe, Pestizide, Holzschutzmittel, Anstrichmittel, Reinigungsmittel.

Stoffgruppen der **Fremdstoffe**: Nitrat, Nitrit, Schwefeldioxid, Diphenyl, Phosphat, Quecksilber, Kadmium, Blei, Arsen, Hexachlorbenzol, Lindan, DDT, PCB, Sulfonamide, Antibiotika.

(C6.3) Die Kontrolle von Fremdstoffen in Nahrungsmitteln wird in der BR Deutschland vor allem durch die amtliche Lebensmittelüberwachung u.a. anhand der Schadstoffhöchstmengenverordnung durchgeführt.

Lebensmittel werden in Stichproben nach möglichen Überschreitungen der Höchstmengen untersucht. Wegen der Vielzahl möglicher Schadstoffe ist dabei eine vollständige Untersuchung prinzipiell unmöglich; es kann bei Verdacht daher nur nach ganz bestimmten Stoffen gesucht werden.

(C6.4) Die Belastung mit Schadstoffen am Arbeitsplatz ist in der BR Deutschland durch das Bundes-Immissionsschutzgesetz gesetzlich geregelt. Für wichtige Schadstoffe existieren Grenzwerte für maximale Arbeitsplatzkonzentrationen (MAK), die nicht überschritten werden dürfen.

Die maximale Arbeitsplatzkonzentration MAK (Dauerbelastung) ist oft wesentlich höher als die maximale Immissionskonzentration (MIK) (vgl. TA Luft, C3.4). Ein höheres Risiko am Arbeitsplatz wird dabei in Kauf genommen. Die Grenzwerte sind oft das Resultat eines Aushandlungsprozesses, da die gesundheitlichen Schwellenwerte oft nicht bekannt oder nicht ermittelbar sind, oder da bereits kleinste Dosen kanzerogene oder mutagene Effekte haben können (lineare Dosis-Wirkungsbeziehung). Die Grenzwerte sind daher das Resultat von Risiko- und Kostenabwägung. Ihre Einhaltung bedeutet keine Garantie für die Gesundheitssicherung. Durch Erfahrung haben sich bisher immer nur Revisionen der Werte nach unten ergeben.

Die Gefährdung durch Spitzenbelastungen bleibt ebenso unberücksichtigt wie ein mögliches Zusammenwirken (Synergismus) mehrerer Stoffe. Die meisten Stoffe kommen wegen ihrer Kanzerogenität auf die MAK-Liste.

Maximale Arbeitsplatz-Konzentration - MAK-Werte (1979)

(Konzentration in mg/m^3)	USA 1978	BRD 1979	UdSSR 1977
Acrylnitril	0	13.2	0.5
Ammonium	35	35	20
Azeton	2400	2400	200
Äthylacetat	1400	1400	200
Benzol	30	26	5
Blei, anorgan.	0.15	0.1	0.01
1,2 Dichloräthan	200	80	10
Dieldrin	0.25	0.25	0.01
Dioxan	180	180	10
Formaldehyd	3	1.2	0.5
Heptachlor	0.5	0.5	0.01
Kohlenmonoxid	55	55	20
Lindan	0.5	0.5	0.05
Methylalkohol	260	260	5
Phenol	19	19	0.3
Styrol	420	420	5
Tetrachlorkohlenstoff	65	65	20
Toluol	750	750	50
Trichloräthylen	535	260	10
Xylol	435	870	50

(C6.5) Einige Stoffgruppen haben sich als besonders gefährlich erwiesen, da sie u.a. Krebs erzeugen können. Hierzu zählen (außer radioaktiven Stoffen) u.a. polyzyklische Kohlenwasserstoffe, Nitrosamine, chlororganische Verbindungen und Asbest.

Wichtige krebserregende Umweltstoffe sind u.a. die Benzpyrene, die Nitrosamine, die Aflatoxine, verschiedene Pestizide, Vinylchlorid und polychlorierte Biphenyle (PCB). Außer den Stoffen aus der industriellen Produktion gibt es auch eine Vielzahl natürlicher Stoffe (z.B. Aflatoxine aus Schimmelpilzen), die krebserzeugende Wirkung haben.

Krebserregende Umweltstoffe (Beispiele)

Stoff	Tumor-lokalisation	Vorkommen	Ursache
polyzyklische aromatische Kohlenwasserstoffe (PAK) (z.B. Benzpyren)	Haut, Lunge	überall	unvollständige Verbrennung
Nitrosamine	Magen, Darm, andere Organe	Nahrung	aus Nitrit und Aminen im Magen
Pestizide	bes. Leber, Schilddrüse	(Nahrung)	Insektizide, Herbizide, Fungizide
Chloroform	Leber, Niere	Trinkwasser	Chlorierung
Vinylchlorid	Leber	Lebensmittel	aus PVC-Verpackung
PCB's	Leber	überall	technische Stoffe
Aflatoxin	Leber	Nahrung	verschimmelte Lebensmittel

(C6.6) Polyzyklische Kohlenwasserstoffe entstehen besonders bei der Verbrennung fossiler Brennstoffe oder anderer organischer Substanz.

Bei Verbrennung fossiler Brennstoffe, wie auch von Holz, Müll und dgl. entstehen eine Vielzahl von Kohlenwasserstoffverbindungen, von denen insbesondere die polyzyklischen aromatischen Kohlenwasserstoffe (PAK) krebserregend sind. Auch Ruß, Teer und bestimmte Mineralöle haben sich als kanzerogen erwiesen.

(C6.7) Nitrosamine bilden sich im Körper aus Nitrit und Aminen in der Nahrung.

Nitrosamine gelten als die wirksamsten Krebsauslöser, die derzeit bekannt sind. Sie können sich im Magen-Darm-Trakt bilden, wenn Nahrung nitrit- oder nitrathaltig oder nitrit- oder nitrat-behandelt ist wie z.B. Schinken, Salami, gepökelte Fleischwaren, z.T. auch Käse, nitrathaltige Pflanzennahrung (Einfluß der Stickstoffdüngung besonders bei Wurzel- u. Blattgemüse), nitrathaltiges Trinkwasser. Der Nitrosamingehalt erhöht sich beim Braten.

Zur Tumorerzeugung genügen 1 - 5 ppm in der Nahrung. Es kann auch bereits bei einmaliger Gabe wirksam werden.

(C6.8) Chlororganische Verbindungen stammen u.a. aus Bioziden und Kunststoffen.

Chlororganische Verbindungen finden vor allem in Pflanzenbehandlungsmitteln, Kunststoffen und Lösungsmitteln Verwendung. Ihre brisante Wirkung beruht auf ihrer biologischen Aktivität bei der Stimulierung von Enzymsystemen und der Störung der Reizleitung. Langzeiteffekte und synergistische Effekte sind weitgehend unerforscht.

Für die meisten chlororganischen Stoffe wurden (bei höheren Dosen) Teratogenität, Mutagenität und Kanzerogenität nachgewiesen. DDT reduziert auch in geringsten Anteilen die Photosynthese im Meeresplankton. Bei Seevögeln führt es zu Störungen des Enzymhaushaltes (Eierschalen zu dünn). Die Wirkungen chlororganischer Stoffe auf das Bodenleben sind weitgehend unerforscht.

Chlororganische Stoffe sind schlecht wasser- aber leicht fettlöslich und deshalb gut resorbierbar. Sie sind resistent und werden biologisch kaum abgebaut. Sie konzentrieren sich daher in Pflanzen- und Körperfetten und werden beim Abbau des Fetts nicht mit abgebaut oder ausgeschieden, sondern konzentrieren sich weiter. Daher finden sich weit höhere Konzentrationen bei den höheren Gliedern der Nahrungskette. Chlororganischer Verbindungen gelangen in tierische Nahrungsmittel durch kontaminierte Futtermittel, Fischmehl und Milchpulver.

Die wichtigsten Quellen chlorierter Kohlenwasserstoffe:

Pestizide:

- Chlorbenzole (Quintozen, HCB)
- Hexachlorcyclopentadien (Aldrin, Dieldrin, Endrin)
- Hexachlorcyclohexan usw. (HCH, Lindan)
- Dichlordiphenyltrichloräthan und dessen Metaboliten (DDT, DDD, DDE, DDA)

Polychlorierte Biphenyle (PCB):

- Farben, Lack, Kunststoff, Wärmetauscher, Hydraulik-Flüssigkeit

(C6.9) Asbestfasern (aus Baumaterialien, Bremstrommelabrieb) können Asbestose und Krebs verursachen.

'Asbest' ist ein Sammelname für faserförmige Minerale (Silikate). Quellen einer Asbestbelastung können sein: Bremstrommelabrieb, Baumaterial, Verarbeitung von Asbestplatten usw.. Asbestfasern finden sich in Nahrungsmitteln, Wasser und Luft. Bei hoher Belastung führen sie zur Asbestose: das Lungengewebe verwandelt sich in funktionsloses Bindegewebe. Außerdem ist Asbest krebserregend (Kehlkopf, Lunge, Verdauungstrakt, Rippen- u. Bauchfell). Gefährlich sind aber auch andere faserförmige Stäube (Glasfasern, Holz).

Asbest wird in Industrieländern zunehmend verboten. Gleichwertige Ersatzstoffe sind vorhanden.

(C6.10) Viele Berufe haben ihren typischen eigenen (von der Berufsgenossenschaft anerkannten) Berufskrebs.

Die meisten dieser Risiken können durch geeignete Schutzmaßnahmen (Absaugung, Atemfilter, Hautschutz, Ausweichen auf andere Materialien oder Prozesse) vermieden werden. Da eine Krebsentwicklung auf eine einzige Zellstörung zurückgeht und exponentiellen Wachstumsgesetzen folgt (erst sehr langsam, dann sehr schnell), kann die (oft Jahrzehnte zurückliegende) Ursache nur selten eindeutig bestimmt werden. Bei Berufskrankheiten besteht ein eindeutiger statistischer Zusammenhang.

Berufsspezifischer Krebs

Beruf	Krebs-Lokalisation	Ursache
Bauern, Seeleute	Haut	UV-Licht
Uranbergbau	Lunge	Radioaktivität
Radiologen	Haut, Leukämie	Röntgenstrahlen
Teer-, Ruß-, Mineralöl-Arbeiter	Lunge, Haut	polyzyklische aromatische Kohlenwasserstoffe (PAK)
Chemie-Arbeiter	Blase	2-Naphthylamin, Benzidin, 4-Aminobiphenyl
Asbest-, Isolations-Arbeiter	Lunge, Pleura	Asbest
Chromat-Industrie	Lunge	Chromat
nickelverarbeitende Industrie	Lunge, Nasenhöhle	Nickelstäube
Winzer	Haut, Lunge	Arsen
Leim-, Lackarbeiter	Leukämien	Benzol
PVC-Produktion	Leber (Angiosarkome)	Vinylchlorid
Hartholz- und Lederverarbeitung	Nasenhöhle	unbekannt

C7. Radioaktivität

Beim Zerfall von Radioisotopen wird energiereiche Strahlung frei. Trifft diese auf organische Substanz, so kann sie diese zerstören oder deren Erb- oder Zellteilinformation verändern. Art und Intensität der Strahlung ist abhängig vom radioaktiven Isotop. Der Zerfall dieser Isotope erfolgt mit einer bestimmten Zerfallsrate und ist durch äußere Einflüsse nicht veränderbar. Radioaktive Stoffe verteilen sich in der Umwelt und in Organismen entsprechend ihren physikalischen und chemischen Eigenschaften und sind nach der Aufnahme durch den Körper u.U. weit gefährlicher als bei der Strahlung von außen (z.B. Plutonium).

Natürliche ionisierende Strahlung ist durch den natürlichen Zerfall von Isotopen in Boden und Gestein (vor allem Granit) gegeben; dazu kommt noch energiereiche Gammastrahlung aus dem Weltraum. Wegen der linearen Dosis-Wirkungsbeziehung darf das Strahlungsrisiko durch zusätzliche technische Strahlung nur geringfügig erhöht werden.

(C7.1) Energiereiche Strahlung aus radioaktivem Zerfall kann Zellen direkt zerstören oder somatische Mutation (Krebs) oder genetische Mutation (Erbschäden) hervorrufen. Die Schadwirkungen wachsen mit der Strahlungsdosis linear an; es gibt keinen ungefährlichen unteren Grenzwert.

Die Schadwirkung radioaktiver Strahlung auf Organismen beruht auf der ionisierenden Eigenschaft der Strahlung: sie schlägt Elektronen aus den äußeren Atomhüllen heraus. Dadurch können chemische Bindungen zerstört werden. Falls die zerstörten Bindungen eine kritische Bedeutung für Zelle oder Organismus haben, so kann der Schaden weit über die ursprüngliche Störung hinausgehen.

Wird die DNA verändert, so kommt es zur fehlerhaften Weitergabe der Gen-Information und zu mutagenen, teratogenen oder karzinogenen Zellveränderungen. Besonders gefährdet sind die Zellen im Embryo (Geburtsdefekte), Keimzellen (Erbschäden durch Mutation) und Körperzellen allgemein (somatische Mutation und Krebsbildung).

(C7.2) Radioaktive Strahlung stammt aus (1) natürlichen Quellen, (2) kerntechnischen Anlagen, (3) Atombombenversuchen, (4) Unfällen.

Der größte Anteil der Strahlenbelastung hat natürliche Ursachen und stammt aus dem Weltraum oder Zerfallsprozessen im Gestein (Kalium-40, Radon-222). Ein zunehmender Betrag kommt aus kerntechnischen Anlagen (Kraftwerken und Wiederaufbereitungsanlagen), die größere Mengen radioaktiver Stoffe in Luft und Wasser abgeben (mit Genehmigung, s. C3.24 und C4.12). Sehr große Mengen radioaktiver Stoffe gelangten aus oberirdischen Atomwaffenversuchen in den 50'er und 60'er Jahren in die Atmosphäre. Die längerlebigen Isotope belasten heute noch den Boden. Unfälle in Atomkraftwerken (Tschernobyl) und Wiederaufarbeitungsanlagen (Windscale, heute: Sellafield) haben sehr hohe Belastungen in weiten Bereichen der Erde zur Folge.

(C7.3) Die Umweltbelastung durch Radioaktivität wird in der BR Deutschland durch das Atomgesetz und die Strahlenschutzverordnung gesetzlich geregelt.

Im großen und ganzen haben sich die meisten Länder auf ähnliche Standards geeinigt. Problematisch ist bei diesen Regelungen, daß davon ausgegangen wird, daß die technischen Anlagen immer einem hohen Bau- und Wartungszustand entsprechen und von gut ausgebildeten Kräften immer fehlerfrei (und ohne Sabotage-Absichten) bedient werden. Technische Fehler werden durch redundante Systeme möglichst abgefangen.

(C7.4) Radioisotope sind Isotope von Elementen (Atome), die spontanen Atomkernzerfall aufweisen: Folge sind energiereiche Teilchen- und elektromagnetische Strahlungen.

Radioaktivität beruht auf einer Instabilität des Atomkerns (Überschuß an Protonen oder Neutronen) von Isotopen chemischer Elemente. Diese Radioisotope entstehen z.B. bei der Kernspaltung in Atomkraftwerken und Atombomben. Der Zerfall tritt spontan und ohne Energiezufuhr auf und ist daher auch nicht beeinflußbar. Ist der neu entstandene Kern ebenfalls instabil, so setzt sich die Zerfallsreihe fort. Beim radioaktiven Zerfall werden energiereiche Teilchenstrahlen (Alpha, Beta) und elektromagnetische Strahlung (Gamma) freigesetzt.

(C7.5) Der radioaktive Zerfall ist nicht beeinflußbar. Die Zerfallsrate kann durch die Halbwertszeit ausgedrückt werden, nach der noch die Hälfte der ursprünglichen Menge des radioaktiven Stoffs vorhanden ist.

Beim radioaktiven Zerfall zerfällt im Laufe einer Zeitperiode ein ganz bestimmter (für den jeweiligen Stoff charakteristischer und in keiner Weise beeinflußbarer) Prozentsatz der anfangs vorhandenen radioaktiven Atome. Es handelt sich daher um einen exponentiellen Zerfall, der durch seine Halbwertszeit gekennzeichnet werden kann.

Die Halbwertszeit ist die Zeit bis zum Zerfall der Hälfte der ursprünglich vorhandenen Menge. Die Halbwertszeit ist für jede (radioaktive Substanz) eine charakteristische Größe. Kurze Halbwertszeit bedeutet meist: hohe Zerfallsrate, intensive Strahlung und hohe Gefahr über kürzere Zeit. Lange Halbwertszeit bedeutet meist: niedrige Zerfallsrate, Strahlung und Gefahr weniger intensiv, aber länger anhaltend. Am gefährlichsten sind Isotope mittlerer Halbwertszeit (Tage bis Jahrtausende) und mittlerer spezifischer Aktivität: Sie müssen über lange Zeit sicher abgeschirmt werden.

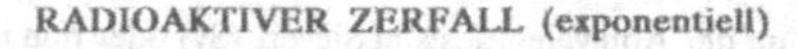

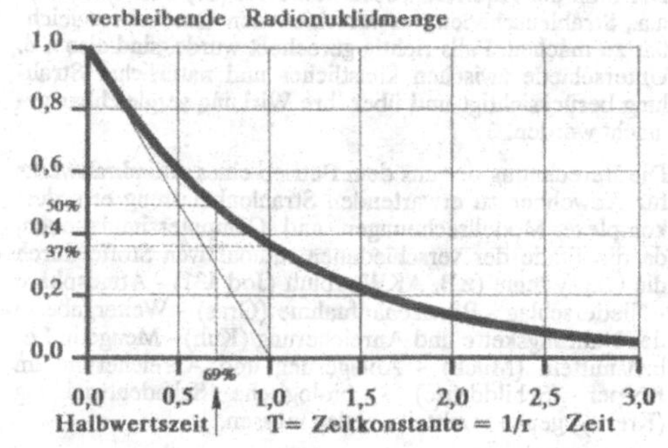

(C7.6) Es gibt vier Arten von radioaktiver Strahlung mit unterschiedlichen Eigenschaften:

(1) **Alpha-Strahlung**
(2) **Beta-Strahlung**
(3) **Gamma-Strahlung**
(4) **Neutronenstrahlung**

Radioaktive Strahlung tritt als Teilchenstrahlung (Alpha-, Beta-, Neutronenstrahlung) und als elektromagnetische Strahlung (Gamma-Strahlung) auf.

Alpha-Teilchen sind Helium-Kerne aus zwei Protonen und zwei Neutronen. Sie sind relativ schwer und überwinden nur relativ kurze Entfernungen in der Luft. Sie können die Haut nicht durchdringen, sind aber sehr gefährlich nach Aufnahme (mit der Nahrung oder Atmung) in den Körper und Strahlung im Körperinnern (z.B. Plutonium Pu-239).

Beta-Teilchen sind Elektronen (-) oder Positronen (+) und relativ sehr leicht. Sie haben höhere Durchdringungsfähigkeit als Alpha-Teilchen. Sie durchdringen z.T. die Haut und sind ebenfalls gefährlich bei körperinterner Strahlung.

Die **Neutronenstrahlung** ist die durchdringendste Strahlung. Sie entsteht bei Kernspaltung und Kernfusion. Hier sind starke Schutzmaßnahmen erforderlich, da sie auch dicke Wände durchdringt.

Gamma-Strahlung verhält sich wie Röntgenstrahlung, ist aber energiereicher.

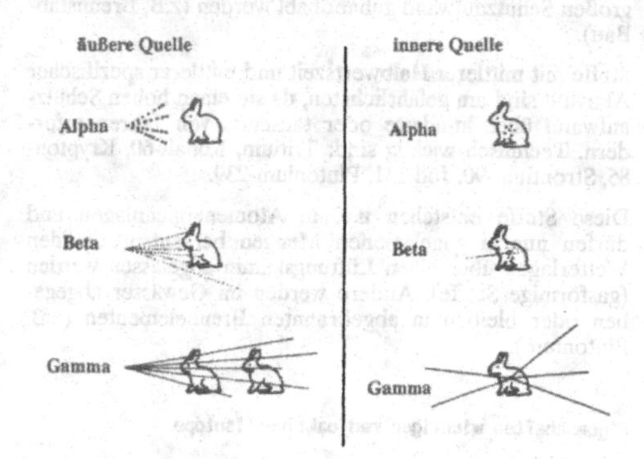

(C7.7) Radioaktivität (radioaktive Strahlungsleistung) wird in Becquerel (früher: Curie) gemessen.

1 Bq entspricht einem Zerfall pro Sekunde. Die spezifische Radioaktivität ist die Radioaktivität pro Masseneinheit des radioaktiven Stoffes.

Die spezifische Radioaktivität ist für die verschiedenen radioaktiven Stoffe sehr unterschiedlich. Die gleiche Radioaktivität von $3.7 * 10^{10}$ Bq = 1 Curie haben z.B.

1 g	Radium-226	(Halbwertszeit 1600 Jahre)
476 kg	Uran-235	(" $7 * 10^8$ Jahre)
8 μ g	Jod-131	(" 8.1 Tage)

Meßeinheiten in der Radiologie

	SI-Einheit	alte Einheit	Umrechnung
Aktivität	Becquerel (Bq) 1 Bq = 1 Zerfall/s	Curie (Ci)	1 Ci = $3.7 \cdot 10^{10}$ Bq
Energiedosis	Gray (Gy) 1 Gy = 1 J/kg	Rad (rd)	1 rd = 0.01 Gy
Äquivalentdosis	Sievert (Sv) 1 Sv = 1 J/kg	Rem (rem)	1 rem = 0.01 Sv
Ionendosis	Coulomb/kg (C/kg)	Röntgen (R)	1 R = $2.58 \cdot 10^{-4}$ C/kg
Energiedosisleistung	Gray/Sekunde (Gy/s)	Rad/Sekunde (rd/s)	1 rd/s = 0.01 Gy/s
Ionendosisleistung	Ampere/kg (A/kg)	Röntgen/Sekunde (R/s)	1 R/S = $2.58 \cdot 10^{-4}$ A/kg

(C7.8) Radioaktive Stoffe unterscheiden sich stark nach Art der Strahlung, Halbwertszeit und spezifischer Radioaktivität. Stoffe mit mittlerer Halbwertszeit und mittlerer spezifischer Aktivität sind am gefährlichsten.

Stoffe kurzer Halbwertszeit (z.B. Jod-131) strahlen über kurze Zeit sehr intensiv. Werden sie über diese Zeit gut abgeschirmt gelagert, so verlangt die spätere Handhabung einen weit geringeren Strahlenschutzaufwand. Stoffe sehr langer Halbwertszeit (z.B. Uran-235 und Uran-238) haben relativ geringe Strahlung und können daher z.T. ohne großen Schutzaufwand gehandhabt werden (z.B. Brennstab-Bau).

Stoffe mit mittlerer Halbwertszeit und mittlerer spezifischer Aktivität sind am gefährlichsten, da sie einen hohen Schutzaufwand über hunderte oder tausende von Jahren erfordern. Technisch wichtig sind: Tritium, Kobalt-60, Krypton-85, Strontium-90, Jod-131, Plutonium-239.

Diese Stoffe entstehen u.a. in Atomenergieanlagen und dürfen nur in zugelassenen Mengen bei entsprechenden Wetterlagen über einen Lüftungskamin abgelassen werden (gasförmige Stoffe). Andere werden im Gewässer abgegeben oder bleiben in abgebrannten Brennelementen (z.B. Plutonium).

Eigenschaften wichtiger radioaktiver Isotope

Radionuklid		Halbwertszeit	spezif. Aktivität Bq/g	Konzentrationsfaktor in Fischen
Tritium		12.3 a	$3.59 \cdot 10^{14}$	0.9
Kohlenstoff	C -14	5730 a	$1.70 \cdot 10^{11}$	4600
Phosphor	P -32	14 d	$1.04 \cdot 10^{16}$	100'000
Kalium	K -40	$1.3 \cdot 10^{9}$ a	$2.55 \cdot 10^{5}$	
Kobalt	Co-60	5.3 a	$4.07 \cdot 10^{13}$	20
Zink	Zn-65	245 d	$3.03 \cdot 10^{14}$	1000
Krypton	Kr-85	11 a	$1.44 \cdot 10^{13}$	
Strontium	Sr-90	29 a	$5.18 \cdot 10^{12}$	5
Technetium	Tc-99	$2.1 \cdot 10^{5}$ a	$6.29 \cdot 10^{8}$	
Jod	J -129	$1.7 \cdot 10^{7}$ a	$5.92 \cdot 10^{6}$	15
Jod	J -131	8.1 d	$4.55 \cdot 10^{15}$	15
Tellurium	Te-132	3.3 d	$1.11 \cdot 10^{16}$	
Caesium	Cs-137	30 a	$3.22 \cdot 10^{8}$	400
Radon	Rn-222	3.8 d	$5.92 \cdot 10^{15}$	
Radium	Ra-226	1600 a	$3.70 \cdot 10^{10}$	
Thorium	Th-232	$1.4 \cdot 10^{10}$ a	$4.07 \cdot 10^{3}$	
Uran	U -233	$1.6 \cdot 10^{5}$ a	$3.55 \cdot 10^{9}$	
Uran	U -235	$7.1 \cdot 10^{8}$ a	$7.77 \cdot 10^{4}$	
Uran	U -238	$4.5 \cdot 10^{9}$ a	$1.22 \cdot 10^{4}$	
Plutonium	Pu-239	$2.4 \cdot 10^{4}$ a	$2.22 \cdot 10^{9}$	

(C7.9) Für Schädigungen maßgebend ist die pro Masseeinheit des absorbierenden Stoffes empfangene Strahlendosis (Energiedosis). Sie wird in Gray (früher: Rad) angegeben. 1 Gy entspricht 1 J/kg (Körpermasse).

Bei der Beurteilung der Strahlengefährdung muß zwischen der Aktivität des Stoffes (gemessen in Zerfällen pro Sekunde = Bq) und der (vom Körper) empfangenen Strahlendosis (empfangene Energie pro Körpermasse J/kg) unterschieden werden.

(C7.10) Da die verschiedenen Strahlenarten auf verschiedene Gewebe unterschiedliche Wirkungen haben, muß die Energiedosis auf eine Äquivalentdosis umgerechnet werden, um die Wirkung von Strahlendosen vergleichen zu können.

Die empfangene Strahlendosis muß mit Hilfe der 'relativen biologischen Wirksamkeit' auf die Schaddosis (in rem oder millirem bzw. Sievert) umgerechnet werden. Die relative biologische Wirksamkeit mißt die Effizienz der Schadenswirkung; sie hängt vom biologischen System oder Organ und den Bestrahlungsumständen ab.

Es gilt:

Äquivalentdosis (Sv)
= (relative biologische Wirksamkeit)
* (empfangene Energiedosis (Gy))

Ungefähre Abschätzungen sind mit dem Qualitätsfaktor QF möglich, wobei

QF = 1 für Gammastrahlen und die meisten Betateilchen und
QF = 10 für Alphateilchen (d.h. Alphastrahlung ist biologisch etwa 10 mal wirksamer).

Äquivalentdosis = QF * Energiedosis.

Der Sinn der Äquivalentdosis in Sievert (Sv) oder rem ist es u.a., Strahlenschäden aus verschiedenen Quellen vergleichbar zu machen. Falls richtig gerechnet wurde, sind also z.B. Unterschiede zwischen künstlicher und natürlicher Strahlung berücksichtigt und über ihre Wirkung vergleichbar gemacht worden.

Die Berechnung der aus dem Betrieb eines Atomkraftwerks für Anwohner zu erwartenden Strahlenbelastung erfordert komplexe Modellrechnungen und Computersimulationen, da die Pfade der verschiedenen radioaktiven Stoffe durch die Ökosysteme (z.B. AKW Abluft (Jod 131) - Atmosphäre - Niederschlag - Pflanzenaufnahme (Gras) - Weitergabe in der Nahrungskette und Anreicherung (Kuh) - Menge in Lebensmitteln (Milch) - Ablagerung und Anreicherung im Körper (Schilddrüse) - biologische Schadentwicklung (Krebs)) genau ermittelt werden müssen.

(C7.11) Alle Organismen sind ständig einer natürlichen radioaktiven Hintergrundstrahlung ausgesetzt. Durch technische Nutzungen sind zusätzliche Strahlendosen hinzugekommen.

Die Lebewesen der Erde sind schon immer einer natürlichen ionisierenden Strahlung ausgesetzt gewesen, die für die Evolution (Auslösung genetischer Mutation) sogar einige Bedeutung hat. Diese natürliche Strahlenbelastung stammt aus kosmischer Gamma-Strahlung und aus Strahlung der in Boden, Wasser und Luft enthaltenen radioaktiven Elemente.

Je nach Höhenlage, Bodengeologie, Baustoffen und Bauweisen ist ein Bewohner der BRD einer jährlichen effektiven Dosis von 1 bis 6 mSv/a (100 bis 600 mrem/a) ausgesetzt (Durchschnitt: 2 mSv/a). Im Laufe eines 70jährigen Lebens führt dies also zu einer (natürlichen) Strahlendosis von 70 bis 420 mSv (7 bis 42 rem).

Natürliche Hintergrundstrahlung:	100 - 250 millirem/a
davon: kosmische Strahlung	40 - 160
Uran, Thorium, Kalium-40	30 - 115
Kalium-40 in Nahrung und Wasser	17
Zerfallsprodukte des Radiums	8
(bes. Radon: Granit und Ziegel)	

Zum Vergleich einige Beiträge **künstlicher Strahlung:**

Röntgenbild Lunge	9
Röntgenbild Magen-Darm	200
durchschnittl. mediz. Belastung	70
Flug 10'000 km	4
Fallout aus Kernwaffenversuchen	4

Die höchstzulässigen **Belastungswerte in der Umgebung von kerntechnischen Anlagen** betragen:

Ganzkörper, Knochenmark und Gonaden	30
Knochen und Schilddrüse	90
Schilddrüse über die Nahrungskette	90

(Man beachte, daß hier die unterschiedlichen biologischen Wirksamkeiten verschiedener Strahlenbelastungen bereits (rechnerisch) berücksichtigt worden sind, s. C7.10).

(C7.12) Während der Zeit der atmosphärischen Kernwaffentests und nach dem Reaktorunfall von Tschernobyl sind weltweit (bzw. in Europa) sehr hohe radioaktive Niederschläge gemessen worden.

Nach dem atmosphärischen Teststopp sind die Einträge erheblich zurückgegangen, schnellten dann aber nach dem Tschernobyl-Unfall etwa um 5 Zehnerpotenzen nach oben.

Radioaktive Niederschläge gelangen auf und in den Boden und in die Gewässer. Ihr weiteres Verbleiben und die sich daraus für Organismen ergebenden Belastungen hängen ganz von ihrer Zerfallszeit und von den stoffspezifischen Mechanismen der weiteren Verbreitung in Umwelt, Organismen und Ökosystemen ab. Caesium-137 z.B. bleibt vor allem im Boden, gelangt aber (vor allem im Frühjahr) mit Staubteilchen in die Atmosphäre und verteilt sich weltweit.

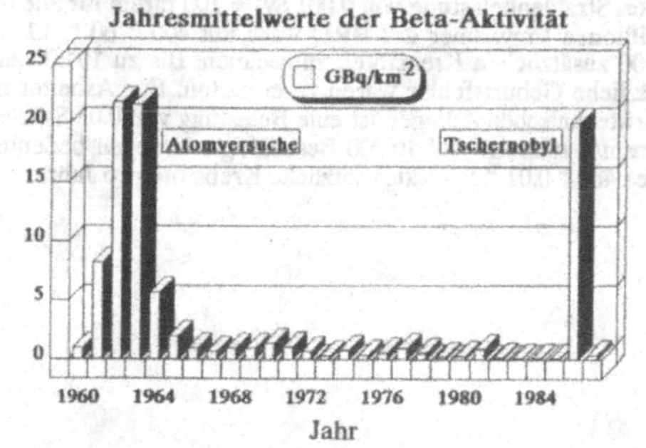

(C7.13) Das Verhalten radioaktiver Stoffe in der Umwelt hängt von ihren chemischen Eigenschaften ab und ist daher sehr verschieden.

Das Verhalten von Isotopen in der Umwelt wird wesentlich von ihren chemischen Eigenschaften bestimmt:

Tritium ist ein Wasserstoffgas, diffundiert in die Atmosphäre, folgt dem Wasserkreislauf als Bestandteil des Wassers, bewegt sich durch Organismen, aber reichert sich in Organen oder Nahrungsketten nicht an.

Strontium-90 imitiert Kalk in Nährstoffkreisläufen und Organismen und konzentriert sich in Knochen.

Jod-131 konzentriert sich in der Schilddrüse. Es erreicht den Menschen u.a. über den Pfad: Radioaktiver Niederschlag - Gras - Kuh - Milch - Mensch.

Krypton-85 wird als Edelgas von den Organismen kaum aufgenommen, diffundiert in die Atmosphäre und liefert von dort externe Bestrahlung.

Caesium-137 ist eng an den Boden gebunden und bleibt dort an der Oberfläche. Es bestrahlt vorbeikommende Organismen noch Jahre nach der Ablagerung und kann mit kleinsten Staubteilchen wieder in die Atmosphäre gelangen. Es konzentriert sich in aquatischen Nahrungsketten.

(C7.14) Die Biologische Halbwertszeit ist die Zeit, nach der der Organismus die Hälfte der aufgenommenen Menge wieder ausgeschieden hat.

Die **biologische Halbwertszeit** hat mit der Halbwertszeit der Strahlung nichts zu tun; sie ist lediglich durch den Stoffwechsel im Organismus bedingt. Sie besagt, nach welcher Zeit ein Organismus die Hälfte der (z.B. mit der Nahrung) aufgenommenen Menge einer radioaktiven Substanz wieder ausgeschieden hat. Die biologische Halbwertszeit hängt daher ganz von den chemischen Stoffeigenschaften und der Rolle der Substanz im Körper ab. Die biologische Halbwertszeit für Tritium beträgt etwa 10 Tage (Atemluft, Wasser), die von Strontium etwa 50 Jahre (Einlagerung in Knochen).

(C7.15) Strontium-90 reichert sich in Nahrungsketten an und gefährdet damit die höheren Glieder der Nahrungskette besonders.

Strontium-90 ist eines der Isotope, das sich in Nahrungsketten anreichert (andere: Phosphor-32, Caesium-137, Jod-131). Es wird vorzugsweise in Knochen eingelagert. Der Anreicherungsfaktor ist an nährstoffarmen Standorten und in aquatischen Ökosystemen allgemein größer als in nährstoffreichen bzw. terrestrischen Systemen. Dies hängt mit den zur Ernährung notwendigen Durchsätzen zusammen: Höhere Nährstoff- oder Nahrungsdichte bedeutet geringere Durchsätze und damit geringere Schadstoffaufnahme.

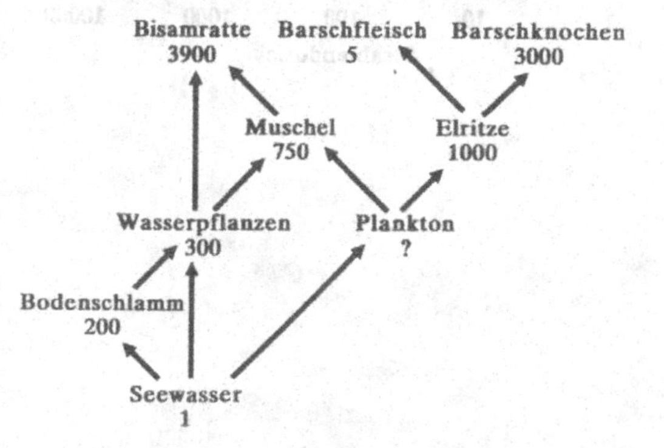

(C7.16) Die Schadwirkung radioaktiver Strahlung beruht auf ihrer ionisierenden Eigenschaft. Dadurch können kritische Bindungen zerstört werden. Insbesondere kann es durch Fehler in der DNA zur Weitergabe fehlerhafter Information bei der Zellteilung kommen (Erbschäden, Embryoschäden, Krebs).

Ionisierung - das Herausschlagen eines Elektrons aus den äußeren Atomschalen - ist die Ursache für die Schadwirkung. Damit kann eine chemische Bindung zerstört werden, und falls diese Bindung in einem für die Zellfunktion wichtigen Molekül war, kann dies Folgen für den Organismus haben. Viele Zellen sind ersetzbar, aber einige sind besonders verwundbar: das Absterben nur weniger Zellen in einem Foetus kann Geburtsfehler verursachen; eine Mutation in Keimzellen kann zu vererbbaren genetischen Schäden führen; Schäden an der DNA können Krebs verursachen.

(C7.17) Hochentwickelte Lebewesen sind wesentlich empfindlicher gegenüber radioaktiver Strahlung als niedere Organismen.

Organismen unterscheiden sich stark in ihrer Empfindlichkeit gegenüber akuter kurzzeitiger hoher Strahlenbelastung. Der linke Balkenteil des Diagramms entspricht der Dosis, bei der Fortpflanzungsbeeinträchtigungen zu erwarten sind. Das rechte Balkenende gibt die Dosis an, die zum sofortigen Tod von mehr als der Hälfte der Oganismen führen würde. Die linken Pfeilspitzen zeigen die Dosis an, die in empfindlichen Lebensstadien (Embryos) zu Schäden oder Tod führt. Säugetiere sind weitaus empfindlicher als Insekten; diese wieder sind empfindlicher als Mikroorganismen. Samenpflanzen liegen in ihrer Empfindlichkeit zwischen Säugetieren und Insekten. Die Empfindlichkeit von Zellen ist in der Phase raschen Wachstums am höchsten (Embryos; blutbildende Gewebe im Knochenmark).

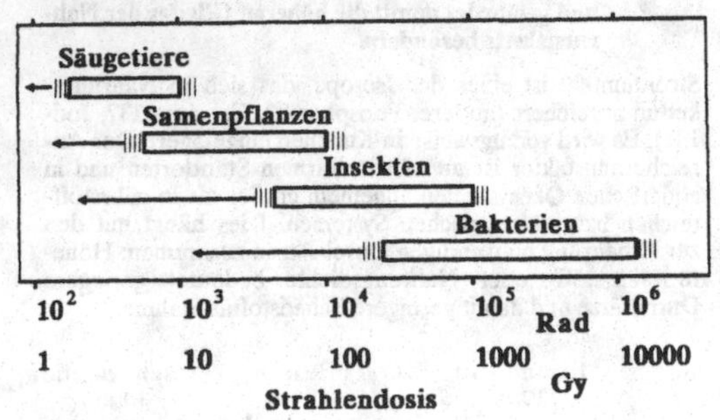

(C7.18) Es besteht ein linearer statistischer Zusammenhang zwischen der Strahlenbelastung und den dadurch hervorgerufenen Krebsfällen ('lineare Dosis-Wirkungsbeziehung'). Ein sicherer unterer Grenzwert besteht nicht.

Dieser lineare Zusammenhang erklärt sich aus der Wirkungsweise radioaktiver Strahlung: ein einziges Alpha- oder Beta-Teilchen kann zur somatischen Mutation einer Zelle, zur Weitergabe bei der Zellteilung und zum Krebs führen. Die Krebshäufigkeit wird damit direkt proportional zur Höhe der empfangenen (effektiven) Strahlung. Es gibt daher keinen sicheren unteren Grenzwert für radioaktive Strahlung. Gesetzliche Höchstwerte sind daher nur das Ergebnis eines Abwägungsprozesses über die Zumutbarkeit des Risikos.

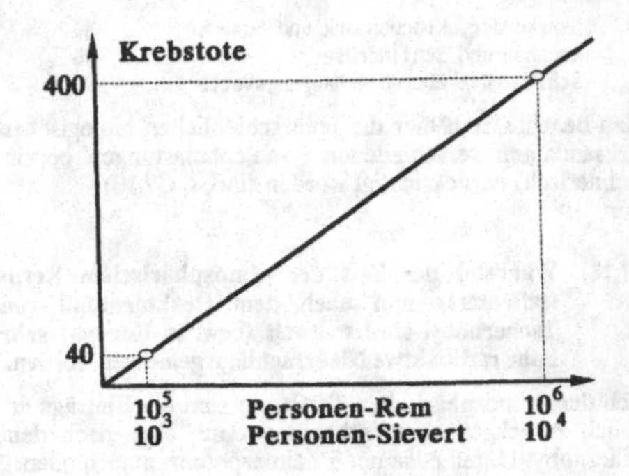

(C7.19) Aus den bisherigen Erfahrungen ergibt sich ein Krebsrisiko aus radioaktiver Strahlung von etwa 400 zusätzlichen Krebstoten pro Million Erwachsene pro Rem bzw. 40000 zusätzlichen Krebstoten pro Million Erwachsene pro Sievert.

Die Zahl der Geburtsfehler liegt etwa zwei- bis viermal höher.

Anwendungsbeispiel: Bei einer (z.B. kurzfristigen) zusätzlichen Strahlenbelastung von 0.001 Sv = 100 mrem für alle 60 Millionen Einwohner der BRD wäre mit 400 * 60 * 0.1 = 2400 zusätzlichen Krebstoten zu rechnen. Bis zu 10'000 zusätzliche Geburtsfehler wären zu erwarten. Für Arbeiter in kerntechnischen Anlagen ist eine Belastung von 0.05 Sv/a = 5 rem/a zulässig. Auf 10'000 Beschäftigte bezogen bedeutet dies 400 * 0.01 * 5 = 20 zusätzliche Krebstote pro Jahr.

ORIENTIERUNG: KRITERIEN, ALTERNATIVEN, ZUKUNFTSPFADE

Übersicht

Die vorangehenden Kapitel zeigen vor allem dreierlei:

(1) Die Teilsysteme Bevölkerung/Gesellschaft, Technik/Wirtschaft, Umwelt/Ressourcen sind durch Wirkungen und Rückwirkungen so miteinander verknüpft, daß eine für ein Teilsystem nachteilige Entwicklung unweigerlich auch die Entwicklung der anderen Teilsysteme und damit des Gesamtsystems berührt: die Berücksichtigung nur der Interessen **eines** Teilsystems reicht nicht aus und gefährdet das Gesamtsystem.

(2) Gegenwärtige Entwicklungen der Teilsysteme Bevölkerung/Gesellschaft und Technik/Wirtschaft gefährden auf vielfältige Weise das Teilsystem Umwelt/Ressourcen und damit das Gesamtsystem.

(3) Es bestehen alternative Entwicklungsmöglichkeiten sowohl bei der Entwicklung von Bevölkerung und Gesellschaft, wie bei der von Technik und Wirtschaft, die andere und z.T. weit weniger gravierende Auswirkungen auf Umwelt und Ressourcen haben.

Wenn also auf der einen Seite die Notwendigkeit zum Wandel besteht und auf der anderen Seite alternative Entwicklungsmöglichkeiten vorhanden sind, dann erhebt sich die Frage, wie die Auswirkungen unterschiedlicher Entwicklungen bewertet und verglichen werden sollen, und welche Maßstäbe für die Wahl zwischen Alternativen gelten sollten.

Die Wahl der Bewertungskriterien kann sicher nicht beliebig sein, da von dieser Wahl offensichtlich u.a. die Auswahl von Technologien und damit von Entwicklungspfaden und Auswirkungen auf die Teilsysteme abhängt. Auch ist von vornherein klar, daß die vorwiegende oder ausschließliche Orientierung an der Entwicklung eines Teilsystems (etwa: Wirtschaftswachstum, Wettbewerbsfähigkeit, Maximierung des Bruttosozialprodukts usw.) zu Beeinträchtigungen der anderen Teilsysteme und damit des Gesamtsystems führen muß.

Es bleibt also nur die Möglichkeit, die Bewertungskriterien so zu wählen, daß sie die Entwicklungsmöglichkeiten **aller** Teilsysteme angemessen berücksichtigen und sich damit an der Entwicklung des Gesamtsystems orientieren. Das bedeutet, daß sie (1) die Erhaltung des Gesamtsystems (und damit der Teilsysteme) gewährleisten und (2) darüber hinaus aber auch die Möglichkeit seiner weiteren Entfaltung sicherstellen müssen.

Dieses Kapitel befaßt sich mit der Auswahl und Begründung von Entwicklungszielen und Bewertungskriterien, die bei der Beurteilung und Entscheidung von technologischen, ökonomischen, ökologischen und gesellschaftspolitischen Entwicklungen angelegt werden müssen. Zusammengefaßt:

Die Konsequenzen unserer Handlungen bestimmen unseren Verantwortungshorizont. Verantwortliches Handeln heißt, die Wirkungen auf die Entfaltungsfähigkeit anderer Systeme außer unserem eigenen zu berücksichtigen. Die Entfaltungsfähigkeit hat mehrere voneinander unabhängige Aspekte (Leitwerte), die nicht austauschbar sind; ein Minimum jedes Leitwert-Aspekts muß gewahrt bleiben. Die verschiedenen Entwicklungspfade, die einem gesellschaftlichen System offenstehen, unterscheiden sich hinsichtlich ihrer Kurzzeit- und Langzeitwirkungen auf die Entfaltungsfähigkeit der betroffenen Systeme. Daher ist ein teleologischer (fernzielorientierter) Ansatz erforderlich, um die Entwicklungsziele und die Randbedingungen so zu setzen und ständig nachzustellen, daß sie den jeweils verfügbaren Ressourcen entsprechen.

Die Erhaltungs- und Entfaltungsziele von Individuen und Gesellschaft müssen miteinander und mit den Erhaltungs- und Entfaltungserfordernissen der Umwelt harmonisieren. Kriege, Hunger, soziale Mißstände, ökologische Zerstörung, Flüchtlingsströme usw. sind Anzeichen dafür, daß Erhaltungs- und Entfaltungsinteressen von Teilsystemen im globalen Gesamtsystem mißachtet werden.

Inhalt

O1. Verantwortungshorizont

Unser Zeitalter unterscheidet sich von früheren durch einen wichtigen Aspekt: Unsere Handlungen haben beträchtliche Wirkungen auf die ferne Zukunft und die dann existierenden Organismen und Systeme. Da wir bewußt handeln und viele dieser Wirkungen kennen oder kennen könnten, erhebt sich die Frage, inwieweit wir absehbare zukünftige Folgen bei unseren heutigen Handlungen berücksichtigen müssen. Dies ist eine Wertfrage, die nur teilweise durch objektive Argumente begründet werden kann und letztlich durch eine bewußte Wertentscheidung beantwortet werden muß.

(O1.1) Wir bürden Menschen in anderen Ländern, anderen Lebewesen und zukünftigen Generationen Lasten auf, ohne daß diese uns dafür zur Rechenschaft ziehen können.

In früheren Zeiten waren menschliche Eingriffe in die Umwelt von weit geringerer Tragweite als heute und weitgehend umkehrbar. Heute ergeben sich weit in die Zukunft reichende, vielfach irreversible Wirkungen. Der einzige Faktor, der uns daran hindern kann, unsere Machtposition über die Zukunft auszunutzen, ist unsere eigene Erkenntnis, daß wir für unsere Handlungen und ihre Wirkungen verantwortlich sind, und daß wir diese daher auch unter Berücksichtigung ihrer zukünftigen Wirkungen wählen müssen.

(O1.2) Menschheit und natürliche Umwelt sind - im Gegensatz zu Mensch und Organismus - permanente Systeme.

Die zukünftige Menschheit und Umwelt sind Fortführungen der heutigen. Diese prinzipielle Permanenz von Menschheit und Umwelt ist die Folge von Leben und Tod (Nicht-Permanenz) ihrer Einzelwesen.

(O1.3) Als bewußte Wesen können wir in Systemen Zweck und damit Wert (speziell Erhaltungswert) erkennen. Da wir die Erhaltung von Menschheit und Umwelt heute hoch bewerten, muß dieses wegen der Permanenz dieser Systeme auch für die Zukunft gelten. Daraus ergibt sich unsere Verantwortung auch für die zukünftige Menschheit und Umwelt, deren 'Interessen' wir daher auch zu berücksichtigen haben.

Als bewußt handelnde Wesen können wir nicht nur Systemen Wert beimessen, sondern auch die Konsequenzen unserer Handlungen weitgehend ermitteln und die Auswirkungen im Hinblick auf unsere eigenen Interessen und die anderer Systeme bewerten. Damit sind wir auch für diese Wirkungen verantwortlich: Aus unserer Macht über die Zukunft der Menschheit und der Umwelt ergibt sich auch unsere Pflicht, die Verantwortung für unsere Handlungen zu übernehmen und die Interessen der zukünftigen Menschheit und Umwelt zu schützen.

Hans Jonas (1984, S.36): "Handle so, daß die Wirkungen deiner Handlungen verträglich sind mit der Permanenz echten menschlichen Lebens (und der natürlichen Umwelt) auf Erden." Oder: "Schließe in deine gegenwärtige Wahl die zukünftige Integrität des Menschen (und der natürlichen Umwelt) als Mit-Gegenstand deines Wollens ein." (Ergänzungen in Klammern durch H. B.)

O2. Entfaltungsfähigkeit und ihre Leitwerte

Die Interessen von Menschheit oder Umwelt (oder anderen selbstorganisierenden Systemen) können nicht nur auf Erhaltung beschränkt sein, sondern der Systemzweck wird fast immer über diesen primitiven Zweck hinausgerichtet sein und auch die Entfaltung des Systems einschließen.

Alle Systeme haben einen Systemzweck; selbstorganisierende Systeme (wie z.B. Organismen) können diesen Zweck auch in einer sich verändernden Umwelt verfolgen, indem sie ihr Verhalten und/oder ihre Struktur anpassen. Diese allgemeine Aufgabe wird von Organismen in einer ungeheuren Vielfalt verschiedener Wege verfolgt. Trotz dieser Vielfalt ist es möglich, einen begrenzten Satz von Entwurfsprinzipien auszumachen, die die Erhaltung und Entfaltungsfähigkeit jedes Systems sicherstellen. Wir bezeichnen diese Entwurfsprinzipien als Leitwerte. Einfach ausgedrückt, sind es diejenigen physischen und Verhaltensaspekte, die ein Konstrukteur in ein System einbauen müßte, um Überleben und Entfaltung in einer sich verändernden und potentiell feindlichen Umwelt sicherzustellen. Damit das System existenz- und entfaltungsfähig ist, muß jeder dieser Leitwerte im Systementwurf berücksichtigt werden. Falls nur einer fehlt, ist das System auf Dauer nicht entfaltungsfähig.

Wenn wir die Verantwortung für die Entfaltungsmöglichkeit der zukünftigen Menschheit und Umwelt auf uns nehmen, so sollten wir wissen, was dies in der Praxis bedeutet. Wir beginnen daher mit einer Erläuterung der Leitwerte und ihres Zusammenhangs mit der Systementwicklung.

(O2.1) Die 'Interessen' von Menschheit und Umwelt (oder anderen Systemen) lassen sich als 'Wahrung ihrer Entfaltungsfähigkeit' zusammenfassen.

Entfaltungsfähigkeit (viability) eines Systems ist seine Fähigkeit, sich in einer Weise zu entfalten, die seine Integrität erhält und es ihm erlaubt, sich entsprechend seiner Fähigkeiten zu entwickeln.

(O2.2) Um die Erhaltung und Entfaltungsfähigkeit eines Systems sicherzustellen, müssen Mindestanforderungen im Hinblick auf die folgenden Aspekte (Leitwerte) erfüllt sein:

- **physische Existenz und Reproduktion**
- **Handlungsfreiheit**
- **Sicherheit**
- **Wirksamkeit**
- **Wandlungsfähigkeit.**

Diese Leitwerte ergeben sich aus der folgenden Fragestellung: Was sind die elementaren funktionellen Erfordernisse eines selbstorganisierenden Systems, dessen Überleben und Entfaltung von verstreuten Ressourcen in einer sich zufällig verändernden und teilweise feindlichen Umwelt abhängen?

Der Leitwert **Existenz** beruht auf der Tatsache, daß das Überleben eines offenen Systems vom Austausch von Stoffen, Energie und Information mit seiner Umwelt abhängt.

Der Leitwert **Handlungsfreiheit** folgt aus der Tatsache, daß einige Umweltzustände eine Bedrohung für das System darstellen können und daß das System die Möglichkeit haben muß, sie zu vermeiden.

Der Leitwert **Sicherheit** leitet sich aus der Tatsache ab, daß das System eine endliche Informationsverarbeitungskapazität und nur eine endliche Menge von Möglichkeiten hat, um seine Umwelt zu bewältigen, d.h. endliche Vielfalt (im Sinne von Ashby 1956). Das System wird eine endliche Überlebenschance nur dann haben, wenn seine Umwelt ebenfalls nur eine endliche Vielfalt in bezug auf überlebensbedrohende Zustände und eine gewisse Kontinuität, Stabilität, Regelmäßigkeit und damit Vorhersehbarkeit hat.

Der Leitwert **Wirksamkeit** ist notwendig, um sicherzustellen, daß Bemühungen, die Umwelt zu beeinflussen (um etwa einen notwendigen Rohstoff zu beschaffen oder eine potentielle Bedrohung abzuwenden) im Durchschnitt zu angemessenen Erträgen führen.

Der Leitwert **Wandlungsfähigkeit** ist notwendig, um das System in den Stand zu versetzen, mit grundlegenden Veränderungen seiner Umwelt durch Veränderung seiner Struktur und/oder seiner grundsätzlichen Verhaltensweisen (Selbstorganisation) fertigzuwerden.

In den folgenden Ausführungen schließt der Begriff Entfaltungsfähigkeit auch die Erhaltung des Systems ein.

(O2.3) Der Mensch hat als bewußt handelndes Wesen noch einen weiteren Leitwert: Verantwortung.

Wenn wir nur einen isoliert für sich existierenden oder einen unbewußt sich verhaltenden Organismus (bzw. ein System) betrachten, dann umspannen die fünf Leitwertdimensionen den gesamten Orientierungsraum, d.h. falls ein gewisses Minimum jedes dieser Leitwerte erfüllt ist, ist das System entfaltungsfähig.

Die Fähigkeit des Menschen, über sich selbst, seine Handlungen und seine Umwelt nachzudenken, ermöglicht es ihm aber auch zu erkennen, daß, und wie, seine Handlungen ihn selbst und andere Systeme betreffen. Seine Fähigkeit zur Reflexion befähigt ihn auch, Zweck und daher Wert in sich selbst, in der Menschheit und der Umwelt, in anderen Gesellschaften, in lebenden Organismen usw. zu sehen. Die Erkenntnis seines Einflusses auf andere Systeme, wie auch die Tatsache, daß er ihnen Wert zuordnet (unter Umständen den Wert Null) bedeutet, daß für den Menschen als bewußtes Wesen ein weiterer Leitwert hinzugefügt werden muß: **Verantwortung.** Dieser Leitwert beinhaltet Rücksichtnahme auf die Entfaltungsfähigkeit anderer (heutiger und zukünftiger) Systeme, die von den eigenen Handlungen betroffen sind; er ist das Wesen der Menschlichkeit.

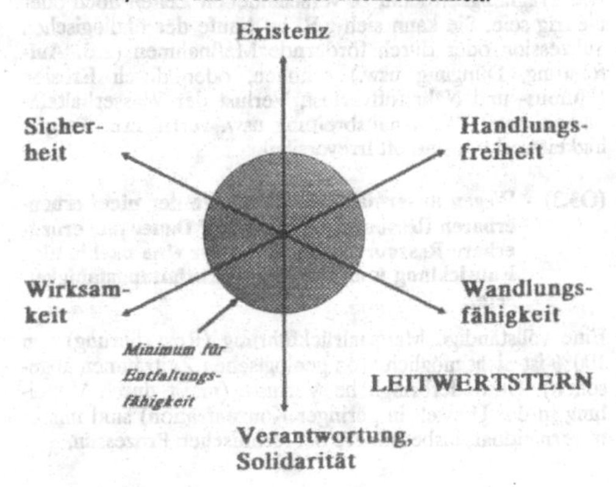

(O2.4) Sicherung der Entfaltungsfähigkeit bedeutet ein Minimum an Erfüllung jedes Leitwerts (Minimumgesetz).

Die Ableitung der Leitwerte bedingt bereits, daß jede Leitwertdimension von grundsätzlicher Bedeutung für die Entfaltungsfähigkeit des Systems ist. Das bedeutet im besonderen, daß ein Mangel in bezug auf einen Leitwert nicht durch einen Überschuß bei einem anderen ausgeglichen werden kann. Es bedeutet außerdem, daß ein gewisses Minimum an Leitwerterfüllung für jeden Leitwert gesichert sein muß. In dieser Hinsicht sind die Leitwerte analog zu Liebig's Gesetz des Minimums für die essentiellen Pflanzennährstoffe: Die Entwicklung eines Systems ist nur bis zu dem Punkt möglich, wo die Versorgung mit einem einzigen Faktor in's Minimum gerät, d.h. nicht mehr ausreicht für weitergehende Entwicklung und Entfaltung.

Der Zustand der Leitwerterfüllung ist am besten im 'Leitwertstern' (Polardiagramm) dargestellt. Der Kreis stellt das Minimum dar, unter das die Leitwerterfüllung langfristig nicht sinken darf.

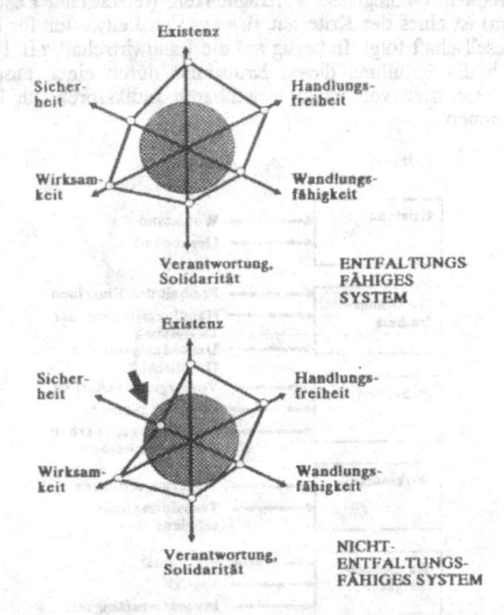

(O2.5) 'Entfaltungsfähigkeit' ist auf den gegenwärtigen und den zukünftigen Systemzustand bezogen.

Aus den Leitwerten (z.B. Sicherheit) wird ersichtlich, daß Entfaltungsfähigkeit nicht nur auf den gegenwärtigen Zustand des Systems, sondern auch auf zukünftige Zustände bezogen ist, d.h. auch Zukunftsvorbereitung bedeutet. Der Leitwert Verantwortung bedeutet deshalb, daß die gegenwärtige Generation auf die Entfaltungsfähigkeit der zukünftigen Menschheit und Umwelt Rücksicht nehmen muß und sie nicht ohne Not gefährden darf. Das bedeutet eine Verpflichtung, unser Wissen über die Zukunft möglichst so weit auszudehnen, wie unsere Handlungen reichen. Das bedeutet auch, daß sich die Bemühungen besonders auf die Identifizierung und Vermeidung potentieller Bedrohungen der Entfaltungsfähigkeit richten müssen: Risiken und Warnungen muß daher auch prinzipiell mehr Aufmerksamkeit geschenkt werden als guten Nachrichten.

(O2.6) Um im konkreten Fall die Leitwerterfüllung und damit den Grad der Entfaltungsfähigkeit zu bestimmen, müssen die Leitwerte in Kriterien (Orientoren) aufgegliedert werden, die entsprechenden Systemgrößen (Indikatoren) gegenübergestellt werden können.

Bei der praktischen Anwendung des Verfahrens wird (1) systematisch nach jenen Zustandsgrößen gesucht, die den Erfüllungszustand eines bestimmten Leitwerts beschreiben können; werden (2) entsprechende Bezugswerte (z.B. zulässige Minimalwerte) bestimmt; werden (3) der Bezug und die Bedeutung der verschiedenen Kriterien für den Leitwert ermittelt und (4) diese über eine Kriterienhierarchie mit dem Leitwert in Verbindung gebracht.

Die Kriterien müssen nicht immer quantifizierbar sein; oft genügen qualitative Aussagen (z.B. Vorhandensein - Nichtvorhandensein). Das Verfahren erlaubt es, die Entfaltungsfähigkeit eines gegebenen Systems auf objektive Weise darzustellen.

Beispiel: 'Ökologische Verträglichkeit' (technischer Lösungen) ist eines der Kriterien, das aus den Leitwerten für die Gesellschaft folgt. In bezug auf die Landwirtschaft z.B. läßt sich die Erfüllung dieses Kriteriums durch einen ausgewählten Satz von konkret meßbaren Indikatoren gut bestimmen.

O3. Bedingungen für nachhaltige Entfaltungsfähigkeit

Um Entfaltungsfähigkeit auf Dauer (nachhaltig) zu gewährleisten, muß als Mindestbedingung die Erhaltung des Systems, also seine Versorgung und Entsorgung dauerhaft gesichert sein. Der hierfür notwendige Stoff- und Energiefluß muß dauerhaft aus der Umwelt entnommen oder in sie verbracht werden können. Je nach der Ressourcenausstattung einer Region und ihren klimatischen Gegebenheiten ergibt sich eine bestimmte (nachhaltige) Tragfähigkeit. Diese ist aber nicht konstant; sie kann durch Übernutzung und Ressourcenerosion verringert, aber auch durch akkumulierende und aufbauende Prozesse vergrößert werden. Da praktisch alles Leben auf der Erde von der Sonne und der dadurch möglichen Photosynthese abhängt, kann die maximale Tragfähigkeit einer Region durch ihre theoretisch mögliche Nettoprimärproduktivität eingegrenzt werden. Hieraus ergibt sich u.a. dann auch die maximale Bevölkerungsgröße für Entfaltungsfähigkeit. Überschreitet die Bevölkerungszahl diese Grenze, so gebietet wiederum die Entfaltungsfähigkeit der Lebenden, daß eine Anpassung nur durch eine Entwicklung erfolgen darf, bei der die Geburtenraten kleiner sind als die Sterberaten.

Die Verbesserung der nachhaltigen Tragfähigkeit einer Region kann auf Dauer nur mit nachhaltigen Technologien, vorübergehend u.U. aber auch mit irreversiblem Ressourceneinsatz erreicht werden.

(O3.1) Die Minimalbedingung für Entfaltungsfähigkeit ist die fortlaufende Befriedigung des Existenz- und Reproduktionsbedarfs, d.h. die Nachhaltigkeit der Systemversorgung. Dies erfordert die Erhaltung einer minimalen Tragfähigkeit der versorgenden Umwelt.

Da Nachhaltigkeit eine dauerhafte Versorgung bedeutet, kann der Begriff 'Nachhaltigkeit' nur auf erneuerbare Prozesse bezogen werden. Diese können sowohl natürliche wie technische Prozesse einschließen. Eine Meßgröße ist z.B. die Biomasse pro Fläche pro Jahr, die an einem gegebenen Ort auf Dauer geerntet werden kann.

(O3.2) Die Tragfähigkeit ist in einer bestimmten Region nicht konstant, sondern abhängig von den Veränderungen der ökologischen und technologischen Bedingungen.

Die Tragfähigkeit kann zu verschiedenen Zeiten hoch oder niedrig sein. Sie kann sich z.B. im Laufe der ökologischen Sukzession oder durch fördernde Maßnahmen (z.B. Aufforstung, Düngung usw.) erhöhen, oder durch Erosion (Humus- und Nährstoffverlust, Verlust der Wasserhaltefähigkeit usw.), Wüstenausbreitung usw. verringern. Tragfähigkeitsverluste sind oft irreversibel.

(O3.3) Wegen unvermeidbarer Verluste der nicht-erneuerbaren Ressourcen können auf Dauer nur erneuerbare Ressourcen die Basis für eine nachhaltige Entwicklung und dauerhafte Entfaltungsfähigkeit sein.

Eine vollständige Materialrückführung (Rezyklierung) von 100% ist nicht möglich (von geologischen Zeiträumen abgesehen). Unwiederbringliche Verluste (meist durch Verteilung in der Umwelt in geringer Konzentration) sind immer unvermeidbar, insbesondere bei technischen Prozessen.

Das bedeutet, daß schließlich alle nicht-erneuerbaren Rohstoffvorräte soweit schrumpfen werden, daß die Kosten ihrer Ausbeutung ihre Verwendung - außer für exotische Anwendungen - ausschließen werden.

Dies bedeutet eine Bedrohung der Entfaltungsfähigkeit, wenn wir es mit einem kritischen, nicht substituierbaren Rohstoff zu tun haben. Bei substituierbaren Rohstoffen bringen Ersatzstoffe einen Zeitgewinn - aber damit verschiebt sich das Problem nur auf einen anderen Stoff und einen späteren Zeitpunkt. Letztlich werden wir auf eine fast vollständige Materialrückführung und auf erneuerbare Rohstoffe angewiesen sein.

(O3.4) Die nachhaltige Tragfähigkeit einer Region ist durch ihre erneuerbaren Prozesse und ihre erneuerbaren Rohstoffe und Energien bestimmt. Eine obere Grenze ergibt sich aus der verfügbaren Solarstrahlung.

Wegen der unausweichlichen Erschöpfung nicht-erneuerbarer Rohstoffe kann die nachhaltige Tragfähigkeit nur an erneuerbaren Rohstofferträgen und an erneuerbaren Prozessen (etwa Schadstoffabbau und Regenerationsfähigheit von Ökosystemen) gemessen werden. Weil die einzige wesentliche Energiequelle zum Antrieb dieser erneuerbaren Prozesse die Sonnenenergie ist, ergibt sich daraus sofort eine obere Grenze der potentiellen Tragfähigkeit einer Region. Obwohl es im Prinzip möglich ist, daß zukünftige technische Prozesse Solarenergie besser verwenden werden als Pflanzen, so ist es gegenwärtig noch vernünftig, die potentielle Primärproduktivität (der Pflanzen) als eine obere Grenze der Tragfähigkeit anzusehen. Die Sonneneinstrahlung und das Klima setzen der Tragfähigkeit einer Region eine obere Grenze.

(O3.5) Die Bevölkerungszahl einer Region muß der nachhaltigen Tragfähigkeit der Region entsprechen.

Unsere Vorstellung vom Menschen schließt das Recht jedes lebenden Individuums auf ein lebenswertes Leben ein. Auf der anderen Seite bedeutet das Konzept der Entfaltungsfähigkeit der Menschheit, daß ihr Fortbestand als ein entfaltungsfähiges System gesichert sein muß. Auf der einen Seite bedeutet dies sicher, daß die Bevölkerungszahl über einem gewissen Minimalbestand gehalten werden muß, wobei das Minimum sich aus der Zahl ergibt, die notwendig wäre, um die Gesellschaft als eine menschliche Organisation mit all den Qualitäten, die erhalten und entwickelt werden sollen, funktionsfähig zu erhalten.

Auf der anderen Seite bedeutet dies nicht, daß die gegenwärtige Höhe der Weltbevölkerung bestehen bleiben oder sich noch erhöhen muß. Allerdings darf jede Verringerung der Bevölkerungszahl nicht die Entfaltungsfähigkeit lebender Individuen beeinträchtigen. Sie darf sich daher nur als das Ergebnis einer Entwicklung einstellen, bei der die Geburtenrate kleiner als die Sterberate ist. Die Entfaltungsfähigkeit des Einzelnen bedeutet auch sein Recht auf Kinder. Ihre Zahl ist allerdings begrenzt durch den Leitwert Verantwortung auch für zukünftige Generationen.

(O3.6) Da die lebenswert erhaltbare Bevölkerungszahl in direkter Beziehung zur ihr verfügbaren Tragfähigkeit steht, so verändert sich auch die maximale 'entfaltungsfähige' Bevölkerungszahl mit der zeitlichen Veränderung der Tragfähigkeit.

Da wir nicht wissen, wie sich Bevölkerungen in der Zukunft entwickeln - und es besteht die Möglichkeit erheblichen Zuwachses - so fordert unsere Verantwortung von uns, daß wir die Tragfähigkeit und die nachhaltigen Erträge in den meisten Regionen erhalten und zunächst noch verbessern und in Forschung und Entwicklung nach zusätzlichen technologischen Lösungen für die Erhaltung und Verbesserung der Tragfähigkeit suchen. Es ist klar, daß hierfür nur nachhaltige Technologien in Frage kommen.

O4. Zielauswahl und Zeithorizont

Wenn sich eine Gesellschaft kurzfristige oder langfristige Ziele steckt, um damit einen gewünschten Systemzustand zu erreichen, so hat dies gleichzeitig Konsequenzen für Ressourcennutzungen und Umweltbelastungen und damit für die langfristige Entfaltungsfähigkeit.

Verantwortliches Handeln bedeutet daher, daß alle Zielsetzungen und Entwicklungen mit der langfristigen Entfaltungsfähigkeit vereinbar sein müssen. Auch Kurzfrist-Ziele müssen daher im Hinblick auf die langfristige Entwicklung formuliert werden. Das kann u.U. bedeuten, daß vorübergehend irreversible Verluste in Kauf genommen werden, um langfristig zu nachhaltiger Entfaltungsfähigkeit zu kommen.

Entscheidend bei Planungen ist daher die Rolle des Zeithorizonts: Wird - bei kurzem Zeithorizont - der Blick in die Zukunft zu früh abgeschnitten, so erhöht sich die Gefahr, auf Holzwege zu geraten oder in Fallgruben zu tappen, die sich bei weiterem Zeithorizont leicht hätten identifizieren lassen. Die Weite des Zeithorizonts muß sich an der zeitlichen Reichweite der Handlungswirkungen orientieren. Ist diese gering, so kann der Zeithorizont ebenfalls relativ eng sein, ohne daß hierdurch die Entfaltungsfähigkeit beeinträchtigt wird.

(O4.1) Ziele müssen mit der Entfaltungsfähigkeit vereinbar sein. Sie sollten möglichst aus dieser abgeleitet sein.

Eine wichtige Schlußfolgerung der bisherigen Argumentation ist es, daß kurzfristige Entwicklungsziele nur dann anerkannt werden können, wenn sie aus einer Untersuchung der langfristigen Entfaltungsfähigkeit abgeleitet worden sind. Entwicklungsziele, die heute einleuchtend erscheinen (wie die Förderung industriellen Wachstum, die Zentralisierung der Verwaltung, die Industrialisierung der Landwirtschaft usw.) sind u.U. langfristig der Entfaltungsfähigkeit abträglich. Tatsächlich gibt es keine andere Möglichkeit, mit solchen Zielen die langfristige Entfaltungsfähigkeit abzusichern außer der, sie nur dann zu verwenden, wenn insgesamt positive Auswirkungen für die langfristige Entfaltungsfähigkeit nachgewiesen werden können.

(O4.2) Die sich fortlaufend ändernden Bedingungen eines Entwicklungsprozesses verlangen eine fortlaufende Anpassung der Ziele, um langfristig die Entfaltungsfähigkeit zu sichern.

Die Bedingungen ändern sich sowohl durch exogene Veränderungen (z.B. Klima) wie auch vor allem durch den Entwicklungsprozess selbst. Es liegt auf der Hand, daß das Festhalten an der gleichen Zielmenge (z.B. hohem Wirtschaftswachstum) über mehrere Jahrzehnte unverantwortlich ist, falls sich nicht eindeutig ein entsprechender Beitrag zur langfristigen Entfaltungsfähigkeit feststellen läßt.

(O4.3) Um die langfristige Entfaltungsfähigkeit zu sichern, müssen unter Umständen vorübergehende Entfaltungsverzichte oder irreversible Verluste in Kauf genommen werden.

Im Interesse langfristiger Entfaltungsfähigkeit kann es tatsächlich klug sein, über eine begrenzte Zeitperiode bewußt die Irreversibilität (Verschleiß nicht-erneuerbarer Ressourcen) zu erhöhen. Beispiel: Investition großer Mengen nicht-erneuerbarer Ressourcen zum Aufbau einer nachhaltigen Ressourcenversorgung auf der Basis erneuerbarer Rohstoffe.

In anderen Fällen mag die zeitweilige Untererfüllung einiger Leitwerte in Kauf genommen werden müssen, um die langfristige Entfaltungsfähigkeit zu sichern.

Weil wir unsere Optionen für die Zukunft heute kaum kennen, und weil wir sie daher auch nie im Hinblick auf die zukünftige Entfaltungsfähigkeit untersucht haben, verschwenden wir heute möglicherweise für unwichtige Zwecke und in unwiederbringbarer Weise Ressourcen, die für den späteren Übergang auf eine langfristige Entfaltungsfähigkeit nicht mehr verfügbar sein werden.

Auswirkung von Kurzzeitzielen: Die Entfaltungsfähigkeit des Systems wird langfristig u.U. zerstört.

Ziele	Resultierender Systemzustand	Entfaltungsfähigkeit
1 hohes Wirtschaftswachstum, Bevölkerungswachstum	wachsender Wohlstand; Infrastruktur, Wirtschaft, Städte, Märkte werden aufgebaut	hoch
2 hohes Wirtschaftswachstum	Subsistenzwirtschaft geht verloren, abhängig vom industriellen System, große Bevölkerung, Importe, Arbeitslosigkeit, hoher Ressourcenverbrauch, Umweltverschmutzung	gering
3 hohes Wirtschaftswachstum	hohe Umweltverschmutzung, Zerstörung der ökologischen und Ressourcenbasis, hohe Arbeitslosigkeit, hohe Auslandsschulden	zerstört
4 Menschen ernähren, Ordnung halten	Zusammenbruch des gesellschaftlichen Systems, Polizeistaat, Hunger, Korruption, keine Schuldenrückzahlung	zerstört

(O4.4) Bei einem engen (kurzfristigen) Zeithorizont ist das Risiko groß, daß irreversible Pfade und Sackgassen beschritten werden. Zur Kurskorrektur muß härter und schneller und mit höheren 'Entfaltungskosten' durchgegriffen werden als bei weitem (langfristigen) Zeithorizont.

Die Weite des Zeithorizonts spielt eine entscheidende Rolle in der Entwicklungsplanung. Ein enger Zeithorizont erhöht drastisch die Möglichkeit, daß unerkannt ein irreversibler Pfad verfolgt wird, der zu einem langsamen oder plötzlichen Verlust der Entfaltungsfähigkeit führen kann. Kurskorrekturen müssen, falls sie sich als notwendig erweisen, schneller und härter sein, als es eigentlich notwendig wäre.

Ein weiter Zeithorizont erleichtert es erheblich, Fallgruben der Nichtumkehrbarkeit zu umgehen, die notwendigen Veränderungen allmählich einzuführen und einen Weg zu langfristiger Entfaltungsfähigkeit zu beschreiten, ohne von den heutigen Generationen Unzumutbares zu verlangen.

Die fortlaufende Entfaltungsfähigkeit ist am besten gewährleistet, wenn die Weite des Zeithorizonts mit der zeitlichen Weite des Wirkungshorizonts übereinstimmt.

Die unterschiedlichen Entwicklungen bei fehlender und bei laufender Zielanpassung sind in den Tabellen angedeutet.

Auswirkung der rechtzeitigen Anpassung von Kurzzeitzielen im Hinblick auf die langfristige Entfaltungsfähigkeit.

Ziele	Resultierender Systemzustand	Entfaltungsfähigkeit
1 hohes Wirtschaftswachstum	wachsender Wohlstand; Infrastruktur, Wirtschaft, Städte, Märkte werden aufgebaut	hoch
2 Geburtenkontrolle effiziente Ressourcennutzung, Aufbau der regenerativen Ressourcenbasis	Vollbeschäftigung, niedriger Ressourcenverbrauch, sichere Ressourcenbasis, Eigenständigkeit, niedrige Umweltbelastung	hoch
3 Nachhaltigkeit	nachhaltige Ressourcennutzung, stabile Bevölkerung, nachhaltige Technologie, Unabhängigkeit, Lebensqualität	hoch

(O4.5) Die Computersimulation von Entwicklungsprozessen zeigt bei langfristiger Orientierung an der Entfaltungsfähigkeit auch bei schwierigen Ausgangsbedingungen gute Ergebnisse: Katastrophen sind - bei Weitblick in der Zukunftsvorbereitung - weitgehend vermeidbar.

Um ein 'intelligent' reagierendes Weltmodell zu schaffen, wurde Forrester's Weltmodell (1971) mit einem 'Orientierungsmodul' verbunden, der die ständige Bewertung des Systemzustands im Hinblick auf die fünf Leitwerte erlaubte, um damit die jeweilige Entfaltungsfähigkeit des Systems zu bestimmen. Während des Modellaufs wurden die Ziele laufend entsprechend dem Ergebnis der Bewertung der Entfaltungsfähigkeit für die Planungsperiode angepaßt. Die Anfangsbedingungen waren diejenigen der Forrester'schen katastrophalen Umweltkrise. Die Untersuchung zeigte eindeutig, daß diese Katastrophe leicht vermeidbar war, wenn die Entscheidungen ständig im Hinblick auf die langfristige Entfaltungsfähigkeit (weiter Zeithorizont) getroffen wurden. In diesem Fall ergab sich eine sehr günstige Systementwicklung im Hinblick auf die Entfaltungsfähigkeit.

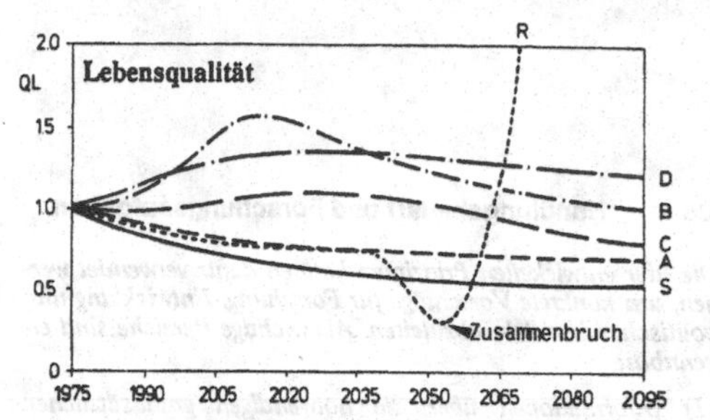

Simulationsergebnisse mit einem 'intelligenten' Weltmodell: Lange Zukunftsperspektive und hohe Reaktionsempfindlichkeit zahlen sich aus.

Lauf A: kurze Zukunftsperspektive, niedrige Reaktionsempfindlichkeit
Lauf B: kurze Zukunftsperspektive, hohe Reaktionsempfindlichkeit
Lauf C: lange Zukunftsperspektive, niedrige Reaktionsempfindlichkeit
Lauf D: lange Zukunftsperspektive, hohe Reaktionsempfindlichkeit
Lauf R: Forresters Umweltkrise
Lauf S: Forresters Standardlauf

O5. Ökologische Problematik des Weltmarkts

Die Ressourcen sind über den Erdball äußerst ungleich verteilt. Die naheliegende Lösung besteht darin, Ressourcen aus Überschußgebieten in Mangelgebiete zu befördern. Abgesehen von anderen Überlegungen bedeutet ein solcher Transport bei der heutigen Transporttechnik zunächst fast immer den irreversiblen Verlust von Ressourcen (fossilen Brennstoffen) - ein erster Grund zur Skepsis. Bei nicht-erneuerbaren Rohstoffen beschleunigt der Export aber auch ihre Erschöpfung, während ihr Import in einer anderen Region dort Maßnahmen zur besseren Nutzung verzögert. Es ist also zu fragen, wie sich der interregionale Ressourcentransport mit der Entfaltungsfähigkeit der betroffenen Regionen verträgt. Dabei muß offensichtlich unterschieden werden zwischen (1) nicht-erneuerbaren Ressourcen, (2) erneuerbaren Ressourcen, (3) Information.

(O5.1) Die Ausfuhr nicht-erneuerbarer Ressourcen aus einer Region erhöht deren Entfaltungsfähigkeit nur dann, wenn im Austausch Ressourcen zum Aufbau der eigenen nachhaltigen Tragfähigkeit beschafft werden.

Falls eine Region nicht-erneuerbare Rohstoffe exportiert, so ergibt sich daraus ein regionaler Verlust an Rohstoffen, die später nicht mehr für die regionale Entwicklung verfügbar sein werden. Ein solcher Austausch erscheint nur dann berechtigt, wenn er vorübergehend in der exportierenden wie in der importierenden Region benutzt wird, um Ressourcen zu beschaffen, die notwendig sind, um einen Pfad langfristiger Entfaltungsfähigkeit abzusichern. Heute ist dies wohl selten oder nie der Fall.

(O5.2) Die Einfuhr nicht-erneuerbarer Ressourcen in eine Region erhöht deren Entfaltungsfähigkeit nur dann, wenn damit die eigene nachhaltige Tragfähigkeit verbessert werden kann.

Die Einfuhr von Rohstoffen kann tatsächlich die langfristige Entfaltungsfähigkeit der einführenden Region verringern, indem sie die Ressourcenverschwendung begünstigt, Ansätze zur Einsparung, besseren Nutzung und Rohstoffrückführung behindert und damit die notwendigen Bemühungen, auf einen nachhaltigen Entwicklungspfad zu kommen, verzögert.

(O5.3) Aus- und Einfuhr tragen zu Abhängigkeiten bei, die sich tendenziell negativ auf die Entfaltungsfähigkeit auswirken.

Offensichtlich ist die einführende Region in ihrer Entfaltungsfähigkeit abhängig von einem anderen exogenen System. Das bedeutet, daß ihre Leitwerte der Sicherheit, Handlungsfreiheit und Wandlungsfähigkeit und daher ihre Entfaltungsfähigkeit beeinträchtigt sind. Betrachtet man den Transportaufwand und die Verhinderungen der Optionen zur Einsparung und besseren Nutzung, so ist außerdem der Leitwert Wirksamkeit verletzt.

Auf der anderen Seite ist die Entfaltungsfähigkeit des Exporteurs wegen seiner Abhängigkeit von einem exogenen System beeinträchtigt, das möglicherweise die Bedingungen des Handels (z.B. Preise, Mengen) bestimmen kann.

Überlegungen zur Entfaltungsfähigkeit deuten darauf hin, daß diese potentiellen oder tatsächlichen Beeinträchtigungen der Entfaltungsfähigkeit beider Seiten dadurch vermieden werden können, daß Handel in vielen Fällen erschwert und die Selbstversorgung mit eigenen Ressourcen in den verschiedenen Regionen vorangetrieben wird.

(O5.4) Wegen der unterschiedlichen Naturausstattung verschiedener Regionen führt ein freier Weltmarkt für Produkte aus (prinzipiell) erneuerbaren ökologischen Ressourcen zwangsläufig zur sukzessiven Zerstörung der ökologischen Basis der am meisten benachteiligten Regionen - solange sie nicht aus dem Markt ausscheiden.

Ein freier Weltmarkt bedeutet gleiche Preise für gleiche Produkte - unabhängig vom Ort und den Bedingungen ihrer Herstellung. Dies macht Sinn für Produkte, die - wie Industrieprodukte oder Dienstleistungen - überall auf der Welt zu prinzipiell ähnlichen Bedingungen hergestellt werden können. Ein freier Weltmarkt für diese Produkte und

Dienstleistungen fördert den effizienten Mitteleinsatz, da ineffiziente Produzenten ausscheiden, oder zu effizienteren Methoden übergehen müssen. (In unterschiedlichen Lohnkosten in verschiedenen Teilen der Welt schlägt sich (heute noch) nicht die Tatsache nieder, daß menschliche Bedürfnisse in den verschiedenen Regionen prinzipiell gleich sind.)

Ganz anders sieht es aus, wenn bei der Produktion (von Gütern und Dienstleistungen) Produktionsfaktoren im Spiel sind, die auf Naturpotentialen beruhen, mit denen die verschiedenen Weltregionen unterschiedlich ausgestattet sind, und wenn die hohe Nachfrage nach diesen Produkten (z.B. Nahrungsmitteln) in der mit den notwendigen Naturpotentialen am besten ausgestatteten Region **allein** nicht gedeckt werden kann. (Dies gilt besonders für alle Grundnahrungsmittel.) Da der unter günstigeren ökologischen Bedingungen wirtschaftende Anbieter die Preise (durch Unterbieten) ohne Schaden für sich bestimmen kann, werden andere Anbieter zur Ausbeutung ihrer ökologischen Basis und zur Aufgabe des Nachhaltigkeitsziels gezwungen, da der notwendige Grundbedarf gedeckt werden muß.

Solange also Differenzierungen in der Naturausstattung der Regionen bestehen - und diese sind prinzipiell nicht aufzuheben - bedeutet der freie Weltmarkt z.B. bei Agrarprodukten eine fortschreitende Zerstörung der ökologischen Basis benachteiligter Regionen. Für den Weltmarkt der auf ökologischen Ressourcen basierenden Produktion (Agrarmarkt, Holzmarkt) ist daher ein an der regionalen Naturausstattung orientierter 'Öko-Protektionismus' im Interesse der Nachhaltigkeit und Entfaltungsfähigkeit jeder Region und der Erde insgesamt zu fordern.

(O5.5) Das langfristige Entwicklungsziel jeder Region muß eine der ökologischen Tragfähigkeit angepaßte, relative eigenständige Versorgung auf der Basis nachhaltiger Technik und nachhaltiger Nutzung erneuerbarer Ressourcen sein.

Die Entfaltungsfähigkeit der heutigen industriellen Gesellschaft ist direkt durch ihre Abhängigkeit von nicht-erneuerbaren Rohstoffen bedroht. Hieraus ergibt sich die Forderung nach einer nachhaltigen Technologie, die sich auf vollständige Materialrückführung, Einsparung, bessere Nutzung und die Verwendung erneuerbarer Rohstoffe gründet. Je eher die Forschung und Entwicklung sich in diese Richtung bewegt, umso besser: Alle Bemühungen in dieser Richtung sind ein Beitrag zur Entfaltungsfähigkeit.

Die Meßlatte für die Entwicklung einer Region kann deshalb nicht die gegenwärtige Verfügbarkeit nicht-erneuerbarer Rohstoffe, sondern es muß die langfristige Verfügbarkeit von erneuerbaren Rohstoffen sein. Das bedeutet, daß Überlegungen zur Tragfähigkeit und zur entsprechenden Bevölkerungsgröße eine zentrale Rolle in der Entwicklungsplanung spielen müssen. Dies bedeutet auch, daß (u.a. wegen der unterschiedlichen Naturausstattung) regionale Eigenständigkeit ein logisches langfristiges Entwicklungsziel für jede Region sein muß und daß die Verwendung nicht erneuerbarer Rohstoffe nur dann gerechtfertigt werden kann, wenn sie dafür eingesetzt werden, eine nachhaltige Tragfähigkeit aufzubauen, die die Entfaltungsfähigkeit für die betrachtete Bevölkerungsgröße gewährleistet. Interregionaler Handel mit nicht-erneuerbaren Ressourcen würde dann nur während dieser Periode stattfinden, in der jede Region ihre eigene nachhaltige Selbstversorgungskapazität aufbaut. Heute sind wir in der Tat weit von einer solchen Betrachtung des interregionalen Handels entfernt.

(O5.6) Die Forderung nach relativer Eigenständigkeit gilt nicht für den Informationsaustausch.

Die Forderung nach relativer Eigenständigkeit betrifft nicht den Austausch von Information zwischen Regionen, insbesondere von Wissen, das die sparsame Nutzung von Ressourcen betrifft: Es sollte allen ohne Zeitverzögerung verfügbar sein. (Zutreffende) Information vermehrt auf jeden Fall die Optionen und damit die Entfaltungsfähigkeit eines Systems.

Von der Einschränkung des Informationsflusses zwischen Regionen müssen daher vor allem schwerwiegende Auswirkungen auf die Entfaltungsfähigkeit desjenigen Systems erwartet werden, das die Einfuhr von Informationen bei sich behindert. Dies ist gleichbedeutend mit einer Beeinträchtigung der Entfaltungsfähigkeit (besonders der Leitwerte Wandlungsfähigkeit und Wirksamkeit) im Vergleich zu anderen Systemen; offensichtlich kann das nicht dem Eigeninteresse entsprechen.

O6. Handlungsbedarf und Forschungsaufgaben

Die hier entwickelten Prinzipien können dafür verwendet werden, um konkrete Vorschläge für Forschung, Entwicklung und politisches Handeln abzuleiten. Als wichtige Bereiche sind erkennbar:

(1) Informationen über die notwendigen grundsätzlichen Handlungsorientierungen und heute notwendigen Schritte.

(2) Entwicklung nachhaltiger Technologien der besseren Rohstoff- und Energienutzung, der Stoffrückführung und der Verwendung erneuerbarer Ressourcen.

(3) Untersuchungen zur Verbesserung der Informationslage über die heutige Situation und ihre Entwicklungsmöglichkeiten (Untersuchungen zum Stand der erneuerbaren und nichterneuerbaren Ressourcen, zu den Gleichgewichtspunkten der ökologischen Tragfähigkeit, zu möglichen Entwicklungspfaden und zu Sackgassen und Fallgruben der Entwicklung).

(4) Untersuchungen zur Bewertung und Beeinflussung von Entwicklungen im Hinblick auf die Entfaltungsfähigkeit (Untersuchungen zu Kriteriensystemen, mit denen die Entfaltungsfähigkeit beurteilt werden kann, zur Identifizierung der möglichen Eingriffspunkte und günstiger Eingriffszeiten und zur Anpassung von Zielen und Randbedingungen).

(5) Untersuchungen zur Harmonisierung der Kriteriensysteme von Individuen, Gesellschaft und Umwelt zur weitgehenden Selbststeuerung des Gesamtsystems.

(6) Untersuchungen über organisatorische und institutionelle Hemmnisse und gesellschaftliche Machtstrukturen, die partnerschaftliche Gerechtigkeit und einen am Prinzip der Nachhaltigkeit orientierten Umgang mit natürlichen Ressourcen heute noch verhindern.

(O6.1) Die Entwicklung der nächsten Jahrzehnte muß sich an vier grundlegenden Erfordernissen orientieren:

(1) Bevölkerungswachstum stoppen
(2) Schadstoffeinträge verhindern
(3) erneuerbare Ressourcen nachhaltig nutzen
(4) Verbrauch nicht-erneuerbarer Rohstoffe minimieren

Diese Erfordernisse (s. I3.6) ergeben sich aus den mit der Bevölkerungszahl anwachsenden Ver- und Entsorgungsproblemen und den drei Arten der Umweltbelastung (Schadstoffeinträge, Übernutzung erneuerbarer Ressourcen, Erschöpfung nicht-erneuerbarer Ressourcen).

(O6.2) Gegenwärtige Bedingungen verlangen globales Handeln mit den folgenden konkreten Stoßrichtungen (Global Action Plan, State of the World 1989) (s. I3.7):

(1) Anhalten des Bevölkerungswachstums
(2) Sicherung der Ernährung
(3) Aufforstung
(4) Entwicklung der nachhaltigen Energieversorgung

Ein Anhalten des Bevölkerungswachstums ist Bedingung für den Erfolg aller Bemühungen um Nachhaltigkeit. Gleichzeitig muß die Ernährung dieser (vorläufig noch wachsenden) Bevölkerung gesichert und deshalb die weitere Erosion der Ernährungsbasis gestoppt werden. Aufforstung muß nicht nur die zunehmenden Waldverluste wieder wettmachen, sie dient auch der Regeneration übernutzter Ökosysteme, der Behebung der Brennholzkrise und der Entschärfung des CO_2-Problems und der Klimaveränderung. Eine nachhaltige Energieversorgung muß die heutige ablösen. Sie setzt die Entwicklung hocheffizienter Nutzungstechniken zur Energieeinsparung und den Ausbau erneuerbarer Energieversorgungstechniken voraus.

(O6.3) Forschungsaufgabe: Technologie der effizienteren Nutzung, der Stoffrückführung und der Verwendung erneuerbarer Ressourcen.

Obwohl die Technik praktisch alle die langfristigen Probleme verursacht hat, die heute die Gesellschaft beunruhigen, so stellt sie doch auch den am ehesten akzeptierbaren Ansatz dar, um auf einen nachhaltigen und entfaltungfähigen Entwicklungspfad zu gelangen. Die Alternative zur Möglichkeit, eine neue und nachhaltige Technologie in diese Bemühungen einzuspannen, wäre eine gravierende Veränderung der Lebensstile und ein entsprechender Verlust an Entfaltungsfähigkeit für Individuum und Gesellschaft.

Es würde entweder (1) bedeuten, sich weiter mit der gegenwärtigen verschwenderischen Technologie bei einem stark reduzierten Durchsatz von Energie und Rohstoffen herumzuschlagen - was eine Verringerung der Wohlfahrt bedeuten würde; oder (2) sich von Teilen oder der Technik insgesamt zu trennen, mit weit gravierenderen Konsequenzen.

Die einzige Alternative erscheint daher, sich für eine effizientere, energie- und rohstoffsparende, weniger umweltbelastende, informationsintensivere nachhaltige Technologie einzusetzen, die auf den Grundsätzen der Rohstofferhaltung und Rückführung und der Verwendung erneuerbarer Ressourcen gegründet sein muß. Das erfordert erhebliche Forschungs- und Entwicklungsanstrengungen auf den folgenden Gebieten:

- Ressourceneinsparung (besonders nicht-erneuerbare);
- Rückführung von nicht-erneuerbaren Ressourcen;
- Wiederaufarbeitung von nicht-erneuerbaren Rohstoffen;
- effiziente Nutzung von Energie;
- Verwendung erneuerbarer Energien;
- Erhaltung und Verbesserung der Ressourcen, die die Tragfähigkeit bestimmen (Boden, Nährstoffe, Wasser, Ökosysteme usw.).

Diese - und ähnliche Entwicklungen - stellen nur die eine Seite der Münze dar. Die notwendige technische Entwicklung muß begleitet sein von entsprechender Information, Bildung und Ausbildung, um sicherzustellen, daß die Bedrohlichkeit der Situation von allen rechtzeitig verstanden wird und daß rechtzeitig gehandelt wird.

Diese Bemühungen müssen sich konzentrieren auf: Die Zusammenstellung und Verbreitung von Informationen über mögliche und konkurrierende Entwicklungspfade und ihre Folgewirkungen; das Verständnis der Dynamiken der erneuerbaren und nicht-erneuerbaren Ressourcensysteme, einschließlich ökologischer Systeme; die Identifizierung von irreversiblen und bedrohlichen Entwicklungspfaden; und schließlich: das Verständnis des Konzepts der Entfaltungsfähigkeit und der Verantwortung für die langfristige Entfaltungsfähigkeit der menschlichen Gesellschaft in einer entfaltungsfähigen Umwelt.

(O6.4) Forschungsaufgabe: Inventarisierung der (regionalen) gegenwärtigen Ressourcen.

Eine Vorbedingung für verläßliche Folgenabschätzungen sind Untersuchungen über den Stand der Ressourcen in jeder Region, um die heutigen Vorräte und Erträge der erneuerbaren und nicht-erneuerbaren Ressourcen festzustellen. Für eine gültige Abschätzung müssen außerdem die gegenwärtigen Raten der Ressourcenerschöpfung, der Erosion der erneuerbaren Ressourcenbasis usw. bekannt sein. Die Bevölkerung und ihr weiteres Wachsen, ihre Urbanisierung und die ökonomischen, industriellen, ökologischen usw. Entwicklungen und ihre erkennbaren und vorhersehbaren Konsequenzen müssen ebenfalls dokumentiert werden.

(O6.5) Forschungsaufgabe: Gleichgewichtspunkte der Tragfähigkeit.

Da die Tragfähigkeit eine entscheidende Rolle in der langfristigen Entfaltungsfähigkeit spielt, muß die Tragfähigkeit der erneuerbaren Prozesse für eine gegebene Region und für verschiedene Entwicklungspfade bestimmt werden. Wichtige Meßlatten sind dabei die gegenwärtige Tragfähigkeit im Gleichgewicht des heutigen Ökosystems, die maximale biologische Tragfähigkeit entsprechend dem regionalen Klima, die gegenwärtige Erosionsrate der Tragfähigkeit, das Entwicklungspotential der Tragfähigkeit und schließlich die Tragfähigkeit im Gleichgewicht für verschiedene mögliche Gleichgewichtszustände, die aus der Ressourcenerosion oder der Stärkung der Ressourcenbasis entsprechend den verschiedenen Entwicklungspfaden folgen.

(O6.6) Forschungsaufgabe: Pfadstudien.

Ein entscheidendes Element bei Studien zur zukünftigen Entfaltungsfähigkeit ist der systematische Entwurf plausibler und möglicher Entwicklungspfade, ausgehend von den heutigen Bedingungen und überleitend zu zukünftigen möglichen Gleichgewichtszuständen. Der entscheidende Punkt einer solchen Pfadstudie ist die Einbeziehung eines Satzes von qualitativ verschiedenen Pfaden, die in ihrer Gesamtheit den gesamten Raum der zukünftigen Entwicklungsmöglichkeiten umspannen. Die Untersuchung eines einzigen Pfades mit vielleicht nur einer einzigen Alternative bedeutet daher keine glaubwürdige Pfadstudie: Die untersuchenden Wissenschaftler und ihre Kunden würden sich nur etwas vormachen. Ein (im Gegensatz dazu) vollständiger Satz von Pfaden bildet die Ausgangsbasis für eine systematische Bewertung und den Vergleich von Entwicklungsmöglichkeiten.

(O6.7) Forschungsaufgabe: Das Erkennen von Entwicklungsfallgruben.

Ein Aspekt einer solchen Pfadstudie, der behandelt werden kann, ohne daß Fragen der Kriterien und der Bewertung betrachtet werden müssen, ist die Identifizierung von Entwicklungspfaden, die ein hohes Risiko des letztlichen Zusammenbruchs wegen Erosion der Ressourcenbasis, wegen Überbevölkerung, wegen Verschwendung unersetzbarer Ressourcen, wegen der Nichtbeachtung der langfristigen Entfaltungsfähigkeit oder aus anderen Gründen tragen. Eine Langfristpfadstudie würde diese Gefahren identifizieren und Hinweise für ihre Ursachen geben. Dies stellt daher ein verläßliches Frühwarnsystem dar - und ist im Vergleich zu den Kosten des Scheiterns sehr billig. Eine solche Studie würde auch zu Informationen führen, die für die Ermittlung möglicher Steuereingriffe wichtig sind.

(O6.8) Forschungsaufgabe: Kriteriensysteme und Abschätzung der Entfaltungsfähigkeit.

Für eine Untersuchung der Entfaltungsfähigkeit, und insbesondere für den Vergleich der Entwicklung der Entfaltungsfähigkeit bei alternativen Pfaden, ist es notwendig, diejenigen Zustandsgrößen einer gegebenen Gesellschaft (und ihrer technologischen, ökonomischen und ökologischen Basis) zu identifizieren, die verwendet werden können, um den Zustand der Leitwerterfüllung und damit den Stand der Entfaltungsfähigkeit zu ermitteln. Unter Verwendung der sechs Leitwerte als Prüfliste und verschiedener Zustandsgrößen (Indikatoren) des Systems als Anhaltspunkte, besteht die Aufgabe darin, diese Indikatoren mit den Orientoren (Leitwerten) über ein hierarchisches Kriteriensystem zu verbinden. Bei diesem Prozeß müssen einige Anstrengungen darauf verwendet werden, Doppelzählungen oder Unvollständigkeit zu vermeiden.

Sobald diese Verbindungen vom Systemzustand zur Leitwerterfüllung hergestellt worden sind, kann die Abschätzung der Entfaltungsfähigkeit durchgeführt werden, indem die Leitwerterfüllungen auf dem 'Leitwertstern' aufgetragen und die Entwicklung der Entfaltungsfähigkeit als Funktion der Zeit ermittelt wird. Die den verschiedenen möglichen Entwicklungspfaden entsprechende Entwicklung der Entfaltungsfähigkeit kann dann verglichen werden, günstige und ungünstige Pfade können identifiziert werden und versteckte Entwicklungsfallgruben werden sichtbar (vgl. O4.4).

(O6.9) Forschungsaufgabe: Identifizierung der Eingriffsgrößen und der Eingriffszeitpunkte.

Im allgemeinen wird sich als Folgerung aus einer Pfadstudie ergeben, daß der gegenwärtige Pfad langfristig betrachtet nicht nachhaltig ist und daß das Umsteigen (oder der evolutionäre Übergang) auf einen anderen Entwicklungspfad notwendig wird. Meist ist der Zeitpunkt für diesen Übergang nicht beliebig und die Pfadstudie wird dabei helfen, günstige Schaltzeitpunkte sowie neue Werte für die Ziele und Randbedingungen zu ermitteln. Auch wird sie Widerstände gegen den Schaltvorgang und Möglichkeiten ihrer Beseitigung identifizieren.

(O6.10) Forschungsaufgabe: Anpassung von Zielen und/oder Randbedingungen.

Die Pfadstudie wird Hinweise für die Anpassung von Zielen und Randbedingungen geben, die zu langfristiger Entfaltungsfähigkeit führen. Im Prinzip bestehen zwei verschiedene Ansätze zur Steuerung des Entwicklungsprozesses:

In dem einen Ansatz, der eher für Planwirtschaften typisch ist, werden Ziele in gewissen Zeitintervallen zentral gesetzt und verändert (Fünfjahresplan usw.). Unter der Annahme, daß die Ziele richtig gesetzt werden und effizient verfolgt werden können, mag dieser Ansatz das System tatsächlich zügig auf den gewünschten Kurs steuern. Allerdings läßt er kaum Platz für kreative Antriebe und Anpassungen der Subsysteme selbst. Falls die Ziele also nicht richtig gesetzt werden, leidet dieser Ansatz unter Ineffizienz und kann tatsächlich das Abweichen vom entfaltungsfähigen Pfad eher beschleunigen.

Bei einem anderen Ansatz wird die Zielbestimmung und Zielanpassung den Subsystemen überlassen, aber ihre Handlungen werden durch entsprechende Randbedingungen eingegrenzt (z. B. Zinsen, Subventionen, Steuern, Strafen usw.), die das System daran hindern, sich auf gewisse Pfade zu begeben, die als unerwünscht eingestuft werden. Diese Randbedingungen lassen dem Subsystem die Möglichkeit, einen für sich akzeptablen Pfad am Marktplatz der konkurrierenden Ideen selbst zu entwickeln. Dieser Ansatz ist eher für Marktwirtschaften typisch; in der Realität sind heute alle Wirtschaftsformen allerdings eine Mischung der beiden Ansätze. Der letztere Ansatz leidet in der Praxis unter Ineffizienzen, die mit dem Anpassungsprozeß nach der Methode 'Versuch und Irrtum' am Markt zusammenhängen.

Ob wir uns nun auf Ziele oder das Setzen von Randbedingungen verlassen: Wichtig ist es, daß wirksame Mittel gefunden werden, um das System auf einen entfaltungsfähigen Pfad zu zwingen; oder, anders betrachtet, das System daran zu hindern, sich auf einen Pfad zu begeben, der sich langfristig als nicht nachhaltig und nicht entfaltungsfähig erweist.

(O6.11) Forschungsaufgabe: Harmonisierung der Interessen der Teilsysteme.

Nachhaltigkeit der Entwicklung setzt auf Dauer auch eine Harmonisierung der Interessen von Individuen, Gesellschaft und natürlicher Umwelt voraus. Wo hier Disharmonien bestehen bleiben, wird es weiterhin Kriege, Hunger, Umweltzerstörung; Flüchtlingsströme, politische Apathie und soziale Unzufriedenheit geben.

Dies bedeutet vor allem, daß politische, soziale, ökonomische und technische Rahmenbedingungen geschaffen werden müssen, bei denen Individualinteressen (etwa das persönliche Freiheitsbedürfnis und der Wille, Eigenverantwortung auch für die ökologischen Folgen eigener Handlungen zu übernehmen) nicht durch gänzlich anders geartete Interessen des politischen oder ökonomischen Systems (etwa der zentralistischen Planwirtschaft oder des reinen Profitkapitalismus) frustriert werden.

Sicher ist eine vollständige Harmonisierung der Interessen der beteiligten Teilsysteme utopisch und auch nicht wünschenswert, da notwendige Veränderungen entsprechende Spannungen voraussetzen. Die Tatsache aber, daß sich in einigen Ländern der Erde partnerschaftlichere Formen des Umgangs zwischen Individuen, Gesellschaft und Umwelt entwickelt haben als in anderen, gibt den Blick frei auf Möglichkeiten, die noch längst nicht ausgeschöpft worden sind.

(O6.12) Umsetzungsaufgabe: Schaffung der rechtlich und moralisch verbindlichen Rahmenbedingungen und politischen Prozesse für eine an den Prinzipien der Partnerschaftlichkeit und der Nachhaltigkeit orientierte Entwicklung.

Aus Wissen und Einsicht gewonnene Erkenntnisse darüber, wie die Welt und die sie bestimmenden gesellschaftlichen und technischen Prozesse eigentlich beschaffen sein sollten, reichen nicht aus, solange nicht auch die selbststeuernden Kräfte des Gesamtsystems in die gleiche Richtung drängen. Hier ist die menschliche Gesellschaft aufgefordert, im eigenen langfristigen Erhaltungs- und Entfaltungsinteresse die notwendigen Rahmenbedingungen und Steuerprozesse zu schaffen und ihre Einhaltung auch gegen Eigeninteressen, Uneinsichtigkeit, Dummheit und ökonomische und institutionelle Macht durchzusetzen.

O7. Zusammenfassung

1. *Unser Verantwortungshorizont schließt die Auswirkungen unserer Handlungen (und Nicht-Handlungen) für andere ein, heute und in der Zukunft. Verantwortung bedeutet daher, die Entfaltungsfähigkeit anderer mitzuberücksichtigen.*

2. *Die Absicherung der Entfaltungsfähigkeit eines (Human-) Systems erfordert ein Mindestmaß an Berücksichtigung jedes der Leitwerte (Existenz, Sicherheit, Handlungsfreiheit, Wirksamkeit, Wandlungsfähigkeit, Verantwortung).*

3. *Normalerweise steht zu jedem Zeitpunkt einem System ein ganzes Spektrum möglicher Entwicklungspfade offen.*

4. *Die verschiedenen Pfade unterscheiden sich in bezug auf die Konsequenzen für die betroffenen Systeme, insbesondere für ihre Entfaltungsfähigkeit. Einige Pfade können tatsächlich wenig wünschenswert sein und können die Entfaltungsfähigkeit und das Überleben des Systems sogar bedrohen.*

5. *Aus diesen Gründen ist es notwendig, die zukünftige Entfaltungsfähigkeit des Systems im Auge zu behalten, wenn die kurzfristigen Entwicklungsziele oder Entwicklungsbedingungen festgelegt werden. Planung muß daher teleologisch sein.*

6. *Die ständige Veränderung des Zustands von System und Umwelt und insbesondere die Nichtumkehrbarkeiten, die mit der Verwendung nicht-erneuerbarer Ressourcen zusammenhängen, erfordern eine ständige Anpassung der (Kurzfrist-)Ziele und Randbedingungen im Hinblick auf die zukünftige Entfaltungsfähigkeit.*

7. *Ein Optimum an relativ reibungsloser Selbststeuerung gesellschaftlicher Prozesse im Einklang mit den Entfaltungsinteressen von Individuen, Gesellschaft und natürlicher Umwelt kann durch die weitgehende Harmonisierung ihrer Kriteriensysteme erreicht werden.*

8. *Wissen und Erkenntnis müssen ergänzt werden durch politische, rechtliche und moralische Rahmenbedingungen und Prozesse, die einen anderen als an den Prinzipien der Partnerschaftlichkeit und der Nachhaltigkeit orientierten Umgang mit den natürlichen Ressourcen nicht mehr erlauben.*

Literaturhinweise

I Einführung

I1.1 Global 2000: 145, 163 ff
I1.2 Zur Sache 5/88: 429
I1.3 Global 2000: 61
I1.4 Daten zur Umwelt 89: 203
I1.5 Global 2000: 588-589, 823; Myers 1985: 40, 46
I1.6 Global 2000: 68, 463
I1.7 Daten zur Umwelt 89: 528-529
I3.7 State of the World 1989: 174-194

P Bevölkerungsentwicklung und Populationsdynamik

P1.1 Ehrlich 1977: 181 ff
P1.2 Ehrlich 1977: 184 ff
P1.4 Global 2000: 42
P1.5 Global 2000: 520; Ehrlich 1977: 227
P3.3 Ehrlich 1977: 196
P3.4 Ehrlich 1977: 196
P4.1 Knodel 1984: 50
P4.2 Global 2000: 43
P4.3 Global 2000: 43
P4.5 Kormondy 1976: 89
P4.6 Pestel 1978: 37
P5.2 Pestel 1978: 34
P5.3 Mackensen 1984: 55a,b
P6.1 Global 2000: 145, 163 ff
P6.2 Global 2000: 38-77
P6.6 State of the World 1984: 183; Ehrlich 1977: 296
P6.7 Ehrlich 1977: 290-316
P6.8 Ehrlich 1977: 313-315; Global 2000: 514
P6.10 Global 2000: 515
P6.12 Zur Sache 5/88: 480-508; IIASA 1981; Lovins 1981

K Klimasphäre

K2.7 Zur Sache 5/88: 498
K2.8 Zur Sache 5/88: 367-372
K2.9 Zur Sache 5/88: 368
K2.10 Odum 1971: 41
K2.11 Dyck 1983: 23; Zur Sache 5/88: 369-372
K2.12 Busch 1983: 102
K2.13 Ehrlich 1977: 43
K3.5 Schlichting 1967: 18
K4.5 Ehrlich 1977: 55
K5.8 Global 2000: 568
K6.5 Masters 1974: 84; Ehrlich 1977: 29-32
K6.6 Umweltgutachten 1985, 229
K6.7 Kormondy 1976: 55; Larcher 1980: 324; Müller 1988: 29
K7.1 Ahlheim 1975: 65
K7.2 Ehrlich 1977: 27-29
K7.4 Dyck 1983: 19; Ehrlich 1977: 30
K8.1 Ahlheim 1978: 81;
K8.2 Müller 1988: 52-53; Kormondy 1976: 170-173
K8.4 Ehrlich 1977: 24-27; Kormondy 173
K8.5 Ehrlich 1977: 25
K8.6 Ahlheim 1975: 77
K8.7 Ehrlich 1977: 26
K9.1 Ehrlich 1977: 57-63
K9.2 Zur Sache 5/88: 351-410
K9.3 Zur Sache 5/88: 352-365
K9.4 Zur Sache 5/88: 358-360

E Energiehaushalt und Produktivität von Ökosystemen

E1.5 Czihak 1981: 90-91
E1.7 Odum 1971: 39
E2.1 Wiedenroth 1981: 76
E2.3 Larcher 1980: 130-133, 144
E2.4 Larcher 1980: 139-141; Richter 1985: 169
E2.5 Larcher 1980: 183-185
E2.6 Faustzahlen 1983: 231-233
E2.7 Wiedenroth 1981: 77
E3.4 Masters 1974: 19; Odum 1971: 46
E3.5 Odum 1971: 75-77
E3.6 Ehrlich 1977: 128-134; Odum 1971: 80
E3.7 Ehrlich 1977: 134; Odum 1971: 80
E3.9 Wiedenroth 1981: 12
E4.1 Odum 1971: 67-68
E4.3 Odum 1971: 39
E5.1 Odum 1971: 43 ff; Wiedenroth 1981: 98 ff
E5.2 Odum 1971: 43 ff
E5.5 Odum 1971: 46
E5.6 Wiedenroth 1981: 92-93
E6.2 Müller 1988: 193-195
E6.4 Wiedenroth 1981: 59-66
E6.5 Wiedenroth 1981: 85-97
E6.6 Wiedenroth 1981: 85-97
E6.8 Wiedenroth 1981: 91; Larcher 1980: 196-197
E6.9 Larcher 1980: 197
E6.10 Larcher 1980: 194-195; Ehrlich 1977: 74

N Nährstoffbedarf, Nährstoffkreisläufe, Boden

N1.3 Larcher 1980: 244; Ehrlich 1977: 71-73
N1.5 Ehrlich 1977: 92-93; Larcher 1980: 245
N1.7 Larcher 1980: 274
N2.4 Ehrlich 1977: 70
N3.3 Ehrlich 1977: 81; Zur Sache 5/88: 385-388
N3.4 Zur Sache 5/88: 379; Worldwatch 91: 13
N4.2 Larcher 1980: 220
N4.3 Ehrlich 1977: 85-87; Larcher 1980: 224-226
N4.4 Larcher 1980: 209-224
N4.5 Ehrlich 1977: 83
N4.6 Larcher 1980: 219-220
N5.3 Ehrlich 1977: 87-89
N5.4 Global 2000: 463
N6.1 Ehrlich 1977: 89-90
N6.3 Ehrlich 1977: 89-92
N7.2 Graf 1988: 20-21
N7.3 Graf 1988: 19-24
N7.5 Graf 1988: 55-59; Dyck 1983: 232
N7.6 Graf 1988: 58-64
N7.7 Finck 1982: 27, 30, 38-40
N7.8 Finck 1982: 25-27
N7.10 Graf 1988: 111-113
N7.11 Müller 1988: 158-159; Larcher 1980: 147
N7.12 Finck 1982: 27; Larcher 1980: 190-192
N7.13 Larcher 1980: 244
N7.14 Larcher 1980: 230; State of the World 1984: 55; Ehrlich 1977: 252-257
N7.15 Odum 1971: 371
N7.16 Ehrlich 1977: 254-256
N7.17 Graf 1988: 39-43; Finck 1982: 24

S Ökosysteme und ihre Entwicklung

S1.2 Müller 1988: 276-277
S1.3 Müller 1988: 278-297; Ehrlich 1977: 144-159
S1.4 Myers 1985: 12-13, 100
S1.5 Richter 1985: 1-18
S2.1 Bossel 1989: 9-11
S2.2 Bossel 1989: 22-24
S2.3 Bossel 1989: 32-34; Csaki 1973: 1-22
S2.5 Bossel 1989: 35-36, 99-106
S2.6 Bossel 1989: 127-152
S2.9 Zur Sache 5/88: 358-362
S2.10 Gleick 1988: 11-31, 323; Ebeling 1989: 31-35; Beltrami 1987: 207-228
S3.1 Holling 1978: 9-11, 33-35,; Wissel 1989: 23
S3.3 Wissel 1989: 8-112; Richter 1985: 34-48
S3.4 Richter 1985: 15-16, 49-73
S3.5 Richter 1985: 91-98
S3.7 Kormondy 1976: 111-112; Bossel 1985: 103-111
S3.8 Bossel 1985: 91-102; Richter 1985: 45-48; Wissel 1989: 63-72
3.9 Richter 1985: 34-38
S3.10 Richter 1985: 25-28; Wissel 1989: 28-34
S3.11 Ashby 1956
S4.1 Odum 1971: 258-264
S4.2 Odum 1971: 251-258
S4.3 Odum 1971: 253
S4.5 Odum 1971: 252
S5.1 Müller 1988: 211-226
S5.2 Müller 1988: 102-104, 334-337
S5.3 Odum 1971: 241-242; 273-275
S5.4 Busch 1983: 345

R Nutzung erneuerbarer Ressourcen

R1.6 Larcher 1980: 194-195; Wiedenroth 1981: 92-93
R1.7 Global 2000: 50-59
R1.9 Masters 1974: 57
R1.10 Myers 1984: 34-39; Ehrlich 1977: 286-290
R2.1 Myers 1984: 24-35; Global 2000: 277-280
R2.2 Global 2000: 279
R2.3 State of the World 1989: 52
R2.4 Global 2000: 89, 277-280
R2.5 Global 2000: 61, 589-591, 823-826
R2.6 State of the World 1989: 26; Global 2000: 673; Myers 1984: 42-45
R2.8 Daten zur Umwelt 1989: 201-2213
R2.10 Daten zur Umwelt 1989: 166-180
R2.11 Daten zur Umwelt 1989: 169; Global 2000: 598
R3.1 Bossel 1989: 219-221; Umweltgutachten 1978: 315
R3.2 Umweltgutachten 1978: 316
R3.3 Umweltgutachten 1978: 314-329
R3.4 Daten zur Umwelt 1989: 43; Faustzahlen 1983: 229; Umweltgutachten 1985: 117
R3.5 Umweltgutachten 1985: 112-113; Finck 1982: 46; Faustzahlen 1983: 256
R3.6 Daten zur Umwelt 1989: 46-47; Umweltgutachten 1985: 134-152
R3.7 State of the World 1988: 122; Ehrlich 1977: 642-647
R3.8 Global 2000: 624
R3.9 Global 2000: 626
R3.10 Ehrlich 1977: 346-352
R3.11 Ehrlich 1977: 344
R4.1 Umweltgutachten 1978: 317, 329-335
R4.2 Vogtmann 1985: 61; Grosch 1985: 25
R4.3 Grosch 1985
R4.4 Grosch 1985: 8
R4.5 Umweltgutachten 1978: 317, 335-338; State of the World 1989: 124-129; Ehrlich 1977: 647-651
R4.6 Bossel 1989: 218-244
R4.7 Rottach 1984: 191-262
R4.8 Ehrlich 1977: 624-627; Whitmore 1986: 276-284
R4.9 Busch 1983: 105
R4.10 Ehrlich 1977: 368, 370-376
R5.1 Ehrlich 1977: 353
R5.2 Odum 1971: 71
R5.3 Global 2000: 292
R6.1 State of the World 1989: 49-51
R6.2 Global 2000: 357-363
R6.3 Knodel 1989: 135
R6.4 Masters 1974: 86
R6.5 Bossel 1982: 58
R6.6 Bossel 1982: 68
R6.7 Daten zur Umwelt 1989: 302; Bossel 1982: 59
R6.8 Bossel 1982: 61-66
R6.11 Bossel 1982: 31
R6.12 Umweltgutachten 1976
R7.1 Global 2000: 86-87, 689-700
R7.3 Global 2000: 696
R7.4 Global 2000: 662; IWC 1990
R7.5 Daten zur Umwelt 1989: 101, 105, 114-135
R7.6 Daten zur Umwelt 1989: 101, 106-113
R7.7 Daten zur Umwelt 1989: 244-245
R7.8 Daten zur Umwelt 1989: 132-135

M Verbrauch nicht-erneuerbarer Materialien

M1.4 Busch 1983: 106; Ehrlich 1977: 516-522; Daten zur Umwelt 1989:
M1.5 Global 2000: 70, 515; Zur Sache 5/88: 468-471
M1.6 Daten zur Umwelt 1989: 22
M1.7 Daten zur Umwelt 1989: 22-24
M1.8 Seifried 1986: 28-29; Daten zur Umwelt 1989: 17; Zur Sache 5/88: 475
M1.9 Zur Sache 5/88: 470; Global 2000: 191-207; Stegelmann 1984: 19; Daten zur Umwelt 1989: 18
M2.1 Global 2000: 431-433, 480; Bossel 1985: 368
M2.3 Global 2000: 739
M2.5 Global 2000: 460-471
M2.7 Global 2000: 739-740; Masters 1974: 267; Bossel 1985: 365-377
M2.8 Bossel 1985: 365-377
M3.2 Kremers 1982; Miller 1988: 44-46
M3.3 Stegelmann 1984: 36
M3.4 Seifried 1986: 22; Daten zur Umwelt 1989: 25-37; Stegelmann 1984: 35
M3.5 Daten zur Umwelt 1989: 26
M3.6 Daten zur Umwelt 1989: 26; Zur Sache 5/88: 475
M4.2 Krause 1980; Alternativenergie 1982: 25-32; Hatzfeldt 1982: 16-39
M4.3 Alternativenergie 1982: 28, 49-68; Seifried 1986: 76-77
M4.4 Daten zur Umwelt 1989: 63
M4.5 Seifried 1986: 78-79; Krause 1980: 59-64
M4.6 Seifried 1986: 80-81
M4.8 Hatzfeldt 1982: 19-21; Daten zur Umwelt 1989: 35-37
M5.1 Ehrlich 1977: 516
M5.2 Masters 1974: 382-385
M5.4 Masters 1974: 384; Daten zur Umwelt 1989: 436-445; Ehrlich 1977: 525-530

M5.5 Daten zur Umwelt 1989: 422
M5.7 Daten zur Umwelt 1989: 251
M5.8 Global 2000: 473; Ehrlich 1977: 529-530
M6.2 Krause 1980; Lovins 1983
M6.3 Bossel 1976: 88-131; Kremers 1982: 3-71; Zur Sache 5/88: 494-499; State of the World 1988: 72-76
M6.4 Kremers 1982: 206-241; State of the World 1988: 67-72
M6.5 Zur Sache 5/88: 499-500; State of the World 1988: 62-66
M6.6 State of the World 1988: 76-78; Bossel 1976: 132-158; Kremers 1982: 72-93
M6.7 Kremers 1982: 150-170, 171-189
M6.8 Kremers 1982: 94-111
M6.9 Kremers 1982: 112-126
M6.10 Zur Sache 5/88: 501-504; Ehrlich 1977: 404-408, 430-456
M6.11 Ehrlich 1977: 408-409, 456-463

C Umweltbelastung durch Schadstoffe und Chemie

C1.2 Umweltgutachten 1978: 17-32
C1.3 Umweltgutachten 1978: 33-35
C1.4 Umweltgutachten 1978: 34
C1.8 Umweltgutachten 1978: 33-35; Daten zur Umwelt 1984: 362-363; Daten zur Umwelt 1989: 528-529
C1.9 Global 2000: 646-648; Masters 1974: 66-77
C2.1 Umweltgutachten 1978: 43-49
C2.4 Ahlheim 1975: 303
C2.5 Umweltgutachten 1978: 28-31
C2.8 Umweltgutachten 1978: 28-30
C2.9 Umweltgutachten 1978: 29
C2.10 Umweltgutachten 1978: 35-41
C3.1 Daten zur Umwelt 1989: 264-295
C3.2 Daten zur Umwelt 1984: 39; Seifried 1986: 36-41
C3.4 TA Luft 1986; Großfeuerungsanlagen-Verordnung 1988; Davids 1986
C3.5 Daten zur Umwelt 1989: 236-240, 280-281
C3.6 Daten zur Umwelt 1989: 218-219
C3.7 Daten zur Umwelt 1989: 280-281
C3.10 Daten zur Umwelt 1989: 284
C3.12 Daten zur Umwelt 1984: 88-89
C3.13 Umweltgutachten 1978: 58-61
C3.14 Daten zur Umwelt 1989: 516-520
C3.15 Umweltgutachten 1978: 51-55; Daten zur Umwelt 1989: 516-520
C3.16 Ahlheim 1975: 387
C3.17 Umweltgutachten 1978: 51-55; Daten zur Umwelt 1989: 241
C3.18 Umweltgutachten 1978: 55-58
C3.19 Daten zur Umwelt 1984: 86-89
C3.20 Daten zur Umwelt 1989: 256-257; Zur Sache 5/88: 357-358
C3.21 Zur Sache 5/88: 430, 426-435
C3.22 Zur Sache 5/88: 314, 280-334; Daten zur Umwelt 1989: 258-261
C3.23 Zur Sache 5/88: 280-334
C3.24 Daten zur Umwelt 1989: 536-546, 573
C4.1 Umweltgutachten 1978: 93
C4.2 Daten zur Umwelt 1989: 303
C4.3 Bossel 1982: 243-256
C4.4 Bossel 1982: 243-256
C4.7 Miller 1988: 350-351; Masters 1974: 107-109; Osche 1973: 52
C4.8 Odum 1971: 310-311; Masters 1974: 132-133
C4.10 Daten zur Umwelt 1989: 328-331, 305-371
C4.11 Umweltgutachten 1978: 107
C4.12 Daten zur Umwelt 1989: 551-556, 572
C4.13 Daten zur Umwelt 1989: 192-194; State of the World 1989: 26, 46-49
C4.15 Umweltgutachten 1978: 90-91; Daten zur Umwelt 1989: 323-355
C4.16 Daten zur Umwelt 1989: 303
C4.17 Ahlheim 1975: 367
C4.19 Ahlheim 1975: 373
C5.4 Daten zur Umwelt 1989: 370-371; 543-546; Daten zur Umwelt 1984: 88-93
C5.5 Daten zur Umwelt 1989: 181-189
C5.6 Daten zur Umwelt 1989: 190-191
C5.9 Umweltgutachten 1985: 134-152; State of the World 1988: 120-121
C6.4 Ehrlich 1977: 598-599; Öko-Almanach 1980: 175
C6.5 Umweltgutachten 1978: 71
C6.8 Daten zur Umwelt 1989: 521-529; Umweltgutachten 1978: 300-306
C6.10 Umweltgutachten 1978: 70
C7.6 Odum 1971: 452
C7.7 Daten zur Umwelt 1984: 317
C7.8 Ehrlich 1977: 580-582; Bossel 1982: 137
C7.11 Daten zur Umwelt 1989: 534-535
C7.12 Daten zur Umwelt 1989: 536-546, 572-573
C7.15 Odum 1971: 459-461
C7.16 Ehrlich 1977: 579-586
C7.17 Odum 1971: 455-457
C7.18 Ehrlich 1977: 583-586; Köhnlein 1989
C7.18 Ehrlich 1977: 584, GSF 1988

O Orientierung: Kriterien, Alternativen, Zukunftspfade

O1.3 Jonas 1984: 36
O2.2 Bossel 1977: 227-265; Bossel 1978: 22-50
O4.5 Bossel 1978: 57-66
O6.2 State of the World 1989: 174-194

Quellen

Ahlheim 1975
K.H. Ahlheim (Hrsg.): Die Umwelt des Menschen. Bibliograph. Institut / Meyers Lexikonverlag, Mannheim 1975.

Alternativenergie 1982
C. Dreyer, W. Ebel, W. Feist (Arbeitskreis Alternativenergie Tübingen): Energiepolitik von unten - Für eine Energie-Wende in Dorf und Stadt. Fischer Taschenbuch Verlag, Frankfurt/M. 1982 (198 S.)

Ashby 1956
W. R. Ashby: An Introduction to Cybernetics. Methuen, London 1956.

Beltrami 1987
E. Beltrami: Mathematics for Dynamic Modeling. Academic Press, Boston 1987 (277 p.).

Bossel 1976
H. Bossel, U. Bossel, R.V. Denton, H. Dörner, B. Dresel, K. Grahner-Debus, D. Teufel, L. Trunko, H.H. Wüstenhagen: Energie richtig genutzt. Verlag C.F. Müller, Karlsruhe 1976 (214 S.).

Bossel 1977
H. Bossel (ed.): Concepts and Tools of Computer-Assisted Policy Analysis. 3 vols., Birkhäuser Verlag, Basel 1977 (644 p.).

Bossel 1978
H. Bossel: Bürgerinitiativen entwerfen die Zukunft - Neue Leitbilder, neue Werte, 30 Szenarien. Fischer Taschenbuch Verlag, Frankfurt/M 1978 (187 S.).

Bossel 1982
H. Bossel, H.J. Grommelt, K. Oeser (Hrsg.): Wasser - Umfassende Darstellung der Fakten, Trends und Gefahren. Fischer Taschenbuchverlag, Frankfurt/Main 1982 (295 S.).

Bossel 1985
H. Bossel: Umweltdynamik - 30 Programme für kybernetische Umwelterfahrungen auf jedem BASIC-Rechner. TeWi Verlag, München 1985 (466 S.).

Bossel 1989
H. Bossel: Simulation dynamischer Systeme - Grundwissen, Methoden, Programme. F. Vieweg, Braunschweig/Wiesbaden 1989 (310 S.).

Busch 1983
K.F. Busch, D. Uhlmann, G. Weise (Hrsg.): Ingenieurökologie. Gustav Fischer Verlag, Jena 1983 (426 S.).

Csaki 1973
F. Csaki: Die Zustandsraum-Methode in der Regelungstechnik. Akadémiai Kiadó, Budapest 1973 (190 S.).

Czihak 1981
G. Czihak, H. Langer, H. Ziegler (Hrsg.): Biologie. Springer, Berlin 1982 (944 S.).

Daten zur Umwelt 1984
Umweltbundesamt: Daten zur Umwelt 1984. Erich Schmidt Verlag, Berlin 1984 (399 S.).

Daten zur Umwelt 1989
Umweltbundesamt: Daten zur Umwelt 1988/89. Erich Schmidt Verlag, Berlin 1989 (613 S.).

Davids 1986
P. Davids, M. Lange: Die TA Luft '86. Technischer Kommentar. VDI-Verlag, Düsseldorf 1986 (774 S.).

Dyck 1983
S. Dyck, G. Peschke: Grundlagen der Hydrologie. VEB Verlag für Bauwesen, Berlin 1983 (388 S.).

Ebeling 1989
W. Ebeling: Chaos, Ordnung und Information. Urania-Verlag, Leipzig 1989 (118 S.).

Ehrlich 1977
P.R. Ehrlich, A.H. Ehrlich, J.P. Holden: Ecoscience - Population, Resources, Environment. W.H. Freeman, San Francisco 1977 (1053 p.).

Faustzahlen 1983
Ruhr-Stickstoff AG (Hrsg.): Faustzahlen für Landwirtschaft und Gartenbau. 10. Aufl., Landwirtschaftsverlag Münster-Hiltrup 1983 (584 S.)

Finck 1982
Pflanzenernährung in Stichworten. Verlag Ferdinand Hirt, Kiel 1982 (200 S.).

Gleick 1987
J. Gleick: Chaos - Making a New Science. Viking Penguin, New York 1987 (354 p.).

Global 2000
Council on Environmental Quality, G.O. Barney (ed.): Global 2000 - Der Bericht an den Präsidenten. Zweitausendeins, Frankfurt/M. 1980 (1438 S.).

Graf 1988
D. Graf: Unser Boden. Urania-Verlag, Leipzig 1988 (131 S.).

Grosch 1975
P. Grosch, I. Lünzer, H. Vogtmann: Ökologischer Landbau - Daten, Fakten, Zusammenhänge. Stiftung Ökologischer Landbau, Kaiserslautern 1985 (51 S.).

Hatzfeldt 1982
H. Hatzfeldt, J. Leinen, H.G. Schumacher, D. Teufel (Hrsg.): Kohle - Konzepte einer umweltfreundlichen Nutzung. Fischer Taschenbuch Verlag, Frankfurt/M. 1982 (185 S.).

Holling 1978
C.S. Holling (ed.): Adaptive Environmental Assessment and Management. John Wiley, Chichester and New York 1978 (377 p.).

IIASA 1981
IIASA Energy Systems Group: Energy in a Finite World - A Global Systems Analysis. 2 vols., Ballinger, Cambridge MA 1981.

Jonas 1984
H. Jonas: Das Prinzip Verantwortung - Versuch einer Ethik für die technologische Zivilisation. Suhrkamp Taschenbuch Verlag, Frankfurt/M 1984 (426 S.).

Knodel 1981
H. Knodel, U. Kull: Ökologie und Umweltschutz. 2. Aufl., J.B. Metzlersche Verlagsbuchhandlung, Stuttgart 1981 (228 S.).

Köhnlein 1989
W. Köhnlein, H. Traut, M. Fischer (Hrsg.): Die Wirkung niedriger Strahlendosen - Biologische und medizinische Aspekte. Springer Verlag Berlin/Heidelberg 1989 (258 S.).

Kormondy 1976
E.J. Kormondy: Concepts of Ecology. 2nd ed., Prentice-Hall, Englewood Cliffs NJ 1976 (238 p.).

Krause 1980
F. Krause, H. Bossel, K.F. Müller-Reißmann: Energie-Wende - Wachstum und Wohlstand ohne Erdöl und Uran. S. Fischer, Frankfurt/M. 1980 (234 S.).

Kremers 1982
W. Kremers, J. Thiele, F. Wahl: Neue Wege der Energieversorgung. F. Vieweg, Braunschweig/Wiesbaden 1982 (246 S.).

Larcher 1980
W. Larcher: Ökologie der Pflanzen auf physiologischer Grundlage. 3.Aufl., Verlag Eugen Ulmer, Stuttgart 1980 (399 S.).

Lovins 1981
A.B. Lovins, L.H. Lovins, F. Krause, W. Bach: Least-Cost Energy - Solving the CO2-Problem. Brick House Publ. Co., Andover, MA 1981 (184 p.).

Mackensen 1984
R. Mackensen, E. Umbach, R. Jung: Leben im Jahr 2000 und danach - Perspektiven für die nächste Generation. Arani Verlag, Berlin 1984.

Masters 1974
G. M. Masters: Introduction to Environmental Science and Technology. John Wiley, New York 1974 (404 p.).

Miller 1988
G. Tyler Miller, Jr.: Environmental Science - An Introduction. 2nd ed., Wadsworth Publ. Co., Belmont CA 1988 (448 p.).

Müller 1988
H.J. Müller (Hrsg.): Ökologie. Gustav Fischer Verlag, Jena 1988 (395 S.).

Myers 1985
N. Myers (Hrsg.): Gaia - Der Öko-Atlas unserer Erde. Fischer Taschenbuch Verlag, Frankfurt/M 1985 (272 S.).

Odum 1971
E. P. Odum: Fundamentals of Ecology. 3rd ed., W.B. Saunders Co., Philadelphia 1971 (574 p.).

Osche 1973
G. Osche: Ökologie - Grundlagen, Erkenntnisse, Entwicklungen der Umweltforschung. Herder, Freiburg/Br. 1973 (143 S.).

ÖkoAlmanach 1980
G. Michelsen, F. Kalberlah (Hrsg.): Der Fischer Öko-Almanach - Daten, Fakten, Trends der Umweltdiskussion. Fischer Taschenbuch Verlag, Frankfurt/M 1980 (464 S.).

ÖkoAlmanach 1984
G. Michelsen (Hrsg.): Der Fischer Öko-Almanach - Daten, Fakten, Trends der Umweltdiskussion. Fischer Taschenbuch Verlag, Frankfurt/M 1984 (476 S.).

Richter 1985
O. Richter: Simulation des Verhaltens ökologischer Systeme - Mathematische Methoden und Modelle. VCH Verlagsgesellschaft, Weinheim 1985 (219 S.).

Rottach 1984
P. Rottach (Hrsg.): Ökologischer Landbau in den Tropen - Ecofarming in Theorie und Praxis. Verlag C.F. Müller, Karlsruhe 1984 (304 S.).

Schlichting 1967
H. Schlichting, E. Truckenbrodt: Aerodynamik des Flugzeuges. 1. Band, Springer Verlag Berlin 1967 (479 S.).

Seifried 1986
D. Seifried: Gute Argumente Energie. Verlag C.H. Beck, München 1986 (157 S.).

State of the World 1988
L.R. Brown et al.: State of the World 1988 - A Worldwatch Institute Report on Progress Toward a Sustainable Society. W.W. Norton, New York 1988 (237 p.).

State of the World 1989
L.R. Brown et al.: State of the World 1989 - A Worldwatch Institute Report on Progress Toward a Sustainable Society. W.W. Norton, New York 1989 (256 p.).

Stegelmann 1984
A. Stegelmann (Hrsg.): Energie im Brennpunkt - Zwischenbilanz der Energiedebatte. High Tech Verlag, München 1984 (234 S.).

Umweltgutachten 1976
Rat der Sachverständigen für Umweltfragen: Umweltprobleme des Rheins - Sondergutachten 1976. Kohlhammer, Stuttgart/Mainz 1976.

Umweltgutachten 1978
Rat der Sachverständigen für Umweltfragen: Umweltgutachten 1978. Verlag W. Kohlhammer, Stuttgart und Mainz 1978 (638 S.).

Umweltgutachten 1985
Rat der Sachverständigen für Umweltfragen: Umweltprobleme der Landwirtschaft. Verlag W. Kohlhammer, Stuttgart und Mainz 1985 (423 S.).

Vogtmann 1985
H. Vogtmann (Hrsg.): Ökologischer Landbau - Landwirtschaft mit Zukunft. Pro Natur Verlag, Stuttgart 1985 (159 S.).

Whitmore 1986
T.C. Whitmore: Tropical Rain Forests of the Far East. ELBS / Oxford University Press, Oxford GB 1986 (352 S.).

Wiedenroth 1981
E.M. Wiedenroth: Das grüne Kraftwerk - Die Primärproduktivität der Erde. Urania-Verlag, Leipzig 1981 (120 S.).

Wissel 1989
C. Wissel: Theoretische Ökologie - Eine Einführung. Springer Verlag, Berlin 1989 (299 S.):

Worldwatch 91
C. Flavin: Slowing Global Warming - A Worldwide Strategy. Worldwatch Paper 91, Worldwatch Institute, Washington D.C. Oct. 1989 (94 p.).

Zur Sache 5/88
Deutscher Bundestag (Hrsg.): Schutz der Erdatmosphäre - Eine internationale Herausforderung. Zwischenbericht der Enquete-Kommission des 11. Deutschen Bundestags. Zur Sache 5/88, Deutscher Bundestag, Bonn 1988 (583 S.).

Hinweis auf Aufgaben

Zum Buch 'Umweltwissen' existiert eine umfangreiche Aufgabensammlung. Näheres hierzu über H. Bossel, FG Umweltsystemanalyse, Gesamthochschule/Universität, D 3500 Kassel.

Hinweise auf Simulationsmodelle und Planspiele

Die dynamische Entwicklung von Systemen im Umweltbereich läßt sich - ohne Gefährdung der realen Systeme durch Simulationen erfahren. Hier haben sich sowohl Computersimulationen wie Planspielsimulationen bewährt.

Computer-Simulationsmodelle aus dem Umweltbereich sind in Bossel 1985, Bossel 1989 und Rauch 1985 (H. Rauch: Modelle der Wirklichkeit. Heise, Hannover) beschrieben. Weitere mathematische Modelle, die sich - etwa mit der DYSAS-Software in Bossel 1989 - leicht in Computersimulationen überführen lassen finden sich in Richter 1985 und Wissel 1989.

Zwei Planspiele, die sich mit den vernetzten Zusammenhängen des Systems Gesellschaft/Technik/Umwelt befassen, sind "Ökolopoly" von Frederic Vester (Otto Maier, Ravensburg) und "Stratagem" von Dennis Meadows (Institute for Policy and Social Science Research, University of New Hampshire, Durham NH USA). "Ökolopoly" gibt es auch als Computerspiel (Studiengruppe für Biologie und Umwelt, München).

Verwendete Maßeinheiten

Zehnerpotenzen:

μ =	10^{-6}	(mikro)	M =	10^{6}	(Mega)	(Mio)
m =	10^{-3}	(milli)	G =	10^{9}	(Giga)	(Mrd)
c =	10^{-2}	(centi)	T =	10^{12}	(Tera)	
d =	10^{-1}	(dezi)	P =	10^{15}	(Peta)	
h =	10^{2}	(hekto)	E =	10^{18}	(Exa)	
k =	10^{3}	(kilo)				

Zeit:

s = Sekunde   d = Tag
h = Stunde   a = Jahr

Länge:

m = Meter

Fläche:

m^2 = Quadratmeter
ha = Hektar = 10'000 m^2
km^2 = Quadratkilometer = 100 ha = 10^6 m^2

Volumen:

l = Liter = 10^{-3} m^3
m^3 = Kubikmeter = 1000 l

Masse:

kg = Kilogramm = 1000 g
t = Tonne = 1000 kg

Kraft:

N = Newton = kg m/s^2

Energie:

J = Joule = Ws = Wattsekunde
kWh = Kilowattstunde = 3600 kJ
tSKE = Tonne Steinkohleeinheiten = 8140 kWh
= 29310 MJ
1 cal = 4.17 J

Leistung:

W = Watt = J/s
kW = Kilowatt = 1000 W

Konzentration: (s.a. C1.11)

ppm = 10^{-6}
ppb = 10^{-9}

Temperatur:

K = Kelvin
°C = Grad Celsius = K - 273

Druck:

Pa = Pascal = N/m^2

Radiologie: s. C7.7

Index